U0309474

载人航天出版工程

总主编：周建平
总策划：邓宁丰

"十三五"国家重点出版物出版规划项目

载人航天系统建模与仿真

Manned Space System Modeling and Simulation

王　华　李海阳　周晚萌　著

中国宇航出版社

·北京·

图书在版编目(CIP)数据

载人航天系统建模与仿真 / 王华,李海阳,周晚萌著. -- 北京:中国宇航出版社,2019.8

ISBN 978 - 7 - 5159 - 1667 - 5

Ⅰ.①载… Ⅱ.①王… ②李… ③周… Ⅲ.①载人航天飞行-运载火箭-仿真系统-系统建模-研究 Ⅳ.①V475.1

中国版本图书馆 CIP 数据核字(2019)第 175207 号

责任编辑 侯丽平　　　　　　**封面设计** 宇星文化

出　版 **发　行**	**中国宇航出版社**	
社　址	北京市阜成路 8 号	**邮　编**　100830
	(010)60286808	(010)68768548
网　址	www.caphbook.com	
经　销	新华书店	
发行部	(010)60286888	(010)68371900
	(010)60286887	(010)60286804(传真)
零售店	读者服务部	
	(010)68371105	
承　印	河北画中画印刷科技有限公司	
版　次	2019 年 8 月第 1 版	2019 年 8 月第 1 次印刷
规　格	880×1230	**开　本**　1/32
印　张	19.75	**字　数**　568 千字
书　号	ISBN 978 - 7 - 5159 - 1667 - 5	
定　价	128.00 元	

本书如有印装质量问题,可与发行部联系调换

《载人航天出版工程》总序

中国载人航天工程自 1992 年立项以来，已经走过了 20 多年的发展历程。经过载人航天工程全体研制人员的锐意创新、刻苦攻关、顽强拼搏，共发射了 10 艘神舟飞船和 1 个目标飞行器，完成了从无人飞行到载人飞行、从一人一天到多人多天、从舱内实验到出舱活动、从自动交会对接到人控交会对接、从单船飞行到组合体飞行等一系列技术跨越，拥有了可靠的载人天地往返运输的能力，实现了中华民族的千年飞天梦想，使中国成为世界上第三个独立掌握载人航天技术的国家。我国载人航天工程作为高科技领域最具代表性的科技实践活动之一，承载了中国人民期盼国家富强、民族复兴的伟大梦想，彰显了中华民族探索未知世界、发现科学真理的不懈追求，体现了不畏艰辛、大力协同的精神风貌。航天梦是中国梦的重要组成部分，载人航天事业的成就，充分展示了伟大的中国道路、中国精神、中国力量，坚定了全国各族人民实现中华民族伟大复兴中国梦的决心和信心。

载人航天工程是十分复杂的大系统工程，既有赖于国家的整体科学技术发展水平，也起到了影响、促进和推动着科学技术进步的重要作用。载人航天技术的发展，涉及系统工程管理，自动控制技术，计算机技术，动力技术，材料和结构技术，环控生保技术，通信、遥感及测控技术，以及天文学、物理学、化学、生命科学、力学、地球科学和空间科学等诸多科学技术领域。在我国综合国力不断增强的今天，载人航天工程对促进中国科学技术的发展起到了积极的推动作用，是中国建设创新型国家的标志性工程之一。

我国航天事业已经进入了承前启后、继往开来、加速发展的关键时期。我国载人航天工程已经完成了三步走战略的第一步和第二步第一阶段的研制和飞行任务，突破了载人天地往返、空间出舱和空间交会对接技术，建立了比较完善的载人航天研发技术体系，形成了完整配套的研制、生产、试验能力。现在，我们正在进行空间站工程的研制工作。2020 年前后，我国将建造由 20 吨级舱段为基本模块构成的空间站，这将使我国载人航天工程进入一个新的发展阶段。建造具有中国特色和时代特征的中国空间站，和平开发和利用太空，为人类文明发展和进步做出新的贡献，是我们航天人肩负的责任和历史使命。要实现这一宏伟目标，无论是在科学技术方面，还是在工程组织方面，都对我们提出了新的挑战。

以图书为代表的文献资料既是载人航天工程的经验总结，也是后续任务研发的重要支撑。为了顺利实施这项国家重大科技工程，实现我国载人航天三步走的战略目标，我们必须充分总结实践成果，并充分借鉴国际同行的经验，形成具有系统性、前瞻性和实用性的，具有中国特色的理论与实践相结合的载人航天工程知识文献体系。

《载人航天出版工程》的编辑和出版就是要致力于建设这样的知识文献体系。书目的选择是在广泛听取参与我国载人航天工程的各专业领域的专家意见和建议的基础上确定的，其中专著内容涉及我国载人航天科研生产的最新技术成果，译著源于世界著名的出版机构，力图反映载人航天工程相关技术领域的当前水平和发展方向。

《载人航天出版工程》凝结了国内外载人航天专家学者的智慧和成果，具有较强的工程实用性和技术前瞻性，既可作为从事载人航天工程科研、生产、试验工作的参考用书，亦可供相关专业领域人员学习借鉴。期望这套丛书有助于载人航天工程的顺利实施，有利于中国航天事业的进一步发展，有益于航天科技领域的人才培养，为促进航天科技发展、建设创新型国家做出贡献。

2013 年 10 月

前　言

万户飞天承载华夏梦想，嫦娥奔月寄托千年情怀。从陆地到海洋、天空，再到太空，人类对生存环境的探索从未停止。从20世纪60年代开始，载人航天已伴随着航天技术发展了半个多世纪。目前仅有俄罗斯、美国和中国三个国家具有自主载人航天能力。

载人航天不仅大大拓展了人类的活动范围，更为空间资源的进一步开发提供了有效的技术手段。苏联最早的载人空间站，美国阿波罗登月计划，中国载人航天工程，每一个轰动世界的重大航天项目，都彰显了一个国家在政治、军事、科技等方面的强大实力。

载人航天工程是一项由载人航天器、运载器、航天发射场、航天测控网、应用系统等多个分系统组成的复杂系统工程，它涉及战略级、任务级、系统级和部件级等不同层次的仿真任务。本书不仅介绍仿真建模的基础理论和模型，同时还针对以载人航天任务仿真为核心的逃逸与应急救生、交会对接和载人深空探测等载人航天任务，进行不同层次的建模，并建立相应的仿真系统，具有较高的工程价值和理论前瞻性。

全书共3部分10章。第1部分为载人航天仿真支撑技术（第1章至第3章）。第1章概述了载人航天仿真概念与发展，第2、3章分别给出了载人航天仿真的基本原理和仿真平台及架构。第2部分为载人航天系统建模（第4章至第7章），第4章给出载人航天系统通用模型，第5章至第7章分别为逃逸救生、交会对接和深空探测任务专业建模。第3部分为载人航天系统仿真（第8章至第10章），第8章至第10章分别针对大气层内、近地以及深空载人航天任务仿真系统开展设计与应用。

1992 年，我国载人航天工程正式启动，作者所在的载人航天系统分析与仿真团队就一直从事载人航天仿真相关研究，本书所涉及的内容很多是团队 20 余年工作的总结。研究工作得到了中国载人航天工程办公室、中国航天科技集团有限公司一院、五院、八院，以及众多载人航天领域专家的支持和帮助。另外，于大腾博士、贺波勇博士、黄悦琛博士、郭帅博士也参与了部分章节的编写。在此，一并向他们表示感谢！

本书是国内第一部系统阐述载人航天系统建模与仿真的学术著作，它的出版恰逢中国载人航天工程三步走战略的第三步。我们由衷希望越来越多的有志人才能够加入进来，共同实现中华民族延续千年的航天梦！

作　者

2018 年 6 月于长沙

目 录

第1部分 载人航天仿真支撑技术

第 2 部分　载人航天系统建模

第3部分　载人航天系统仿真

第1部分

载人航天仿真支撑技术

第1章 绪 论

1.1 载人航天技术发展概况

1.1.1 载人航天系统概念与组成

载人航天是人类乘坐航天器往返于地球与大气层外空间,从事各种探索、探测、试验及空间技术应用的活动。其目的在于突破地球大气屏障和克服地球引力,把人类的活动范围从陆地、海洋和大气层拓展到太空,以便更广泛和更深入地认识整个宇宙,并充分利用太空和载人航天器的特殊环境进行各种研究和试验活动,开发太空资源。目前,仅美、俄、中三国具有自主载人航天能力。

载人航天系统是由载人航天器、运载器、航天发射场、航天测控网、应用系统等组成的完成载人航天任务的工程系统。目前的载人航天系统主要包括载人飞船、航天飞机和载人空间站航天系统三类,其中载人空间站航天系统是规模最大的天地一体化载人航天系统,它包括三大部分:

1)轨道基础设施。由在低轨道运行的载人空间站、无人轨道平台及在高轨道运行的数据中继卫星、导航卫星等组成。

2)地面基础设施。由指挥控制中心、跟踪通信网、发射中心、着陆场、航天员选拔训练中心及有效载荷中心等组成。

3)天地往返运输系统。由载人飞船、货运飞船、运载火箭等组成,向空间站运送航天员和货物,并把重要试样资料带回地面。

我国的载人航天工程系统组成是逐步演变的,第一步包括航天员系统、空间应用系统、载人飞船系统、运载火箭系统、发射场系统、测控通信系统、着陆场系统等7大系统;第二步增加了空间实验室系统，如图 1-1 所示。在空间站阶段，还将增加货运飞船、空间站、光学舱等系统。

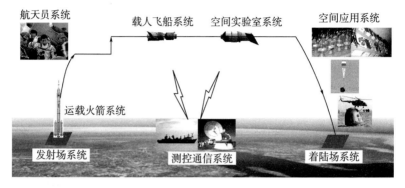

图 1-1　交会对接任务时我国载人航天系统的组成

1.1.2　载人航天发展现状

1961 年 4 月 12 日，苏联航天员加加林乘东方 1 号载人飞船上天，标志着载人航天时代的开始。截至 2016 年 12 月 18 日，全世界共进行了 316 次载人航天飞行，飞行人数为 549 人，共达 1 239 人次，牺牲的航天员人数为 22 人。

50 多年来，美、俄先后研制和发射入轨的载人航天器共计 5 类 20 个型号：

1）8 个卫星式载人飞船型号，它们是苏联/俄罗斯的东方号、上升号、联盟号、联盟 T、联盟 TM、联盟 TMA，美国的水星号和双子星座号；

2）1 个登月式载人飞船型号，即美国的阿波罗号；

3）6 个空间实验室型号，它们是苏联/俄罗斯的礼炮 1 号、礼炮 2 号、礼炮 3 号、礼炮 4 号、礼炮 5 号，还有美国的天空实验室；

4）4 个空间站型号，它们是俄罗斯的礼炮 6 号、礼炮 7 号、和平号空间站以及国际空间站；

5）1 个航天飞机系列型号，即美国的空间运输系统（航天飞机)。

世界载人航天发展共经历了 5 个阶段:

1) 20 世纪 50 年代的准备阶段;

2) 20 世纪 60 年代通过发展载人飞船突破载人航天技术的起步阶段;

3) 20 世纪 70 年代发展试验型空间站阶段;

4) 20 世纪 80 年代发展航天飞机阶段;

5) 20 世纪 90 年代发展和应用大型空间站阶段。

从技术上讲,根据美、俄的经验,从发射无人飞船开始到建立长期性空间站,花费了 30 多年时间,也经历了 5 个阶段:

1) 无人飞船阶段;

2) 单人飞船阶段;

3) 多人飞船阶段;

4) 短期性空间站阶段;

5) 长期性(永久性)空间站阶段。

1.1.2.1 美国载人航天发展现状

美国的载人航天发展路线可以概括为:载人飞船→载人登月飞船→载人空间实验室→航天飞机→载人空间站→新型飞船。发展步骤为:首先研制发射近地低轨道的卫星式载人飞船;然后研制发射载人登月飞船和载人太空实验室;之后研制发射航天飞机轨道器和载人空间站;再后研制新一代飞船系统,如表 1-1 所示。

目前,美国大力发展商业载人航天,期望将包括国际空间站在内的货运和低轨载人服务交给私营公司。目前,美国 SpaceX 公司的龙飞船(Dragon)与美国轨道科学公司的天鹅座飞船(Cygnus)已经实现了国际空间站货运补给。

表 1-1　美国载人航天发展历史

阶段	载人航天器	关键信息
载人飞船阶段 (1958 — 1966 年)	水星号 (1958 — 1963 年)	· 25 次飞行试验,2 次载人亚轨道飞行,4 次载人轨道飞行 · 1962 年,美国航天员约翰·格林乘水星号飞船实现了轨道飞行
	双子星座号 (1961—1966 年)	· 12 次飞行试验,其中 2 次无人飞行和 10 次载人飞行 · 1966 年 3 月 16 日,双子星座 8 号与阿金纳火箭实现了首次有人交会对接
载人登月飞船阶段 (1961 — 1972 年)	阿波罗号	· 7 次载人登月活动,6 次成功 · 1969 年,阿姆斯特朗乘阿波罗 11 号飞船实现了人类首次登月
载人空间 实验室阶段 (1973 — 1979 年)	天空实验室	· 共发射 4 次,其中 1 次为无人飞行,3 次载人飞行 · 1973 年 5 月 14 日,美国发射了天空实验室空间站 1 号
航天飞机阶段 (1981 — 2011 年)	航天飞机	· 共制造 6 架,企业号用于地面试验,其他 5 架包括哥伦比亚号、挑战者号、发现号、阿特兰蒂斯号、奋进号 · 1981 年 4 月 12 日,哥伦比亚号航天飞机首次发射
载人空间站阶段 (1998 年至今)	国际空间站 (ISS)	· 1 个服务舱、1 个功能货舱、6 个实验舱、1 个居住舱、3 个节点舱 · 1998 年开始建造

续表

阶段	载人航天器	关键信息
新型飞船阶段 （2004 年至今）	 乘员探索飞行器 （CEV）	• 由非加压的服务舱（Service Module，SM）和密封加压的乘员舱（Crew Module，CM）构成，乘员舱可以载 3～6 人

1.1.2.2　苏联/俄罗斯载人航天发展现状

　　苏联/俄罗斯的载人航天发展路线可以概括为：载人飞船→载人登月→载人空间站→航天飞机，其中各个阶段通常是并行的，如表 1-2 所示。

表 1-2　苏联/俄罗斯载人航天发展历史

阶段	载人航天器	关键事件
载人飞船阶段 （1961 年至今）	 东方号 （1961—1963 年）	• 5 艘无人试验飞船，6 艘载人飞船 • 1961 年 4 月 12 日，加加林乘坐东方 1 号完成了世界上首次载人航天飞行
	 上升号 （1964—1965 年）	• 2 次发射 • 1965 年 3 月，首次出舱活动
	 联盟号 （1967 年至今）	• 分为联盟号、联盟 T、联盟 TM 和联盟 TMA 几个型号
	 进步号 （1978 年至今）	• 货运飞船，分为进步 M、进步 M1、进步 M2 几个型号
载人登月阶段 （1963—1972 年）	 联盟 7K-L1	• 1969—1972 年间，登月使用的 N1 火箭进行了 4 次发射试验，均失败，随后取消了登月计划

续表

阶段	载人航天器	关键事件
载人空间站阶段 （1971年至今）	礼炮1~5号 （1971—1976年）	· 第一代空间站，1个对接口 · 1971年4月19日，苏联用质子火箭发射了世界上第1个空间站——礼炮号
	礼炮6、7号 （1977—1986年）	· 第二代空间站，2个对接口 · 这两个空间站分别接待了18艘和11艘载人飞船，分别有33和28人次航天员进站工作
	和平号 （1986—2001年）	· 第三代空间站，共有6个舱段，自发射后除3次短期无人外，站上一直有航天员生活和工作 · 核心舱于1986年2月20日发射
	国际空间站 （1998年至今）	· 俄罗斯提供了1个服务舱、1个功能货舱、3个实验舱 · 1998年开始建造
航天飞机阶段 （1976—1991年）	暴风雪号	· 1988年11月5日进行了一次无人测试飞行，环绕地球飞行了2圈后返回地面

　　除了实际使用的载人航天器外，苏联还设计了一些从未使用的飞船。例如，1965年TKS飞船随着钻石（Almaz）军用空间站计划提出，在完成飞船返回舱测试后，于1979年因空间站计划取消而终止。已经建造的3艘TKS飞船被用于建造后续和平号等空间站。

　　俄罗斯近年来也不断提出新的飞船方案。例如，2004年俄罗斯能源火箭航天公司提出了快船号（Kliper）飞船，快船号由再入回收舱（主舱）、生活居住舱和仪器设备舱（两者又称轨道舱）、逃逸救生系统组成。但是这些新的飞船方案至今尚停留在方案阶段。

1.1.2.3 我国载人航天发展现状

我国从 20 世纪 60 年代后期开始着手载人飞船的研究，1970 年取名曙光号，代号"714"工程。1986 年国家"863"高技术计划实施后，大大促进了我国载人航天的研制。1992 年，我国正式启动载人航天工程。我国载人航天工程分三步走，如图 1-2 所示。

载人航天工程三步走战略的第一步任务是以飞船起步，发射几艘无人飞船和一艘有人飞船，将航天员安全地送入近地轨道，进行适量的对地观测及科学试验，并使航天员安全返回地面，实现载人航天的历史突破。在 4 次无人飞行试验的基础上，我国在 2003 年、2005 年分别发射了神舟五号、神舟六号两艘载人飞船，完成了第一步战略目标。

第二步除继续进行对地观测和空间试验外，重点完成交会对接、出舱活动试验和发射长期自主飞行、短期有人照料的空间实验室，尽早建成我国完整配套的空间工程大系统，解决我国一定规模的空间应用问题。2008 年，我国发射神舟七号载人飞船，突破了出舱活动技术，2011 年至 2013 年，我国通过神舟八号无人飞船、神舟九号和神舟十号两艘载人飞船与天宫一号空间实验室交会对接掌握了交会对接技术，初步完成了第二步目标。2016 年至 2017 年，我国发射了天宫二号空间实验室、神舟十一号载人飞船、天舟一号货运飞船，拉开了我国空间站工程的序幕。

第三步是建造更大的、长期有人照料的空间站。计划在 2020 年前后建成我国自己的空间站。

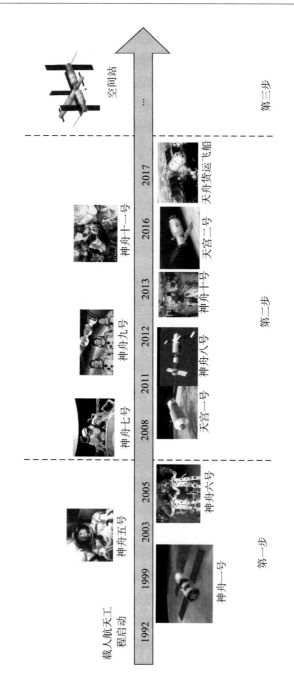

图 1 - 2　我国载人航天发展现状

1.2 系统仿真技术概述

1.2.1 系统仿真概念

仿真（Simulation）一词来源于拉丁语"simulare"，意思是"假装"，即在仿真过程中，模型假装成为真实系统。Fritzson 将仿真定义为基于模型开展的试验（Fritzson，2004）。该定义具有普遍意义，本书也将采用此定义。同时，根据侧重点不同，很多学者给出了仿真的不同定义。Banks 将仿真定义为在一段时间内真实世界或系统过程的模拟（Banks，2009）。该定义强调了仿真模拟的是系统随时间的变化，实际上在载人航天系统仿真中，绝大部分仿真都是与时间紧密相关的，例如神舟飞船飞行仿真、航天员训练仿真等。Velten 将仿真定义为：仿真是一个模型应用的过程，以获得解决系统问题的策略（Velten，2009）。该定义强调了仿真在科学与工程中的应用，载人航天系统仿真就是具有明确工程背景的仿真应用。

模型（Model）在仿真中是一个广义概念，是对所要模仿的对象（包括系统、实体、现象和过程）主要特征的一种物理的、数学的或其他方式的描述，包含数学模型、物理模型等，仿真是基于模型开展的。数学模型按照建立方法不同可分为机理模型（集中参数模型、分布参数模型等）、唯象模型（统计模型、线性回归模型、非线性回归模型、神经网络模型等）和混合模型。

系统（System）在仿真中的含义比较广泛，只要存在和对象相关的问题，而且可以应用仿真方法求解，那么任何对象都可以看作一个系统。Fritzson 提出了系统的定义，系统是需要研究的对象或对象集合（Fritzson，2004）。

1.2.2　系统仿真分类

1.2.2.1　连续系统仿真和离散事件系统仿真

连续系统仿真（Continuous System Simulation）是指系统状态随时间连续变化的仿真。用差分方程描述的离散时间系统仿真也归类为连续系统仿真。离散事件系统仿真（Discrete Event System Simulation）是指系统状态在某些随机时间点上发生离散变化的仿真。

实际仿真时，要根据不同的研究目标建立连续或离散的模型。例如，对于载人航天空间站运营任务，尽管货物和人员补充等是随时间连续进行的，但是如果我们关注的是长达数月甚至数年的长期运营，那么就可以将货物补给、人员补给等看作离散事件，采用离散事件系统仿真方法进行研究。

1.2.2.2　数学仿真、半实物仿真和物理仿真

数学仿真（Mathematical Simulation）就是将系统全部用数学模型来描述，并把数学模型变换为计算机可以运行的仿真模型，在计算机上进行试验研究的仿真。物理仿真（Physical Simulation）要求模型与原系统有相同的物理属性，其优点是能更真实全面地体现原系统的特性，缺点是模型制作复杂、成本高、周期长。半实物仿真又称为半物理仿真或硬件在回路仿真（Hardware in the Loop Simulation，HILS），是将一部分实物接在仿真回路中，用计算机和物理效应设备实现系统模型的仿真。

与 HILS 对应，还有另一种提法，包含 HILS、人在回路仿真（Man in the Loop Simulation，MILS）和软件在回路仿真（Software in the Loop Simulation，SILS）。人在回路仿真是操作/决策人员接入仿真回路的仿真，软件在回路仿真是实际工程软件接入仿真回路的仿真。

1.2.2.3　实时仿真、超实时仿真和欠实时仿真

实时仿真（Realtime Simulation）是仿真时钟与实际物理时钟相同的仿真，当仿真系统中存在物理模型或实物时，通常采用实时仿真，例如航天员训练模拟器。超实时仿真是仿真时钟比物理时钟快的仿真。欠实时仿真是仿真时钟比物理时钟慢的仿真。

仿真试验中，仿真时钟与物理时钟的比值称为仿真加速比。实时仿真的加速比为1，超实时仿真的加速比大于1，欠实时仿真的加速比小于1。

1.2.2.4　确定性仿真和随机仿真

仿真模型中不包含随机变量的仿真称为确定性仿真，仿真模型中具有一个或多个随机变量的仿真称为随机仿真。

1.2.2.5　模拟仿真、数字仿真和数字模拟混合仿真

模拟仿真（Analog Simulation）是采用模拟计算机进行计算的仿真，模拟计算机仿真在1945年至1965年期间得到应用，在20世纪50年代达到顶峰。数字模拟混合仿真是采用模拟和数字计算机联合计算的仿真，20世纪60年代至70年代是数字模拟混合仿真发展的鼎盛时期。数字仿真（Digital Simulation）是采用数字计算机进行计算的仿真，数字计算机仿真在1965年后得到应用，在20世纪70年代中期以后占据了统治地位。

1.2.2.6　集中式仿真和分布式仿真

集中式仿真是指所有模型运行在一台计算机上的仿真。分布式仿真是模型运行在多台计算机上的仿真。

1.2.2.7　实况仿真、虚拟仿真和构造仿真

实况仿真是指真人操作实际系统，例如，现场测试。虚拟仿真是指真人操作仿真系统，例如，坦克驾驶舱仿真器里的人与仿真生成的敌人兵力作战。构造仿真是指仿真的人操作仿真的系统，例如，无人操作的手控交会对接仿真。实况仿真和虚拟仿真必须是实时仿真。

1.2.2.8　其他

除了以上分类之外，在特定领域还有一些其他分类方法。例如，军用作战仿真通常分为工程级、交战级、任务/作战级、战区/战役级四层。

工程级仿真（Engineering）对单武器系统、分系统或组件的性能以及与性能相关的现象进行评估，主要支持武器装备的性能评估（Measures of Performance，MOP）。模型采用高细节等级表达。

交战级仿真（Engagement）用于单平台针对特定目标或威胁的效能评估，主要支持武器装备的系统对系统的效能评估（Measuers of Effectiveness，MOE）。模型具有中等到高等的细节等级，描述一对一、一对多的对抗过程，有时也可以是多对多。

任务/作战级仿真（Mission/Battle）用于对多种部队或多个武器平台执行特定任务的效能进行评估，主要支持兵力对兵力层次的效能评估。模型通常采用低等到中等的细节等级，描述少对少或多对多的对抗。

战区/战役级仿真（Theater/Campaign）用于对联合部队在战区内为期数天到数月的作战情况进行评估，可以在战役层次上进行作战兵力价值和作战方案评估，有时称为战果评估（Measures of Outcome，MOO）。模型通常采用聚合级或较低细节等级，有时仅比电子表格略为详细一点。

1.2.3　系统仿真适用性

仿真技术已经在各技术领域、各学科内容和各工程部门取得广泛应用，仿真的广泛应用归结于其具有以下优点（Law，2007）：

1）大多数复杂、真实的具有随机因素的系统不能用可解析求解的数学模型来精确描述，仿真研究往往是唯一可行的方法。

2）在某些计划的一组运行条件下，仿真可使人们估计一个现有系统的性能。

3）仿真可以用来比较各种建议的系统设计（或一个系统的运行

策略），以观察哪一个更好地满足了需求。

4）在仿真中可以更好地控制试验条件。

5）仿真可以用压缩时间的办法来研究一个长期的系统，或用扩展时间的办法来研究系统的详细工作情况。

但并不是所有系统都适合仿真，Banks（Banks，2005）总结了不适合仿真的规则：

1）当问题可以通过普通方法解决时，则不应使用仿真。

2）当问题可以通过解析解决时，则不应使用仿真。例如简单的轨道外推可以采用二体解析解直接计算。

3）如果直接进行试验更为简便，则不应使用仿真。因为真实系统永远比仿真模型更加准确和全面。

4）如果成本超过仿真节省的开销，则不应使用仿真。因为仿真需要很多阶段，需要耗费大量人力和时间才能完成。

5）如果没有足够的资源或时间，则不应使用仿真。例如仿真成本估计为 2 万元，但只有 1 万元可用。

6）仿真研究一般需要大量的数据，如果无数据可用，则不应使用仿真。

7）如果没有足够的时间或没有人可以检验和验证模型，则不应使用仿真。

8）如果负责人有不合理的预期，例如要求工作过多，没有明确的目标，时间进度要求过快，或者仿真的能力被过高估计，则仿真不适合。

9）如果系统行为太复杂或不可定义，则不适合使用仿真。

1.2.4　系统仿真过程

系统仿真研究的基本步骤如图 1 - 3 所示，各步骤之间还可能会有交叉迭代。

（1）问题定义

通过正式的语言描述问题，明确需要通过仿真解决的问题。

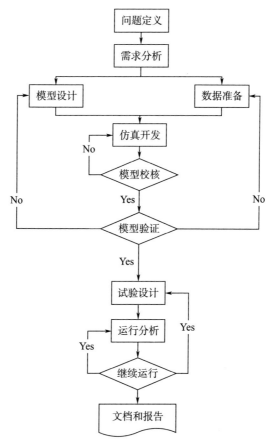

图 1-3　系统仿真研究的基本步骤

（2）需求分析

确立仿真研究的目标和要求，考察采用仿真方法是否可以解决该问题。分析仿真对象系统的构成、边界和环境，辨识系统的实体、属性、状态和行为，明确用于系统性能评价和方案优选的定量指标。形成建模的前提约束和假设条件，明确模型的层次类型、详尽程度、精度指标和适用范围，明确建模的数据需求和数据来源。

（3）模型设计

针对研究目标和需求，按照合理简化的原则，对仿真对象系统进行分解、抽象和简化，采用适当的建模方法，采取数学公式、逻辑流图等形式，对系统的功能、结构和特性进行描述，建立理论模型。选择程序设计语言和开发环境，将理论模型转换为能在计算机上实现的最佳形式。

（4）数据准备

收集模型运行所需的各种数据，包括模型输入数据和仿真验证数据。

（5）仿真开发

确立仿真体系结构，建立模型生成、模型组合、模型解算、运行控制、试验设计、数据统计、指标评估、图形显示等仿真支持系统，将数学模型或理论模型转换为可在计算机上执行的计算机程序或软件。

（6）模型验证与确认

模型验证与确认过程一般称为模型的校核、验证与确认（Verification，Validation and Accreditation，VV&A）。VV&A 的目的是评估模型的可信度（Credibility），即用户对模型的可信任程度。

（7）试验设计

根据试验需求所规定的试验目的，明确试验所应用的仿真背景、试验类型与试验方法，确定试验因子及其变化规律，建立试验指标与模型相应的关联，明确仿真试验的运行次数、运行结束方式和数据采集方案。

（8）运行分析

运行仿真模型，进行仿真试验并收集仿真模型产生的仿真试验数据，对数据进行分析和处理。

（9）文档和报告

仿真任务完成后，一般应包含以下文档：模型、程序、研制过程和试验分析文档。

1.3　载人航天系统仿真

载人航天系统仿真可分为部件级、系统级、任务级和战略级四个层次，本节重点针对系统级和任务级仿真介绍国内外发展现状。按照层次划分载人航天训练仿真可归入系统级和任务级中，但考虑到航天员训练在载人航天仿真中的重要性，因此单独安排一小节进行介绍。

1.3.1　载人航天系统仿真层次

军事作战仿真通常分为工程级、交战级、任务/作战级、战区/战役级四层。与军事作战领域类似，载人航天领域也是一个典型的多层次仿真领域。由于仿真层次不同，导致仿真的目标也不同，因此需要采用不同细节程度的模型。载人航天系统建模与仿真大致可划分为部件级、系统级、任务级和战略级四个层次，如图 1-4 所示。层次较高的仿真对载人航天战略计划作整体安排，而层次较低的仿真则包含具体的航天器仿真试验。

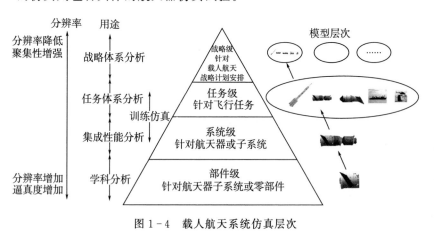

图 1-4　载人航天系统仿真层次

部件级、系统级、任务级和战略级四个层次的模型抽象程度不同。一般更高层次的建模与仿真应以低层次的模型为基础，低层次的模型通过直接组装或聚合形成高层次的模型。以火箭仿真模型为例，战略级仿真中火箭发射建模为一个离散事件，任务级仿真中通常建立火箭上升段的动力学、控制等模型，重点关注火箭飞行及入轨参数，系统级仿真中则关注火箭控制系统、发动机、增压输送系统、箭体质量特性等火箭总体相关模型，部件级仿真则关注结构、电、热、气动等学科模型及零部件模型。

1.3.1.1　部件级仿真

部件级（Element）仿真对载人航天器子系统或零部件的性能等进行评估。模型通常采用高细节等级表达。部件级仿真主要包括气动力仿真、动力系统仿真、结构系统仿真、控制系统仿真、大气环境仿真、热防护仿真等。部件级仿真大量借助商业软件进行，例如气动力仿真的 Fluent、结构分析的 Nastran 和 Ansys、热分析的 Flotherm、机械运动仿真的 Adams、机械 CAD/CAE 分析的 Pro/E 和 CATIA、控制系统仿真的 MATLAB/Simulink。

部件级仿真中，仿真模型从物理学基本原理出发，以较高的精度描述航天器子系统或零部件的内在物理性质，例如气动、结构、热、电磁，以及部件的质量、转动惯量、尺寸等特性。

1.3.1.2　系统级仿真

系统级（System）仿真对载人航天器或其子系统的性能以及与性能相关的现象进行评估。模型通常采用较高细节等级表达。系统级仿真根据各子系统间的耦合模型建立飞行器总体级、多学科仿真验证模型，重点开展各分系统间的耦合性能验证，验证总体指标分解的正确性，并评估飞行器性能是否满足总体任务要求。例如航天器控制系统半实物仿真、航天员训练专项模拟器等。

系统级仿真中，仿真模型重点从仿真目的出发，建立多物理场耦合、多子系统联合仿真模型，重点关注飞行器子系统的耦合和接口。

1.3.1.3　任务级仿真

任务级（Mission）仿真针对某一特定飞行任务，评估分析载人航天工程系统完成飞行任务的能力。模型通常采用中等细节等级表达。例如，运载火箭、载人飞船、测控通信、航天员等共同参与的联合仿真。

任务级仿真中，仿真模型不需要反映航天器内部机、电、热等细节，重点关注系统间接口协调性。

1.3.1.4　战略级仿真

战略级（Campaign）仿真针对某一载人航天计划，评估分析载人航天计划整体安排的合理性。模型通常采用较低细节等级表达。例如，载人空间站全寿命周期内的货物补给、人员轮换、试验安排仿真，载人登月方案总体论证仿真等。

战略级仿真中，可以将火箭发射、货船补给、试验安排等建立为离散事件模型，采用离散事件仿真方法对整个寿命周期进行仿真分析。载人航天不同层次仿真特点如表 1 - 3 所示。

表 1 - 3　载人航天不同层次仿真特点

	部件级	系统级	任务级	战略级
研究对象	飞行器子系统或零部件。例如 Orion 飞船乘员舱、神舟飞船推进舱、Ares 火箭逃逸飞行器等	飞行器或子系统。例如 Orion 飞船、Ares 火箭、神舟飞船、长征火箭等	飞行任务。例如龙飞船与 ISS 交会对接飞行任务、我国神舟飞船交会对接飞行任务等	载人航天计划。例如美国星座计划、我国载人空间站计划等
模型详细程度	细化到单个零部件及相关物理现象	单个实体或详细的子系统	某种程度聚合或单个实体	高度聚合，也包括单个飞行器（飞船、火箭等）
仿真用途	工程学科分析。包括热、能源、结构、费用、质量、尺寸、推进、气动等	飞行器或部件集成性能分析。包括各部件间的耦合性能验证、部件指标验证、飞行器性能分析等	任务分析。包括需求评估、灵敏度分析、接口匹配性分析等	载人航天任务战略体系分析。包括系统需求定义、系统体系结构分析、经济可行性分析等

1.3.2 载人航天系统级仿真发展

载人航天系统级仿真是在载人航天器方案论证、工程研制阶段开展的仿真活动，关注重点是航天器或其分系统。

1.3.2.1 美国载人航天系统级仿真

美国很早就注重载人航天中的系统级仿真技术运用，例如阿波罗号登月期间，就开发了用于飞船制导计算机验证的全数字仿真软件（Glick，1970）。在多年发展中，形成了以美国 NASA 各中心为主，大学和商业公司为辅的载人航天系统级仿真发展环境。美国的载人航天系统级仿真有三个特点：一是逐渐形成了系列通用软件；二是商业软件和自由软件发展活跃；三是注重将虚拟现实等最新技术应用到载人航天系统级仿真中。

美国 NASA 约翰逊航天中心（Johnson Space Center，JSC）开发了 Trick 仿真开发环境（Paddock，2003），提供了快速开发、集成和操作仿真的一个软件工具集。建立 Trick 的目的是为用户提供通用仿真能力，使领域专家能够将精力集中到领域模型建立上。基于 Trick，约翰逊航天中心建立了自动转移飞行器（Automated Transfer Vehicle，ATV）、H - Ⅱ 转移飞行器（H - Ⅱ Transfer Vehicle，HTV）、乘员返回飞行器（Crew Return Vehicle，CRV）、进步号与国际空间站交会仿真系统（Siebold，2002）。图 1 - 5 为基于 Trick 开发的交会对接仿真系统。

美国 NASA 喷气推进实验室（Jet Propulsion Laboratory，JPL）开发了高逼真度实时动力学仿真包（DARTS Shell，DSHELL），它将柔性多体动力学计算引擎（Dynamics Algorithms for Real - Time Simulation，DARTS）和各种执行结构和敏感器的模型库集成为一个仿真环境，可方便与飞行软件和硬件连接（Biesiadecki，1997）。基于 DSHELL，JPL 和加州理工学院联合开发了自主航天器测试环境（Autonomy Testbed Environment，ATBE），用以支持各种平台的航天器仿真（Biesiadecki，1996）。ATBE 可支持航天器不同阶段

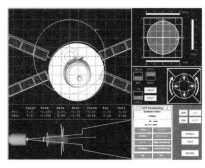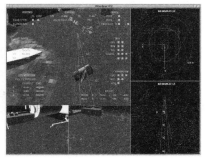

图 1-5　基于 Trick 开发的 ATV、HTV 与 ISS 交会对接仿真系统

的仿真需求，支持从功能模型到高逼真度模型的平滑升级，提供模型状态的可视化、数据监视和绘图工具。JPL 还利用 DSHELL 开发了进入、下降与着陆仿真器（Dynamics Simulator for Entry, Descent, and Surface Landing, DSENDS）来研究火星着陆（Striepe，2006）。

美国 NASA 戈达德航天飞行中心（Goddard Space Flight Center，GSFC）开发了一般任务分析工具（General Mission Analysis Tool，GMAT），并将其开源。

除了美国 NASA 各中心开展的载人航天仿真以外，美国商业软件和自由软件也非常活跃。

在商业现货航天专业软件方面，出现了多个成熟的软件，其中最著名的是美国 AGI 公司的卫星工具箱软件（Satellite Tool Kit, STK）。STK 包含高精度轨道预报（High Precision Orbit Propagator，HPOP）、姿态分析（Attitude）、覆盖分析（Coverage）、轨道机动工具（Astrogator）等多个模块，采用批处理模式计算，具有多种集成接口，包括 Connect 模块和 COM 接口。STK 集成了多个公司的优秀产品，例如其 Astrogator 模块最早是 1989 年计算机科学公司 CSC 为 NASA 戈达德航天飞行中心开发的一款航天动力学软件 Swingby。Swingby 应用于 Clementine、WIND、SOHO 等多个发射任务（Sharer，1995；Dunham，1992）。

1994 年，CSC 与 AGI 公司合作进一步发展该程序，并更名为 Navigator 进行商业化拓展。同年，应 GSFC 要求，AGI 将 Swingby 更名为 Astrogator 集成进 STK。目前，STK 已经更名为系统工具箱（System Tool Kit，STK）。

除了 STK 以外，还有多个商业现货航天专业软件产品。A. I. Solutions 公司推出了一款航天动力学软件 FreeFlyer，该软件具有拖拽功能并为用户提供解决方案，可用于轨道和姿态仿真动力学实时处理、卫星覆盖和可见性分析、卫星机动编队构形及空间碎片避撞分析等。FreeFlyer 采用动力学单步推进，通过图形用户界面配置参数，进行资源调度，可集成新的算法和模型，也可与其他软件系统集成运行。普利斯顿卫星系统（PSS）利用 Matlab 脚本文件开发了航天器控制工具箱 MSS 用于控制系统辅助设计。SAIC 公司开发了卫星星座综合软件 SATCOS，用来辅助设计网络通信应用卫星星座，优化卫星星座的全局覆盖和网络约束能力。Star 技术公司开发了航天器设计工具（Spacecraft Design Tool，SDT），SDT 是一个基于 .Net 的仿真架构，用于在任务设计阶段对航天器进行仿真与分析，同时也可以在半实物仿真中提供实时航天运动学/动力学、地球环境、敏感器/执行机构模型（Strunce，2006）。SDT 目前用于美国空军研究实验室（AFRL）的敏捷空间试验台，该试验台包括 FlatSat 集成单元、敏捷卫星演示单元、敏捷电子技术单元三部分，如图 1-6 所示。

在自由航天软件方面，Schweiger 将真实行星运动模型、航天动力学以及引力场、大气场环境模型与外部面向任务的高度定制化功能结合，推出航天动力学演示软件 Orbiter。该软件采用插件机制，各种航天任务和飞船都可以制作成插件加入 Orbiter 软件中，用以模拟飞船驾驶过程。JAT 航天动力学项目组发布了利用 Java 编写的航天动力学工具箱 JAT（Java Astrodynamics Toolkit），为用户提供航天动力学、任务设计、航天器导航制导控制等方面的程序库，用户可据此开发软件，具有形式灵活、研发周期短等特点。美国维吉尼

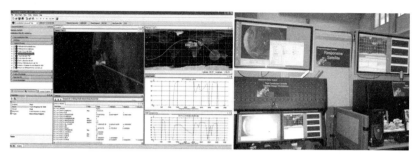

图 1 - 6　运行 TacSat 卫星任务的 SDT

亚技术研究州立大学的 Turner 开发了一款开源可扩展航天仿真建模软件（The Open - Source, Extensible Spacecraft Simulation And Modeling Environment, Open - SESSAME），涵盖了常用的数值算法、坐标转换、航天动力学、高精度预报算法、引力体模型及摄动模型，同时具有系统与硬件间的网络通信、系统级模型管理等部分功能（Turner, 2003）。美国航天标准与创新中心的 T. S. Kelso 发布了 TrakStar、SGP4 Pascal Library 等软件，并在 CelesTrak 网站上持续发布两行轨道根数形式的卫星星历数据。

在半实物仿真方面，美国也构建了多套设施。NASA 约翰逊航天中心建设了气浮平台（Air Bearing Floor, ABF）、六自由度测试系统（Six - Degree - of - Freedom Test System, SDTS）和主动响应重力抵消系统（Active Response Gravity Offload System, ARGOS）。ABF 用于交会对接测试，面积为 20 m×30 m，采用环氧树脂地面，如图 1 - 7 所示。SDTS 用于在轨对接系统测试，可以对两个物体在自由空间的接触进行高精度仿真，其有效运动行程为 1.52 m，如图 1 - 8 所示。ARGOS 用于月面、火星或微重力环境模拟，如图 1 - 9 所示。美国海军研究生院建立了航天器逼近导航控制测试台，用于逼近操作半实物仿真（Romano, 2006）。

图 1-7　气浮平台

图 1-8　六自由度测试系统

图 1 - 9　主动响应重力抵消系统

　　美国最新的载人航天系统级仿真典型代表是由 JSC 开发的系统工程仿真器（Systems Engineering Simulator，SES）。SES 由采用虚拟现实技术的三个穹顶（Alpha 穹顶、Beta 穹顶和 Mini 穹顶，其中两个穹顶如图 1 - 10 所示）和可更换的模拟舱组成，是空间站和载人飞船研究的重要工具，可对飞船上升、在轨运行和进入、在轨任务操作等各阶段进行实时、人在回路仿真，其主要特性如表 1 - 4 所示。

图 1 - 10　SES 的 Alpha 穹顶和 Mini 穹顶

表 1 - 4　系统工程仿真器主要特性

名称	描述
支持航天器	ISS,HTV,Dragon,Cygnus,Orion,空间探索飞行器(Space Exploration Vehicle)
场景	发射上升,在轨操作,交会对接,机械臂抓捕与停泊,下降着陆
可视化系统	SES 的穹顶采用多个投影仪提供广视角图像,采用了以下图形软件包: Enigma (AGEA), DOUG, EDGE (Engineering DOUG Graphics for Exploration),OpenSceneGraph Alpha 穹顶参数:水平视角 180°,垂直视角 −30°到 105° Beta 穹顶参数:水平视角 240°,垂直视角 −60°到 120° Mini 穹顶参数:水平视角 160°,垂直视角 −30°到 30°
环境模型	六自由度多体运动模型,引力模型,太阳和月球星历模型,逼近操作羽流影响模型,启动模型
国际空间站	RCS(Reaction Control System)和控制力矩陀螺(CMG)姿态控制系统,考虑柔性动力学的空间站加拿大机械臂(SSRMS)动力学,通用停靠机构接触动力学和锁定模型,可演示窗外视景的 ISS 模拟舱
Orion	Orion 模拟舱,Orion 制导导航控制(Guidance,Navigation and Control, GNC)系统,Orion RCS 系统

1.3.2.2　欧洲载人航天系统级仿真

欧洲的载人航天系统级仿真主要是围绕自动转移飞行器 ATV 展开的。ATV 是欧洲为 ISS 研制的货运飞船,于 2008 年首次发射。

欧空局开发了实时仿真框架 EuroSim。EuroSim 是一个可配置的仿真工具，支持人在回路或硬件在回路的实时仿真，可方便地重用已有的仿真模型。EuroSim 提供了 MOSAIC（Model - Oriented Software Automatic Interface Converter）工具，可以将 Matlab 和 MATRIXx 模型自动转换为 EuroSim 或 SMP（Simulation Model Portability）标准模型。自 1996 年发布以来，EuroSim 已被应用到包括 ATV 在内的多个载人航天仿真系统中。

ATV 非实时仿真器的模型采用 Matlab/Simulink 开发，用于非实时仿真时采用 Matlab/RTW 工具转换为独立软件运行，用于实时仿真时则需要兼容 EuroSim 标准，能够采用 MOSAIC 软件转换后利用 EuroSim 集成（Blachere，2003）。

为了 ATV 半实物仿真验证，欧洲宇航防务集团（EADS）建设了 ATV 功能仿真设施（Functional Simulation Facility，FSF），FSF 完全采用 ATV 硬件搭建而成，结合飞行模型可以对整个飞行阶段进行仿真（Flagel，2006），如图 1 - 11 所示。德国航天局（DLR）在 20 世纪 90 年代开发了欧洲逼近操作仿真器（European Proximity Operations Simulator，EPOS），用于 ATV 和 HTV 与国际空间站交会对接的仿真测试（Krenn，1999）。2010 年左右，DLR 利用两个工业机器人对 EPOS 进行了升级（Ma，2012），称其为新欧洲逼近操作仿真器，如图 1 - 12 所示。EPOS 和 FSF 底层都采用 EuroSim 软件实现。

除了 ATV 相关系统级仿真，欧洲还开展了其他仿真研究。EADS 利用气动仿真技术改进产品设计（Rieger，2003）。欧洲 Gaia 卫星项目开发了用于姿态动力学仿真的模型包（Dynamical Attitude Model，DAM）（Keil，2011）。法国达索公司开发了出舱活动设计仿真工具 OASIS，用于出舱活动时的人机界面设计（Berthier，1990）。意大利罗马大学建立了卫星能源系统模型，并采用 Matlab/Simulink 建立了仿真工具（Colombo，1997）。荷兰代尔夫特理工大学开发了六自由度非线性再入飞行仿真软件（General Simulation for Atmospheric Re - entry Dynamics，GESARED），用于 CRV/X - 38 再入飞行仿真（Wu，2001）。德国航天研究所开发了动力学系统仿

图 1 - 11　ATV 功能仿真设施

图 1 - 12　新欧洲逼近操作仿真器

真软件（Dynamics System Simulation，DySyS），用来对卫星系统进行建模与仿真（Matthias，2010）。DySyS 采用 SysML 语言对卫星进行建模，然后生成 C＋＋语言仿真框架。德国应用空间技术与微重力中心 ZARM 开发了高性能卫星动力学仿真器（High Performance Satellite Dynamics Simulator，HPS），用来对 MICROSCOPE 任务进行建模与仿真分析（Bremer，2011）。HPS 基于 Matlab/Simulink 开发，包含动力学、环境、简单的敏感器和执行结构等模型。欧洲发展了基于视觉的导航分析工具（Vision - Based Navigation Analysis Tool，VBNAT）（Bodineau，2006），基于激光雷达的导航分析工具（LIDAR - Based Navigation Analysis Tool，LBNAT）（Sembley，2005），精确着陆 GNC 测试台（Precision Lander GNC Test Facility）（Guizzo，2008）。斯图加特大学空间系统研究所应用 Astrium 公司的 MDVE（Model - based Development and Verification Environment）仿真平台开展了小卫星仿真（Fritz，2009），如图 1 - 13 所示。

图 1 - 13　空间系统研究所的 MDVE

1.3.2.3　我国载人航天系统级仿真

我国载人航天工程历来注重仿真技术的应用。在运载火箭研制中，对逃逸飞行器进行了大量仿真（李东旭，2003）。在交会对接技术研究中，研制了交会对接飞行任务仿真系统，对交会对接进行全过程联合仿真（张柏楠，2014），研制了九自由度半实物仿真验证系统，对载人飞船与目标飞行器交会对接敏感器、控制系统等关键技术进行验证（石磊，2014），如图 1-14 所示。在飞船对接机构研制中，研制了对接缓冲试验台，采用气浮平台加两轴转台的全物理模拟方案，对对接过程进行全物理仿真，如图 1-15 所示；研制了对接综合试验台，对对接过程进行半实物仿真（张崇峰，2014），如图 1-16 所示。在天宫一号研制中，采用数学仿真、半实物仿真、全物理仿真三种方式对控制力矩陀螺控制系统进行了验证（张锦江，2014），如图1-17 所示。

图 1-14　九自由度半实物仿真验证系统和人控实时图像显示

图 1 - 15　对接缓冲试验台

图 1 - 16　对接综合试验台

图 1 - 17　天宫一号姿态控制系统全物理仿真系统

1.3.3　载人航天任务级仿真发展

随着载人航天技术的发展，特别是国际空间站等国际合作项目的开展，采用分布式仿真等技术开展多个系统间的任务级仿真日益得到重视。

1.3.3.1　美国载人航天任务级仿真

在星座计划实施过程中，NASA 开展了星座计划建模与仿真（Constellation Program Modeling and Simulation）计划，并计划应用其对整个系统及组成部分的成本、风险、性能以及可靠性进行分析和评估，从而达到降低成本和风险、提高系统性能和可靠性的目的。该计划的核心包括三个部分：1）综合工程模型，主要是用来实现星座计划的各个功能模块的数字化仿真，例如用户开发模型、多方案比较功能、基本分析功能等；2）分布式空间探索仿真系统（Distributed Space Exploration Simulation，DSES），该系统支持多系统、多节点联合式仿真，能够支撑各个单位之间的分布式仿真和离散事件仿真；3）月球表面操作仿真，主要包括月球表面的各种任务操作以及月表和环月轨道高保真拓扑数据系统。

　　美国 NASA 约翰逊航天中心和日本 JAXA 在 2003 年开展了分布式仿真项目（DIstributed Simulation，DIS），DIS 项目的目的是建立一个用于 HTV 飞行程序开发和训练，以及 HTV 和国际空间站的逼近操作运营的分布式仿真系统，该项目由日本筑波的 HTV 部件和约翰逊航天中心的 ISS 部件连接而成（Lauderdale，2003），如图 1-18 所示。DIS 的相关经验和技术已被应用至 DSES 项目。

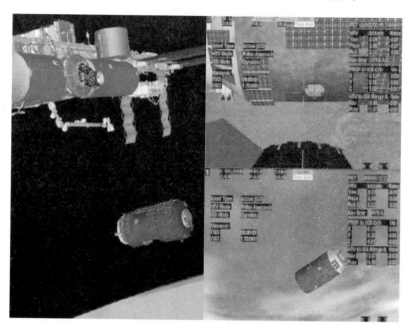

图 1-18　DIS 项目的 HTV 交会仿真

　　星座计划建模与仿真中的分布式空间探索仿真主要进行星座计划中各个航天系统之间协作分布仿真，为整个星座计划提供技术支撑（Crues，2007），如图 1-19 所示。该项目最开始的参加单位包括约翰逊航天中心（Johnson Space Center，JSC）、艾姆斯研究中心

（Ames Research Center，ARC）和兰利研究中心（Langley Research Center，LaRC），后期又加入了马歇尔航天飞行中心（Marshall Space Flight Center，MSFC）、肯尼迪航天中心（Kennedy Space Center，KSC）、格伦研究中心（Glenn Research Center，GRC）、戈达德航天飞行中心（Goddard Space Flight Center，GSFC）和 JPL、斯坦尼斯航天中心（Stennis Space Center，SSC）和 NASA 总部（Headquarters，HQ）等。

DSES 选择 HLA 作为仿真交互中间件（Hasan，2008），并应用了约翰逊航天中心的 Trick 仿真开发环境、兰利研究中心的实时仿真标准框架（Langley Standard Real – Time Simulation in C++，LaSRS）（Leslie，1998；Madden，2004）等。

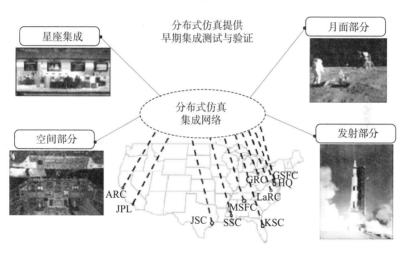

图 1 - 19　DSES 项目连接图

2006 年，DSES 项目成功进行了 Orion 和 Ares 火箭的分布式仿真（Chung，2007），如图 1 - 20 和图 1 - 21 所示。系统包括四个仿真联邦成员，Ares 火箭仿真在 MSFC，Orion 仿真在 JSC，Orion 发射逃逸系统仿真在 LaRC，成员交互仿真在 ARC。2007 年 10 月，DSES 重新命名为一体化任务仿真（Integrated Mission Simulation，IMSim）。

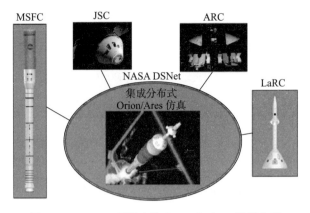

图 1 - 20   DSES 项目中的 Orion 和 Ares 发射仿真

图 1 - 21   DSES 项目中 Orion 发射、对接、环月的仿真场景

在星座计划的研发和实施过程中，NASA 建立了一套离散事件仿真系统（Steele，2011），用于对飞行过程中的离散事件进行仿真，以支撑空间站、月球以及深空探测的开发和研究。该系统的研发分为两个阶段：第一阶段时间为 2008 年 5 月到 2009 年 4 月，主要针对 Ares I 火箭和 Orion 飞船进行系统研发；第二阶段时间为 2009 年 5 月到 2009 年 10 月，主要对国际空间站模型进行开发。

1.3.3.2   欧洲载人航天任务级仿真

1998 年至 1999 年，欧空局开展了交会对接分布交互仿真项目（Distributed Interactive Simulation for Rendez - Vous Mission，DIS - RVM），目的是演示验证分布式仿真技术支持 ATV 与 ISS 交

会对接项目的能力。DIS - RVM 项目采用 HLA 标准连接法国宇航公司、德国的 D3 集团、荷兰的欧洲空间研究与技术中心和俄罗斯的加加林航天训练中心。

1998 年至 1999 年，欧空局开展了 ATV 分布式仿真演示项目（Automated Transfer Vehicle Distributed Simulation Demonstration，ATV - DSD），如图 1 - 22 所示，演示包含硬件在回路的分布式仿真的可行性与经济性，并为欧洲网络分布交互仿真（European Distributed Interactive Simulation Over Network，EDISON）项目打下基础。ATV - DSD 采用名为 JAMES 的 ATM 网络连接法国宇航公司的 ATV 功能仿真设施（FSF）和德国航天局的欧洲逼近操作仿真器（EPOS）。

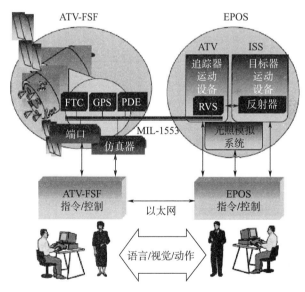

图 1 - 22　ATV - DSD 项目示意图

2000 年，欧空局开展了 EDISON 项目。EDISON 项目的目的是将欧洲各个与 ATV 相关的仿真设备通过广域网连接起来，实现硬件在回路、人在回路、数学模型在回路的联合仿真。EDISON 项目涉及 4 个国家的 9 个公司和实验室，包括法国宇航公司、意大利阿莱尼亚航天公司（Alienia Aerospazio）、意大利 Italdesign‐Giugiaro 公司、德国 D3 集团、法国 Silicon Worlds 公司、荷兰 Fokker Space 公司、德国航天局、德国斯图加特大学超级计算中心、法国巴黎大学 LIP6 研究实验室。基于 EDISON，欧洲开展了 ATV 硬件在回路仿真（Michel，2000）和人在回路仿真（Vankov，2000）。

1.3.3.3　我国载人航天任务级仿真

在我国载人航天工程实施中也建立了若干跨工程系统的仿真系统。特别是在 2010 年，由载人航天工程大系统总体组织，建成了载人航天交会对接全系统联合仿真系统。集成了航天员、载人飞船、运载火箭、测控通信和空间实验室 5 个工程系统的任务规划软件，将包括航天员、地面飞控人员在内的实际任务人员纳入仿真回路，并新开发了仿真平台、动力学仿真、遥外测数据生成等仿真软件。该系统是我国航天领域首个大系统级全任务闭环仿真系统，在我国载人航天交会对接任务中得到了成功应用，提高了任务实施成功率（周建平，2013）。

1.3.4　载人航天训练仿真发展

飞行训练仿真最早开始于航空领域。公认的现代飞行训练仿真的创始人是 Edwin Link，他在 20 世纪 20 年代后期开发出一款飞行模拟训练设备，能够在地面上完成相当一部分仪表飞行训练科目（Rolfe，1986）。Baarspul 回顾了航空领域中飞行训练仿真技术的发展历史和关键技术（Baarspul，1990），Allerton 详细介绍了飞行训练仿真技术的原理（Allerton，2009）。

载人航天领域中，飞行仿真已被证明是最好的甚至是唯一的训练航天员的方法。美、俄在多年载人航天飞行中建立了一系列航天员训练模拟设备。欧洲和日本也建立了航天员训练中心，但相应的航天飞行训练设备比美、俄要少，主要依赖美、俄进行航天员的训练。例如欧洲研制了欧洲机械臂仿真设备（European Robot Arm

Simulation Facility，ESF），用来支持机械臂设计和辅助航天员操作训练（Van Woerkom，1995）。

1.3.4.1 美国载人航天训练仿真

美国在早期的水星号、双子星座号、阿波罗号计划中，共使用了 30 多种模拟器（Slayton，1968），其中的典型代表是交会对接仿真器（Rendezvous Docking Simulator，RDS）。RDS 建于 1963 年，是由美国兰利研究中心负责设计研制的全尺寸动力学仿真设备，如图 1-23 所示。可用于各种航天器在手动控制下的对接研究，也可作为航天员交会对接培训仿真器。

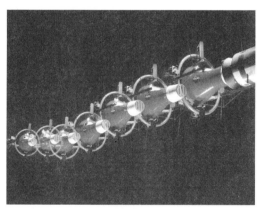

图 1-23 交会对接仿真器

RDS 由顶部的桁架和钢丝悬挂的万向节系统组成。桁架实现三自由度平移。万向节由液压驱动实现三自由度的旋转。因此，航天员可以控制飞行器实现六自由度的运动。机构的运动由地面的模拟计算机进行闭环控制。航天员的控制被输入计算机，由计算机提供伺服机构的运动命令。RDS 的尺寸为 210 ft×15 ft×40 ft（长×宽×高）。

阿波罗计划完成后，RDS 去除了阿波罗指令舱，安装了一个改造的飞机座舱，用来进行开环、闭环情况下的飞行员控制仿真、飞机着陆接近、仿真器确认等研究，并改名为实时动力学仿真器（Real - Time Dynamic Simulator）。

RDS 对于训练双子星座号和阿波罗飞船上的航天员起到了重要作用。现在，RDS 已经不再使用，保留在美国兰利研究中心。

在航天飞机和国际空间站阶段，美国研制了系列训练模拟器，主要包括 20 世纪 70 年代建造的航天飞机任务仿真器（Shuttle Mission Simulator，SMS）、20 世纪 80 年代建造的空间飞行器模拟舱设备（Space Vehicle Mockup Facility，SVMF）等，如图 1 - 24 所示。美国航天飞机和国际空间站主要训练模拟器如表 1 - 5 所示。

图 1 - 24　空间飞行器模拟舱设备

表 1 - 5　美国航天飞机和国际空间站的主要训练模拟器

	名称	描述
航天飞机任务仿真器	运动基仿真器（Motion Base Simulator，MBS）	六自由度模拟器，可模拟俯仰、滚动、偏航、振动等
	固定基仿真器（Fixed Base Simulator，FBS）	固定仿真器，用于航天员操作训练

续表

名称	描述
空间飞行器模拟舱设备	
空间站模拟舱训练设备 （Space Station Mockup and Training Facility, SSMTF）	空间站全尺寸高精度模拟舱，用于训练航天员，确认操作程序。包括命运号美国实验舱、日本实验舱、欧洲哥伦布舱、节点舱等
高精度气浮设备 （Precision Air Bearing Facility, PABF）	提供二维平面（10 m×7 m）上的三自由度无重力环境，用于航天员出舱活动等训练
部分重力模拟器 （Partial Gravity Simulator, POGO）	提供部分重力环境，例如月球引力等，由上下向伺服机构、水平向气浮机构、万向节组成
全机身训练器 （Full Fuselage Trainer, FFT）	航天飞机全尺寸模拟器，不含机翼，用于航天飞机测试与航天员出舱活动等训练，建于 20 世纪 70 年代
乘员舱训练器 （Crew Compartment Trainer, CCT）	航天飞机乘员舱模拟器，主要用于航天员在轨操作训练
乘员舱训练器 II （Crew Compartment Trainer II, CCT II）	新的航天飞机乘员舱模拟器，可模拟发射、着陆等 7 种飞行姿态

SMS 位于 JSC，建于 1977 年，花费了 1 亿美元。它提供发射、上升、轨道运行、交会、对接、处理有效载荷、分离、离轨、再入、接近、着陆的高逼真度的仿真能力。这个独一无二的仿真器能够模拟主要发动机和固体火箭助推器的性能。SMS 主要由 MBS 和 FBS 组成，两者都安装了和真实的航天飞机一样的控制、显示设备。

MBS 是航天飞机动力学研究的高逼真度仿真器。它配置有指令长和操作员座位，可以像真实的航天飞机一样俯仰、滚动、偏航、振动，具有六个自由度。MBS 的特殊俯仰框架允许俯仰 90°来模拟加速上升，如图 1-25 所示。

图 1-25　航天飞机运动基仿真器

FBS 是另一个高逼真度仿真器，配置指令长、操作员、任务专家和载荷操作员座位。它不模拟运动，但是具有导航、交会、遥操作和预备将来进行载荷活动的载荷操作系统。航天员可以通过一个舱口进入。在长期的任务仿真中，里面提供了水和食物。

MBS 和 FBS 的可视化仿真通过四个独立的数字图像生成（Digital Image Generator，DIG）系统来提供。DIG 可以演示航天飞机发射前到着陆的整个过程的图像。在控制台的教练员能够决定系统的故障情况或者其他航天员必须面对的环境，共有 6 800 种故障仿真供使用。

1.3.4.2　苏联/俄罗斯载人航天训练仿真

苏联/俄罗斯随着载人飞船型号的变化，相应的训练模拟器也不断出现。东方号、上升号、联盟号都建立了相应的模拟器。联盟号固定基全任务训练模拟器位于加加林航天员训练中心，可模拟联盟飞船起飞前、入轨、与空间站对接、太空飞行以及飞船降落的各种场景，如图 1-26 所示。中间为 1∶1 大小的联盟飞船模拟舱，航天员可坐在飞船里面，周围是仿真计算和通风设备。该模拟器的图像由一个包含和平号空间站缩小模型的机构和一个可以移动的相机产生，它们在对接仿真中可以产生接近空间站的图像。

图 1-26 联盟号固定基全任务训练模拟器

联盟号交会对接训练模拟器是更现代的仿真器，它利用计算机来产生图像，主要用来训练航天员的交会对接操作，如图 1-27 所示。

图 1-27 联盟号交会对接训练模拟器

1.3.4.3　我国载人航天训练仿真

　　我国自开展载人航天工程任务以来，也逐步建立了航天飞行训练模拟器体系。2002 年建立了我国第一台飞船固定基全任务飞行训练模拟器，用于载人飞船全飞行任务阶段的航天员训练，如图 1-28 所示。2008 年年初完成了我国第一台出舱活动程序训练模拟器研制，并建立了专门的手控交会对接模拟器（晁建刚，2008），如图 1-29 所示。

图 1-28　飞船固定基全任务飞行训练模拟器

图 1-29　手控交会对接模拟器

参 考 文 献

[1] ALLERTON D. Principles of flight simulation. John Wiley & Sons Ltd., 2009.

[2] BAARSPUL M. A review of flight simulation techniques. Prog Aerospace Sci, 1990, 27 (1): 1 - 120.

[3] BANKS J, CARSON II, NOHN S, et al. Discrete - event system simulation. 4th ed. Pearson Education Inc. , 2005.

[4] BANKS J. Handbook of simulation. EMP Books, 2009.

[5] BERTHIER S, MIGINIAC R, FREI W. Simulation by personal workstation for man - machine interface design. Acta Astronautica, 1990, 21 (6/7): 385 - 390.

[6] BIESIADECKI J, JAIN A. A reconfigurable testbed environment for spacecraft autonomy. Simulators for European Space Programmed, 4th Workshop, Noodwijk, The Netherlands, 1996, 10.

[7] BIESIADECKI J, HENRIQUEZ D, JAIN A. A reusable, real - time spacecraft dynamics simulator. 6th Digital Avionics Systems Conference, Irvine, CA, October 1997.

[8] BLACHERE H, VELTA C, BERTHELIER D. Non real - time simulator dedicated to ATV GNC nominal algorithms validation. AIAA Modeling and Simulation Technologies Conference and Exhibit, Austin, Texas , 2003.

[9] BODINEAU G, SEMBELY X. VBNAT: a European platform for descent and landing simulation and GNC prototyping//Proceedings of the 3rd International Workshop on Astrodynamics Tools and Techniques. The Netherlands, October 2006.

[10] BREMER S, LIST M, SELIG H, et al. Modelling and simulation of the space mission MICROSCOPE. Acta Astronautica, 2011, 68 (1/2): 28 - 33.

[11] CHUNG V I, CURES E Z, BLUM M G, et al. An orion/ares I launch

and ascent simulation: one segment of the distributed space exploration simulation (DSES) . AIAA Paper 2007 – 6625.

[12]　COLOMBO G, GRASSELLI U, DE LUCA A, et al. Satellite power system simulation. Acta Astronautica, 1997, 40 (1): 41 – 49.

[13]　CRUES E Z, BLUM M G, CHUNG V I, et al. The distributed space exploration simulation (DSES) . NASA Technical Reports No. 20070006475, 2007.

[14]　DUNHAM D W. Transfer trajectory design for the SOHO libration – point mission. The 43rd Congress of the International Astronautical Federation, Washington D. C. , USA, IAF – 92 – 0066, 1992.

[15]　FLAGEL P. Benefits from early system validation tests on ATV program. SpaceOps 2006 Conference, 2006.

[16]　FRITZ M, FALKE A, KUWAHARA T, et al. A commercial procedure execution engine completing the command chain of a university satellite simulation infrastructure. Acta Astronautica, 2010, 66 (5/6): 950 – 953.

[17]　FRITZSON P. Principles of object oriented modeling and simulation with Modelica 2. 1. John Wiley & Sons, Ltd. , 2004.

[18]　GLICK F K, FEMINO S R. A comprehensive digital simulation for the verification of apollo flight software. AIAA 8th Aerospace Scienses Meeting, New York, 1970.

[19]　GUIZZO G P , BERTOLI A, TORRE A D, et al. Mars and Moon exploration passing through the European precision landing GNC test facility. Acta Astronaut, 2008, 63 (1/2/3/4): 74 – 90.

[20]　HASAN D. NASA constellation distributed simulation middleware trade study. NASA Technical Report, No. 20080009738, 2008.

[21]　KEIL R, RISQUEZ D, LEEUWEN F V, et al. An attitude model for the spacecraft of the ESA mission Gaia. Acta Astronautica, 2011, 69 (9/10): 869 – 881.

[22]　KRENN R, SCHAEFER B. Limitations of hardware – in – the – loop simulations of space robotics dynamics using industrial robots// Proceedings of the International Symposium on Artificial Intelligence, Robotics and Automation in Space. Noordwijk, Netherlands, 1999:

681 - 686.

[23] LAUDERDALE G, CRUES E, SNYDER D, et al. A feasibility study for ISS and HTV distributed simulation. AIAA Modeling and Simulation Technologies Conference and Exhibit, Austin, Texas, 11 - 14 August 2003.

[24] LAW A M. Simulation modeling and analysis. 4th ed. McGraw - Hill Companies, Inc. , 2007.

[25] LESLIE R A, GEYER D W, CUNNINGHAM K, et al. LaSRS++ - an object - oriented framework for real - time simulation of aircraft. AIAA Modeling and Simulation Technologies Conference, Boston, Massachusetts, Aug. 9 - 11, 1998, AIAA - 98 - 4529.

[26] MA O, FLORES - ABAD A, BOGE T. Use of industrial robots for hardware - in - the - loop simulation of satellite rendezvous and docking. Acta Astronautica, 2012, 81 (1): 335 - 347.

[27] MADDEN M M. Architecting a simulation framework for model rehosting. AIAA Modeling and Simulation Technologies Conference, Providence, Rhode Island, August 16 - 19, 2004, AIAA 2004 - 4924.

[28] MICHEL D, CLAUDE D, DUBUC F, et al. ATV system validation using a distributed simulation facility. 2000 Spring Simulation Interoperability Workshop, 2000.

[29] PADDOCK E J, LIN A, VETTER K, et al. Trick: a simulation development toolkit, AIAA modeling and simulation technologies conference and exhibit. Austin, TX, 2003, AIAA 2003 - 5809.

[30] RAIF M, WALTER U, BOUWMEESTER J. Dynamic system simulation of small satellite projects. Acta Astronautica, 2010, 67 (9/10): 1138 - 1156.

[31] RIEGER H. Aerodynamic simulation in aerospace industry: status, needs and expectations from EADS. Second MIT Conference on Computational Fluid and Solid Mechanics, 2003.

[32] ROLFE J M, STAPLES K J. Flight simulation. Cambridge University Press, 1986 .

[33] ROMANO M, HALL J. A test bed for proximity navigation and control of spacecraft for on - orbit assembly and reconfiguration. Space 2006, San

Jose, California, 2006, 9.

[34]　SEMBLEY X, FRAPARD B, FENAL T, et al. Softlanding GNC technology development - a European approach//Proceedings of the Fourth AAAF International Symposium on Atmospheric Re - entry Vehicles and System. Arcachon, France, 2005.

[35]　SHARER P, FRANZ H, FOLTA D. WIND trajectory design and control, international symposium on space dynamics. Toulouse, France, MS95/ 032, 1995.

[36]　SIEBOLD K H, MOODY T B, RISHIKOF B H, et al. The application of simulations for the rendezvous, proximity operations and capture tasks to the international space station at NASA Johnson Space Center. Space Operations 2002 Conference, 2002.

[37]　SLAYTON D K. Crew functions and training. AIAA 5th Annual Meeting and Technical Display, Philadelphia, Pennsylvania, 1968, 10.

[38]　STEELE M J. M&S at NASA. NASA Technical Reports, No. 20110008329, 2011.

[39]　STRIEPE S A, WAY D W, DWYER A M. Mars science laboratory simulations for entry, descent, and landing. Journal of Spacecraft and Rockets, 2006, 43 (2): 311 - 323.

[40]　STRUNCE R, ECKERT F, EDDY C. Responsive space's spacecraft design tool (SDT). 4th Responsive Space Conference, Los Angeles, CA, April, 2006.

[41]　TURNER A J. An open - source, extensible spacecraft simulation and modeling environment framework. Master of Science in Aerospace Engineering, Blacksburg, Virginia , 2003.

[42]　VAN WOERKOM P TH L M, DE BOER A. Developing algorithms for efficient simulation of flexible space manipulator operations. Acta Astronautica, 1995, 36 (6): 297 - 312.

[43]　VANKOV A, CHLIAEV P, CLAUDE D, et al. Spacecraft operator training using infrastructure developed in EDISON project. 2000 Fall Simulation Interoperability Workshop, 2000.

[44]　VELTEN K. Mathematical modeling and simulation: introduction for scientists

and engineers. Wiley – VCH Verlag GmbH & Co. KGaA，2009.

[45] WU S F，COSTA R R，CHU Q P，et al. Nonlinear dynamic modeling and simulation of an atmospheric re – entry spacecraft. Aerosp Sci Technol，2001，5 (5)：365 – 381.

[46] 晁建刚，陈善广，薛亮，等. 航天飞行训练模拟器技术研究与工程实施. 航天医学与医学工程，2008，21 (3)：233 – 239.

[47] 李东旭. 逃逸飞行器分离动力学与仿真. 北京：科学出版社，2003.

[48] 石磊，管乐鑫，王京海，等. 交会对接地面验证技术. 中国科学：技术科学，2014，44 (1)：27 – 33.

[49] 张柏楠，马晓兵，郑伟，等. 中国载人交会对接技术的设计与实现. 中国科学：技术科学，2014，44 (1)：1 – 11.

[50] 张锦江，范松涛，张志方，等. 天宫一号基于控制力矩陀螺的智能多模自适应姿态控制系统设计与验证. 中国科学：技术科学，2014，44 (1)：131 – 141.

[51] 张崇峰，柏合民. 飞船空间对接机构技术. 中国科学：技术科学，2014，44 (1)：20 – 26.

[52] 周建平. 空间交会对接技术. 北京：国防工业出版社，2013.

第 2 章　载人航天仿真基本原理

2.1　系统仿真建模

2.1.1　仿真建模基本要求

建模与仿真是载人航天模拟的两个不可或缺的部分。建模是对所要模仿的对象特征进行抽象提取、构建模型的过程；仿真是基于模型的活动，通过模型的建立、实现、验证、分析、应用，以达到研究系统的目的，它是通过模型来模仿现实系统，帮助理解认识现实系统，对现实系统进行改进，对构思新系统进行设计规划、计划实现的一种有效活动。

载人航天的建模与仿真是以载人航天活动为原型，按照给定的应用背景、情况条件和应用程序与规则，构建各种航天器的功能模型、轨道动力学模型、目标环境模型，对航天器的应用过程、功能进行模仿的方法和活动。利用建模与仿真对载人航天活动相关问题进行研究和训练，具体有以下要求：

1）清晰性：一个载人航天仿真系统由许多子模型组成。在子模型与子模型之间，除了为实现研究目的所必需的信息联系外，相互的耦合要尽可能少，结构要尽可能清晰。

2）切题性：例如研究载人航天中的交会对接远程导引问题，关心的是三自由度轨道动力学模型；而研究交会对接前的平移靠拢段，则关心的更多是轨道姿态六自由度动力学模型。

3）精确性：载人航天仿真系统的模型按照其精确程度要求可分为许多级，对不同的任务，精细度要求不一样。例如，用于交会对接实时仿真的动力学模型精度要求高，需考虑各种摄动影响；而用于方案设计的动力学模型精度要求则相对较低。

2.1.2　建模仿真的方法、原则与模型分类

2.1.2.1　建模的基本过程和方法

　　建模就是对所要模拟的系统特征进行抽象提取的过程，也就是利用模型来代替系统原型的抽象化或形象化的过程。模型可以具体定义为三要素 (S, Q, M) 的集合体，其中，S 是系统，Q 是与系统 S 相关的问题，M 是用来回答问题 Q 的一组数学表达式，即 $M = \{\Sigma_1, \Sigma_2, \cdots, \Sigma_n\}$。

　　一般模型的建模过程如图 2-1 所示。

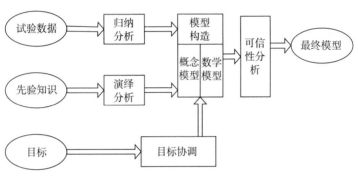

图 2-1　建模过程图

　　(1) 建模的信息源

　　1) 目标。一个数学模型，事实上只对研究的真实过程给出一个非常有限的映像。同一个实际系统可以有许多研究对象，这些研究对象将规定建模过程的方向，并对这些对象相关的环境等进行一定的约束。

　　2) 先验知识。建模过程是基于以往的知识源触发而进行开发的。在某项建模工作的开始阶段，所研究的过程常常是前人研究过的。通常，随着时间的进展，关于某一类现象的知识已经被稽核，被统一成一个科学分支。在这个科学分支中，已经发现了许多定理、原理和模型。因此，这些先验知识可作为建模的信息源

加以利用。

3）试验数据。建模过程的信息来源，也可以通过现象的试验和量测来获得。合理的定量观测是解决建模信息的另一种途径。建模所需要的试验数据量，来自对真实系统的试验和调查统计，或者来自在一个仿真器上对模型的试验。

建模过程主要包括上述三类主要的信息源。建模任务的困难程度取决于信息来源的特殊性质，例如，模型的特殊目的是什么，先验信息有多大的利用价值，信息的质量如何，精确性和一般性如何，能收集到多少试验和调查数据，设计的试验或调查是否可行，测量或调查获得的数据信噪比有多少等。

（2）建模的主要途径

建模的方案取决于对信息源的利用，同时也取决于信息的结构。根据建模信息源的不同，建模途径主要有演绎法和归纳法。

1）演绎法。这是一种运用先验信息的十分经典的建模方法。根据已知的先验信息，在某些假设和原理的基础上，通过数学的逻辑演绎来建立有效而清晰的数学描述。这种方法是从一般到特殊，并且将模型看作是从一组前提下经过演绎而得出的结果。航天器作为一种在太空运行的空间设备，其在轨运行的位置、状态和特性必须满足航天动力学的相关理论，也就是说，载人航天应用建模的主要依据是轨道动力学和姿态动力学的相关理论。

2）归纳法。这种方法从观测到的行为出发，试图推导出与观测结果相一致的更高一级的知识。因此，这是一个从特殊到一般的过程。归纳法从系统描述分类中最低一级水平开始，试图推断出较高水平的信息。载人航天领域建模常用的归纳方法有两种：基于统计试验的建模方法和基于经验的建模方法。基于统计试验的建模方法在载人航天仿真中的应用较早，成果也较为显著。其中典型的是蒙特卡洛法，其基本思想是：针对求解问题，建立该问题的概率模型，将问题的解表述为该模型中事件的概率或随机变量的表征值；然后进行抽样试验；最后统计模拟结果，用事件发生的频率或随机变量的样本表征值给出解的近似估计及其精度。例如航天器初始入轨误差就是一个概率问题，在仿真时就可以采用蒙特卡洛法进行仿真，进而分析误差对策略的影响。

（3）模型的可信度

仿真是基于模型的试验，在建模过程中不可避免地会忽略一些次要因素和不可观察因素，且对系统作了一些理论假设和简化处理。因此，模型是对所研究的系统的近似描述，模型是否合理，是否满足与仿真对象的一致性要求，仿真实现是否正确等都是开发者和用户很关心的问题，建模与仿真的校核、验证与确认就是在这个背景下产生的。VV&A 技术的应用能提高和保证仿真的可信度，降低由于仿真系统在实际应用中的模型不准确和仿真可信度水平低所引起的风险。

2.1.2.2　建模的基本原则

在系统分析中建立能较全面、集中、精确地反映系统的状态、本质特征和变化规律的数学模型是系统建模的关键。在实际问题中，要求直接用数学公式描述的事物是有限的，在许多情况下模型与实际现象完全吻合也是不大可能的。系统分析下的数学模型只是系统结构和机理的一个抽象，只有在系统满足一些原则的前提下，所描述的模型才趋于实际。因此，一般建模遵循以下原则：

1）系统建模应当遵循可分离原则。系统中的实体在不同程度上都是相互关联的，但是在系统分析中，绝大部分的关联是可以忽略的，系统的分离依赖于对系统的充分认识、对系统环境的界定、对系统因素的提炼以及对约束条件与外部条件的设定。

2）系统建模应当遵循假设的合理性原则。在实际问题中，数学建模的过程是对系统进行抽象，并且提出一些合理的假设。假设的合理性直接关系到系统模型的真实性，无论是物理系统、经济系统，还是其他自然科学系统，它们的模型都是在一定的假设下建立的。

3）系统建模应当遵循因果性原则。按照集合论的观点，因果性原则要求系统的输入量和输出量满足函数映射关系,它是数学模型的必要条件。

4)系统建模还应当遵循输入量和输出量的可测量性、可选择性原则,对动态模型还应当保证适应性原则。

2.1.2.3　模型分类

由 2.1.2.1 节中的定义可知,数学模型包含系统 S、问题 Q 和一系列数学表达式 M,这三个要素构成了数学模型的空间。基于该定义,可在 SQM 空间内对数学模型进行分类。本书简单介绍两种分类方法。

(1)黑盒白盒分类

图 2-2 给出了基于黑盒白盒模型分类方法的 SQM 空间示意图。心理学和社会学系统占据了黑盒的最左端,这类问题复杂性极高,包含很多子过程,比较难以理解,只能通过构建唯象模型去解决。另一方面,机械系统、电路系统等位于白盒的最右端,通过机理模型,很容易掌握这些系统的特性(例如载人航天仿真中的轨道运动以及交会对接相对动力学模型)。

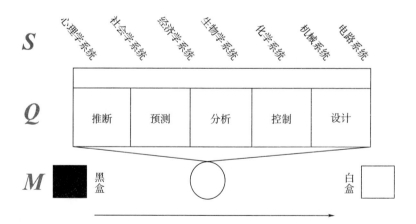

图 2-2　黑盒白盒模型分类

从图 2－2 中可以看出数学模型（S，Q，M）的三维空间分布：横线之上是系统 S 的分类，横线之下是数学模型的目标 Q，底部是相应的数学结构 M，范围从代数方程到微分方程。

（2）SQM 空间分类

由于数学模型的特性取决于 SQM 的"值"，因此可以认为，每一个模型都处于 SQM 空间的某个位置。基于 Cellier（Cellier，1991）的分类标准，数学模型可以在 SQM 轴上进行分类。由此可以得到图 2－3 所示的空间模型分类。

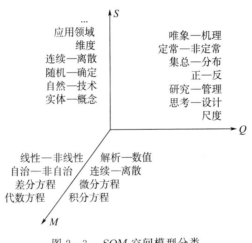

图 2－3 SQM 空间模型分类

为了对图 2－3 中的分类有更清楚的认识，下面将 SQM 空间模型分类列于表 2－1 中以进行简单说明。

需要注意的是，以上数学模型分类是互有交叉的。例如唯象模型和机械模型可以是集总、离散、定常或非定常模型等。本书涉及的载人航天仿真主要为连续系统，因此接下来主要围绕连续系统进行介绍。

表 2 - 1　SQM 空间模型分类说明

空间轴	分类	说明
S 轴	实体—概念模型	实体系统是真实世界的一部分,概念系统主要由思想、创意等组成
	自然—技术模型	自然系统是自然界的一部分,技术系统是人为产生的,如一辆车等
	随机—确定模型	随机系统包含随机效应,确定系统不包含或者很少包含随机效应
	连续—离散模型	连续系统中包含与连续时间变化相关的变量,离散系统只包含与离散时间变化相关的变量
	维度	基于空间对称性,可采用1个、2个或3个空间变量对实体系统进行描述
	应用领域	可以对化学系统、物理系统和生物系统等进行区分
Q 轴	唯象—机理模型	唯象模型基于试验数据构建,不使用系统先验信息,机理模型的表达式基于系统的先验信息构建
	定常—非定常模型	定常模型的系统参数和因变量均与时间无关,非定常模型中至少有一个系统参数或因变量与时间有关
	集总—分布模型	集总模型中系统参数或因变量都与空间变量无关,分布模型中至少有一个系统参数或因变量与空间变量有关
	正—反模型	正模型是给定输入量和系统参数来确定输出量,反模型是由输出量来确定输入量和系统参数
	研究—管理模型	如果问题是为了理解系统,可使用研究模型,如果问题是确定系统实际问题的解,可使用管理模型
	思考—设计	如图 2 - 2 所示的论述
	尺度	针对问题,模型以合适的尺度对系统进行描述

续表

空间轴	分类	说明
M 轴	线性—非线性模型	线性模型中,未知量只通过线性数学运算组合在一起,在非线性模型中,可能涉及未知量相乘或超越函数
	解析—数值模型	在解析模型中,可通过包含系统参数的数学公式对系统行为进行解读,数值模型主要用于研究给定参数情况下的系统特性
	自治—非自治模型	属于定常/非定常模型的数学分类
	连续—离散模型	在连续模型中,自变量在一定时间间隔内是任意值,在离散模型中,自变量被假定为某些离散值
	差分方程	在差分方程中,获得的结果是一系列离散数据
	微分方程	包含未知函数导数的方程,它是建立机理模型的主要工具
	积分方程	包含未知函数积分项的方程
	代数方程	包含加、减、乘、除等基本代数运算的方程

2.1.3　模型的校核、验证与确认

校核、验证及确认是建模与仿真过程中的重要组成部分，没有一定置信度的仿真系统其结果是毫无意义的，甚至可能造成错误的决策，校核、验证与确认（VV&A）技术是保证建模与仿真置信度的有效途径。

2.1.3.1　VV&A 基本概念

校核、验证与确认从字面上理解的意义非常接近，但在仿真系统的 VV&A 中，它们的含义要有一定的区别（Osman，1997；Osman，1998）。

校核：确定仿真系统准确地代表了开发者的概念描述和设计的过程。校核关心的是"是否正确地建立模型及仿真系统的问题"。更详细地说，校核关心的是设计人员是否将问题的陈述转化为模型阐述，是否按照仿真系统应用目标和功能需求的要求正确地设计出仿

真系统的模型,仿真软件开发人员是否按照设计人员提供的仿真模型正确地实现了模型。

验证:从仿真系统应用目的出发,确定仿真系统代表真实世界的正确程度的过程。验证关心的是"建立的模型和仿真系统是否正确",更详细地说,验证关心的是仿真系统在具体的应用中多大程度地反映了真实世界的情况。

确认:权威机构正式地接受仿真系统为专门的应用目的服务的过程。仿真系统的确认是在校核验证的基础上,由仿真系统的主管部门和用户组成的验收小组,对仿真系统的可接受性和有效性做出正式的确认。

校核、验证与确认之间有着十分密切的联系。校核工作为确认系统的各项功能提供了依据,验证工作为系统有效性评估提供了依据,而系统性能的好坏可能是校核与验证都关心的问题。有兴趣进一步了解 VV&A 相关知识的读者请参考美国国防部 5000.61 计划(DoD5000.61)以及 Osman 的文献(Osman,1996)。

2.1.3.2　VV&A 技术与方法

VV&A 技术与方法是在 VV&A 过程中为完成 VV&A 工作各阶段目的而采用的各种技术、工作策略的总称。仿真系统是融合了建模技术、系统科学、软件工程和其他有关领域知识的复杂系统,因此复杂系统的 VV&A 应该充分吸收相关领域成功的测试与评估方法。美国国防部公布的 VV&A 规范中总结了 76 种校核与验证的方法,分为非形式化方法、静态方法、动态方法和形式方法四大类。该部分内容非常繁杂,本书仅列出一些代表性的方法。更详细内容请参考文献(DoD5000.61)。

(1)模型校核方法

模型校核的主要目的和任务是考察模型从一种形式转化成另一种形式的过程是否正确。由此可以发现,实际上软件工程中的很多技术方法都可以直接认为是校核方法。表 2-2 列出了比较有代表性的模型校核方法。

表 2 - 2 可用于模型校核的方法

分类	方法名称
非正规方法	程序员自查;概念执行;代码自查;设计审查;过程审查
静态分析方法	词法分析;语义分析;结构分析 数据流分析; 致性分析
动态测试方法	自上而下测试;自下而上测试 黑箱测试;白箱测试;临界测试;调试;运行跟踪;运行监控 运行描绘;符号调试;递归测试
符号分析	符号运行;路径分析;原因—效果图示;分区分析
约束分析	断言检测;归纳检测;边界分析
理论证明	正确性证明;Lamda 微积分;谓词变换;推理;逻辑演绎;归纳

其中,符号分析、约束分析、理论证明是模型验证的高级手段,虽然效果好,但是实施起来困难较大,对于有些复杂的程序甚至是不可能的。

(2) 模型验证方法

模型验证的目的是考察模型在作用域内是否准确地代表了原型系统,主要包括以下两方面的含义:

1) 检查概念模型是否正确地描述了原型系统;

2) 检测模型输入/输出行为是否充分接近原型系统的输入/输出行为。

对于复杂系统的模型和仿真,要想从理论上证明其正确性或得到其准确度,是十分困难的甚至是不可能的。模型验证的最终方法就是通过实践来检验,即通过比较模型结果与实际系统的运行结果,用其偏差来表示模型的准确度。如果实际系统的准确结果无法获得或者只能部分获取,则无法准确地得到模型的准确程度,可以用参考系统的数据替代实际系统数据来近似验证。

几种常用的模型验证方法如表 2 - 3 所示。

表 2 - 3　模型验证方法

名称	描述
主观有效性评价法	由熟悉实际系统的专家评价模型及其输出结果是否合理
理论比较法	将模型结果与理论计算结果进行比较,以判断模型的正确性
手算法	模型的所有输入值和内部变量都采用规定值,看模型输出结果是否与手算结果相同
模型比较法	将模型输出结果与已被普遍认为有效的模型输出结果进行比较,根据偏差评价模型的有效性
事件有效性检验法	将仿真过程中出现的事件与实际发生的事件进行比较,看它是否相同
局部测试法	移走模型的某些部分,或设定适当的输入值,然后测试模型输出结果,看其是否符合一定的规律
历史数据法	利用历史数据中的一部分建立模型,而用另一部分来检验模型的正确性
内部有效性评价法	通过多次运行模型来确定模型随机性的大小,然后判断模型有效性
参数有效性检验法	改变模型的内部变量和输入值,观察其对输出结果的影响,判断这种影响关系与真实系统是否一致
极端条件测试法	采用极端条件或对不同层次的影响因素进行组合,看模型的输出结果是否合理
追踪测试法	对模型中不同类型实体的行为进行跟踪,以确定模型逻辑上是否正确
动态关联分析法	提出关联性能指标,利用该指标对仿真输出与原型系统输出进行定性分析、比较,据此给出两者一致性的定性结论
灵敏度分析法	用灵敏度分析技术确定模型的输入/输出关系,并检查其合理性
多阶段校核法	分三个阶段,首先提出模型假设,然后检验假设的有效性,最后检验模型输入/输出关系的正确性
子模型有效性分析法	按照一定的原则将模型分解成若干个子模型,通过对子模型的确认得到对总模型的有效性认识
预测有效性法	将模型的测试结果与实际系统的输出结果进行比较,看它们是否相同
统计检验法	使用数理统计方法检验和评估模型的有效性
曲线法	比较模型输出结果曲线和实际系统输出结果曲线之间的吻合程度
动画法	将模型输出结果进行动画显示,凭直觉判断模型的正确性

2.2　系统仿真方法

在载人航天领域，连续系统是最常见的系统，而连续系统仿真方法也是系统仿真技术中最基本、最常用和最成熟的，例如轨道仿真、姿态仿真等。进行数值仿真首先要建立被仿真系统的数学模型，并将此模型转换成计算机可接受的、与原模型等价的仿真模型，然后编制仿真程序，使模型在计算机上运转。除了连续系统外，载人航天还包括空间站长期运营规划等离散系统仿真问题。

本节将详细介绍连续系统的常见仿真方法，并对其他仿真方法进行简要介绍。

2.2.1　连续系统数值积分方法

2.2.1.1　单步法

（1）欧拉法（一阶龙格—库塔法）

欧拉（Euler）法是最简单的一种数值积分方法，虽然它的计算精度比较差，实际中也很少采用，但由于它导出简单，几何意义明显，便于理解，又能说明构造数值解法一般计算公式的基本思想，通常用它来说明有关的基本概念。

为了对数值积分法的基本思想有透彻的了解，下面将从三个侧面推导出欧拉法数值解析近似公式。

①泰勒级数展开

考虑标量微分方程

$$\begin{cases} y' = f(t, y) \\ y(t_0) = y_0 \end{cases} \tag{2-1}$$

假定 $y(t) = g(t, y)$ 为其解析解，将 $y(t)$ 展开成泰勒级数

$$y(t+h) = y(t) + \dot{y}(t)h + \cdots$$

从而

$$y(t+h) \approx y(t) + hf(t, y) \tag{2-2}$$

将式（2 - 2）写成差分方程

$$y_{n+1} = y_n + hf(t_n, y_n), n = 0, 1, 2, \cdots$$

②矩形近似解法

考虑标量微分方程式（2 - 1），在区间 $[t_n, t_{n+1}]$ 上求积分，得

$$y(t_{n+1}) = y(t_n) + \int_{t_n}^{t_{n+1}} f(t, y) \mathrm{d}t$$

若把积分间隔取得足够小，使得在 $[t_n, t_{n+1}]$ 上的 $f(t, y)$ 可以近似地看成常数 $f(t_n, y_n)$，那么可以用矩形面积近似地代替该区间上的曲线面积，如图 2 - 4 所示。于是有

$$y(t_{n+1}) \approx y_n + hf(t_n, y_n) = y_{n+1}$$

$$y_{n+1} = y_n + hf_n, n = 0, 1, 2, \cdots$$

以上方法实质上是将曲线 $f(t, y)$ 看成阶梯函数。

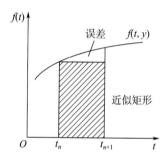

图 2 - 4　近似矩形及其误差

③切线法

在 t_n 的一个小邻域 $(t_n - \varepsilon, t_n + \varepsilon)$ 内，曲线 $y(t)$ 的微分可以用 t_n 处的切线来表示，如图 2 - 5 所示，$y(t)$ 在 t_n 处的斜率为 $f(t_n, y_n)$，则 $y(t)$ 在 t_n 处的切线方程为

$$y = y_n + f(t_n, y_n)(t - t_n)$$

取 $t_{n+1} = t_n + \Delta t$，十分接近 t_n，利用上述切线方程可获得 t_{n+1} 处 $y(t)$ 的近似值 y_{n+1}

$$y(t_{n+1}) \approx y_n + hf(t_n, y_n) = y_{n+1}$$

$$y_{n+1} = y_n + hf_n, n = 0, 1, 2, \cdots$$

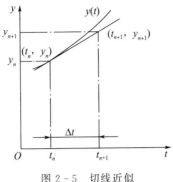

图 2 - 5　切线近似

以上三种方法得到同一个差分公式——欧拉公式，公式中任一个新的数值解 y_{n+1} 都是基于前一个数值解及其导数 $f(t_n, y_n)$ 求得的。只要给定初始条件 y_0 及步长 h，就可以根据 $f(t_0, y_0)$ 算出 y_1，再由 y_1 算出 y_2，如此逐次递推出 y_3，y_4，…。欧拉法的优点是方法简单、计算量小，但缺点是精度较低。

（2）改进的欧拉法（二阶龙格-库塔法）

如果改用梯形面积代替每一个小区间的曲线面积，则可提高精度。如图 2 - 6 所示，根据定积分的几何意义，曲边梯形的面积为

$$S_1 = \int_{t_n}^{t_{n+1}} f(t, y) \mathrm{d}t = y(t_{n+1}) - y(t_n)$$

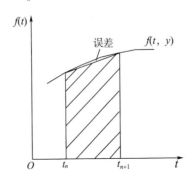

图 2 - 6　梯形近似及其误差

直边梯形的面积为

$$S_2 = \frac{1}{2}h[f(t_n,y_n)+f(t_{n+1},y_{n+1})]$$

当 h 比较小时，以直边梯形的面积取代曲边梯形的面积，可得

$$y(t_{n+1})-y(t_n)=\frac{1}{2}h[f(t_n,y_n)+f(t_{n+1},y_{n+1})]$$

其差分方程为

$$y(t_{n+1})=y(t_n)+\frac{1}{2}h[f(t_n,y_n)+f(t_{n+1},y_{n+1})] \quad (2-3)$$

式（2-3）称为梯形公式或二阶隐式阿达姆斯（Adams）公式。式（2-3）右端是一隐函数形式，左端含有待求量 y_{n+1}，故梯形法不能自行起步运算，而需有其他算法的帮助。如每次计算都用欧拉法求出初值，算出 $y(t_{n+1})$ 的近似值 $y_{n+1}^{(p)}$，然后将其代入原微分方程右端，计算导函数 f_{n+1} 的近似值 $y_{n+1}^{(p)}=f(t_{n+1},y_{n+1}^{(p)})$，最后利用梯形公式求出修正后的 $y_{n+1}^{(c)}$。为了提高计算精度，通常需要迭代运算，即先用欧拉法估计一个初值 $y_{n+1}^{(0)}$，然后用下式求出 $y_{n+1}^{(1)}$，即

$$y_{n+1}^{(1)}=y_n+\frac{h}{2}[f(t_n,y_n)+f(t_{n+1},y_{n+1}^{(0)})]$$

再用 $y_{n+1}^{(1)}$ 去求 $y_{n+1}^{(2)}$，即

$$y_{n+1}^{(2)}=y_n+\frac{h}{2}[f(t_n,y_n)+f(t_{n+1},y_{n+1}^{(1)})]$$

如此迭代进行，直到 $y_{n+1}^{(m)}$ 与 $y_{n+1}^{(m-1)}$ 相差很小时为止，此时即可认为 $y_{n+1}^{(m)}=y_{n+1}$。

在许多工程问题中，为减小计算量，常常认为迭代一次就求得近似解。这样就可以得到改进的欧拉公式，即

$$\begin{cases} y_{n+1}^{(p)}=y_n+hf(t_n,y_n) \\ y_{n+1}^{(c)}=y_n+\frac{h}{2}[f(t_n,y_n)+f(t_{n+1},y_{n+1}^{(p)})] \end{cases}$$

上式中的第一式为预估公式，第二式称为校正公式。通常称这类方法为预估-校正法。

（3）龙格-库塔（Runge - Kutta，RK）法

一种常用的单步法就是众所周知的 Runge - Kutta 法，其基本思想就是间接引用泰勒展开式，然后用泰勒展开式确定相应的系数。经过改进和发展，现在已形成多种形式的 RK 方法，例如显式的、隐式的和半隐式的等。下面主要以轨道力学中常用的显式 RK 方法为例说明 RK 方法的基本思想。

考虑如下一阶微分方程

$$\dot{y} = f(t, y), y(t_0) = y_0$$

假定 $y(t)$ 是上式的解析解。将 $y(t)$ 展开成泰勒级数，得

$$y(t + h) = y(t) + h\dot{y}(t) + \frac{h^2}{2}\ddot{y}(t) + \cdots \qquad (2-4)$$

式中

$$\ddot{y}(t) = \frac{\mathrm{d}}{\mathrm{d}t}[f(t, y)] = \frac{\partial f}{\partial t} + \frac{\partial f}{\partial y}\frac{\partial y}{\partial t} = \frac{\partial f}{\partial t} + f(t, y)\frac{\partial f}{\partial y}$$

$$y(t + h) = y(t) + hf(t, y) + \frac{h^2}{2}(f_t + f \cdot f_y) + \cdots$$

式中

$$f = f(t, y), f_t = \frac{\partial f}{\partial t}, f_y = \frac{\partial f}{\partial y}$$

为了避免计算 $\dfrac{\partial f}{\partial t}$，$\dfrac{\partial f}{\partial y}$ 等导数项，将 $y(t + h)$ 写成如下线性组合形式，即

$$y(t + h) = y(t) + h\sum_{i=1}^{r} b_i k_i \qquad (2-5)$$

式中，r 为阶数，b_i 为待定系数，k_i 由式（2-6）决定，即

$$k_i = f(t + c_i h, y(t) + h\sum_{j=1}^{i-1} a_j k_j), i = 1, \cdots, r \qquad (2-6)$$

且定义 $c_1 = 0$。

下面针对 r 的取值进行讨论：

1）$r = 1$ 时，即得一阶 RK 公式。换句话说，欧拉公式是 RK 公式的特例。

2）$r = 2$ 时，即得改进欧拉法。

3）$r = 4$ 时，可得四阶 Runge – Kutta（RK4）公式，即

$$\begin{cases} y_{n+1} = y_n + \dfrac{h}{6}(k_1 + 2k_2 + 2k_3 + k_4) \\ k_1 = f(t_n, y_n) \\ k_2 = f(t_n + \dfrac{h}{2}, y_n + \dfrac{h}{2}k_1) \\ k_3 = f(t_n + \dfrac{h}{2}, y_n + \dfrac{h}{2}k_2) \\ k_4 = f(t_n + h, y_n + hk_3) \end{cases}$$

（4）RKF 方法

针对 RK 方法本身估计截断误差较为麻烦的缺点，Fehlberg 提出了一种使用嵌套技术的 RK 方法，即同时给出 m 阶和 $m + 1$ 阶两组 RK 公式，通过这两组公式算出的 x_{n+1} 之差可以给出局部截断误差，由此来确定下一步步长，该方法被称为 Runge – Kutta – Fehlberg 方法，简称 RKF 方法。

Fehlberg（Fehlberg, 1968）给出了 5（6）、6（7）、7（8）、8（9）阶四个嵌套公式，相应地记为 RKF5（6）、RKF6（7）、RKF7（8）、RKF8（9）。下面给出轨道力学中最为常用的 RKF5（6）、RKF6（7）、RKF7（8）三套公式，以便读者根据本书直接引用计算。

①RKF5（6）公式

$$\begin{cases} y_{n+1} = y_n + h \displaystyle\sum_{i=0}^{5} c_i f_i + o(h^6) \\ \hat{y}_{n+1} = y_n + h \displaystyle\sum_{i=0}^{7} \hat{c}_i f_i + o(h^7) \end{cases} \tag{2-7}$$

$$\begin{cases} f_0 = f(t_n, y_n) \\ f_i = f(t_n + \alpha_i h, \quad y_n + h \displaystyle\sum_{j=0}^{i-1} \beta_{ij} f_i), i = 1, 2, \cdots, 7 \end{cases} \tag{2-8}$$

第 $n + 1$ 步的截断误差为

$$T_e = \frac{5}{66}(f_0 + f_5 - f_6 - f_7)h \qquad (2-9)$$

上式中的各系数均列于表 2-4 中。

②RKF6（7）公式

$$\begin{cases} y_{n+1} = y_n + h \sum_{i=0}^{7} c_i f_i + o(h^7) \\ \widehat{y}_{n+1} = y_n + h \sum_{i=0}^{9} \hat{c}_i f_i + o(h^8) \end{cases} \qquad (2-10)$$

$$\begin{cases} f_0 = f(t_n, y_n) \\ f_i = f(t_n + \alpha_i h, \quad y_n + h \sum_{j=0}^{i-1} \beta_{ij} f_i), i = 1, 2, \cdots, 9 \end{cases} \qquad (2-11)$$

第 $n+1$ 步的截断误差为

$$T_e = \frac{11}{270}(f_0 + f_7 - f_8 - f_9)h \qquad (2-12)$$

上式中的各系数均列于表 2-5 中。

③RKF7（8）公式

$$\begin{cases} y_{n+1} = y_n + h \sum_{i=0}^{10} c_i f_i + o(h^8) \\ \widehat{y}_{n+1} = y_n + h \sum_{i=0}^{12} \hat{c}_i f_i + o(h^9) \end{cases} \qquad (2-13)$$

$$\begin{cases} f_0 = f(t_n, y_n) \\ f_i = f(t_n + \alpha_i h, \quad y_n + h \sum_{j=0}^{i-1} \beta_{ij} f_i), i = 1, 2, \cdots, 12 \end{cases} \qquad (2-14)$$

第 $n+1$ 步的截断误差为

$$T_e = \frac{41}{840}(f_0 + f_{10} - f_{11} - f_{12})h \qquad (2-15)$$

上式中的各系数均列于表 2-6 中。

表 2 - 4　RKF5 (6) 系数表

i	α_i	β_{ij} ($j=0\sim6$)							c_i	$\bar{c}_i$
		0	1	2	3	4	5	6		
0	0	0							$\dfrac{31}{384}$	$\dfrac{7}{1\,408}$
1	$\dfrac{1}{6}$	$\dfrac{1}{6}$							0	0
2	$\dfrac{4}{15}$	$\dfrac{4}{75}$	$\dfrac{16}{75}$						$\dfrac{1\,125}{2\,816}$	$\dfrac{1\,125}{2\,816}$
3	$\dfrac{2}{3}$	$\dfrac{5}{6}$	$-\dfrac{8}{3}$	$\dfrac{15}{6}$					$\dfrac{9}{32}$	$\dfrac{9}{32}$
4	$\dfrac{4}{5}$	$-\dfrac{8}{5}$	$\dfrac{144}{25}$	-4	$\dfrac{16}{25}$				$\dfrac{125}{768}$	$\dfrac{125}{768}$
5	1	$\dfrac{361}{320}$	$-\dfrac{18}{5}$	$\dfrac{407}{128}$	$-\dfrac{11}{80}$	$\dfrac{55}{128}$			$\dfrac{5}{66}$	0
6	0	$-\dfrac{11}{640}$	0	$\dfrac{11}{256}$	$-\dfrac{11}{160}$	$\dfrac{11}{256}$	0			$\dfrac{5}{66}$
7	1	$\dfrac{93}{640}$	$-\dfrac{18}{5}$	$\dfrac{803}{256}$	$-\dfrac{11}{160}$	$\dfrac{99}{256}$	0	1		$\dfrac{5}{66}$

表 2 - 5　RKF6 (7) 系数表

i	a_i	$\beta_{ij}\ (j=0\sim8)$									c_i	$\hat{c}_i$
		0	1	2	3	4	5	6	7	8		
0	0	0									$\dfrac{77}{1440}$	$\dfrac{11}{864}$
1	$\dfrac{2}{33}$	$\dfrac{2}{33}$									0	0
2	$\dfrac{4}{33}$	0	$\dfrac{4}{33}$								0	0
3	$\dfrac{2}{11}$	$\dfrac{1}{22}$	0	$\dfrac{3}{22}$							$\dfrac{1\,771\,561}{6\,289\,920}$	$\dfrac{1\,771\,561}{6\,289\,920}$
4	$\dfrac{1}{2}$	$\dfrac{43}{64}$	0	$-\dfrac{165}{64}$	$\dfrac{77}{32}$						$\dfrac{32}{105}$	$\dfrac{32}{105}$
5	$\dfrac{2}{3}$	$-\dfrac{2\,383}{486}$	0	$\dfrac{1\,067}{54}$	$-\dfrac{26\,312}{1\,701}$	$\dfrac{2\,176}{1\,701}$					$\dfrac{243}{2\,560}$	$\dfrac{243}{2\,560}$
6	$\dfrac{6}{7}$	$\dfrac{10\,077}{4\,802}$	0	$-\dfrac{5\,643}{686}$	$\dfrac{116\,259}{16\,807}$	$-\dfrac{6\,240}{16\,807}$	$\dfrac{1\,053}{2\,401}$				$\dfrac{16\,807}{74\,880}$	$\dfrac{16\,807}{74\,880}$
7	1	$-\dfrac{733}{176}$	0	$\dfrac{141}{8}$	$-\dfrac{335\,763}{23\,296}$	$\dfrac{216}{77}$	$-\dfrac{4\,617}{2\,816}$	$\dfrac{7\,203}{9\,152}$	0		$\dfrac{11}{270}$	0
8	0	$\dfrac{15}{352}$	0	0	$-\dfrac{5\,445}{46\,592}$	$\dfrac{18}{77}$	$-\dfrac{1\,215}{5\,632}$	$\dfrac{1\,029}{18\,304}$	0			$\dfrac{11}{270}$
9	1	$-\dfrac{1\,833}{352}$	0	$\dfrac{141}{8}$	$\dfrac{51\,237}{3\,584}$	$\dfrac{18}{7}$	$-\dfrac{729}{512}$	$\dfrac{1\,029}{1\,408}$	0	1		$\dfrac{11}{270}$

表 2 - 6　RKF7 (8) 系数表

i	α_i	β_{ij} ($j=0\sim11$)												c_i	$\bar{c}_i$
		0	1	2	3	4	5	6	7	8	9	10	11		
0	0	0													$\dfrac{41}{840}$	0
1	$\dfrac{2}{27}$	$\dfrac{2}{27}$													0	0
2	$\dfrac{1}{9}$	$\dfrac{1}{36}$	$\dfrac{1}{12}$												0	0
3	$\dfrac{1}{6}$	$\dfrac{1}{24}$	0	$\dfrac{1}{8}$											0	0
4	$\dfrac{5}{12}$	$\dfrac{5}{12}$	0	$-\dfrac{25}{16}$	$\dfrac{25}{16}$										0	0
5	$\dfrac{1}{2}$	$\dfrac{1}{20}$	0	0	$\dfrac{1}{4}$	$\dfrac{1}{5}$									$\dfrac{34}{105}$	0
6	$\dfrac{5}{6}$	$-\dfrac{25}{108}$	0	0	$\dfrac{125}{108}$	$-\dfrac{65}{27}$	$\dfrac{125}{54}$								$\dfrac{9}{35}$	0
7	$\dfrac{1}{6}$	$\dfrac{31}{300}$	0	0	0	$\dfrac{61}{225}$	$-\dfrac{2}{9}$	$\dfrac{13}{900}$							$\dfrac{9}{35}$	0
8	$\dfrac{2}{3}$	2	0	0	$-\dfrac{53}{6}$	$\dfrac{704}{45}$	$-\dfrac{107}{9}$	$\dfrac{67}{90}$	3						$\dfrac{9}{280}$	0
9	$\dfrac{1}{3}$	$-\dfrac{91}{108}$	0	0	$\dfrac{23}{108}$	$-\dfrac{976}{135}$	$\dfrac{311}{54}$	$-\dfrac{19}{60}$	$\dfrac{17}{6}$	$-\dfrac{1}{12}$					$\dfrac{9}{280}$	0
10	1	$\dfrac{2\,383}{4\,100}$	0	0	$-\dfrac{341}{164}$	$\dfrac{4\,496}{1\,025}$	$-\dfrac{301}{82}$	$\dfrac{2\,133}{4\,100}$	$\dfrac{45}{82}$	$\dfrac{45}{162}$	$\dfrac{18}{41}$	0			$\dfrac{41}{840}$	0
11	0	$\dfrac{3}{205}$	0	0	0	0	$-\dfrac{6}{41}$	$-\dfrac{3}{205}$	$\dfrac{3}{41}$	$\dfrac{3}{41}$	$\dfrac{6}{41}$	0				$\dfrac{41}{840}$
12	1	$-\dfrac{1\,777}{4\,100}$	0	0	$-\dfrac{341}{164}$	$\dfrac{4\,496}{1\,025}$	$-\dfrac{289}{82}$	$\dfrac{2\,193}{4\,100}$	$\dfrac{51}{82}$	$\dfrac{33}{164}$	$\dfrac{12}{41}$	0	1			$\dfrac{41}{840}$

2.2.1.2　多步法

单步法在计算 y_{n+1} 时只用到前一步的信息 y_n，RK4 方法虽然求出了 (t_n, t_n+h) 区间上的一些中间值，但不直接用 y_{n-1}，y_{n-2} 等项，故还是单步法。从信息利用的观点来看，单步法对信息的利用率不高。多步法则是利用多步信息来计算下一步的值，载人航天系统仿真中最常用的多步法为阿达姆斯法（Adams）。

（1）Adams 显式公式

对于微分方程 $\dot{y} = f(t, y)$ 在区间 $[t_n, t_{n+1}]$ 上进行积分可得

$$y(t_{n+1}) = y(t_n) + \int_{t_n}^{t_{n+1}} f(t, y) \mathrm{d}t$$

假设已经求得 t_n，t_{n-1}，…，t_{n-k} 共 $k+1$ 各个节点处的函数值 f_n，f_{n-1}，…，f_{n-k}，那么根据差值原理可以构造一个多项式来逼近函数 $f(t, y)$，经过计算处理可得

$$y_{n+1} = y_n + h \sum_{i=0}^{k} \beta_{ki} f_{n-i}$$

当 $k=3$ 时即可得到 4 阶 Adams 显式公式为

$$y_{n+1} = y_n + \frac{h}{24}(55 f_n - 59 f_{n-1} + 37 f_{n-2} - 9 f_{n-3})$$

显式多步法不能自启动，开始几步要由单步法引导，然后才能转向多步法。

（2）Adams 隐式公式

Adams 显式公式是外推得到的，根据差值理论可知，同样阶次的内插公式要比外推公式精确，用内插法得到的 Adams 公式为

$$y_{n+1} = y_n + h(\beta_{-1} f_{n+1} + \beta_0 f_n + \beta_1 f_{n-1} + \cdots + \beta_{k-1} f_{n-k+1})$$

当 $k=3$ 时即可得到 4 阶 Adams 隐式公式为

$$y_{n+1} = y_n + \frac{h}{24}(9 f_{n+1} + 19 f_n - 5 f_{n-1} + f_{n-2})$$

Adams 显式公式与 Adams 隐式公式的比较如下：

1）相同阶数的 Adams 隐式公式的系数值比相应的 Adams 显式公式的系数小（一阶除外），这说明同阶的 Adams 隐式公式比

Adams 显式公式精确。

2）Adams 隐式公式的稳定性比 Adams 显式公式好。相同阶次的 Adams 隐式公式的稳定性比 Adams 显式公式大得多。

3）Adams 显式公式比 Adams 隐式公式计算量小，Adams 显式公式只需计算 1 次右函数（即 f_n），但 Adams 隐式公式需计算 2 次右函数（f_n 及 f_{n+1}）。

（3）预估-校正法

多步法同单步法相比有两个缺点：一是计算 y_{n+1} 不仅要知道 y_n，而且还需要知道 y_{n-1}，y_{n-2}，…，因此在程序中不仅要保存 y_n，还要保存 y_{n-1}，y_{n-2}，…，阶次越高，则过去的结果就要保存得越多；二是多步法不能自启动，即开始几步要借助于单步法，等到单步法将所需的 y_n，y_{n-1}，…数据计算出来以后（这在仿真算法里称为造表头），才能转向多步法求解。但是多步法也有不可比拟的优点，即为了达到相同的仿真精度，用多步法求解所需计算量可以比单步法小得多。预估-校正法可以充分体现这一优点。

Adams 隐式公式的主要优点在于精度高，但需要另外一个 Adams 显式公式提供一个初始值。其合理地选择使 Adams 显式公式和 Adams 隐式公式的阶次一致。最简单的 Adams 预估-校正法是改进欧拉。当精度要求比较高时，则广泛采用四阶 Adams 预估-校正法，其公式为

$$y_{n+1}^{(p)} = y_n + \frac{h}{24}(55f_n - 59f_{n-1} + 37f_{n-2} - 9f_{n-3})$$

$$f_{n+1}^{(p)} = f(t_{n+1}, y_{n+1}^{(p)})$$

$$y_{n+1}^{(c)} = y_n + \frac{h}{24}(9f_{n+1}^{(p)} + 19f_n - 5f_{n-1} + f_{n-2})$$

$$(2-16)$$

式（2-16）是一个四步法，具有 4 阶精度，除了初始条件 y_0 以外，其前三步的值 y_1，y_2，y_3 往往用 RK4 法计算，其余的 y_4，y_5 转向预估-校正法求解。

不难看出，其每步积分运算只需计算两次 $f(t, y)$ 值〔即 f_n 和

$f(t_{n+1}, y_{n+1}^{(p)})]$，　因此其计算量比 RK4 小（约为 RK4 的一半）。

数值积分法的每步积分运算量主要花费在计算右函数 f 的值上，如果采用预估-校正法求解，则每步计算 f 的次数不随算法阶次的增加而增加，因此当 $k > 2$ 时，预估-校正法的计算量要比 RK4 法小得多。

多步法特点为：

1）不能自动启动，需用单步法计算才能启动；

2）存储量大；

3）计算工作小（达到相同精度），与其他方法相比，四阶 Adams 法中 f 的计算次数减少两次。

2.2.1.3　轨道积分误差分析

上文中介绍的几种积分方法是轨道积分中最常用的，实际仿真中轨道的精度与积分方法和积分步长相关。本节就轨道积分误差进行分析。

取 RK4 与 RK8 定步长单步法进行比较，比较两种算法在轨道外推一天计算中的误差。取初始轨道在 J2000 坐标系下的位置、速度参数为

$$\boldsymbol{R}_0 = [-1\,031\,169\quad 6\,012\,935\quad -2\,927\,416]\ \text{m}$$

$$\boldsymbol{V}_0 = [-5\,830\quad -2\,962\quad -4\,011]\ \text{m/s}$$

取固定步长为 10 s，积分时间取一天即 86 400 s，地球模型取为二体模型，分别采用 RK4 和 RK8 积分方法进行积分。二体模型下，轨道外推可计算得到相应的解析解，因此将解析解数值作为标准进行比较，所得仿真结果差异如图 2 - 7 和图 2 - 8 所示。

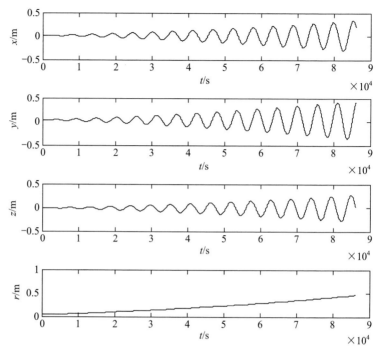

图 2-7　RK4 积分轨道外推与解析解位置误差比较

由图 2-7 和图 2-8 可知，在定步长为 10 s，积分时间为一天的情况下，RK4 终端误差比 RK8 大五个量级。为了进一步分析说明步长对积分结果的影响，现将不同步长下积分一天的终端计算结果与解析解结果进行比较，差异如图 2-9 和图 2-10 所示。

可见，在积分一天的时长下，RK4 在步长超过 10 s 之后与解析解的积分差异便快速扩大。而 RK8 始终与解析解保持较高的一致性，在步长增大到 100 s 时，每天的误差仅不到 0.16 m。但是需要注意的是，若两者都取小步长，计算结果差异并不大。因此，在实际任务选择积分算法时，应根据积分算法各自的特点结合具体任务的实际需求来进行选择。

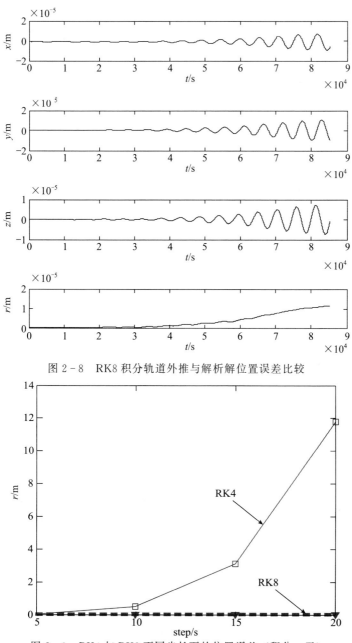

图 2-8 RK8 积分轨道外推与解析解位置误差比较

图 2-9 RK4 与 RK8 不同步长下的位置误差（积分一天）

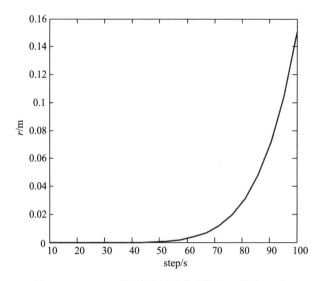

图 2 - 10　RK8 不同步长下的位置误差（积分一天）

2.2.2　其他仿真方法

上节详细介绍了载人航天仿真中连续系统的数值积分方法，本节将简要介绍几种常见的其他仿真方法。

2.2.2.1　离散事件仿真

（1）基本概念

离散事件系统是系统的状态仅在离散的时间点上发生变化的系统，而且这些离散事件发生的时间点一般是不确定的。这类系统中引起状态变化的原因是事件，通常状态变化与事件的发生是一一对应的。事件的发生没有持续性，在一个时间点瞬间完成，事件发生的时间点是离散的，因而这类系统统称为离散系统（黄柯棣，1998）。航天领域的发射窗口以及空间站长期任务规划等都属于离散事件仿真问题，限于篇幅，本书不对相关问题进行深入探讨。

需要注意的是，一个客观系统是离散的还是连续的实质上指的是描述该系统的模型是离散的还是连续的。根据研究目的的不同，同一个客观系统在不同场合下，可分别采用离散模型或连续模型，描述为离散系统或连续系统。

离散事件系统通常较复杂，但可以抽象出一些公共概念来描述其结构模型（熊光楞，1991）。目前较为成熟和通用的基本概念有：实体、属性、状态、事件、活动和进程等。下面对这些概念进行简单介绍。

1）实体：构成系统的各种成分称为实体，用系统论的术语就是系统边界内的对象。

2）属性：实体由它的属性来描述，属性用来反映实体的某些性质。

3）状态：在某一确定时间点，系统的状态是系统中所有实体的属性集合。

4）事件：事件是引起系统状态发生变化的行为，它是在某一时间点上的瞬间行为。离散事件系统可以看作是由事件驱动的。

5）活动：实体在两个事件之间保持某一状态的持续过程称为活动。活动的开始和结束都是由事件引起的。

6）进程：由和实体相关的事件及若干活动组成。一个进程描述了它所包含的事件及活动间的相互逻辑关系和时序关系。

现以空间站运营任务为例，对离散事件仿真过程进行介绍。我国预计将于 2020 年建造完成并运营自己的空间站，为保障空间站正常运营以及任务顺利开展，需针对繁多且复杂的空间站运营任务制定任务方案。考虑到空间站运营任务方案所包含的任务种类繁多，且任务之间存在复杂的耦合关系，因此，需要在方案执行前对任务方案进行仿真，以此来评价空间站运营任务方案的性能水平、辅助决策和任务方案验证。由于空间站运营方案仿真主要关注方案中各任务事件发生的起止时间及其对系统状态的影响，因此，可从离散事件系统角度对系统进行研究分析。

目标方案时间跨度为 2023 年 1 月 1 日至 2025 年 1 月 1 日，以 6 个月为 1 个运营周期，将整个方案划分为 4 个运营周期。假设空间站系统当前运行状态良好，已有在轨访问载人飞船 1 艘、货运飞船 1

艘,空间站上驻留航天员 3 名,已在站 60 天,并计划于 2023 年 1 月 2 日返回。

在该仿真模型中,实体、属性定义如表 2-7 所示。

表 2-7　空间站运营任务仿真实体、属性定义

实体	属性	状态
在轨物资	物资基本属性、运输属性、物资消耗属性、储存属性等	物资库存满足需求、物资库存不满足需求
航天员	航天员基本属性、航天员在站驻留属性等	航天员空闲、航天员执行任务
任务事件(逻辑实体)	事件基本属性、在轨资源需求属性、持续类事件约束属性、随机事件约束属性、出舱需求属性、物资需求属性等	

在该仿真模型中,事件定义为:

1) 在轨任务事件:分为航天员驻留任务、空间站试验任务和空间站运营任务三类;

2) 飞船访问任务事件:分为载人飞船访问任务事件以及货运飞船访问任务事件。

(2) 离散事件系统仿真方法

离散事件系统的模型只在一些离散时间点上由事件改变其状态,因此离散事件模型是由事件驱动的。驱动某一模型的所有事件按照其发生的时间先后顺序构成一个序列,通常要求按照时间先后顺序依次处理事件,而不能颠倒。离散事件系统仿真的关键是按照时间顺序确定这一序列。

从前面的分析可知,系统的离散事件仿真模型由实体及其间的关系组成。实体状态的变化即为事件,同一实体在两个相继事件间所处的过程称为实体的活动,同一个实体若干活动的延续构成一个进程。因此活动和进程都是以事件为基础构成的,其粒度大于时间。从事件、活动和进程三个层次来组织事件即构成目前处理离散事件模型的三种典型的处理方法:事件调度法、活动扫描法和进程交互法(王维平,1997)。下面对这三种方法进行简单介绍。

　　同样以空间站运营任务为例，由于空间站本身属于复杂系统，单一的策略不足以对整个运营过程进行建模，所以在空间站运营方案仿真中涉及事件调度法、活动扫描法以及进程交互法三种仿真策略。

①事件调度法

　　事件调度法（Event Scheduling）最早出现在 1963 年兰德公司的 SIMSCRIPT 语言早期版本中。离散事件系统的一个基本概念是事件，事件的发生引起系统状态的变化。事件调度法以事件为分析系统的基本单元，通过定义事件及每个事件发生对系统状态的变化，按时间顺序确定并执行每个事件发生时有关逻辑关系并策划新的事件来驱动模型的运行，这就是事件调度法的基本思想。

　　按事件调度法作为仿真策略建立仿真模型时，所有事件均放在事件表中。模型中设有一个时间控制模块，该模块从事件表中选择具有最早发生时间的事件，并将仿真时钟置为该事件发生的时间，再调用与该事件对应的事件处理模块，更新系统状态，策划未来将要发生的事件，该事件处理完后返回时间控制模块。这样，事件的选择与处理不断地进行，直到仿真终止的条件产生为止。

　　以空间站运营任务为例，空间站运营任务方案主要由在轨任务事件以及飞船访问任务事件两类事件组成，考虑到在仿真之前任务事件列表已经确定，所以采用事件调度法进行仿真。以某年 1 月 1 日的任务方案为例，该日需执行任务事件 14 件，具体任务事件及其相关信息由表 2 - 8 给出。

表 2 - 8　某年 1 月 1 日任务清单

序号	任务事件名称	执行时间	优先级	执行任务航天员
1	氧气补给	8:00 a.m.	1	航天员 1
2	推进剂补加	9:00 a.m.	1	航天员 2
3	氮气补加	10:00 a.m.	2	航天员 1
4	一日三餐	11:00 a.m.	3	全体空闲乘员

续表

序号	任务事件名称	执行时间	优先级	执行任务航天员
5	休息	11:30 a.m.	6	全体空闲乘员
6	设备检查	13:00 p.m.	4	航天员1
7	垃圾处理	13:00 p.m.	4	航天员2
8	试验仪器检查	13:00 p.m.	4	航天员3
9	个人医疗检查	15:00 p.m.	4	全体空闲乘员
10	在轨锻炼	16:00 p.m.	4	全体空闲乘员
11	一日三餐	17:00 p.m.	3	全体空闲乘员
12	休闲娱乐	18:00 p.m.	8	全体空闲乘员
13	个人卫生清理	19:00 p.m.	6	全体空闲乘员
14	休息	20:00 p.m.	6	全体空闲乘员

具体流程如下：

Step Ⅰ　初始化。

1）设置仿真时间 t_0 为某年 1 月 1 日，结束时间 t_f 为同年 1 月 2 日。

2）设置空间站的初始状态，包括：各类物资当前在轨库存质量；航天员当前状态（空闲或者正在执行某任务）。

3）读取空间站运营任务方案，并根据方案生成任务事件表。

Step Ⅱ　设置仿真时钟 TIME$=t_0$。

Step Ⅲ　如果 TIME$\geqslant t_f$，转至 Step Ⅳ，否则按图 2 - 11 处理流程，进行任务事件列表处理。

1）在任务事件表中取出"1. 氧气补给"任务事件，后续仿真依次选取发生时间最早的事件 E。若同一时刻存在多个任务事件，则将该时刻全部任务取出，如任务事件表中 13：00 p.m. 需执行"6. 设备检查""7. 垃圾处理""8. 试验仪器检查"，则将 3 个任务一同取出。

2）将仿真时间推进到此事件的发生时间，置 TIME = 8：00 a.m.，并将"1. 氧气补给"置入任务处理器中，后续仿真依次根据事件发生时间推进仿真时间。

3）根据任务处理器中任务事件优先级，选取优先处理事件，若任务事件优先级一样，则按顺序处理，如 13：00 p.m. 需执行的"6. 设备检查""7. 垃圾处理""8. 试验仪器检查"任务事件优先级一样，则按顺序处理即可。

4）判断任务事件发生所需条件是否满足，即在轨物资库存余量是否满足事件所需要的物资量、所需航天员是否空闲，若满足则根据任务处理器中任务事件的物资、在轨资源、废物生成量等属性，更新空间站上航天员、在轨物资等相应属性，并认定该事件已完成；若不满足，认定该事件未完成，并将该任务事件延后。

5）记录更新后的空间站状态信息，用以后续仿真结果分析。将已经处理过的事件从任务事件表中删除。

6）重复执行 Step Ⅲ。

Step Ⅳ　仿真结束。

事件调度法仿真时钟的推进仅仅依据"下一个最早发生事件"的准则，而该事件发生的任何条件的测试则必须在该事件处理程序内部去处理。如果条件满足，该事件发生，而如果条件不满足，则推迟或取消该事件的发生。因此，从本质上来说，事件调度法是一种预定事件发生时间的策略。这样，仿真模型中必须预定系统中最先发生的事件，以便启动仿真进程。

②活动扫描法

活动扫描法（Activity Scanning）的激发与终止都是由事件引起的，活动周期图中的任一活动都可以由开始和结束两个事件表示，每一事件都有相应的活动处理。处理中的操作能否进行取决于一定的测试条件，该条件一般与时间和系统状态有关，而且时间条件须优先考虑。确定事件的发生时间事先可以确定，因此其活动处理的测试条件只与时间有关；条件事件的处理测试条件与系统状态有关。由于活动扫描法包括了对事件发生时间的扫描，因而它也具有事件调度法的功能。

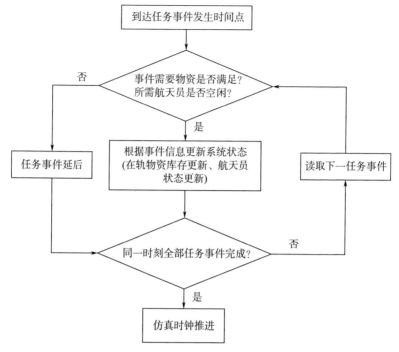

图 2-11　任务事件处理流程

　　在活动扫描法中，除了设计系统仿真全局时钟外，每一个实体都带有标志自身时钟值的时间元（time - cell）。时间元的取值由所属实体的下一确定时间刷新。

　　每一个进入系统的主动实体都处于某种活动的状态。活动扫描法在每个事件发生时，扫描系统，检验哪些活动可以激发，哪些活动继续保持，哪些活动可以终止。活动的激发与终止都会策划新的事件。活动的发生必须满足一定的条件，其中活动发生的时间是优先级最高的条件，即首先应判断该活动的发生时间是否满足，然后再判断其他条件。

　　活动扫描法实际上可以分为两部分：一是探测，即活动发生条件判断，总是放在活动序列执行前；二是活动序列执行，包括状态的修改，资源占用的修改，以及预定某些活动发生的时间等。

以空间站具体任务为例，在空间站长期运营期间，由于人为误操作、环境以及其他客观因素的影响，空间站或者飞船等系统可能会发生诸如航天员健康恶化、货运飞船或载人飞船发射延迟等随机事件，造成空间站试验、货运飞船补给、航天员在轨驻留与轮换等任务无法顺利开展。由于这类随机事件的发生时间具有不确定性，因此采用事件调度法就无法对这类事件进行有效的仿真，而应该采用活动扫描法。根据活动扫描法将空间站上各类设备、航天员、飞船等看作一个个部件，当这些部件的状态发生改变时，采用相应的活动历程进行处理。

现以空间站运营期间航天员健康状况为例，对活动扫描法仿真原理进行描述。航天员负责全部空间站运营任务的执行，可以说航天员直接决定任务完成的成败，因此航天员也是整个空间站运营任务方案仿真中极其重要的一环。而航天员在空间站中，可能由于空间环境的影响、航天员身体以及意外事故等原因，导致航天员暂时或永久地无法执行后续任务。为了应对航天员威胁事件的发生，一般会制定航天员及时轮换或紧急医治等解决策略，针对航天员健康威胁的具体仿真步骤如下：

Step I　初始化。

1）设置仿真开始时间 t_0 为某年 1 月 1 日，结束时间 t_f 为同年 12 月 31 日；

2）设置空间站的初始状态，包括：航天员健康受到威胁概率以及恢复健康所用时间。

Step II　设置仿真时钟 TIME $=t_0$。

Step III　如果 TIME $\geqslant t_f$，转至 Step IV，否则按图 2 - 12 处理流程，执行活动处理扫描。

1）依次判断站上航天员健康是否受到威胁，并判断威胁原因；

2）如果为航天员患病或物理损伤，对于可治愈的伤病，在航天员治疗期间，将该航天员状态设置为忙，治愈后恢复工作，并对治愈过程所需要的医疗用品进行消耗处理；对于不可治愈伤病，立即安排下一艘载人飞船对该航天员乘组提前进行轮换。

Step Ⅳ　仿真结束。

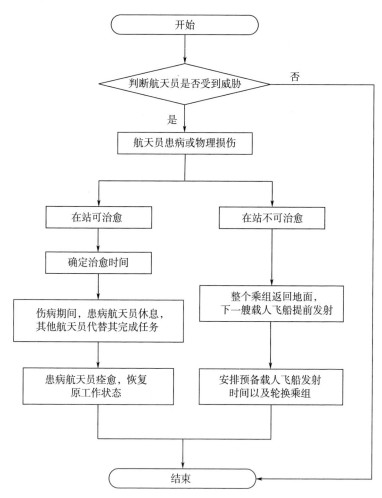

图 2-12　航天员威胁事件的活动处理流程

③进程交互法

事件调度法和活动扫描法的基本模型单元是事件处理和活动处

理，这些处理都是针对事件而建立的；而且在事件调度法和活动扫描法策略中，各个处理都是独立存在的。

进程交互法（Process Interaction）的基本模型单元是进程，进程与处理的概念有着本质的区别，它是针对某类实体的寿命周期而建立的，因此，一个进程中要处理实体流动中发生的所有事件（包括确定事件和条件事件）。

进程交互法的设计特点是为每一个实体建立一个进程，该进程反映某一个动态实体从产生开始到结束为止的全部活动。这里为之建立进程的实体一般是指临时实体（如顾客），当然为之建立的进程中还要包括与这个临时实体有交互的其他实体（如服务员，但是服务员的实体不会仅包含在一个进程中，它为多个进程所共享）。

进程交互法的基本思想是通过所有进程中时间值最小的无条件延迟复活点来推进仿真时钟。当时钟推进到一个新的时刻点后，如果某一实体在进程中解锁，就将该实体从当前复活点一直推进到下一次延迟发生为止。

以空间站运营任务为例，在轨任务事件可以进一步划分为航天员生活事件、平台维护维修事件、空间试验事件等，其中航天员生活事件一般可由某一航天员当天完成，而部分平台维护维修事件以及空间试验事件一般要持续数周甚至数月，且需要多名航天员共同协作完成。针对上述任务事件的仿真，如果单独采用事件调度法或者活动扫描法都不能有效地进行仿真，因此在实际仿真中，这些任务事件被看作逻辑实体，从其开始到其结束作为任务事件的寿命周期，将任务事件中涉及的事件以及活动按时间顺序进行组合，形成进程表，采用进程交互法进行仿真。

根据进程交互法的思想，在处理任务事件进程时，一共设置了三类事件表，即未来事件表（Event Unexecuted）、当前事件表（Event Executing）以及发生完毕事件表（Event Completed）。Event Unexecuted 中放置全部需要仿真的事件，事件按照发生时间的先后顺序进行排列，另外如果在仿真运行过程中，有新的事件产生，则根据新事件的发生时间，将其安插至 Event Unexecuted 中的适当位置。Event Executing 中放置当前仿真时间将要发生的事件，判断事件发生条件是否满足，如满足，则进行事件处理以及系统状态变化修改。Event Completed 中放置已结束或处理完毕的任务事件。

以某空间试验事件为例，该空间试验事件的相关信息由表 2 - 9 给出。

表 2 - 9　空间试验事件信息

	内容	备注
试验名称	空间环境试验	
起始时间	某年 3 月 15 日	
终止时间	同年 6 月 1 日	
所含子事件	空间环境试验 A	执行时间:3 月 15 日 所需航天员:航天员 1 所需仪器:实验仪器 A
	空间环境试验 B	执行时间:4 月 1 日 所需航天员:航天员 3 所需仪器:实验仪器 B

仿真步骤如下：

Step Ⅰ　初始化。

1）设置仿真时间 t_0 为某年 3 月 15 日，结束时间 t_f 为同年 6 月 1 日。

2）设置空间站的初始状态，包括：各类物资当前在轨库存质量；航天员当前状态（空闲或者正在执行某任务）。

3）读取该空间试验事件信息，并将空间环境试验 A 和空间环境试验 B 放入 Event Unexecuted。

Step Ⅱ　将 Event Unexecuted 中满足当前仿真时间的任务时间移入 Event Executing 中。

Step Ⅲ　推进仿真时钟 TIME，并确定 Event Executing 中最早的任务事件发生时间 $T[i, j]$，初始时为空间环境试验 A 的起始时间 3 月 15 日，其后依次后推。

Step Ⅳ　如果 TIME $\geqslant t_f$，则转至 Step Ⅴ，否则执行如下过程。

1）判断 Event Executing 中任务事件的发生条件是否满足，如空间环境试验 A 所需实验仪器 A 是否在站以及航天员 1 是否空闲。

2）如果发生条件满足，则对其进行处理，根据任务事件的物资、在轨资源、废物生成量等属性，更新空间站上航天员、在轨物资等相应属性；如不满足，则将该事件留在 Event Executing 中。

3）将 Event Executing 中处理完毕的事件移入 Event Completed 中，并记录该任务事件实际发生时间。

4）返回到 Step Ⅱ。

Step Ⅴ　仿真结束。

进程交互法仿真策略中，在初始化过程的第 2）步，初始状态处于条件延迟的实体的复活时间置为 t_0。

进程交互法兼有事件调度法和活动扫描法的特点，但其算法比两者更为复杂。根据进程交互法建立的仿真模型称为面向进程的仿真模型。面向进程的仿真模型总控程序设计的最简单的方法是采用两个事件表：未来事件表和当前事件表。

不论是事件调度法、活动扫描法还是进程交互法，需要注意的是系统状态发生变化的时间都是事件发生的时间。事件调度法中要搜索下一最早发生的事件的时间；活动扫描法中仿真时间也指向实体下一事件发生的时间；进程交互法的复活点也对应于事件发生的时间。

（3）离散事件系统仿真语言

本节就离散事件系统仿真常用语言进行介绍。最初用于离散事件仿真的语言是高级语言，例如 FORTRAN，它是一种通用的科学计算语言，不能提供面向仿真的专用功能，仿真人员需要设计、编写仿真程序的所有细节。为了提高仿真的效率，人们在通用语言的基础上研制了许多仿真语言。这里主要对几种常见的离散事件系统仿真语言进行简要介绍，如图 2-13 所示。

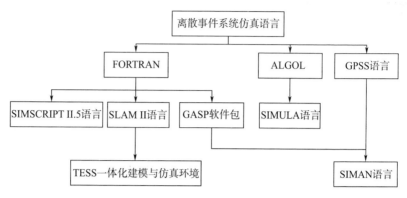

图 2 - 13　离散事件系统仿真语言

①基于 FORTRAN 语言的离散事件系统仿真语言

离散事件系统仿真语言中 SLAM Ⅱ 语言、SIMSCRIPT Ⅱ.5 语言、GASP 软件包、TESS 一体化建模与仿真环境等均是以 FORTRAN 为基础的，下面分别对这几种语言进行介绍。

1）SLAM Ⅱ 语言。SLAM Ⅱ（Simulation Language for Alternative Modeling）是以 FORTRAN 为基础的高级仿真语言，主要用于离散事件系统仿真，也可用于混合系统仿真。SLAM Ⅱ 允许用事件调度法、进程交互法以及两者的结合来建立离散事件系统仿真模型，连续部分可用微分方程和差分方程来描述。基本的 SLAM Ⅱ 可以在各种计算机中运行，其动画部分的运行对计算机类型有所限制。SLAMSYSTEM 是 SLAM Ⅱ 在计算机上基于 Windows 环境的一个界面友好版本。

2）SIMSCRIPT Ⅱ.5 语言。SIMSCRIPT 也是基于 FORTRAN，可采用事件调度和进程交互两种方法来建立离散事件建模。它采用类似英语的自由格式书写程序，十分易于阅读。SIMSCRIPT Ⅱ.5 是该语言一个使用较为广泛的版本，它不仅能对连续、离散和混合系统进行建模和仿真，而且具有一般高级程序语言，如 FORTRAN 和 ALGOL 的特征，可用于复杂大系统的仿真。

3）GASP 软件包。GASP（General Activity Simulation

Program）是 FORTRAN 子程序的集合，这些子程序具有推进时间、管理事件表、增加与移去实体、收集统计数据等功能。用户需要提供一个主程序、一个初始化子程序以及事件程序和报表程序，在主程序中有一条语句"Call GASP"用以开始仿真。

1）TESS　一体化建模与仿真环境。TESS 是在 SLAM Ⅱ语言的基础上建立的一体化建模与仿真环境。TESS 以仿真数据库为中心集成了建模与仿真各个阶段所需的各种仿真应用软件，组成了一个有机的完整系统，主要用于支持 SLAM Ⅱ语言进行离散事件系统仿真。

②基于 ALGOL 语言的离散事件系统仿真语言

除了上述几种语言外，SIMULA 语言是以算法语言 ALGOL 为基础发展而来的。SIMULA 以进程作为建模的基本单元。进程是系统中对象的活动过程，它有四种状态：活动、休眠、等待与结束。SIMULA 通过灵活多变的调度手段，使得模型的构造更加符合实际系统，从而使仿真更加逼真。

③基于 GPSS 语言的离散事件系统仿真语言

GPSS（General Purpose Simulation System）是最早推出的、影响最广泛的一种离散事件仿真语言。目前有多个版本，如 GPSS/360、GPSS/V、GPSS/M、GPSS/X 和 GPSS/H 等，它们都是用进程交互法进行建模，特别适合于排队系统仿真。GPSS 用一组标准的方框流向另一个方框，每一个方框对应了一条 GPSS 语句，因此用户用图形描述系统的仿真模型后，很容易写出相应的 GPSS 源程序。

以 GPSS 语言、GASP 和 Q‐GEPT 为基础开发了 SIMAN（Simulation and Modeling Analysis）混合仿真语言。对于离散事件系统，SIMAN 可用事件调度、进程交互及两者混合的方法进行建模。SIMAN 的基础语言是 FORTRAN，用户可直接利用 FORTRAN 语言编写部分源程序和 SIMAN 链接，以适应用户特定的应用场景。

2.2.2.2　航天领域其他仿真方法

除了上述几种通用的仿真方法外，在载人航天领域还需要一些领域特定的仿真方法对某些特殊情况进行仿真研究。例如，上升段轨迹仿真、航天器在轨姿态角处理等。下面对上升段动力学仿真进行介绍。

运载火箭上升段是指从发射后发动机点火至发动机关机时刻之间的整个过程。由于处于大气层内，因此上升段具有气动力计算困难、火箭整体建模难度大和动力学模型复杂等特点。若采用常规仿真建模方法工作量很大，这里介绍一种用于简单模拟的解决方案——两点拟合方法。

两点拟合方法用于发射点、入轨点参数、入轨时刻等由界面或程序设定时，提供一条连续的弹道，模拟上升段的运动。

设运载火箭质心在地固坐标系中的位置参数满足

$$\begin{cases} x = a_4 t^4 + a_3 t^3 + a_2 t^2 + a_0 \\ y = b_4 t^4 + b_3 t^3 + b_2 t^2 + b_0 \\ z = c_4 t^4 + c_3 t^3 + c_2 t^2 + c_0 \end{cases} \quad (2-17)$$

其中，t 表示运载火箭飞行时间，a_i、b_i、$c_i(i=0,2,3,4)$ 为待定系数，式中假定火箭起飞时速度在地固坐标系中为 0（在 J2000 坐标系中火箭速度为地球自转引起的牵连速度）。

初始和终端条件为：

1）运载火箭总的飞行时间：T；

2）发射场在地固坐标系中的位置参数：$x(0)=x_0$，$y(0)=y_0$，$z(0)=z_0$；

3）发射场在地固坐标系中的加速度参数：$\ddot{x}(0)=\ddot{x}_0$，$\ddot{y}(0)=\ddot{y}_0$，$\ddot{z}(0)=\ddot{z}_0$；

4）入轨点在地固坐标系中的位置参数：$x(T)=x_T$，$y(T)=y_T$，$z(T)=z_T$；

5）入轨点在地固坐标系中的速度参数：$\dot{x}(T)=\dot{x}_T$，$\dot{y}(T)=$

$\dot{y}_T$，$\dot{z}(T) = \dot{z}_T$。

将初始和终端条件代入式（2-17），可得

$$\begin{cases} a_0 = x_0, b_0 = y_0, c_0 = z_0 \\ a_2 = \ddot{x}_0/2, b_2 = \ddot{y}_0/2, c_2 = \ddot{z}_0/2 \\ a_3 = (4x_T - 2a_2 T^2 - 4a_0 - \dot{x}_T T)/T^3 \\ a_4 = (\dot{x}_T T + a_2 T^2 - 3x_T + 3a_0)/T^4 \\ b_3 = (4y_T - 2b_2 T^2 - 4b_0 - \dot{y}_T T)/T^3 \\ b_4 = (\dot{y}_T T + b_2 T^2 - 3y_T + 3b_0)/T^4 \\ c_3 = (4z_T - 2c_2 T^2 - 4c_0 - \dot{z}_T T)/T^3 \\ c_4 = (\dot{z}_T T + c_2 T^2 - 3z_T + 3c_0)/T^4 \end{cases} \quad (2-18)$$

由此可以算出 12 个待定系数，回代方程式（2-17）与式（2-18）可确定运载火箭在地固坐标系中的飞行轨迹。

除了上升段仿真之外，在载人航天领域当中，由于飞船或者运载火箭模型会涉及姿态角或者攻角射向等一系列的角度计算问题，因此不可避免地会经常遇到与角度相关的积分或插值。载人航天中所涉及的模型一般均对角度非常敏感，在系统运行过程中不可避免会出现所定义角度发生奇异的现象，因此需要在角度积分以及插值时对潜在发生角度奇异处进行角度变换、正负号转换或者以某一小量近似替换等操作来避免奇异。

2.3　系统仿真试验

载人航天仿真试验由于其实际运行环境在空间这一独特之处，导致其与一般的地面试验、飞行试验有所区别。本节就载人航天领域常用的蒙特卡洛法、试验设计方法、抽样方法、随机变量产生方法和方差缩减技术进行阐述，实际载人航天仿真试验通常需要综合运用以上方法。例如，交会对接远距离导引段的终端误差仿真通常采用蒙特卡洛法，但是为了减小计算耗时，就需要结合正交设计、

拉丁超立方抽样等方法进行。

2.3.1　蒙特卡洛法

蒙特卡洛（Monte Carlo）法亦称为随机仿真法，有时也称作随机抽样技术或统计试验法。蒙特卡洛法是一种与一般数值计算方法有本质区别的计算方法，属于试验数学的一个分支，起源于早期的用几率近似概率的数学思想，它利用随机数进行统计试验，以求得的统计特征值（如均值、概率等）作为待解问题的数值解。

2.3.1.1　蒙特卡洛法的基本思想

蒙特卡洛法以概率统计理论为其主要理论基础，以随机抽样为其主要手段。它可以解决各种类型的问题。但总体来说，视其是否涉及随机过程的性态和结果，这些问题可分为两类：第一类是确定性的数学问题，如计算多重积分、解线性代数方程组等；第二类是随机性问题，如原子核物理问题、运筹学中的库存问题、随机服务系统中的排队问题等。

在概率论中，随机事件发生的可能性大小是遵循一定的概率分布的。通过对某一现象多次模拟观察每次的结果，并把这些结果加以平均，便得到所求量的近似值，统计次数越多，结果越精确。蒙特卡洛法的主要做法是用数学方法产生具有已知分布的随机变量的随机数，一个或多个这种随机数输入到求解未知随机变量的数学模型中，计算出未知随机变量的随机数。独立进行足够多次这样的计算，可以得到未知随机变量的一组随机数。这组随机数的集合叫做该随机变量的一个样本。统计处理所得到的随机样本，就得到所求随机变量分布或数字特征的统计估值。

2.3.1.2　蒙特卡洛法的基本过程

用蒙特卡洛法求解时，最简单的情况是模拟一个发生概率为 P 的随机事件 A，如求连续抛硬币之后，正面出现的概率。采用概率论来处理此事的方法是：设正面出现的概率为 P，则反面出现

的概率为 $1-P$，所以抛硬币的期望为 $E = 1 \times P + 0 \times (1-P)$。用蒙特卡洛法处理此事的方法是：设两个变量 N 和 M，其初始值均为 0。由于被抛硬币出现正反面是随机的，所以用一组随机数序列来模拟抛硬币的过程，每产生一个随机数即为抛硬币一次，N 加 1，若随机数大于某个中心均值（如 1/2），则认为硬币出现正面，否则认为硬币出现反面，当硬币出现正面时，M 加 1，M/N 称为硬币出现正面的频率，当 N 充分大时，M/N 与硬币正面出现的概率相差无几，在模拟中，不断增加模拟的次数 N，直至得到满意的结果。

从上述例子的模拟过程可以看出，用蒙特卡洛法求解问题的基本步骤如下：

1）根据实际问题的特点，构造简单而又便于实现的概率统计模型，使所求解恰好是所建立模型的概率分布或数学期望；

2）给出概率模型中各种分布随机变量的抽样方法；

3）统计处理模拟结果，给出问题解的估计值和精度估计值。

用数学方法产生具有给定分布的随机数的工作可以方便地由计算机实现。为了获得计算效率，通常都是先在计算机上产生 $[0, 1]$ 区间均匀分布的随机数，通过变换再得到所要求的给定分布的随机数。这样获得随机数的过程好像抽签，故又称为随机抽样。

2.3.1.3 蒙特卡洛法的误差分析

蒙特卡洛法通过样本统计值来获得估计值，因为计算总是基于有限数目的历史样本，这就必须对结果做出一个可靠的统计误差估计。由概率论相关知识可知，标准差可以作为置信区间的度量，本节将就误差估计进行讨论。

采用蒙特卡洛法经过 n 次仿真试验，利用每次试验得到的参数 y_i 估计系统参数 y 的均值 $\bar{y}$、方差 s_y^2 和标准差 s_y 等，估计值计算和误差如表 2-10 所示。从表中可以看出，蒙特卡洛法对均值估计的收敛速度与试验次数紧密相关，即与 $1/\sqrt{n}$ 成正比。

表 2 - 10　蒙特卡洛法估计值及其误差

系统参数	蒙特卡洛法估计值	估计值的分布	估计值的标准差
均值	$\bar{y} = \dfrac{1}{n}\sum\limits_{i=1}^{n} y_i$	正态分布	$\sigma_{\bar{y}} = \dfrac{\sigma_y}{\sqrt{n}}$
方差	$s_y^2 = \dfrac{1}{n-1}\sum\limits_{i=1}^{n}(y_i - \bar{y})^2$	系统参数服从正态分布时为 χ^2 分布	系统参数服从正态分布时 $\sigma_{s_y^2} = \dfrac{\sigma_y^2}{\sqrt{n/2}}$
标准差	$s_y = \left[\dfrac{1}{n-1}\sum\limits_{i=1}^{n}(y_i - \bar{y})^2\right]^{1/2}$	—	系统参数服从正态分布时 $\sigma_{s_y} = \dfrac{\sigma_y}{\sqrt{2n}}$

　　下面以均值为例，分析蒙特卡洛法的估计误差。考虑一个待估计的精确解 h。对于任意给定的历史样本个数 n，若 $\widetilde{h}_n = (1/n)\sum\limits_{i=1}^{n} h_i$，且其概率密度 $f(\widetilde{h}_n)$ 已知，则可利用式（2 - 19）计算出一个精确的置信度 α 和在均值附近以 $[\mu_h - a\sigma_h,\ \mu_h + a\sigma_h]$ 形式表示的置信区间

$$\alpha = \int_{\mu_h - a\sigma_h}^{\mu_h + a\sigma_h} f(\widetilde{h}_n)\,\mathrm{d}\widetilde{h}_n \tag{2-19}$$

　　然而一般无法得到 $\widetilde{h}_n$ 的概率密度函数，这个难点可以通过中心极限定理来解决。中心极限定理确保了在很弱的条件下（只要存在期望和方差）$\widetilde{h}_n$ 的概率密度渐进收敛于正态分布。

定理　中心极限定理

　　令 $h_1, \cdots, h_n$ 为一组独立同分布的随机变量，均值为 μ，标准差为 σ。令 $\widetilde{h}_n = (1/n)\sum\limits_{i=1}^{n} h_i$，当 $n \to \infty$ 时，变量 $y_n = \dfrac{\widetilde{h}_n - \mu}{\sigma/\sqrt{n}}$ 的概率密度函数将收敛于标准正态分布，即

$$\lim_{n\to\infty} f(y_n) = \frac{1}{\sqrt{2\pi}} \mathrm{e}^{-(1/2)y_n^2}$$

　　这一著名定理说明，样本均值的极限分布与估计量的分布无关，趋向正态分布。因此 y_n 的置信区间可以写为

$$P_r[-a \leqslant y_n \leqslant a] = P_r\left[-a \leqslant \frac{\tilde{h}_n - \mu}{\sigma/\sqrt{n}} \leqslant a\right] \tag{2-20}$$

$$= \int_{-a}^{a} \frac{1}{\sqrt{2\pi}} e^{-(1/2)x^2} \, \mathrm{d}x, a \geqslant 0$$

式（2-20）的右侧叫以查标准数学用表得到。对于 1σ 的区间（$a=1$）其值为 0.682 6，对于 2σ 的区间（$a=2$）其值为 0.964。

1σ 区间通常作为 $\tilde{h}_n$ 的统计误差，其意义为误差不超过 $\sigma/\sqrt{n}$ 的概率为 0.682 6。

需要注意的是，一元积分的收敛速率为 $1/n$，它比蒙特卡洛计算的收敛计算速度要快，而中心极限定理和样本均值收敛于期望值的特性对于任意维的随机变量都成立。蒙特卡洛计算的收敛速度 $1/\sqrt{n}$ 与相平面的维数无关，而数值积分的收敛速度则极大地取决于维数。在一个 k 维积分中，误差与 $m=\sqrt[k]{n}$ 成反比，其中 n 是应用的点的总数。蒙特卡洛法对状态空间维数不敏感这一性质使得它在科学和工程的许多领域都获得了重要应用，而维数在载人航天系统工程这样的一个特殊领域中起着很重要的作用。

2.3.1.4　随机变量的抽样方法及应用

用蒙特卡洛法模拟一个实际问题时，要大量用到各种不同分布的随机变量。因而，在计算机上经济地产生统计上理想的各种不同分布的随机变量的抽样序列是蒙特卡洛法能成功运用的基础。相关方法将在 2.3.3 节和 2.3.4 节进行详细介绍。

2.3.2　仿真试验设计方法

仿真试验设计方法有很多种，这里仅介绍其中最为常用的全面试验法、正交试验法、均匀试验法和一种航天领域常用的特殊试验方法——极限分析法。

对于大多数计算机仿真试验、系统现场试验和飞行试验，所给的试验条件（情况）对应着一个具有众多试验样本的母体，这就意味着试验设计方法所给的每一种试验条件需要进行大量独立的随机试验。在这里假设，数学模型的计算机仿真试验和实际物体的飞行试验具有等同的含义，都将被视为一次"试验"，完全可以应用均匀试验法等进行试验设计。对于随机型的试验问题，我们还是需要使用蒙特卡洛法，也就是针对试验设计得到的每一种试验情况进行统计试验。

2.3.2.1　全面试验法

全面试验法又被称为穷举法。该方法将每一个因素的不同水平进行组合，并对每一组合做试验。假设一项试验中有 m 个因素，它们各有 n_1，n_2，…，n_m 个水平，则全面试验至少要做 $n_1 \times n_2 \times \cdots \times n_m$ 次试验。

当因素个数及其水平数不多时，采用全面试验法可以获得较丰富的试验结果，结论也比较精确可靠。全面试验对各种因素与响应指标之间的关系分析得比较清楚，但试验的次数太多。特别是当因素多、每个因素水平数也较多时，试验量将大得惊人。以 3 个因素为例，每个因素若取 10 个水平，就需要进行 1 000 次试验。若进行 5 个因素、6 个水平的试验，则试验量将达到 $6^5 = 7\ 776$ 次！

2.3.2.2　正交试验法

所有试验设计方法本质上都是在试验范围内挑选代表点的方法。正交设计是根据正交准则来挑选代表点，使得这些点能够反映试验范围内各因素和试验指标之间的关系。正交设计在挑选代表点时有两个特点，即均匀分散和整齐可比。均匀分散使得试验点具有代表性，整齐可比便于试验数据的分析和处理。

日本著名的统计学家田口玄一将正交试验选择的水平组合列成表格，称为正交表。正交试验法，就是使用已经设计好的表格"正交表"来安排试验并进行数据分析的一种方法。它简单易行，计算表格化，使用者能够迅速掌握。正交试验一般包括如下几个步骤：

1) 根据试验目的，确定考察指标 y；

2）确定考察的影响因素，$y = f(A，B，\cdots)$；

3）根据考察范围和精细度要求，确定因素水平和各水平的最优值；

4）选择正交表；

5）按照正交表安排试验；

6）分析试验结果，找出最优化条件；

7）验证最优化条件下的指标。

正交试验一般通过一系列表格来实现这种设计，即所谓的正交表。表 2 - 11 就是一个正交表，其中 L 代表正交表，9 代表需要做 9 次试验，3 代表每个因素都有 3 个水平，4 代表该表有 4 个因素。

表 2 - 11　正交设计表 $L_9(3^4)$

No	1	2	3	4
1	1	1	1	1
2	1	2	2	2
3	1	3	3	3
4	2	1	2	3
5	2	2	3	1
6	2	3	1	2
7	3	1	3	2
8	3	2	1	3
9	3	3	2	1

为了保证整齐可比，正交试验法至少需要安排 q^2 次试验，其中 q 为每个因素的水平数。当试验水平数较大时，试验次数将多得难以承受。

2.3.2.3　均匀试验法

均匀试验法，又称均匀设计试验法，或空间填充设计。它是只考虑试验点在试验范围内均匀散布的一种试验设计方法。它是继 20 世纪 60 年代华罗庚教授倡导、普及的优选法和我国数理统计学者在国内普及推广的正交法之后，由中国科学院应用数学所方开泰教授和王元教授应原航天部第三研究院（现为中国航天科工集团有限公司三院）飞航导弹火控系统建立数学模型，并研究其诸多影响因素的需要，在1978年共同提出的，是数论方法中的"伪蒙特卡洛法"的一个应用。它与其他的许多试验设计方法，如正交设计、最优设计、旋转设计、稳健设计和贝叶斯设计等相辅相成。

　　与正交设计相近，均匀试验法也有相应的均匀设计表来进行试验，每一个均匀设计表有一个代号 $U_n(q^s)$。表 2 - 12 即是一个均匀设计表。其中，U 表示均匀设计，n 表示要做 n 次试验，q 表示每个因素有 q 个水平，s 表示该表有 s 个因素。

表 2 - 12　均匀设计表 $U_7(7^4)$

No	1	2	3	4
1	1	3	5	7
2	2	6	2	6
3	3	1	7	5
4	4	4	4	4
5	5	7	1	3
6	6	2	6	2
7	7	5	3	1

　　均匀试验法具有以下特点：

　　1）每个因素的每个水平做且仅做一次试验；

　　2）任意两个因素的试验点在平面的格子点上，每行每列有且仅有一个试验点；

　　3）均匀试验表任意两列组成的试验方案一般并不等价，为此每个均匀试验表必须有一个附加的使用表；

　　4）当因素水平数增加时，使用数按水平数的增加量增加。

2.3.2.4　极限分析法

在载人航天领域的仿真试验中，由于其对安全性的要求极高，除了采用蒙特卡洛法等进行试验设计与仿真外，还常常会用到极限分析法进行仿真和数据分析。极限分析法是指在仿真分析中，将输入参数或误差取为其取值范围的边界值，并代入进行仿真计算，将在此极限情况下的仿真结果与任务要求进行对比，以此来对系统性能及稳定性进行分析。

通常情况下，航天任务各个环节都会给出相应的允许条件上下限，例如入轨参数和远距离导引点参数各自允许的误差值上限。航天任务在执行前会利用蒙特卡洛法对满足误差上限的标称工况进行多次打靶仿真。而由于太空环境的特殊性，为保证安全，除了这些仿真以外，还常常会在允许条件的边界处进行仿真，例如在误差上限处甚至超出误差上限的极限情况进行仿真。通过极限仿真，可以验证在轨航天器在达到设计极限时能否安全完成任务以及在超出设计范围的情况下设计的应急反应预案是否合理等。

对载人航天任务来说，常用的极限仿真工况包括：入轨参数偏差极限仿真、飞船远距离导引段变轨偏差极限仿真等。下面以交会对接任务仿真为例，进行简介。

在进行交会对接任务时，入轨点参数是一个十分重要的数据，实际入轨点精度关系到后续任务的成败与否，一般设计时都会给出一个入轨误差允许范围。入轨参数偏差极限仿真即是在仿真时假设火箭入轨点刚好到达入轨误差允许范围上限处，并以此为初始条件按照既定控制策略进行后续仿真，计算推进剂消耗以及到达远距离导引终点时的精度，分析推进剂消耗和终端精度是否满足任务需要。

此外，交会对接任务仿真中的极限分析法还包括对类似空间环境波动、推迟交会以及高精度加速度计失效等极限情况的仿真分析，以测试每种极限情况下的航天器是否安全和紧急预案是否有效。

2.3.3　抽样方法

载人航天仿真任务常常涉及复杂空间上多个变量的估值，而蒙特卡洛法所针对的恰恰就是复杂空间上的多维平均估值问题，因此在进行载人航天任务仿真试验设计时，蒙特卡洛法是使用最多的一种方法。

从蒙特卡洛误差估计中可以看到，大多数统计量的估计值的收敛速度与 $1/\sqrt{n}$ 成正比，这意味着要使结果精度提高一位，需增加一百倍的计算工作量。因此，自 Monte Carlo 方法诞生之日起，人们便一直寻求提高其计算效率的途径。目前提高计算效率的方法主要有两类：缩短每次抽样的计算时间和减少抽样次数。前者主要通过提高仿真模型效率实现，后者则存在缩减方差和改善收敛速度两种途径。本节介绍几种常见的抽样方法，特别是可以通过改善收敛速度、减少抽样次数的拉丁超立方抽样方法。

2.3.3.1　常用抽样方法

（1）简单随机抽样（Simple Random Sampling）

通过逐个抽取的方法抽取一个样本，且每次抽取时，每个个体被抽到的概率相等。简单随机抽样适用于总体个数较少的情况。

（2）系统抽样（Systematic Sampling）

当总体个数较多时，首先把总体分成均衡的几部分，然后按照预定的规则，从每个部分中抽取一些个体，得到所需要的样本。

（3）分层抽样（Stratified Sampling）

将总体分成互不交叉的层，按照一定的比例，从各层中独立抽取一定数量的个体，得到所需的样本，从而保证样本的结构与总体的结构比较近似，从而提高估计的精度。

（4）整群抽样（Cluster Sampling）

整群抽样又称为聚类抽样。它是将总体中各单位归并成若干互不交叉、互不重复的集合，称之为群，然后以群为抽样单位抽取样本的一种抽样方法。应用整群抽样时，要求各群有较好的代表性，即群内各单位的差异要大，群间差异要小。

2.3.3.2 拉丁超立方抽样法

拉丁超立方抽样（Latin Hypercube Sampling，LHS）法是一种从多元参数分布中近似随机抽样的方法，属于分层抽样技术。在统计抽样中，拉丁方阵是指每行每列仅包含一个样本的方阵。拉丁超立方则是拉丁方阵在多维中的推广，每个与轴垂直的超平面最多含有一个样本。

设试验次数为 n，总体有 M 个变量（维度），LHS 法把每个变量分成 M 个概率相同的互不重叠的子区间，然后就可以选取 M 个满足拉丁超立方条件的样本点。LHS 法要求每个变量的分区数量相同，但当变量 M 增加时，样本数量 n 不需要增加。

其在决定试验次数 n 后，把总体分成 n 个互不重叠的子区间，然后在每个子区间上分别进行独立的等概率抽样。

对于一维问题，设试验次数为 n，LHS 的基本过程如下。

在 $[0，1]$ 区间生成 n 个随机数，然后将其变换为各子区间的随机数

$$U_i = \frac{U}{n} + \frac{i-1}{n}$$

其中，$i = 1，2，\cdots，n$，U 为 $[0，1]$ 区间内均匀分布的随机数，U_i 为从属于第 i 个子区间的随机数。根据随机变量生成方法，由 n 个子区间产生的 n 个随机数就可以得到 n 个符合指定分布的随机抽样。

LHS 的收敛速度与系统性质密切相关。一般情况下，LHS 的计算效率要优于简单随机抽样，尤其对于线性系统，在抽样数目相同的情况下，二者样本方差之比为 $1/n^2$，在计算精度一定的条件下，LHS 对样本数目的节省非常显著。因此，可以认为对于能用线性函数逼近的系统，LHS 比简单随机抽样更好。

LHS 的估值稳定，可以显著减少抽样次数，但不能减小计算结果的方差。近年来，还有学者提出了将 LHS 与能减小方差的对偶变

量法相结合的抽样法。

对每个 U_i，用反变换法产生服从已知分布函数的对偶随机数 x_i 与 x_i'

$$x_i = F^{-1}(U_i)$$
$$x_i' = F^{-1}(1 - U_i)$$

则最终抽样值 y 为

$$y = \frac{1}{2}(y_i + y_i') = \frac{1}{2}(f(x_i) + f(x_i')) \qquad (2-21)$$

2.3.4　随机变量产生方法

随机变量被广泛地应用于各种计算机数值仿真计算的算法里。对于蒙特卡洛法，其应用的核心就是需要产生任务所需概率分布的随机变量。

在实际应用中，一般把各种不同分布的随机变量的抽样序列简称为随机数。在理论上，只要有了一种具有连续分布的随机变量，就可以通过直接抽样、函数变换、舍远补偿或渐近模拟等方法产生其他任意分布的随机变量的抽样。而在连续分布的随机变量中，[0，1] 上均匀分布的随机变量是最简单、最基本、最重要的随机变量。因此，在计算机模拟时，总是先产生 [0，1] 上均匀分布的随机数，然后再利用它获得其他分布的随机数。

在计算机上常用的产生 [0，1] 上均匀分布的随机数的方法大致可分为三类：

1）随机数表法。把已有的随机数表输入计算机。

2）物理法。用物理方法，如噪声型随机数发生器、放射型随机数发生器等，产生真正的随机数。

3）伪随机数法。用数学方法产生伪随机数，如 C 语言中的 rand()。

第一种方法要占用大量的内存且随机数表长度有限；第二种方法需要增加额外的物理随机数发生器；第三种方法是目前普遍使用

的一种方法，它根据一个适当选取的递推公式，由计算机程序直接产生具有均匀总体简单子样统计性质的随机数序列。常用的方法有迭代取中法、移位法和同余法。需要指出的是，由于字长的限制，计算机只能表示有限个不同的数，所以在计算机上不能产生真正连续分布的随机数，而只能用离散分布的随机数代替连续分布的随机数。另外，用递推公式产生的数值序列本质上是完全确定的，到一定程度后就会出现周期现象。毫无疑问，这些都和随机数应该具备的基本统计性质相矛盾。换句话说，用数学方法根本不可能产生真正的随机数。用数学方法如何产生与真正随机数相近的伪随机数是当今数学界的一项重大课题。

要把伪随机数当做真正随机数使用，就需要对用数学方法产生的伪随机数提出一定的要求：

1）产生的数值序列要具有均匀总体简单子样的一些概率统计特征，通常包括分布的均匀性、抽样的随机性、试验的独立性和前后的一致性；

2）产生的伪随机数要有足够长的周期，满足模拟实际问题的要求；

3）产生随机数的速度快，占用计算机的内存小。

除了 $[0，1]$ 上均匀分布的随机数外，在仿真中常用的随机数还有 $[a，b]$ 上均匀分布的随机数、指数分布的随机数、瑞利分布的随机数、威布尔分布的随机数、正态分布的随机数等。设 R 为 $[0，1]$ 上均匀分布的随机数，则通过反函数法和舍选法可以产生各种分布的随机变量。

下面简单介绍几种随机数常用的抽样方法。

（1）$[a，b]$ 上均匀分布的随机数

在载人航天仿真中，常常需要产生在某个指定区间上均匀分布的随机数 $U(a，b)$。该分布函数易于反变换，通过对 $0 \leqslant u \leqslant 1$ 求解 $u = F(x)$ 得到 x，为

$$x = F^{-1}(u) = a + (b-a)u$$

因此，我们可以使用反变换法来产生 X，基本步骤为：

1）产生 $U \sim U(0，1)$；

2）返回 $X = a + (b - a)U$。

（2）指数分布随机变量的抽样

在进行航天器在轨运行仿真时，航天器系统的可靠性，随机系统中的服务时间等都满足负指数分布，即

$$X = -\frac{1}{\lambda}\ln U \qquad (2-22)$$

（3）威布尔分布随机变量的抽样

可靠性理论中的基本分布之一，电子产品的使用寿命都服从这一分布。m 为形状参数，η 为尺度参数，γ 为位置参数，则有

$$X = \gamma + \eta\left[-\ln U\right]^{1/m} \qquad (2-23)$$

（4）正态分布随机变量抽样

正态分布是最常见的一种分布，例如交会对接中追踪器对目标器的测量误差一般都近似服从正态分布。一般来讲，只要影响某一数量指标的随机因素很多，而且每个因素所起的作用又不太大，则根据中心极限定理，就可以认为这个指标服从正态分布。一般常用 Box - Muller 方法（变换抽样方法）来生成服从正态分布的随机变量。设 R_1、R_2 为 $[0，1]$ 上均匀分布的随机数，则 X_1、X_2 是相互独立的服从标准正态分布的随机变量，即

$$\begin{cases} X_1 = \sqrt{-2\ln R_1}\cos 2\pi R_2 \\ X_2 = \sqrt{-2\ln R_1}\sin 2\pi R_2 \end{cases} \qquad (2-24)$$

一般地，满足正态分布 $N(X，\sigma^2)$ 的随机变量可由下式求出，即

$$\begin{cases} X_1 = X + \sigma\sqrt{-2\ln R_1}\cos 2\pi R_2 \\ X_2 = X + \sigma\sqrt{-2\ln R_1}\sin 2\pi R_2 \end{cases} \qquad (2-25)$$

（5）离散随机变量抽样

考虑一个离散随机变量 X，其可能的取值为 $\{x_1，x_2，\cdots，$

$x_n\}$，相应的概率分别为 $\{p_1，\cdots，p_n\}$，其中 $p_i=P_r\{x=x_i\}$，可以得到累积分布函数 $G_m=\sum\limits_{i=1}^{m}p_i$。为了对 x 进行抽样从而得到一个样本值 x_i，令 ξ 为 $[0，1]$ 上的均匀分布的随机数，选择 k，令 $x=x_k$，则有

$$G_{k-1}=\sum_{i=1}^{k-1}p_i<\xi\leqslant G_k=\sum_{i=1}^{k}p_i，\quad G_0=0 \qquad (2-26)$$

抽样得到 x_k 的概率为 $P_r[x=x_k]=G_k-G_{k-1}=p_k$，说明这也是一个合理抽样过程。这种抽样方法可以参考图 2-14 来理解，图中，概率 p_i 在一个单位长度的线段上排列成顺次连接的小段。将随机数与 p_1 相比较。若 ξ 比 p_1 小，则 $k=1$，$x=x_1$，否则将其与 p_1+p_2 比较，以此类推。

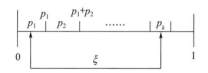

图 2-14　离散随机变量抽样

（6）泊松分布随机变量抽样

泊松分布是离散型的随机分布，在随机服务系统、可靠性问题模拟中应用广泛。如在轨航天器对地观测覆盖带内，发现目标的个数服从泊松分布。基于直接抽样法，根据泊松分布与指数分布随机变量之间的关系，可得出如下的快速抽样算法。

产生 $[0，1]$ 上均匀分布的随机数 r_1，r_2，$\cdots$，则满足不等式

$$\prod_{i=0}^{n}r_i\geqslant e^{-\lambda}>\prod_{i=0}^{n+1}r_i \qquad (2-27)$$

式中，n 值服从泊松分布，$r_0=1$。

2.3.5　方差缩减技术

对仿真输出结果进行统计分析的主要目的是获得系统状态变量

高精度的统计特性，以便对仿真结果正确利用。而获得高精度结果需要花费大量的试验时间，特别是对于载人航天这种复杂庞大的系统。为此，有必要采用方差缩减技术（Variance Reduction Techniques，VRT），使得相同的仿真运行次数下获得较小方差的仿真输出结果。本节简要介绍较为常用的四种方差缩减技术，感兴趣的读者可参考文献（Averill，2007）进一步学习。

2.3.5.1　公用随机数法

公用随机数法是最普通和最有用的方差缩减技术，它可以应用于对两个以上不同系统模型进行比较。对于不同的系统模型来说，所观测到的仿真运行结果是有差异的。造成这种差异的潜在原因有两个：一是系统模型构造上的差异；二是环境因素，主要体现在对于系统的同一个随机特征量，不同的模型所取的随机变量值不同。采用公用随机数法的目的就是在其他环境条件完全相同的情况下，尽量消除选取随机数造成的仿真运行结果的差异，从而使所观测到的差异仅由系统模型本身差异引起。

公用随机数法的思想就是在不同模型的仿真运行过程中，采用相同的随机数序列，从而缩小两个系统差异的估计方差。为了实施公用随机数法，需要使各个模型中的随机数同步。

2.3.5.2　对偶变量法

对偶变量法是一种应用于单个系统模型仿真运行时的方差缩减技术。对于同一个系统模型，每次仿真运行中得到的观测数据是存在差异的，同样这种差异可能由随机数选取引起，采用对偶变量法的目的就是消除这种差异。对偶变量法的中心思想是在系统模型的两次仿真运行过程中，设法使第一次运行中的小观测值能被第二次运行中的大观测值所补偿，或者是反过来。相当于采用两次运行中观测值的平均值作为分析的基准数据点，而这个平均值与所估计的观测值的期望更加接近。一般情况下，对偶变量法使用互补的随机数驱动系统模型的两次仿真运行。即若 u_k 是用于第一次运行中的单位均匀分布随机数，则在第二次运行中采用 $(1 - u_k)$。

2.3.5.3　重要采样法

重要采样法的基本思想是采样点应集中分布在一个最重要的区域里，而不是平均分配在整个区域内。这样可使仿真试验的次数减少，有时甚至可以减少 1～3 个数量级，并能缩减所估计的方差。应用的核心是重要区域的选择。

2.3.5.4　控制变量法

控制变量法与对偶变量法一样，也是设法利用某些随机变量间的相关性达到减小方差的目的。这种相关性可能是仿真运行过程中自身产生的，或者在仿真中运用相关采样法来得到的。

2.4　载人航天可视化仿真技术

为了实现载人航天仿真的直观性和逼真性的要求，有必要对其可视化仿真进行专门的设计。

2.4.1　可视化仿真简介

可视化仿真又称视景仿真技术，或虚拟现实技术，是计算机技术、图形图像处理与图像生成技术、立体影像和音响技术、信息合成技术、显示技术、传感技术等多种高新技术的综合运用（葛奇鹏，2010）。视景仿真技术在数值仿真的基础上，以图形和动画形式表达数值仿真的过程或结果，使仿真效果更逼真、仿真交互功能更强。对于工程应用来说，视景仿真给科研工作者具体而真实的体验，便于科研工作者理解自己并不是很熟悉的问题，对相关领域专家透过现象看到问题的本质也有极大的辅助作用。同时，视景仿真有利于缩短试验和研制周期，有利于提高试验质量、节省研发经费。

20 世纪 80 年代之前，可视化仿真是一个非常专业的学科。为满足航天器视景系统需要，必须采用专门的硬件。早期的载人航天仿真系统采用摄像机拍摄缩比模型，并将视频输出到置于航天员前方的监视器上。例如，早期的联盟号飞船模拟器就是采用这一技术。

20 世纪 80 年代后期，现代图形系统性能的提升简化了仿真可视化工作。多家公司推出了自己的图像生成系统，1992 年，SGI 公司推出了 OpenGL（Open Graphics Library）1.0 版，定义了跨编程语言、跨平台的专业图形程序接口，提供了独立于操作系统的三维图形软件包，使得原来必须在高档图形工作站上运行的 3D 图形处理软件也可以在微机上运行。20 世纪 90 年代出现的广角投影系统，不仅显著减小了投影系统的重量，而且由多个投影仪投射得到的图像通过精细融合能够实现连续曲面视景。随着计算机仿真技术的发展，在现代航天器设计中已大量开始使用可视化仿真技术。

载人航天仿真中，运用轨道动力学相关知识计算空间目标在三维空间的几何位置关系而产生的大量轨道数据比较抽象，解读过程需要很强的专业知识背景，不太容易让人们理解空间目标的轨道特征和运行态势。基于 OpenGL 等技术使空间态势仿真结果可视化，并运用视景仿真技术将大量轨道数据在三维可视化空间进行直观表现，对空间目标运行态势和轨道特征的理解都起到重要辅助作用。

2.4.2　可视化仿真工具

目前，国内外用于航天器可视化的仿真工具种类繁多，本节主要从商业和开源两方面对使用较多的相关仿真工具进行介绍。

2.4.2.1　商业仿真工具

（1）STK

航天领域最典型的商业仿真工具是 AGI 公司开发的卫星工具包 STK（Systems Tool Kit）。STK 可以方便地进行复杂的航天任务分析，并能对分析过程和结果以二维、三维可视化曲线图表和文本形式展示，使仿真结果更直观，分析和解释过程更为简单，可帮助用户高效地完成飞行计划和任务分析。它广泛应用于航天任务系统分析、仿真实现等环节，是一个功能强大、可靠性高的软件开发工具包。国际上，目前有 80% 的航天部门都在使用 STK，例如美国国家航空航天局和欧洲空间局，它已经成为航天领域商用标准软件之一（杨颖，2005）。

虽然 STK 具有各项性能的优势，但是也存在自己的不足：1）价格昂贵，一个模块往往需要多达几百万人民币；2）一些高精度和敏感用途模块禁止对国外出售；3）不公开源代码，很难进行软件扩展，可复用性较差。

（2）Vega

随着三维视景仿真应用的普及，目前以 OpenGL 为底层的图形视景仿真开发平台有很多，且各有特点。如美国 MultiGen - Paradigm 公司的 Vega 系列产品，已经成为业界视景仿真的经典工具。

Vega 是用于实时视觉模拟、虚拟现实和普通视觉应用的软件环境。它充分体现了面向对象的设计思想，在视景仿真系统中模型、特效、视点、窗口等都以对象形式存在。在系统开发过程中，只需要定义对象并设置它们的属性，从而达到所要求的效果。为了简化对象定义和程序设计，Vega 提供了可以定义对象，设置对象属性、对应用程序进行预览的图形界面环境，称之为 LynX。对于非专业人员，可以利用 LynX 图形用户界面进行大范围、高质量的小型仿真应用。对于专业人员，可以利用 Vega 所提供的 API 创建自己的可视化系统，在系统中可以直接调用 OpenGL 编写的函数。图 2 - 15 为基于 Vega 开发的手控对接仿真界面。

（3）Vega Prime

Vega Prime 是 Vega 的升级版。它具备跨平台、可扩展的特性，它既可以在 Windows 平台下开发，也可以在 Linux 平台下开发。它

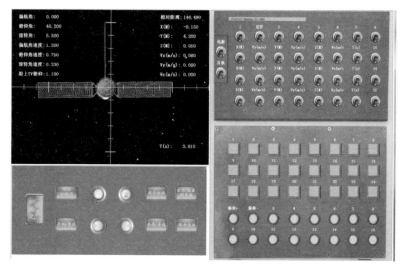

图 2 - 15　基于 Vega 开发的手控对接仿真系统

可以高效创建和配置三维视景仿真和通用可视化应用。它不仅可以满足复杂的仿真应用要求，而且它提供的二次开发接口可用来提高开发效率。Lynx Prime 是 Vega Prime 的 GUI 配置工具，它基于 XML 文件进行数据交换以提供最大的灵活性，它极大地方便 Vega Prime 应用程序的创建、修改和配置。Vega Prime 中的大面积数据库管理模块使用 MetaFlight 格式管理海量数据，以提高数据管理的效率。MetaFlight 是基于 XML 格式的一种数据描述格式。Vega Prime 作为当今先进的商用实时三维可视化引擎，它支持虚拟纹理（Virtual Texture）贴图、自动异步数据库载入/相交矢量处理、基于 OpenAL 的声音功能、星历表模型/环境效果、路径和领航、平面投射实时阴影和压缩纹理等。

（4）Unity 3D

目前，可视化领域技术发展十分迅猛，航天领域中一些可视化技术有时会借助其他领域的技术软件进行实现。其中，尤其以游戏领域的可视化技术发展最为快速，因此一些航天可视化工作常常借助游戏开发工具。航天领域最常使用的游戏引擎包括 Unity 3D 和虚幻（Unreal Engine）等，限于篇幅这里仅对 Unity 3D 进行简介。

Unity 3D 是由 Unity Technologies 开发的一个让玩家轻松创建诸如三维视频游戏、建筑可视化、实时三维动画等类型互动内容的多平台的综合型游戏开发工具，是一个全面整合的专业游戏引擎。Unity 类似于 Director、Blender game engine、Virtools 或 Torque Game Builder 等利用交互的图形化开发环境为首要方式的软件。其编辑器运行在 Windows 和 Mac OS X 下，可发布游戏至 Windows、Mac、Wii、iPhone、WebGL（需要 HTML5）、Windows phone 8 和 Android 平台。也可以利用 Unity web player 插件发布网页游戏，支持 Mac 和 Windows 的网页浏览。它的网页播放器也被 Mac widgets 所支持。图 2-16 为基于 Unity 3D 开发的交会对接仿真界面。图 2-17 为基于 Unity 3D 开发的 Android 平台卫星仿真。

图 2-16　基于 Unity 3D 的交会对接仿真

2.4.2.2　开源仿真工具

（1）OpenGL

OpenGL（Open Graphics Library）即开放性图形库，是由 SGI 公司开发的一套与图形绘制相关的 API。作为硬件图形发生器的软

图 2 - 17　基于 Unity 3D 的 Android 平台卫星仿真

件接口，它跟硬件、窗口系统和操作系统相互独立，不提供与硬件密切相关的设备操作函数。同时，OpenGL 支持网络，在网络系统中用户可以在不同的图形终端上运行程序和显示图形。高性能的三维图形绘制功能和良好的移植性使 OpenGL 成为目前三维图形开发的工业标准，成为三维图形开发者所必须掌握的开发工具之一（邓辉宇，2006）。与 OpenGL 类似的图形接口库是 Direct3D，其只能用于 Windows 操作系统。

OpenGL 作为高性能的图形绘制软件包，它包括了 100 多个图形操作函数，开发者可以利用这些函数来构造景物模型、进行三维图形交互软件的开发。基于 OpenGL 还发展了一些库来扩展 OpenGL 的功能，包括 GLFW、GLUT、GLEW 等，特别是 SGL 开发的 OpenGL Performer 库，可以创建实时可视化仿真程序。

（2）OpenSceneGraph

OpenSceneGraph（OSG）是一个基于工业标准 OpenGL 的开源场景图形程序开发接口（API），提供了高性能 3D 程序所需的空间数据组织能力及其他特性，让程序员能够更加快速、便捷地创建高性能、跨平台的交互式图形程序。典型 OSG 应用程序的层次结构如图 2-18 所示。图 2-19 为基于 OSG 开发的火星降落仿真界面。

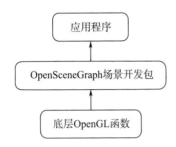

图 2-18　OSG 应用程序的层次结构图

图 2-19　基于 OSG 开发的火星降落仿真界面

相比工业标准 OpenGL 或其他的图形库，OSG 封装并提供了数量众多的提升程序运行时性能的算法；提供针对包括分页数据库在内的几乎所有主流数据格式的直接数据接口；支持脚本语言系统 Python 和 tcl，对脚本语言系统的支持将突破现有交互式图形系统在人机交互性能方面的最终限制。

（3）OpenGVS

OpenGVS 是 Quantum3D 公司开发的世界上第一个工作站平台的 3D 视景管理软件，它向开发者提供领先、成熟、方便的视景管理系统。OpenGVS 不仅基于工业标准 OpenGL，而且可以被应用于其他图形平台标准。OpenGVS 完成了底层的难度较大的 3D 图形开发，向用户提供功能强大的二次开发接口，用户使用 OpenGVS 时，只需要进行简单的编程就可以完成一个简单应用程序的开发。

（4）Orbiter

Orbiter 是一个免费的太空模拟飞行可视化软件，用真实的牛顿物理来模拟太空飞行。开发者 Martin Schweiger 认为当时的太空飞行模拟器缺乏基于真实物理的飞行模型，于是决定编写一个模拟器，让学习物理概念更有趣。在国外，Orbiter 已经用于教学辅助，插件开发者团体已经创建了大量的插件，允许用户以各种真实和虚构的航天器飞行，并添加新的行星或恒星系。模拟器最早发布于 2000 年 11 月 27 日，在发布后受到广泛欢迎，许多爱好者自发设计了各种模型包对其进行拓展，目前版本仍在不断更新中。

（5）OpenEaagles

OpenEaagles 是一个开源框架，旨在支持快速建设虚拟仿真应用。它被广泛地用于建立 DIS（Distributed Interactive Simulation）兼容的分布式仿真系统。它基于 Eaagles，一个流行的仿真框架开发平台，由美国空军资助用以支持大量的仿真活动。2017 年，该项目被重命名为 MIXR（Mixed Reality Simulation Platform）。

作为仿真设计模式，它提供了一个构建仿真应用程序的结构。帮助设计鲁棒性的、可伸缩的、虚拟的、结构性的、独立的和分布式仿真应用程序。它利用现代面向对象软件设计原则，结合实时系统设计技术以满足人机交互需求。

（6）VESTA

VESTA（Virtual Environment for Space and Terrestrial Applications）

由 2006 年 9 月新成立的公司 Astos Solutions GmbH 负责开发，是为空间场景服务的一款任务分析结果和管理演示的可视化动画图形 3D 引擎。VESTA 是开源的，它被设计为可以加入任何开源或商业软件包。

（7）Orblt - Vls

Orbit - Vis 是一个轨道仿真程序，旨在允许用户对某一卫星在地球的任意轨道进行仿真，并以可视化和数值的形式提供给用户卫星的位置与运动数据。该软件是基于《卫星轨道——模型、方法和应用》（Montenbruck，2011）这本书提供的信息建立的，轨道外推程序是利用开普勒两体问题求解椭圆轨道。

它使用了图形设备接口显示计算过程中的轨道。程序两个主要功能是输入和数值显示窗口，用户可以输入期望的远地点和近地点并按下"发射"按钮开始仿真，轨道的数值参数会实时可视化显示，它包含一个大的窗口显示地球和轨道对象。也有一个控制面板，允许用户操纵实时显示窗口。

目前，航空航天类的可视化仿真开源程序数量较多，如 Aeroprediction、Deep - Sky Planner、Digital Universe Atlas、Marble 以及 SpaceEngine 等，限于篇幅这里不再一一赘述。

2.4.3　可视化仿真典型框架

2.4.3.1　设计原则

针对一个具体的航天领域可视化系统需完成的任务需求，在具体系统设计与实施的过程中一般有针对性地采用以下几条总体设计原则，建立一个高可靠性、高性能以及高可扩充性的载人航天可视化系统。

（1）以用户为中心

以客户需求为中心的原则来设计系统，无论是功能设置上，还是使用流程细节上，充分考虑用户的需求，依据用户界面友好、提示信息通俗、操作方法简易的原则，使系统能容易地被用户接受，便于推广应用。

（2）可扩展性

当系统业务需求扩大到现有系统无法承担时，可以通过开放的接口来实现新增的模块，实现系统的无缝平滑扩展。

（3）易维护性

系统的管理和维护具有简易性和可操作性。系统容易进行功能扩充，新增模块不改动原来的程序。

采用面向对象的软件开发方法具备数据抽象、重载、继承、动态链接等特点，因此系统具有模块化、可扩展性、可重用性、可维护性和灵活性等优点。尽可能降低模块之间的耦合度，模块和函数只完成单个功能，如果设计两个或两个以上不相关的功能，就把它分解成几个更小的函数。减小函数的规模，通常情况下，一个函数的代码控制在 100 行以内。程序设计与实现过程不仅需要考虑到正常值的处理，同时需要考虑零值、边界值、空值等非正常值的处理，具有防止使用者误操作的功能，当用户输入非正常值数据时，能够给出适当的提示信息。提高程序的安全性，减少全局变量的使用，将只在该类中使用的变量设置为私有变量或受保护的变量。

2.4.3.2　系统架构

根据系统功能设计需求，可视化系统通常划分为数据、模型、应用和显示四个层次，各层次之间相对独立，耦合性小，系统调试方便。

这种分层结构具有数据驱动独立、模块独立和逻辑独立的特点。数据层是可视化系统的基础，是各类数据、信息的主要来源；模型层是系统的核心，为整个系统应用层和显示层提供实时驱动数据；应用层面向用户，实现用户需求，向显示层提供数据、逻辑支撑；显示层是系统的主要表现形式，应用层各种应用主要通过该层进行显示。模型层与应用、显示层相互透明，即应用层和显示层不关心模型层的具体实现，只关注相互之间的通信协议；模型层与应用、显示层之间相互独立，可实现可视化显示并与其他模型系统无缝连接。各层次之间的关系如图 2 - 20 所示。

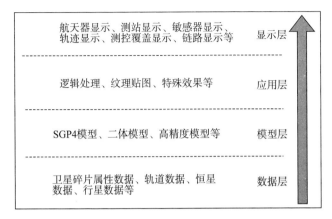

图 2 - 20　系统层次结构图

　　载人航天可视化系统运行过程的具体流程如图 2 - 21 所示。从系统设计实现角度分析，载人航天可视化系统一般由仿真管理、模型计算、实体驱动、特效处理、交互处理和视点处理这几个模块组成。

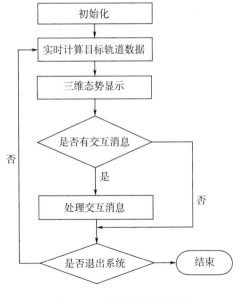

图 2 - 21　系统运行流程图

参 考 文 献

［1］ CELLIER F E. Continuous system modeling. Springer，1991.

［2］ DoD5000. 61 – DoD Modeling and Simulation （M&S） Verification，Validation and Accreditation （VV&A）.

［3］ FEHLBERG E. Classical fifth – sixth – seventh and eighth order rung – kutta with stepsize control. NASA. TR R – 287，1968.

［4］ LAW A. Simulation modeling and analysis. 4th ed. The McGraw – Hill Companies，Inc. ，2007.

［5］ MONTENBRUCK O. Satellite orbits – models，methods，and applications. Springer，2011.

［6］ OSMAN B，GLASOW P，MUESSING P，et al. Department of defense verification，validation and accreditation （VV&A） recommended practice guide. Alexandria：Defense Modeling and Simulation Office，1996.

［7］ OSMAN B. Verfication，validation and accreditation. Proceedings of the 1997 Winter Simulation Conference，1997，137 – 141.

［8］ OSMAN B. Verfication，validation and accreditation. Proceedings of the 1998 Winter Simulation Conference，1998，41 – 48.

［9］ 邓辉宇 . 导弹突防的三维视景仿真研究与实现 . 长沙：国防科技大学，2006.

［10］ 葛奇鹏 . 基于 OSG 的计算可视化仿真关键技术 . 武汉：华中科技大学，2010.

［11］ 黄柯棣 . 系统仿真技术 . 长沙：国防科技大学出版社，1998：267 – 287.

［12］ 王维平，朱一凡，华雪倩，等 . 离散事件系统建模与仿真 . 长沙：国防科技大学出版社，1997：123 – 178.

［13］ 熊光楞，肖田元，张燕元 . 连续系统仿真与离散事件系统仿真 . 北京：清华大学出版社，1991：201 – 207.

［14］ 杨颖，王琦 . STK 在计算机仿真中的应用 . 北京：国防工业出版社，2005：1 – 33.

第3章 载人航天仿真架构与平台

3.1 载人航天仿真架构

仿真架构（Simulation Architecture）是仿真系统在其环境中的最高层概念，是系统重要构件的组织或结构，用于指导大型仿真系统各个方面的设计。

按照是否配置在多台计算机上，载人航天仿真系统的架构通常分为集中式仿真架构和分布式仿真架构两类，如图 3-1 所示。本节对两种架构的概念、分类、硬件平台和优缺点进行阐述。

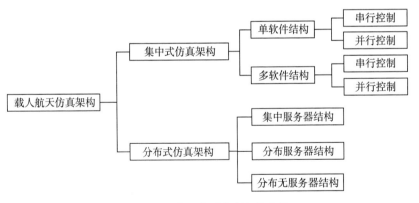

图 3-1 载人航天仿真架构分类

3.1.1 集中式仿真架构

3.1.1.1 集中式仿真架构概念

集中式仿真架构（Centralized Simulation Architecture）是使仿

真程序在一台计算机上配置并执行的一种仿真体系架构。

本书统一以是否存在地理分布性为标志区分集中式仿真架构和分布式仿真架构。因此，集中式仿真架构并不等同于单软件仿真架构，它可能是由部署在一台计算机上的多个仿真软件互联形成的架构。

3.1.1.2 集中式仿真架构分类

根据部署在一台计算机上的软件个数，集中式仿真架构存在两种结构。

（1）单软件结构

仿真系统中所有的核心计算、仿真控制、显示等功能集中在一个软件中称为单软件结构。

单软件结构的仿真运行控制可分为串行控制和并行控制两类。

串行控制是较为常用的控制方式，仿真中由主控模块串行依次调用各计算模块，完成仿真。例如，一个火箭的上升段仿真，就需要依次调用导航、制导、控制、动力学等模块，完成上升段状态计算。

如果要在火箭仿真的同时，通过曲线显示火箭位置、速度等信息，就可以采用并行控制，单软件结构的并行控制需要借助多线程（Multithreading）技术，多线程允许在一个软件进程内并发执行多个线程。采用多线程技术时，特别需要注意线程之间的同步，不同操作系统提供了不同的 API 函数用于多线程同步，通常采用事件（Event）、临界区（Critical Section）、互斥量（Mutex）、信号量（Semaphore）四种同步机制。例如，火箭上升段仿真，位置速度等状态计算分配一个线程，曲线显示分配一个线程，火箭状态计算线程将数据存储到共享存储区，曲线显示读取共享存储区的数据，实时显示当前火箭状态。

（2）多软件结构

仿真系统中采用多个软件联合计算并部署在一台计算机上称为多软件结构。

多软件结构的仿真运行控制也可分为串行控制和并行控制两类。串行控制是多软件结构较少采用的控制方式，这是由于串行控制并不能提高仿真整体速度，从根本上违背了将仿真系统分为多个软件的初衷。但是，在某些模块之间必须有顺序关系的仿真系统中，依然存在串行控制方式。多软件结构采用较多的是并行控制。

多软件结构中多个进程必须交互仿真数据，因此必须解决进程间通信（Inter - Process Communication，IPC）问题，常用的 IPC 方式如表 3-1 所示。

表 3-1　集中式仿真架构多软件结构的 IPC 机制

名称	说明	特点与用途
管道 （Pipe）	管道是一种半双工的通信方式，数据只能单向流动，需要双方通信时，需要建立两个管道。只能在具有亲缘关系的进程间使用。进程的亲缘关系通常是指父子进程关系	父子进程通信
有名管道 （Named Pipe）	有名管道也是半双工的通信方式，但是它允许无亲缘关系的进程间通信	允许无亲缘关系的进程间通信
信号量 （Semophore）	信号量是一个计数器，可以用来控制多个进程对共享资源的访问。它常作为一种锁机制，防止某进程正在访问共享资源时，其他进程也访问该资源。因此，主要作为进程间以及同一进程内不同线程之间的同步手段	不能传递数据，只能用来同步
消息队列 （Message Queue）	消息队列是消息的链表，存放在内核中并由消息队列标识符标识。消息队列克服了信号传递消息量少、管道只能承载无格式字节流以及缓冲区大小受限等缺点	比管道、有名管道灵活性更大，可以在几个进程间复用，队列随内核持续
信号 （Signal）	信号是一种比较复杂的通信方式，用于通知接收进程某个事件已经发生。除了用于进程间通信外，进程还可以发送信号给进程本身	用于通知接收进程某个事件已经发生

续表

名称	说明	特点与用途
共享内存 (Shared Memory)	共享内存就是映射一段能被其他进程访问的内存,这段共享内存由一个进程创建,但多个进程都可以访问。共享内存是最快的 IPC 方式,它是针对其他进程间通信方式运行效率低而专门设计的。共享内存本身没有提供任何同步功能,因此它往往与其他通信机制,如信号量,配合使用,来实现进程间的同步与通信	速度最快,可用于一台计算机上仿真进程间的通信
套接字 (Socket)	套接字也是一种进程间通信方式,与其他通信方式不同的是,它还可以用于不同计算机的进程通信	通用性强,主要用于计算机之间的数据通信

　　集中式仿真架构多软件结构最适合的 IPC 方式是共享内存,它具有最快的数据交换速度。一旦共享内存区映射到其他共享它的进程的地址空间,这些进程间的数据传输就不再涉及操作系统内核,这样就可以减少系统调用事件,提高仿真效率。常用共享内存函数如表 3 - 2 所示。

表 3 - 2　共享内存相关函数

操作系统	函数	函数功能
Windows	HANDLD CreateFileMapping(HANDLE hFile,LPSECURITY_ATTRIBUTES　lpAttributes,　DWORD　flProtect,　DWORD dwMaximumSizeHigh,DWORD dwMaximumSizeLow,LPCTSTR lpName)	创建或打开文件映射对象
	HANDLE　OpenFileMapping（DWORD dwDesiredAccess,BOOL bInheritHandle,LPCTSTR lpName)	打开文件映射对象
	LPVOID　MapViewOfFile（HANDLE　hFileMappingObject,DWORD dwDesiredAccess,DWORD dwFileOffsetHigh,DWORD dwFileOffsetLow,SIZE_T dwNumberOfBytesToMap)	映射对象视图至进程
	BOOL UnmapViewOfFile(LPCVOID lpBaseAddress)	从进程取消对象视图映射

续表

操作系统	函数	函数功能
Linux	int shmget(key_t key,int size,int shmflg)	创建共享内存
	void * shmat(int shm_id,void * shm_addr,int shmflg)	将共享内存段连接到进程地址空间
	int shmdt(void * shmaddr)	脱离与共享内存段的联系
	int shmctl(int shm_id,int command,struct shmid_ds * buf)	对共享存储段执行多种操作

3.1.1.3　集中式仿真架构硬件平台

集中式仿真架构的硬件是计算机，现代计算机的发展经历了电子管计算机、晶体管计算机、集成电路计算机和大规模集成电路计算机等阶段。

（1）第一代电子管计算机（1945 — 1956 年）

1939 年，美国爱荷华大学物理系约翰·阿坦那索夫和其助手克利夫·贝瑞制造了电子计算机 ABC（Atanasoff - Berry - Computer），专门解决联立线性方程系统。1944 年，霍华德·艾肯（1900 — 1973 年）研制出全电子计算器，为美国海军绘制弹道图。这台简称 Mark I 的机器有半个足球场大，内含 500 mi 的电线，使用电磁信号来移动机械部件，3～5 s 计算一次，并且只用于专门领域。1945 年，冯·诺依曼（1903 — 1957 年）在宾夕法尼亚大学设计了电子离散可变自动计算机（Electronic Discrete Variable Automatic Computer，EDVAC），将程序和数据以相同的格式一起存储在存储器中，其结构的关键部分是中央处理器，它使计算机所有功能通过单一的资源统一起来。1946 年 2 月 14 日，标志现代计算机诞生的 ENIAC（The Electronic Numerical Integrator And Computer）在费城公诸于世。ENIAC 是第一台普通用途计算机，代表了计算机发展史的里程碑。它通过不同部分之间的重新连线编程，还拥有并行计算能力。ENICA 由美国政府和宾夕法尼亚大学合作开发，占地 170 m^2，重 30 t，使用了 18 000 个电子管，70 000 个电阻器，有 5 百万个焊接点，耗电 160 kW，每秒可以运算 5 000 次。

第一代计算机是使用真空电子管和磁鼓储存数据，其操作指令是为特定任务而编制的，每种机器有各自不同的机器语言，功能受到限制，速度也慢。

（2）第二代晶体管计算机（1956 — 1963 年）

1948 年贝尔实验室发明了晶体管，大大促进了计算机的发展，晶体管代替了体积庞大的电子管，电子设备的体积得以缩小。1956 年，晶体管和磁芯存储器导致了第二代计算机的产生。第二代计算机体积小、速度快、功耗低、性能更稳定。首先使用晶体管的是早期的超级计算机，这些机器价格昂贵，生产数量极少。1960 年，出现了一些成功用于商业领域、大学和政府部门的第二代计算机。

第二代计算机用晶体管代替电子管，还有现代计算机的一些部件，如打印机、磁带、磁盘、内存、操作系统等。计算机中存储的程序使得计算机有很好的适应性，可以更有效地用于商业领域。这一时期也出现了 COBOL（Common Business - Oriented Language）和 FORTRAN 等高级编程语言，代替了二进制机器码，使计算机编程更容易。

（3）第三代集成电路计算机（1964 — 1971 年）

1958 年发明了集成电路，将三种电子元件结合到一片小小的硅片上。科学家使更多的原件集成到单一的半导体芯片上，于是计算机变得更小，功耗更低，速度更快。1964 年，IBM 公司研制成功第一个采用集成电路的通用电子计算系列 IBM360。

（4）第四代大规模集成电路计算机（1971 年至今）

集成电路向扩大规模方向发展，到了 20 世纪 80 年代，超大规模集成电路（VLSI）在芯片上容纳了几十万个元件，后来的 ULSI 将其扩充到百万级。大规模集成电路使得计算机的体积不断减小、

价格不断下降，而功能和可靠性不断增强。基于半导体的发展，
1972 年，第一部真正的个人计算机（Personal Computer，PC）诞生
了，所使用的微处理器包含了 2 300 个晶体管，可以一秒执行 60 000
个指令。20 世纪 70 年代中期，Apple Computers、Commodore 等计
算机制造商开始将计算机带给普通消费者，这些小型机带有供非专
业人员使用的软件包和程序。1981 年，IBM 推出采用 X86 硬件架构
和微软 MS - DOS 操作系统的 PC 用于家庭、办公室和学校。与 IBM
竞争的 Apple Macintosh 系列于 1984 年推出，Macintosh 提供了友
好的图形界面，用户可以用鼠标方便地操作。

　　第四代计算机的典型代表是微型计算机，其发展大致经历了四
个阶段。第一个阶段是 1971 — 1973 年，微处理器有 4004、4040、
8008。1971 年，Intel 公司研制出 MCS4 微型计算机（CPU 为 4040，
四位机）。第二个阶段是 1973 — 1977 年，微型计算机的发展和改进
阶段。微处理器有 8080、8085、M6800、Z80。主要产品包括 Intel
公司的 MCS - 80 型（CPU 为 8080，八位机）、TRS - 80（CPU 为
Z80）、Apple Ⅱ 型（CPU 为 6502）。第三个阶段是 1978 — 1983 年，
十六位微型计算机的发展阶段，微处理器有 8086、8088、8 - 186、
80286、M68000、Z8000。代表产品是 IBM PC（CPU 为 8086）。第
四个阶段从 1983 年开始，为 32 位微型计算机发展阶段。微处理器
相继推出 80386、80486 等。随着 CPU 以摩尔定律发展，计算机性
能快速发展，同时随着单个 CPU 内核计算速度增长限制，CPU 向
多核方向发展。

　　在国内，1958 年和 1959 年，中国先后制成第一台小型和大型电
子管计算机。20 世纪 60 年代中期，中国研制成功一批晶体管计算
机，并配备了 ALGOL 等语言的编译程序和其他系统软件。20 世纪
60 年代后期，中国开始研究集成电路计算机。20 世纪 70 年代，中
国批量生成小型集成电路计算机。20 世纪 80 年代后，中国开始重点
研制微型计算机系统并推广应用。

　　现在在航天系统仿真中通常采用微型计算机（PC、工作站等）

进行。当前微型计算机 CPU 的一个重要趋势是多核化。与传统单核相比,多核 CPU 带来了更强劲的并行处理能力,更高的计算密度和更低的时钟频率,并大大减小了散热和功耗。目前,在主要芯片厂商的产品线中,双核、四核甚至八核 CPU 已经占据了主要地位。

在航天系统仿真中,仿真计算机的选择需要考虑以下因素。

①稳定性

在航天系统仿真中,需要根据仿真需求确定计算机的稳定性要求。影响稳定性的因素包括仿真时长、仿真环境等。仿真时长约束了计算机的稳定运行时间,通常服务器和工作站的稳定性比普通 PC更好。仿真环境约束了计算机的类型,如果仿真计算机工作环境恶劣,甚至需要承受震动粉尘,则可以考虑使用加固计算机或工控机。

例如,在载人登月仿真中,如果采用类似阿波罗工程的直接奔月模式,从飞船发射、奔月,到月面降落、月面活动、月面上升、月地转移,直至飞船返回,总时间约需 10 天,如果采用近地一次加环月两次交会对接模式,总时间长达 48 天。如果采用实时仿真,就需要仿真计算机能够支持稳定运行两个月之久,此时选择稳定性更好的工作站就更好。

②计算速度

仿真系统的计算速度非常重要,同样的软件在更高性能计算机上会得到更快仿真速度,因此通常选择高性能计算机。由于当前CPU 主频已经难以提升,因此目前计算机提高性能的主要途径是采用 CPU 多核或多 CPU。

③其他要求

航天系统仿真中还存在一些特殊要求也会影响硬件选择,这些特殊要求包括继承性、软硬件环境等。例如有些仿真系统是在之前系统上进行拓展,就必须考虑原有硬件选型,有些仿真软件要求必须在特定软硬件环境中运行,此时就必须以软件需求决定硬件型号和操作系统。

3.1.1.4 集中式仿真架构优缺点

集中式仿真架构的主要优点是部署结构简单、功能集中。集中式仿真架构从结构和实现角度来看最简单，因为所有的仿真计算、显示等都在单个计算机上进行。例如，单颗卫星飞行仿真或卫星对地观测仿真就很适合集中式仿真架构。

集中式仿真架构的优点也限制了它的扩展性，当仿真程序规模逐渐变大时，将可能带来开发维护困难，如果需要将仿真系统扩展到大量实体，将可能没有足够计算资源来为所有实体服务，同时如果需要多人员协调开发，也存在功能耦合难以独立并行开发的缺点。

综上，集中式仿真架构特别适合开发人员较少的中小规模仿真系统。

3.1.2 分布式仿真架构

3.1.2.1 分布式仿真架构概念

分布式仿真架构（Distributed Simulation Architecture）是使仿真程序在分布计算机系统（即由多个互联的计算机组成的系统）上执行的一种仿真体系架构。

分布式仿真与并行仿真都是指仿真程序在包含有多个处理器的计算机系统上执行的技术，但两者是不同概念。分布式仿真是与集中式仿真对应的概念，强调仿真程序的地理分布性，并行仿真是与串行仿真对应的概念，强调仿真程序内部计算的并发性。

分布式仿真与并行仿真的关键特征差异在于地理分布性。并行仿真系统很少按地理上分布的方式执行，因为当通信时延高时很难取得加速比。而分布式仿真中用户和其他资源（例如模拟器、数据库）通常存在地理上的分布。因此，并行仿真典型情况下配置在多处理器上，而分布式仿真通常配置在通过局域网或广域网互联的计算机上。

3.1.2.2　分布式仿真架构分类

根据仿真计算的物理分布，分布式仿真架构存在三种结构，如图 3 - 2 所示。

（1）集中服务器结构

系统中存在一个维护虚拟世界共享状态的中央计算机（服务器），负责维护仿真的全局状态（例如每个卫星的位置速度），其他局部计算机仅进行与本地实体相关的局部仿真计算，或仅用于展示仿真实体信息。集中服务器结构的概念来自计算机网络架构中的客户机/服务器（C/S）。如果局部计算机仅用于展示仿真实体信息，那么该种结构通常又称为集中计算分布显示结构。例如，在航天飞行训练仿真中，每个局部计算机可执行参与训练人员的用户接口程序，定期为服务器产生用户输入信号，服务器维护整个飞行任务的全局状态，负责将全局状态通知所有其他参与仿真的计算机。

（2）分布服务器结构

分布服务器结构与集中服务器结构类似，不同之处在于用一组互联的计算机实现服务器功能，虚拟世界的共享状态分布在计算服务器上，必须通过计算机间交互消息来维护。纯计算实体在计算服务器上执行，以利用其高性能互联设施，局部计算机与计算服务器之间的数据传递可采用性能稍低的网络连接。

（3）分布无服务器结构

该结构不采用服务器，而是将仿真计算分布到地理上分布的计算机上。

集中服务器结构从实现角度来看最简单，因为与仿真状态相关的全局信息全部在单个计算机上维护，但是它的缺点是不能扩展到大量实体建模，当更多实体加入时，将可能没有足够计算资源来为所有实体服务。

分布服务器结构和分布无服务器结构原则上允许人们绕开集中服务器结构的伸缩性问题，计算机数量能够与被仿真实体的数量成比例增长。分布服务器结构，用户之间的通信需要两次消息传递，

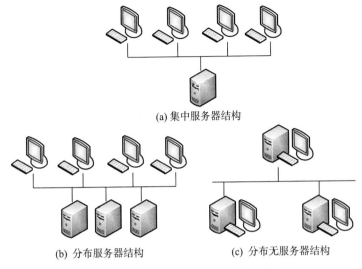

(a) 集中服务器结构

(b) 分布服务器结构　　　　　(c) 分布无服务器结构

图 3-2　分布式仿真架构的三种结构

一次从用户传递到服务器，一次从服务器传递到另一个用户，因此可能导致较高的时延，而分布无服务器结构由于只需一次消息传递，因此用户消息时延较低。

3.1.2.3　分布式仿真架构硬件平台

分布式仿真架构采用的硬件平台为多计算机通过通用网络连接起来的分布式计算机系统，其属于多 CPU 硬件平台。

分布式仿真是随着计算机的革命产生的。1945 年是现代计算机时代的开始。从那时起一直到 1985 年，计算机一直是庞大而昂贵的。即便是小型机每台也要上万美元，而且也没有把这些计算机连接起来的手段，因此只能单独使用它们。从 20 世纪 80 年代中期开始，高性能微处理器和高速计算机网络的进步使这种局面有所改观。高性能微处理器从 8 位开始，很快发展到 16 位、32 位，甚至 64 位，一台计算机的价格从 1 亿美元下降到了 1 000 美元，而运算速度却从每秒 1 条指令提升到了每秒数亿条指令。同时，局域网和广域网技术的进步，使得传输速度达到 10～1 000 Mbit/s 甚至更高。由于以上这些技术，因此可以把大量计算机组成的计算系统彼此通过高速网络连接变成多 CPU 硬件平台。

多 CPU 硬件平台广义上可分为两类：并行计算机和分布式计算机。并行计算机与分布式计算机通过计算机所占用的物理空间来区别，如表 3 - 3 所示。并行计算机中的处理器物理上是邻近的，通常位于单个机柜内或机房中少数几个相邻的机柜内。它们通常是同构的计算机，采用同一厂商的处理器。这些计算机通常具有为并行计算机特制的开关硬件，因此消息从一台计算机传输到另一台的时延相对较低，例如现代并行计算机中传递几字节消息的时延通常为几微秒至几十微秒。目前使用的并行计算机主要有三类：共享存储多处理器、分布式存储多计算机和单指令流多数据流（Single - Instruction - Stream Multiple - Data - Stream，SIMD）计算机（Fujimoto，2000）。

表 3 - 3　并行计算机与分布式计算机的特点

	并行计算机	分布式计算机
地理范围	机柜或机房	从单个机房、单栋建筑到全球
处理器	同构型	允许异构
通信网络	专用开关网络	商业 LAN 或 WAN
通信时延	小于 100 ms，通常为微秒甚至纳秒级	大于 10 ms，甚至为几百毫秒至几秒

分布式计算机区别于并行计算机的两个重要特征是异构性和用来连接计算机的网络。与并行计算机不同，分布式计算机通常是由来自不同厂商的独立计算机组成，包括基于 UNIX 或 Windows 的工作站和个人计算机。目前很多分布式仿真系统正是将已有的模拟器连接起来形成的。

并行计算机采用专用的互联交叉开关将处理器互联起来，而分布式计算机采用通用的互联设备将来自不同厂商的设备互联起来，这样的互联设备基于广泛应用的通信标准。由于复杂的软件协议使得分布式计算机的通信时延比并行计算机高一到两个数量级，因此分布式计算机互联通用性的代价是以牺牲性能换取的。随着科技的发展，这种区别将越来越小，从而可能使得并行计算机和分布式计算机的区别也变得越来越小。

不同的分布式计算机通过其地理方位来区分，同时也对应了不同的计算机互联网络类型。基于局域网（Local Area Network，LAN）的分布式计算机由有限范围内的一组计算机组成，例如通过高速网络或交换机互联的位于单栋建筑或一个局部区域内的一组计算机。基于城域网（Metropolitan Area Network，MAN）的分布式计算机物理范围是一座城市，基于广域网（Wide Area Network，WAN）的分布式计算机可能分布在一个国家或全世界范围内。

影响分布式计算机系统性能的除了计算机之外，最重要的是网络，网络性能很大程度上影响分布式仿真架构的系统。分布式仿真架构通常对网络性能提出以下要求：

1）低时延。DIS 标准要求仿真器到仿真器的时间延迟对大多数交互低于 300 ms，对紧密连接交互低于 100 ms。

2）低时延变化。从一个处理器发送给另一个处理器的连续消息间的时延的变化称为抖动。仿真中要求小的抖动来保持仿真的平稳推进。DIS 标准指定携带声音信息的协议数据单元（Protocol Data Unit，PDU）的到达时间最大抖动是 50 ms。

3）带宽。局域网的带宽从 10 Mbit/s 到 1 Gbit/s 或者更多，广域网的带宽一般从每秒数比特到每秒几兆比特。

4）可靠的传输。使用无连接的用户数据包协议（UDP）来完成的最大通信量，通常可以满足仿真通信量要求，但是对于非周期性的事件，则需要采用可靠性更高的面向连接服务的传输控制协议（TCP）。DIS 标准要求 98% 的紧密联系的通信 PDU 和 95% 的松散联系的通信 PDU 在指定的延迟时间内完成。

5）安全性。某些特定的仿真有安全性的要求，敏感信息必须在源头加密，在目的地解密。执行这些操作会影响等待时间。

航天系统仿真中通常采用百兆/千兆以太网连接。以太网具有通用性好、价格低的优点，但是其存在的最大缺点是数据传输延迟较大并且延迟具有不可预测性，这是由于设备驱动和网络协议的工作模式增加了额外的不确定开销。实时光纤反射内存网（简称实时光纤网）是一种基于高速光纤网络共享存储技术的实时网络，它具有严格的传输确定性和可预测性，传输时延很小，尤其适合用在半实物仿真等实时性要求高的仿真系统中。表 3 - 4 为以太网与 VMIC 实时光纤网比较。

表 3 - 4　以太网与 VMIC 实时光纤网比较

	以太网	实时光纤网
传输介质	双绞线或光纤	光纤
节点数	理论上没有限制	最大 256
传输距离	双绞线 100 m，光纤几百米至几千米	多模传输 300 m，单模传输 10 km
传输速率	10 Mbit/s 至 1 000 Mbit/s	43 Mbit/s 到 170 Mbit/s
传输延迟	约 10 ms	约 400 ns
拓扑结构	星形连接	单向环形连接和星形连接
操作系统	Windows，Linux，VxWorks 等	Windows，Linux，VxWorks 等
通用性	好	差
成熟度	高	较高
价格	低	较高

3.1.2.4　分布式仿真架构优缺点

分布式仿真架构的主要好处包括以下几个方面。

（1）减少运行时间

通过将大型仿真系统分解为多个子仿真分系统，并且在多个处理器上并行运行，就可以将运行时间最多减少至十分之一。例如，在空间碎片预警仿真中，需要对未来数天内航天器与数万个空间碎片的碰撞危险性进行仿真计算，采用单机仿真很难保证实时性，采用多台计算机分布式仿真则可以提高数倍计算速度。

（2）地理上分布

在一组地理上分布的计算机上运行仿真程序，能够构建一个让位于不同地理位置的人员共同参与的虚拟世界。例如，考虑一次载人飞船的飞行任务仿真模拟训练，它由位于不同地理位置的地面测控系统、航天员训练系统、载人飞船监视系统等组成，参与仿真的人员能够像在单个系统内演练那样相互交互，省去真正集中在一起所需的成本。

（3）集成现有模拟器

假设已经研制了一些模拟器，与把这些不同程序移植到单台计算机上相比，通过把现有运行于不同计算机上的模拟器相连接来构成一个虚拟环境可能花费更少。这就要求将仿真计算分布到多个计算机上。

（4）容错

使用分布式仿真架构的一个潜在好处就是增加容错能力。如果一台计算机失效，就可以由其他计算机来替代它，让仿真计算继续进行下去，如果失效计算机是数据监视等非关键节点，甚至可以直接抛弃该节点。相反，如果在单个计算机上仿真，计算机的失效就意味着整个仿真必须停止。

分布式仿真架构有许多优点，也有许多缺点，主要缺点包括软件和网络两方面。为了将分布在不同计算机上的仿真程序互联起来共同仿真，就需要增加数据管理、时间管理等底层软件，这大大增加了分布式系统的复杂性。另外，由于计算机之间通信网络的性能限制，会导致额外的网络数据传递时间消耗，这也会一定程度上降低仿真系统整体计算速度，特别是计算机之间数据交换频率增大、数据量增加时，网络消耗的时间资源有可能超过计算机仿真消耗的时间资源，这时就需要仔细衡量分布式仿真架构的必要性。

尽管分布式仿真架构存在这些潜在问题，许多人还是认为分布式仿真架构的优点多于缺点，并且普遍认为分布式仿真架构在未来会越来越重要。实际上，现在在航天系统中绝大部分大中型仿真系统都是采用分布式仿真架构。

综上，相对于集中式仿真架构，分布式仿真架构更适合中大规模仿真系统，尤其是对扩展性、集成性要求较高的多方参与开发的中大规模仿真系统。

3.2　分布式仿真标准

分布式仿真技术的发展经历了 SIMNET（Simulator Networking）、DIS（Distributed Interactive Simulation）、ALSP（Aggregate Level Simulation Protocol）和 HLA（High Level Architecture）等发展阶段。本节重点对 DIS 和 HLA 的概念、组成和特点进行阐述。

3.2.1　分布交互仿真 DIS

DIS 的主要任务是，定义一个连接处于不同地域的多种类型仿真的基础设施，为具有高度交互活动的仿真建立真实、复杂的虚拟世界（DIS Steering Committee，1994）。

DIS 的第一个标准是由分布式仿真互操作标准研讨会建立的。该会议由美国国防部建模与仿真办公室和 DIS 规划主管资助，从 1989 年开始，每六个月召开一次。1992 年，工业界确认了 DIS 协议 1.0 版。1993 年，IEEE 采用 DIS 协议 1.0 版作为 IEEE1278 — 1993，随后被美国国家标准协会（ANSI）认可。

虽然 DIS 目前已被 HLA 代替，但 HLA 是基于 DIS 并扩展了 DIS 的概念，因此，在 20 世纪 90 年代末期开发的系统中仍然使用了 DIS 的原则。

3.2.1.1　DIS 中的基本概念

DIS 的基本概念包括：

1）仿真实体（Simulation Entity）；

2）仿真节点（Simulation Node）；

3）仿真应用（Simulation Application）；

4）仿真管理计算机（Simulation Manager）；

5）仿真演练（Simulation Exercise）；

6）仿真主机（Simulation Host）。

仿真节点可能是一台仿真主机，也可能是一个网络交换设备。很多情况下，仿真节点和仿真主机并不严格区分，均指参与仿真演练的计算机。仿真应用包括软件和真实设备之间的计算机硬件接口，每一台仿真主机都驻留一个仿真应用。一个或多个互联交互的仿真应用构成一个仿真演练，参与同一仿真演练的仿真应用共享一个演练标识符。仿真实体是仿真环境中的一个单位，每一个仿真应用负责维护一个或多个仿真实体的状态。仿真管理计算机中驻留仿真管理软件，负责完成局部或全局的仿真管理功能。图 3-3 表明了以上概念的关系（吴旭光，2008）。

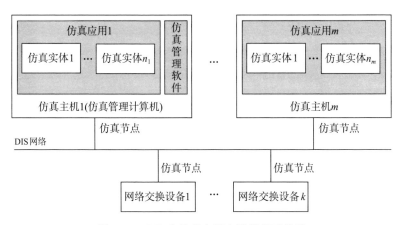

图 3-3　DIS 中的基本概念及其相互关系

3.2.1.2　DIS 的组成

DIS 在 IEEE1278 标准中定义，包括：

1）IEEE1278.1 应用协议（Application Protocols）；

2）IEEE1278.2 通信服务与概要文件（Communication Services

and Profiles）；

3）IEEE1278.3 演练管理与反馈（Exercise Management and Feedback）；

4）IEEE1278.4 校核、验证与确认（Verification Validation & Accreditation）；

5）IEEE1278.5DIS 逼真度描述需求（Fidelity Description Requirements）。

应用协议标准定义了仿真应用及仿真管理之间所交换的 PDU 格式及使用方法。通信服务与概要文件标准规定了通信结构总体框架、通信服务要求和性能要求。演练管理与反馈标准主要对规划及演练前设置、演练设置、演练管理和演练反馈的功能和实现方法进行了说明规定。

DIS 协议定义了 6 类 27 种 PDU，如表 3-5 所示。

表 3-5　DIS 中定义的 PDU

序号	分类	PDU 名称
1	实体信息/交互	实体状态 PDU
2		碰撞 PDU
3	战斗	开火 PDU
4		爆炸 PDU
5	后勤	服务请求 PDU
6		再补给提供 PDU
7		再补给接收 PDU
8		再补给取消 PDU
9		修理完毕 PDU
10		修理响应 PDU

续表

序号	分类	PDU 名称
11		开始/恢复 PDU
12		结束/暂停 PDU
13		应答 PDU
14		行动请求 PDU
15		行动响应 PDU
16	仿真管理	数据查询 PDU
17		数据设定 PDU
18		数据 PDU
19		事件报告 PDU
20		注释 PDU
21		实体创建 PDU
22		实体删除 PDU
23	分布式辐射再生	电磁辐射 PDU
24		指示器 PDU
25		发送机 PDU
26	无线电通信	信号 PDU
27		接收机 PDU

对于每个 PDU，标准规定了 PDU 包含的信息、PDU 的发送条件和发送方式、PDU 的接收和 PDU 的格式。

3.2.1.3　DIS 的典型仿真演练

DIS 系统中两个模拟器之间的典型动作序列如图 3 - 4 所示（Fujimoto，2000）：

1）第一个模拟器（图中上部分）检测到操作员按下了坦克开炮装置；

2）模拟器为操作员产生声觉效果，表示已经开炮；

3）产生炮口火焰并为操作员进行局部显示；

4）广播一个开火 PDU 到网络上，第二个模拟器接收；

5）为第二辆坦克的操作员显示第一辆坦克产生的炮口火焰；

6）第一个模拟器进行弹道轨迹计算，显示炮弹轨迹；

7）第一个模拟器局部显示目标的中弹效果；

8）广播爆炸 PDU 到网络上，第二个模拟器接收；

9）中弹效果显示在第二辆坦克上；

10）第二辆坦克进行毁伤效果评估计算；

11）如果有毁伤，通过实体状态 PDU 广播毁伤的可视化效果。

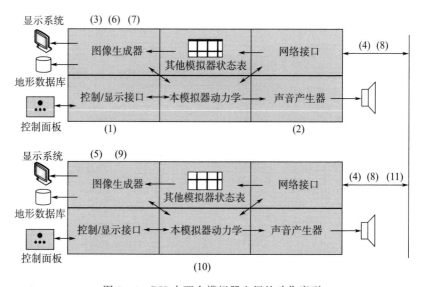

图 3-4　DIS 中两个模拟器之间的动作序列

3.2.1.4　DIS 的特点

DIS 的特点如下（DIS Steering Committee，1994）。

（1）自主仿真节点

在仿真执行过程中，DIS 节点负责维护一个或多个实体的状态信息，以及维护与它相关的其他实体的状态表示，例如航天员训练模拟器中航天员能够看到的太阳的位置。当仿真节点引起其他节点可能需要的动作时（例如飞船运动到一个新的位置），仿真节点传输称为协议数据单元 PDU 的信息，通知其他节点该动作的发生。在

DIS 中通过两种特定方法来增强节点间的自主性:

1) DIS 节点不负责确定消息的接收者。由底层分布式仿真基础设施负责确定哪个节点应该收到事件通知,并让接收节点过滤掉对该节点实体无影响的消息。SIMNET 和早期的 DIS 系统采用的一个简单解决方法是广播消息给所有仿真节点,让每个节点决定哪个事件对其建模的实体有影响。

2) DIS 中的每个仿真节点根据局部时钟来推进仿真时间,仿真节点间没有采用协调机制来推进仿真时间。除了通信中可能需要同步这些时钟外,每个节点不依赖于其他节点,自主地推进仿真时间。

仿真节点的自主性简化了仿真节点的开发工作,仿真节点开发人员不必太过于关心分布式仿真中其他节点的细节,简化了将现有模拟器集成到仿真系统的过程,并且简化了准许模拟器加入或离开仿真的过程。

(2) 传递真实消息

每个节点发送它所表示实体的状态的真实信息,状态信息通常是节点维护的状态变量的一个子集。接收者完成对这些信息的任何降级处理,例如由于环境效果或传感器限制产生的数据降级处理。

(3) 只传递状态改变信息

为了有效地利用通信,仿真节点只传递行为的改变。没有改变的对象信息(例如地面站的位置信息)不必传递到网络上。典型情况下仿真节点每 5 s 发送活着消息(称为心跳消息),这样进入仿真的新节点将感知到这些实体。周期性的更新提供了对丢失消息的抵抗能力,也提高了系统的可靠性。

(4) 使用航位推测(Dead Reckoning, DR)算法来外推实体状态信息

每个节点维护其他实体的信息,当实体通过 PDU 发送新的状态信息时更新其他实体的信息。在状态更新之间,所有模拟器基于先前收到的信息,采用共同的算法来外推其他实体的当前状态。这能够减少节点间所需的通信量。

随着 DIS 的发展，人们逐渐发现 DIS 存在一定的局限性，主要表现在：

1）对于聚合级仿真不太适合。DIS 定位于实时、平台级的分布式仿真，对于聚合级仿真等要求不同时间推进机制的仿真应用不太适合。

2）网络负载及处理负担。DIS 采用广播方式发送数据，加重了网络负荷，当节点数量增加时，网络带宽的消耗成级数增长，同时对大量不相关数据包的处理也浪费了节点系统资源。

3）DR 算法增加了主机负载。DIS 要求所有系统都使用 DR 算法模型来推算所有远程实体的当前状态，加重了主机负担，DR 算法与具体数据结构紧密相关，降低了底层通用性。

4）协议的扩展。随着 DIS 应用范围不断拓展，一些新的仿真对象和交互类型相继出现，这就要求 DIS 标准要不断增加新的内容来描述，导致了 DIS 标准不断扩展的复杂化。

3.2.2　高层体系结构 HLA

HLA 起源于以训练为目的的 DIS，以及将互操作概念用于兵棋推演的聚合级仿真协议 ALSP。HLA 的发展开始于 1993 年 10 月，国防先进研究项目局（Defense Advanced Research Projects Agency，DARPA）签订了三个合同来开发一个能够包括所有国防部建模与仿真团体的公共体系结构，1995 年 1 月形成了初步的体系结构建议。1995 年年初，国防建模与仿真办公室（Defense Modeling and Simulation Office，DMSO）组织了一个称为体系结构组（Architecture Management Group，AMG）的小组，监督 HLA 的开发。AMG 于 1996 年 8 月将定义的基线 HLA 推荐给建模与仿真执行委员会（Executive Council for Modeling and Simulation，EXCIMS），EXCIMS 依次将此体系结构推荐给国防（采办和技术）副部长批准和标准化。1996 年 9 月 10 日，国防部副部长指定 HLA 为美国国防部所有建模与仿真活动的标准高层技术体系结构。2000

年 9 月 HLA 作为 IEEE 1516 发布，成为国际通用的标准。

与 DIS 相似，HLA 的主要目标是支持仿真的互操作和重用，但是与 DIS 不同的是，HLA 不仅支持训练仿真，还支持同步分析仿真。

3.2.2.1　HLA 中的基本概念

HLA 替换并拓展了 DIS 中的基本概念，HLA 中有如下几个基本概念。

（1）联邦成员（Federate）

HLA 系统中参与仿真演练的应用程序。联邦成员可以是仿真软件（作战模型、飞行模拟器等）、真实组件（例如仪器化坦克等）或被动数据观察器。

（2）联邦（Federation）

HLA 系统中的仿真演练。联邦由多个联邦成员构成，他们出于共同的仿真目的进行互操作。

（3）联邦执行（Federation Execution）

联邦成员相互交互的过程。

（4）运行支撑系统（Run Time Infrastructure，RTI）

RTI 是 HLA 接口规范的具体实现，从物理上看是分布在 HLA 各仿真主机中的一个软件，在 HLA 联邦运行过程中为联邦成员同步和数据交换提供公共的接口服务。各仿真应用通过与本地 RTI 通信，通知 RTI 要发出或接收哪些数据，RTI 再负责与其他仿真应用进行通信，从而实现各仿真实体间的信息交换，如图 3 - 5 所示。

HLA 包括运行时部件和非运行时部件。非运行时部件规定了联邦采用的对象模型。运行时部件是 RTI，RTI 提供了允许联邦成员相互交互的工具，以及控制和管理仿真执行的手段。

联邦的状态变量保存在联邦成员中，而不是 RTI 中。RTI 对传输信息的语义一无所知，这有利于 RTI 的通用化。

（5）仿真对象模型（Simulation Object Model，SOM）

用来描述在联邦运行中联邦成员能够公布给联邦的信息，以及

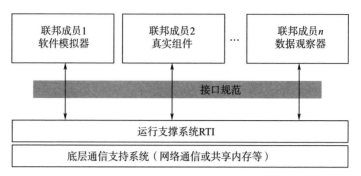

图 3-5　HLA 中的基本概念及其相互关系

它需要从其他联邦成员订购的信息，反映的是联邦成员具备的公布信息的能力和需要订购信息的需求。

（6）联邦对象模型（Federation Object Model，FOM）

用来定义联邦成员间的公用数据交换，规定了特定联邦的所有共享信息（对象、属性、联系和交互）。

3.2.2.2　HLA 的组成

HLA 由三部分组成。

（1）HLA 规则（Rules）

HLA 规则总结了 HLA 的关键原则，如表 3-6 所示。

表 3-6　HLA 规则

序号	规则
1	联邦必须有一个 HLA 联邦对象模型 FOM，且 FOM 必须符合 HLA 对象模型模板 OMT
2	在一个联邦中，所有与仿真有关的对象实例表示必须在联邦成员中，不能在 RTI 中
3	联邦执行过程中，联邦成员间所有的 FOM 数据交换必须通过 RTI
4	联邦执行过程中，联邦成员与 RTI 的交互必须遵循 RTI 接口规范
5	联邦执行过程中，对象实例的属性在任何时候最多只能为一个联邦成员所拥有
6	联邦成员必须要有一个 HLA 仿真对象模型 SOM，SOM 必须符合 HLA 对象模型模板

续表

序号	规则
7	联邦成员必须能够按 SOM 的规定,从外部更新和/或反射其 SOM 中的任何对象属性,以及发送和/或接收 SOM 交互
8	联邦成员必须能够按 SOM 的规定,在联邦执行过程中动态地转移和/或接收属性的所有权
9	联邦成员必须能够按 SOM 的规定改变对象属性更新的条件(例如阈值)
10	联邦成员必须能够以某种方式管理局部时间,从而可以与联邦的其他成员协调来交换数据

（2）HLA 对象模型模板（Object Model Template，OMT）

HLA 对象模型模板描述了建立 HLA 对象模型应遵循的书写规范。HLA 中的联邦对象模型 FOM 和仿真对象模型 SOM 都通过 OMT 来描述。

联邦成员可以通过两种方式来相互交互：一是通过对象类，二是通过交互类。交互用来对与对象属性无直接联系的瞬时事件建模，例如作战单元之间的交火通常采用交互来建模。OMT 规定了对象类和交互类的层次结构，以及对象属性的详细类型和语义。

OMT 由以下表格组成：

1）对象模型鉴别表；

2）对象类结构表；

3）属性表；

4）交互类结构表；

5）参数表；

6）路径空间表；

7）SOM/FOM 字典。

（3）HLA 接口规范（Interface Specification）

HLA 接口规范描述了联邦成员与 HLA 运行支撑系统 RTI 之间的功能接口。RTI 服务包括如下 6 类：

1）联邦管理（Federation Management）。包括建立联邦执行和删除联邦执行的服务，让仿真加入或离开已有联邦，还包括暂停联邦服务、建立联邦执行检查点和恢复联邦执行的服务。

2）声明管理（Declaration Management）。提供服务使联邦成员声明它们能够创建和期望接收的对象状态和交互信息，实现基于对象类或交互类的数据过滤。

3）对象管理（Object Management）。提供创建、删除对象，以及传输对象数据和交互数据等服务。

4）所有权管理（Ownership Management）。提供联邦成员间转换对象属性所有权服务。

5）时间管理（Time Management）。控制协调不同局部时钟管理类型的联邦成员在联邦时间轴上的推进，为各联邦成员对数据的不同传输要求提供服务。

6）数据分布管理（Data Distributed Management）。通过对路径空间和区域的管理，提供数据分发的服务。允许联邦成员规定它发送或接收的数据的分发条件，以便更有效地分发数据。

3.2.2.3　HLA 的典型联邦执行

典型的联邦执行如下：

1）调用联邦管理服务来进行初始化，即使用 Create Federation Execution 服务启动执行，每个联邦成员通过 Join Federation Execution 服务加入联邦。

2）每个联邦成员使用声明管理说明它能为联邦提供的信息，以及它对哪些信息感兴趣。联邦成员通过调用 Publish Object Class 服务来表示它能够提供特定类型对象的状态新值，调用 Subscribe Object Class 服务表示联邦成员将接收某类对象的所有更新。联邦成员可使用数据分发管理服务进一步对这些订购进行限制，例如表示联邦成员只对飞行高度大于 1 000 m 的飞机感兴趣。联邦成员可接着通过 Register Object Instance 服务通知 RTI 存储在它中间的特定对象实例。

3）联邦执行初始化之后，每个联邦成员对它负责的实体行为进行模拟。联邦成员可通过对象管理服务与其他联邦成员交互，调用 Update Attribute Value 对象管理服务，通过 RTI 将由它控制的对象的状态改变通知其他联邦成员，这使得 RTI 为所有通过订购表达对接受这些更新感兴趣的联邦成员产生消息。同时，联邦成员也可以通过 Send Interaction 服务向其他联邦成员发送交互，例如可用交互传递武器开火信息。

4）在联邦执行过程中，分析仿真调用时间管理服务来保证按时戳顺序处理事件并推进仿真时间，例如 Next Event Request 服务向 RTI 请求最小时戳的时间，并引起联邦成员的仿真时间推进。

5）最后在联邦执行结束时，每个联邦成员调用 Resign Federation Execution 服务，通过调用 Destroy Federation Execution 服务来终止联邦执行。

3.2.2.4　HLA 的特点

HLA 的特点可概括如下：

1）提供通用的、相对独立的支撑服务程序，将应用层与底层支撑环境分离，仿真应用之间不直接通信，网络通信功能集中由 RTI 实现。

2）系统可扩展性强。HLA 各节点能够确定它们将产生什么信息，需要接收什么信息，数据传输服务的类型，因此相比 DIS，在整个仿真应用范围内发送的数据量明显减少，系统扩展性增强，规模可以更大。

3）支持聚合级仿真。

4）支持时间驱动、事件驱动等多种时钟推进方式，能进行超实时和欠实时仿真。

虽然 HLA 有很多优点，但是 HLA 仍然存在一些缺点：

1）HLA 规则复杂，导致用户学习和使用时间成本增加。

2）从 2002 年起，美国 DMSO 宣布放弃 1998 年来一直奉行的由自己生产与维护 RTI 的策略，而采取商业化模式。目前有美国国防部推出的 DMSO RTI、瑞典 Pitch 公司的 pRTI、美国 MAK 公司的 MAK RTI，国内也有国防科技大学、航天二院等单位的 RTI 产品。由于 HLA 并没有规定 RTI 底层实现细节，因此这些产品之间并不能完全互操作。

3.3　分布式仿真平台 dSIM

由于以 HLA 为代表的分布式仿真标准具有相当的复杂性，直接应用 HLA 等产品具有操作繁琐、开发效率低、对开发人员要求高等缺点，因此需要一种既适应于航天仿真系统集成又遵循标准规范的分布式仿真平台。

分布式仿真平台 dSIM 是基于组件化建模和分布式仿真技术的建模仿真平台。提供模型框架自动生成、模型管理、模型图形化组装、数据报告与曲线等系列工具，可为分析论证、仿真验证、参数分析等各领域各层次仿真系统构建集成和运行管理提供完整解决方案。

3.3.1　平台简介

分布式仿真平台 dSIM（Distributed Simulation Integration Manager）全称为分布式仿真一体化管理平台，是国防科技大学与载人航天总体研究论证中心等单位联合开发的一体化仿真平台（孙福煜，2014；Sun，2017）。

在载人航天仿真系统建设中，经常面对复杂的建模与模型集成。例如交会对接全系统联合仿真系统需要集成多种类型的实际任务软件。这些软件驱动机制、时间步长和运行平台差异很大。在驱动机制方面，有的软件需要按照时间驱动，有的软件需要按照流程驱动。在时间步长方面，GNC 控制回路的周期通常为几百毫秒量级，而天地大回路的控制周期通常为小时量级，每隔数小时才需要进行一次地面控制计算。在运行平台方面，从工作站到微机，从 Solaris 到 Windows。这些难点都给系统仿真平台提出了极大挑战。为了解决传统 HLA 的缺陷，提高模型重用性，提出了 dSIM 仿真平台的开发需求。

dSIM 的设计原则是项目生命周期的一体化和仿真生命周期的一体化。dSIM 平台贯穿项目的全生命周期，在项目可行性分析、方案设计、原型研制、产品测试和操作训练的各个阶段提供支持。dSIM 平台贯穿仿真系统的全生命周期过程，在仿真建模、系统运行、分析评估及态势展现的各个阶段，提供集成开发、运行管理和资源服务等全方位支持。基于一体化思想，dSIM 实现一个平台贯穿整个项目周期、一个平台贯穿整个仿真周期的目标。

dSIM 已成功应用于载人登月、交会对接、空间站仿真等多个大型仿真系统中，极大提高了模型继承性和系统灵活性（王华，2013；Sun，2015；Sun，2018）。

3.3.2 功能与特点

3.3.2.1 功能

分布式仿真平台 dSIM 提供仿真建模、仿真系统运行、分析评估的各阶段支持功能，包括模型管理、试验管理、分发管理、运行管理和数据管理，如图 3-6 所示。

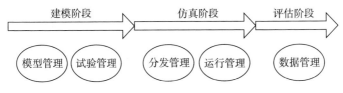

图 3-6 分布式仿真平台 dSIM 的功能

（1）模型管理

提供组件化建模规范与模型框架，支持仿真模型框架自动生成、模型调试和模型资源管理功能，使用户专注于专业领域知识。

在仿真模型框架自动生成方面，按照组件化模型开发要求，提供仿真模型框架自动生成工具，自动生成模型框架，降低模型开发难度，提高模型开发效率。

在模型调试方面，支持仿真模型离线调试，在不依赖其他模型与平台的前提下，实现仿真模型快速调试，保证仿真模型正确性，提高模型集成效率。

在模型资源管理方面，支持组件化仿真模型资源的全面管理，支持多粒度、多分辨率建模，为多领域、多层次仿真系统构建提供基础。

（2）试验管理

提供仿真模型装配与集中配置功能，支持模型实体化（参数化模型）和实体模型组装（模型组合），将分散的模型组合在一起，生成能够在仿真平台中运行的仿真系统，并支持模型参数的集中统一配置。

在模型组装方面，通过图形化组装界面，将抽象化的模型接口图形化表示出来，极大地降低了模型组装难度。

在模型参数配置方面，提供仿真系统所有模型参数的统一配置功能，无论模型分布在任何计算机节点，均可在主控计算机上统一配置所有模型参数。

（3）分发管理

支持仿真试验的集中式、分布式、集中/分布混合式部署控制，包括仿真模型部署设计、仿真模型自动下发、仿真模型远程控制等。

在仿真模型部署设计方面，提供友好的方式引导用户进行仿真模型部署，支持仿真模型的集中式、分布式、集中/分布混合式部署。

在仿真模型下发方面，根据用户部署方案，自动生成仿真交互层程序，并将仿真模型和仿真交互层程序部署至网络上各个计算机节点。

在仿真模型远程控制方面，可以在主控端计算机上远程控制任何其他计算机节点上的仿真模型的启动、关闭，并支持远程计算机的重启、关闭等操作。

（4）运行管理

实现仿真试验的集中运行管理，通过深度封装时间管理、事件管理、数据分发管理、声明管理等服务，调度各模型的运行和交互，完成仿真试验的运行，并提供运行中步长控制、断点控制、仿真速度控制等高级控制功能。

在基本运行控制方面，为用户提供简洁的运行控制界面，实现仿真试验的开始、暂停、停止等运行控制命令。

在高级运行控制方面，提供步长控制、断点控制和仿真速度控制等功能，步长控制可采用手动或脚本自动控制两种方式，断点控制实现任意时刻仿真状态的暂停与恢复功能，仿真速度控制实现实时与超实时仿真速度控制。

（5）数据管理

能够对仿真过程和结果数据进行收集与处理，以数据报表或曲线方式展示出来，为仿真模型调试、仿真结果分析提供支持。

在模型数据实时处理方面，支持仿真模型输入输出数据的实时收集与显示，并引入数据多层缓存机制，解决仿真数据随时间累积引发的内存不足与软件崩溃问题，理论上可支持无限时长的仿真数据收集。

在模型数据事后处理方面，支持仿真结果数据自动回收，可将分布在各个计算机节点上的结果数据自动回收至主控计算机上，并上传至数据库中存储。

3.3.2.2　技术特点

（1）高性能仿真中间件

为了解决传统 HLA 仿真完全依赖网络交互数据，难以适应高频度数据交互要求的难题，仿真平台采用高性能 HLA/SharedMemory 两层交互机制，在同一计算机上的模型之间采用 SharedMemory 交互机制，在不同计算机上的模型之间采用 HLA 交互机制，极大地提高了仿真速度。

为了解决传统 HLA 采用"硬编码"方式，仿真模型与联邦设计耦合的缺点，采用适配器模式，完全根据仿真试验自动化生成底层交互程序，极大提高了模型通用性和模型集成难题，用户只需专注领域知识，无需学习 HLA 复杂的规则。

（2）组件化模型规范

为了彻底实现模型与仿真框架的分离，制定了组件化模型建模规范。根据模型规范可开发可执行程序、动态库、Matlab 等多种形式模型，另外，其他专业软件（如 STK 等）、现有仿真系统（如飞控任务网、航天员训练模拟器等）也可通过标准化封装，进入仿真回路进行联合仿真。

为了提高模型可重用性，设计了模型层、中间件层、交互层的多层次框架结构，实现了仿真模型的隔离。同一模型不仅可适用于分布式、集中式、分布/集中混合式等多种部署架构，也适用于 HLA、数据分发服务（Data Distribution Service，DDS）等多种底层交互标准。

仿真模型采用参数化建模技术，分离模型参数和具体实现，通过配置不同的参数，使一个模型能够执行多个飞行任务的仿真，从而使模型复用性最大化。

（3）图形化模型组装

采用传统仿真平台开发仿真系统，用户需理解 FOM、SOM 等一系列仿真专业概念。面对复杂的模型接口，为了使用户零门槛仿真，设计了图形化模型组装界面，用户只需通过拖拉、连线等直观方式即可完成仿真系统搭建。

用户完成仿真模型组装后，平台自动化生成模型适配器，智能化完成数据发布、订购，并在仿真运行时高效完成数据交互。

（4）集中式仿真管控

为了避免传统分布式仿真需要多个人在多个计算机上分别操作的缺点，仿真平台采用集中管控、分布运行模式，所有仿真模型集成、仿真试验配置、仿真运行、数据管理等均在主控计算机上由一个人完成，而仿真模型则分布在多个计算机上，实现集中管控与分布运行的统一。

3.3.3　组成

分布式仿真平台 dSIM 由应用层、工具层、中间件层、操作系统层和硬件层等五层结构组成，如图 3 - 7 所示。应用层针对特定任务（如空间站任务仿真）开发具体仿真应用，其他层构成具有可扩展性的通用仿真运行环境。为了在不同操作系统、不同仿真标准间达到仿真模型接口完全一致，dSIM 在操作系统层和工具层之间，增加了一个中间件层来保证仿真模型可移植性。

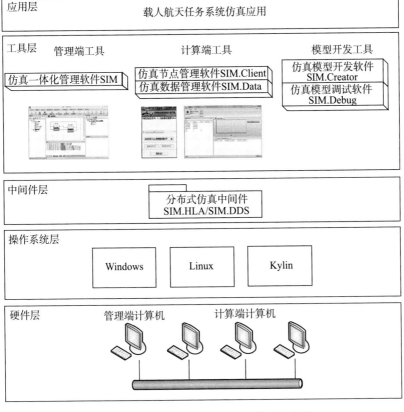

图 3 - 7　分布式仿真平台 dSIM 的层次结构

（1）应用层

应用层是针对特点任务开发的仿真系统。使用 dSIM 开发的应用层仿真系统，可以在任何支持的操作系统上运行，而不需要修改源代码。

（2）工具层

工具层为仿真用户提供模型管理、试验管理、分发管理、运行管理、节点管理、数据管理的多种工具，包括管理端工具、计算端工具和模型开发工具三类。

①管理端工具

管理端工具主要是仿真一体化管理软件 SIM，该软件部署在负责仿真统一管理的计算机上，是实现仿真模型管理、试验管理、分布管理、运行管理、数据管理的中心。

②计算端工具

计算端工具包括仿真节点管理软件 SIM. Client、仿真数据管理软件 SIM. Data，计算端工具部署在仿真系统中的所有计算机上，辅助完成模型分布、运行功能，同时用于仿真试验时实时查看每个模型的输出数据，以数据报表或曲线形式展示。

③模型开发工具

模型开发工具包括仿真模型开发软件 SIM. Creator、仿真模型调试软件 SIM. Debug，用于辅助用户生成仿真模型 C++框架，辅助用户完成模型调试。

（3）中间件层

中间件层的目标是实现仿真模型与仿真运行支撑软硬件的分离，使得同一套模型不进行修改就可以在多种模式下运行。中间件层包括基于 HLA 标准的 SIM. HLA 和基于 DDS 标准的 SIM. DDS 两个分布式仿真中间件软件，分别用于支持仿真系统在 HLA 和 DDS 标准下运行。

分布式仿真中间件是各软件模块之间数据交互的桥梁，为不同模型间数据传输提供了标准接口，用户不需过多关注底层数据通信协议。

（4）操作系统层

dSIM 支持目前流行的大多数主流操作系统，包括 Windows、

Linux、Kylin 等。由于 dSIM 采用 C++ 和 Qt 实现，因此也具备移植到其他 Qt 支持的操作系统（如 Solaris 等）的能力。

（5）硬件层

硬件层由一组通过局域网互联的计算机构成，这些计算机分为两类：一类是负责仿真管理的计算机，数量为 1 台；一类是负责仿真计算的计算机，数量根据仿真系统需求确定。在仿真系统运行中，用户在仿真管理计算机上操作即可完成模型下发、运行、数据查看等所有工作。

3.3.4　关键技术

3.3.4.1　分布式仿真中间件技术

（1）传统 HLA 仿真的缺陷

分布式仿真经过多年发展，已经形成了成熟的仿真标准和产品，例如高层体系结构 HLA，以及数据分发服务 DDS 等。直接采用 HLA 等传统技术进行分布式仿真存在以下缺点。

① 无法充分利用多 CPU 多核计算能力

目前单个 CPU 的计算能力已经遇到瓶颈，因此在单台计算机上集成多个 CPU、单个 CPU 上集成多个计算核心已经成为发展趋势。在这种多 CPU 多核硬件环境中，如果在同一台计算机上部署多个模型进程，利用多进程并行计算就可以充分利用计算资源提高仿真速度。但是，在 HLA 标准具体实现中所有模型之间的交互都是通过网络进行的，将多个模型进程部署在一台计算机上虽然可以提高单机的计算资源利用率，但是模型数据交互仍然通过网络进行，因此，相比之下，将仿真模型部署在多台计算机上，仿真系统整体加速比并不能提高。

② 直接使用 HLA 开发仿真系统难度大

直接采用 HLA 进行仿真系统搭建存在以下不足：一是 HLA 规则复杂，模型构建人员需要学习联邦、联邦对象模型等较多仿真知识，同时也需要专门的人开发维护网络交互程序；二是 HLA 搭建系统过程复杂，包括对象模型开发、成员框架生成等过程，开发耗时较长；三是仿真模型即使满足 HLA 标准，实际中也难以在不同厂家的 HLA 产品之间直接移植。为了降低 HLA 仿真系统开发难度，目前一般有两种解决方案：一是对 RTI 的服务接口进行封装以降低 RTI 编程难度，如 HFC（Cox，1998）、HLAfc（Sauerbom，2004）、VR‑Link（Mak Technologies，2004）等；二是根据 FOM 信息自动生成成员框架代码，如 SIMplicity（Calytrix Technologies，2005）、KD‑Fedwizard（黄健，2004）等。这两种方法虽然减少了用户的编码工作，但是用户仍然面临怎样把领域模型实现代码集成到联邦成员仿真框架之中的困难。因此，直接使用 HLA 开发仿真模型对模型开发人员要求较高，通常需要 HLA 仿真专业人员进行辅助和指导。

③仿真系统修改难度大

采用 HLA 开发仿真模型时，仿真模型通常采用"硬编码"方式，也就是领域相关代码通常是直接集成到 HLA 提供的仿真框架代码中，领域代码与 HLA 仿真框架紧密耦合，这种设计导致任何一方的更改都需要重新编译所有代码。

在 HLA 仿真系统的联邦运行过程中，联邦成员之间需要进行数据交互，就必须提供一个一致的、单一的 FOM，否则，即使 HLA 是一致的，联邦成员也不能互操作。FOM 描述了在仿真系统联邦运行过程中将参与联邦成员信息交互的枚举数据类型定义、复杂数据类型定义、对象类信息、交互类信息、对象类属性特性、交互类参数特性和路径空间信息等。在分布式仿真系统开发的迭代反馈过程中，当 FOM 被修改时，相关的所有联邦成员都需要进行相应的代码修改，并重新编译，这一过程大大降低了仿真模型的重用性，增加了分布式仿真系统的修改难度。

以上缺点并不是 HLA 本身的问题，而是基于 HLA 标准开发仿真系统需要解决的问题。

针对以上缺点，分布式仿真平台 dSIM 采用分布式仿真中间件技术，实现仿真模型与仿真框架的完全分离，解决两者的高耦合，同时充分利用 HLA 的标准分布仿真能力和共享内存的多进程交互能力，提高仿真速度。

（2）分布式仿真中间件原理

分布式仿真中间件将分布式仿真标准 HLA 与共享内存机制结合，形成 HLA/SharedMemory 混合交互架构。仿真模型分布在多个计算节点计算机上，每个计算节点上部署多个仿真模型。每个计算节点上的模型通过 SharedMemory 交互层进行交互，计算节点之间的模型通过 HLA 交互层进行交互。HLA/SharedMemory 混合仿真架构既保留了 HLA 分布式仿真架构的标准化交互优势，又充分利用了计算节点计算机的多 CPU 多核计算能力，可提高仿真系统整体加速比。

分布式仿真中间件本质上是一个符合 HLA 规范的独立应用程序，是领域模型与 RTI 之间的桥梁。分布式仿真中间件通过 SharedMemory 交互层与领域模型进行数据交互并对其进行仿真控制，并负责同 RTI 之间的通信。分布式仿真中间件技术原理如图 3 - 8 所示。

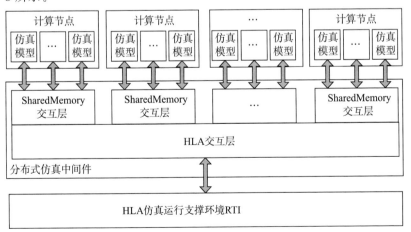

图 3 - 8　分布式仿真中间件原理图

利用分布式仿真中间件将仿真模型与仿真框架完全分离，解决了 FOM 修改时带来的模型代码修改与编译问题。仿真模型只需考虑具体的领域功能，不需要为建立分布式仿真系统进行额外的重复开发，并且同一套模型无需编译就可以适用于 HLA、DDS 等多种底层交互标准，极大地提高了模型重用性。

实际应用中，分布式仿真中间件可采用自动生成等技术提高开发效率，徐小生（徐小生，2016）介绍了分布式仿真中间件的自动生成相关技术。

（3）分布式仿真中间件运行流程

分布式仿真中间件封装了联邦成员的运行过程和共享内存动态库的调用，并有机组合了 RTI API 和共享内存 API 的调用关系，完成联邦成员与联邦成员、仿真模型与仿真模型、联邦成员与仿真模型之间的数据交互，同时完成所有联邦成员和仿真模型的协同仿真推进。分布式仿真中间件运行流程如图 3 - 9 所示。

HLA 适配器首先初始化成员数据、（创建）加入联邦、声明时间推进策略、声明公布/订购关系、注册对象实例、注册回调节点与共享内存数据，然后进入仿真主循环。仿真主循环执行步骤如下：

1）处理回调函数；

2）判断时间推进许可，如果允许推进，则进入步骤 3），否则走入步骤 9）；

3）仿真推进、反射对象实例、接收交互实例、写共享内存数据；

4）判断接收仿真控制交互，如果收到，则进入步骤 5），否则进入步骤 6）；

5）判断仿真控制交互是什么控制消息，如果是初始化，则进入步骤 7），如果是运行，则进入步骤 8），如果是结束，则进入步骤 10），否则进入步骤 9）；

6）判断运行状态，如果是运行状态，则进入步骤 8），否则进入步骤 9）；

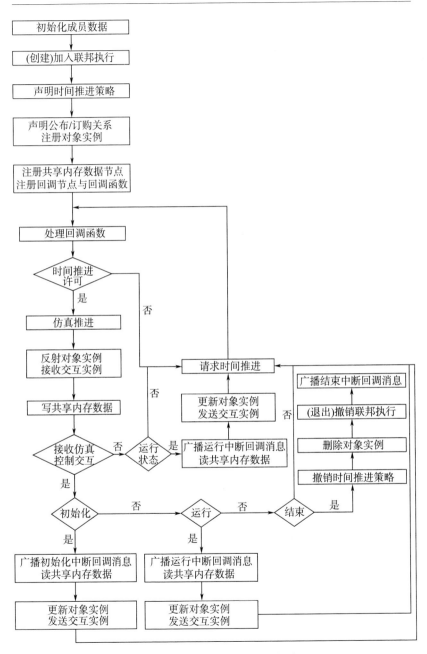

图 3-9　分布式仿真中间件运行流程

7）广播初始化中断回调消息、读共享内存数据、更新对象实例、发送交互实例，然后进入步骤9）；

8）广播运行中断回调消息、读共享内存数据、更新对象实例、发送交互实例，然后进入步骤9）；

9）请求时间推进，返回步骤1）；

10）撤销时间推进策略、删除对象实例、（退出）撤销联邦、广播结束中断回调消息结束仿真主循环。

3.3.4.2 标准化模型规范

在航天系统仿真中，通常采取机理建模和唯象建模两类方法建立系统的数学模型，在将数学模型映射到仿真模型时，必须基于标准化模型规范进行，以利于仿真模型在不同系统间的重用。

（1）模型形式化描述

在航天系统仿真中，仿真模型通常分为连续系统模型和离散事件模型两大类。无论是连续系统模型还是离散事件模型，在 dSIM 中统一采用步长推进机制，因此可将仿真模型看做是一个具有输入输出端口的系统，其形式化描述可表示为六元组

$$\mathrm{Model} = < t, X, S, Y, F, G >$$

其中，t 是时间，X 是输入变量，Y 是输出变量，S 是系统状态变量，$F(t, \Delta t, X, S)$ 是状态转移函数，$G(t, X, S)$ 是输出函数。

模型执行语义为：系统在仿真时钟 t_i 时状态为 S_i，仿真时钟推进到 $t_{i+1} = t_i + \Delta t$ 时，系统状态变为 $S_{i+1} = F(t_i, \Delta t, X_i, S_i)$，系统输出为 $Y_{i+1} = G(t_{i+1}, X_i, S_{i+1})$，如图 3-10 所示。其中，$\Delta t$ 为仿真推进步长。

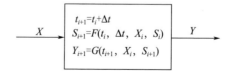

图 3-10　仿真模型形式化描述

（2）模型描述规范

dSIM 遵循模型描述与实现相分离的原则，因此模型规范包括模型描述与模型实现两方面。在模型描述中登记模型各种参数，包括模型名、模型类型、模型说明、模型文件信息、模型接口、模型图形化信息等内容。模型实现则是使用高级编程语言（如 C、C++、C♯ 等）或建模仿真软件（如 Matlab/Simulink 等），基于特定算法对模型进行具体实现。

在 dSIM 中，仿真系统构建人员在使用模型时，只需对模型描述进行理解，无需关心模型的具体实现，模型实现由具有领域知识的建模人员保证。只要模型描述不变，模型实现可以任意替换，而不需要重新搭建仿真试验。模型描述包括的关键字如表 3 - 7 所示。

表 3 - 7　dSIM 模型描述的关键字及含义

关键字	表示信息
Name	模型名称
Description	模型说明
Dir	模型路径
File	模型文件
Type	模型类型
InitParam	模型配置参数
InputParam	模型输入参数
OutputParam	模型输出参数
Gfx	模型图形化信息

在 dSIM 中，采用 XML 格式存储模型描述信息，结合模型包等概念实现对模型描述信息的分类分级存储和管理。

（3）模型实现规范

在模型实现方面，dSIM 允许存在多种不同形式的模型，例如可执行程序、动态库、Simulink 模型等，因此必须针对这些模型实现形式制定具体的模型规范。dSIM 中的模型规范最主要定义了各种形式模型的基本框架。

①可执行程序模型规范

可执行程序可以采用控制台、对话框等多种具体形式，但必须实现一个回调函数，回调函数原型为

void MdlCallback(int msg,int nDataSize,const void * pMsgData)

其中，msg 为回调处理消息标志，pMsgData 为仿真信息结构指针。回调函数内根据 msg 值不同，需要不同处理，如表 3 - 8 所示。

表 3 - 8　可执行程序模型消息

消息名称	消息作用
初始化消息	处理读取数据文件、数据初始化等工作，在每次仿真开始时调用一次。同时要处理断点恢复操作
推进消息	处理仿真时间推进计算，在每次仿真推进时调用。同时要处理跳时、断点保存等操作
停止消息	处理保存数据文件等工作，在每次仿真结束时调用一次
退出消息	处理程序退出，在模型程序退出时调用一次

②动态库模型规范

动态库模型需开发初始化、推进、停止三个函数，如表 3 - 9 所示。

表 3 - 9　动态库模型函数

函数名称	消息作用
初始化函数 MdlInit	处理读取数据文件、数据初始化等工作，在每次仿真开始时调用一次
推进函数 MdlAdvance	处理仿真时间推进计算，在每次仿真推进时调用
停止函数 MdlStop	处理保存数据文件等工作，在每次仿真结束时调用一次

3.3.4.3　可视化仿真模型组装技术

传统的分布式仿真系统开发，在建立仿真模型后，需要仿真系统集成人员根据仿真模型之间的交互关系、仿真模型的部署位置等，手动编写底层交互代码，实现模型组装集成，过程繁琐易出错，且对仿真集成人员要求很高。

可视化是利用计算机图形学原理，将数据转换成图形或图像在屏幕上显示出来，并进行交互处理的理论、方法和技术（Nahum，1997）。它涉及计算机图形学、图像处理、计算机视觉、计算机辅助设计等多个领域，是研究数据表示、数据处理、决策分析等一系列问题的综合技术。利用可视化技术将仿真模型及其组装过程直观展现，具有直观、易理解、易操作等特性，可以大大提高仿真系统构建效率。

dSIM 利用可视化技术为用户提供概念简单、使用方便的组装工具，其具有以下特点：1）实现了仿真模型可视化；2）操作简单，通过仿真模型图形端口之间的连线建立模型之间的交互关系，通过友好的交互界面，对仿真模型参数进行配置；3）实现了模型组装的零编程，对图形的操作完全替代了繁琐的手工编程。

（1）仿真模型的可视化表现

仿真模型的可视化表现如图 3 - 11 所示。仿真模型表现包括以下要素：

1）模型名称。模型在仿真试验中的名称。

2）模型输入端口。模型所有输入变量集合。

3）模型输出端口。模型所有输出变量集合。

4）模型属性。模型所有可配置参数，在可视化表现中隐藏，通过双击模型等操作进入二级界面配置。

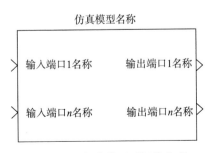

图 3 - 11　仿真模型可视化表现

仿真模型的可视化表现不仅对模型名称、端口名称做了直观表现，而且对端口方向也做了分类，输入端口在左边表示，输出端口在右边表示。

（2）仿真模型组装关系可视化表现

建立起仿真模型的可视化表现，组装的可视化就变得非常直观。在仿真系统构建中，根据仿真模型的输入输出依赖关系，在相应的仿真模型可视化图形端口之间建立连接，就得到仿真模型组装的可视化图形。在 dSIM 中，用户通过鼠标点击、拖动等操作，就可将模型输入输出端口连接起来，完成模型组装。组装过程 dSIM 自动进行端口类型匹配检查，如果存在输入输出数据不匹配情况，dSIM 将给出不匹配提示信息。

例如仿真模型 2 的输入端口 n 数据来自于仿真模型 1 的输出端口 1，仿真模型 1 的输入端口 n 数据来自于仿真模型 2 的输出端口 n，则组装可视化图形如图 3 - 12 所示。

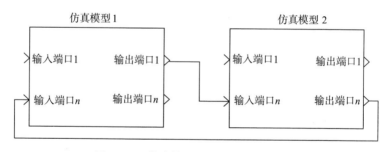

图 3 - 12　仿真模型组装关系可视化表现

3.3.5　使用流程

使用 dSIM 进行建模与仿真通常分为仿真建模、试验组装、仿真运行和仿真评估四个步骤，如图 3 - 13 所示。

3.3.5.1　仿真建模

仿真建模包括两部分：仿真模型实现与仿真模型信息录入。

dSIM 仿真模型规范中定义了不同形式模型的实现规范，用户可

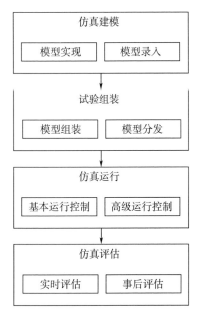

图 3 - 13　dSIM 使用流程

直接基于仿真模型规范编写模型代码，同时为了提高建模效率，dSIM 提供了模型框架自动生成软件 SIM. Creator，该工具可根据模型名称、输入输入端口、模型配置参数等信息自动生成仿真模型程序框架。同时，用户还可以利用仿真模型调试软件 SIM. Debug 对实现后的模型正确性进行调试。

dSIM 中采用模型库方式管理所有仿真模型。模型库以可视化的树状结构管理仿真模型，并将管理元素分为模型包和模型，模型包用来包含模型或子模型包。

仿真模型实现后，需要在仿真一体化管理软件 SIM 中将仿真模型描述信息录入至仿真模型库。录入信息为模型各种参数，包括模型名、模型类型、模型说明、模型文件信息、模型接口、模型图形化信息等内容。

3.3.5.2　试验组装

　　试验组装包括两部分：模型组装和模型分发。

　　模型组装是将模型库中的模型组装为一个完整的仿真系统。模型组装借助仿真一体化管理软件 SIM 进行，图 3-14 为其界面。界面的中心主体部分为试验组装区域，在这里用户可以通过类似 Simulink 组装式图形建模的方法完成试验模型的选取与位置摆放，以连线的方式实现模型端口之间的连接。双击模型图形弹出的模型属性窗体，在其中完成试验模型本地步长、模型名称、试验初始化参数和可视化表现的设定。

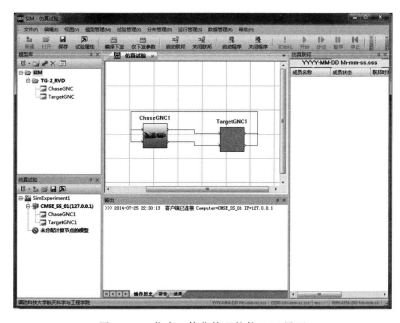

图 3-14　仿真一体化管理软件 SIM 界面

　　dSIM 支持仿真模型与仿真计算的计算机之间透明，即同一套模型与试验，可支持集中式、分布式等不同形式的仿真架构，并且无须对模型做任何修改。用户可指定模型在分布式环境中的任意计算机上运行，dSIM 根据用户设定，自动将模型下发到该计算机上。

　　dSIM 支持仿真模型的集中管控，无论是集中式仿真架构还是分布式仿真架构，用户均可在主控计算机上通过仿真一体化管理软件 SIM，实现集中的模型参数配置、启动、关闭等操作。

3.3.5.3　仿真运行

　　仿真运行包括两部分：基本运行控制和高级运行控制。

　　与试验组装类似，dSIM 中仿真运行也实行集中管控，用户在主控计算机上操作仿真一体化管理软件 SIM，即可以完成仿真初始化、开始、暂停、停止等基本运行控制和仿真断点、步长控制、速度控制等高级运行控制。

　　除了基本运行控制外，SIM 还支持高级仿真运行控制，如表 3 - 10 所示。

表 3 - 10　SIM 高级运行控制操作

操作名称	作用
跳时	仿真中从当前仿真历元跳时至下一个仿真历元,用于仿真快速计算。例如在长期飞行仿真中需要快速计算时可使用
断点保存与恢复	仿真中保存某一时刻所有模型状态,并可在下次仿真时从该时刻恢复仿真
步长控制	改变某一计算机上的仿真步长,或改变网络数据交换步长
速度控制	控制仿真速度,可按实时、最大加速比、2 倍速、4 倍速等速度运行

3.3.5.4　仿真评估

　　仿真评估包括两部分内容：运行中的实时数据评估和运行后的事后数据评估。

　　在仿真运行过程中，用户可通过仿真数据管理软件 SIM. Data 实时查看每个仿真模型的输入输出数据，并以数据报告、曲线等形式展示，SIM. Data 界面如图 3 - 15 所示。

　　在仿真运行后，SIM 可实现所有仿真模型结果数据的自动收集，将分散在多台计算机上的结果数据汇总至主控计算机或数据库中，用于事后评估。

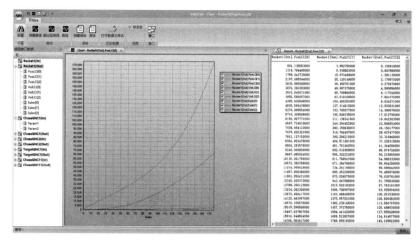

图 3 - 15　仿真数据管理软件 SIM. Data 界面

参 考 文 献

[1] Calytrix Technologies. Welcome to SIMplicity [EB/OL] (2003. 7) (2004. 4). http: //www. simplicity. calytrix. corn, 2005.

[2] COX K. A framework – based approach to HLA federate development// Proceedings of the Fall 1998 Simulation Interoperability Workshop. 1998, 9.

[3] DIS Steering Committee. The DIS Vision, A Map to the Future of Distributed Simulation. Institute for Simulation and Training, Orlando, FL, 1994.

[4] FUJIMOTO R M. Parallel and distributed simulation systems. John Wiley & Sons, Inc. , 2000.

[5] Mak Technologies. VR – Link Develper' S Guide [EB/OL] (2003. 1) (2003. 12) . http: //www. mak. com, 2004.

[6] NAHUM D G, STEPHEN G E. Information Visualization, IEEE Computer Graphics and Applications, 1997, 29 – 31 .

[7] SAUERBOM G. HLAfc and other simulation environment middleware wrapper approaches//Proceedings of the Fall 2004 Simulation Interoperetbility Workshop. 2004, 9.

[8] SUN F Y, WANG H, GUO S, et al. A Flexible, Scalable and Expandable Simulation Platform Applying to Lunar Orbit Rendezvous Mission. Proceedings of the 5th International Conference on Simulation and Modeling Methodologies, Technologies and Applications (SIMULTECH – 2015), 2015.

[9] SUN F Y, WANG H, ZHOU J P. Simulation Integrated Management: A new type of simulation platform application for aerospace systems engineering. Simulaiton: Transactions of the Society for Modeling and Simulation International, 2017, 93 (2): 149 – 171.

[10]　SUN F Y，ZHOU J P，XU Z Y. A holistic approach to SIM platform and its application to early – warning satellite system. Advances in Space Research，2018，61 (1)：189 – 206.

[11]　黄健，郝建国，黄柯棣. 基于 HLA 的分布仿真环境 KD – HLA 的研究与应用. 系统仿真学报，2004，16 (2)：214 – 221.

[12]　孙福煜，王华，周晚萌. 载人交会对接任务分布式仿真集成管理平台研究. 系统仿真学报，2014，26 (10)：2330 – 2334.

[13]　吴旭光，杨慧珍，王新民. 计算机仿真技术. 北京：化学工业出版社，2008.

[14]　王华，尤岳，林西强，等. 空间交会对接任务仿真系统架构设计与实现. 载人航天，2013，19 (3)：46 – 51.

[15]　徐小生. 导弹攻防分布式仿真管理设计与实现. 长沙：国防科技大学，2016.

第 2 部分

载人航天系统建模

第4章 载人航天仿真基础模型

4.1 时间系统

时间几乎是每个学科分支不可或缺的基础物理量。在航天动力学领域，目标运行的速度快、距离远，因此获得精确的、可复现的计量时间间隔就显得尤为重要。这里给出三类计量时间的系统：以地球自转运动为基准建立的世界时；以行星公转运动为基准建立的历书时；以原子内部电子能级跃迁时辐射电磁波振荡频率为基准建立的原子时。以下为基本介绍，更详细的介绍可参见文献（Vallado，2007）。

4.1.1 世界时系统

世界时以地球的自转运动为计时依据。由于地球上的观察者无法直接察觉地球自转，所以通过观测地球以外天体的周日视运动来计时，即以天体连续两次经过同一子午圈的时间间隔作为一日。根据参考天体的不同，世界时系统又有不同的时间表示形式，主要分为恒星时和太阳时。

4.1.1.1 恒星时

恒星时（Sidereal Time，ST）是由恒星（通常取春分点 γ）周日视运动来确定的时间计量系统。恒星周日视运动两次经过测站子午圈的时间间隔称为一个恒星日，每个恒星日等分成 24 个恒星时，以 60 进制形成恒星分、恒星秒，由此确定计量时间的恒星时单位。

4.1.1.2　太阳时

（1）真太阳时

太阳中心连续两次到达同一子午圈的时间间隔称为真太阳日，真太阳日的 1/24 为一个真太阳时（Apparent Solar Time），同样以 60 进制形成真太阳分、真太阳秒。真太阳时的起始点是正午时刻，而真太阳时角的起始点和人们的习惯一致，为子夜时刻。所以，真太阳时等于真太阳时角加上 12 h，如果真太阳时角大于 12 h，则再把真太阳时减去 24 h。

（2）平太阳时

黄道和赤道不重合以及地球公转运动的不均匀性，使得真太阳日的长短不均。最长和最短的真太阳日相差 51 s。若令太阳周年视运动轨迹在天赤道而非黄道，且运行速度均匀，由这种运动确定的时间称为平太阳时（Mean Solar Time），真太阳时和平太阳时之差称为时差，2000 年时它的变化范围在 -14 min15 s 到 16 min25 s 之间。

（3）地方时

真太阳时、平太阳时、恒星时都与天体的时角有关，而时角是以测站的天子午圈起算的。各地的天子午圈不同，因此同一天体经过两地的天子午圈的时间不同，形成了各自的计时系统，分别称为地方真太阳时、地方平太阳时、地方恒星时。北京时间就是东经 120° 的地方平太阳时。

（4）世界时

通常把格林尼治地方平太阳时称为世界时（Universal Time，UT），世界时是地球自转的反映，但是由于地球的自转速率不均匀以及地极移动引起的地球子午线变动都会造成世界时的不均匀。因此，国际上把世界时分为三种：通过天文观测直接测定的世界时为 UT0，修正地极位移引起的子午圈变化后得到的世界时为 UT1，在 UT1 基础上考虑地球自转速度的周期性季节变化影响得到的较均匀的世界时为 UT2。应用中 UT2 已被国际原子时 TAI 取代。

4.1.1.3　协调世界时

　　由世界时和原子时的定义（见 4.1.2 节）可以看出：世界时反映了地球的自转，能够与人们的日常生活相联系，但其变化是不均匀的；原子时时长十分稳定，但它的时刻没有具体的物理内涵，在大地测量、导航、太阳方位角计算等应用中不是很方便。为兼顾二者的长处，建立一种折中的时间系统，称为协调世界时（Universal Time Coordinated System，UTC）。它的秒长与原子时秒一致，在时刻上则要求尽量与世界时接近，差值保持在 0.9 s 以内，由此可能需要在每季末添加闰秒，添加闰秒时首先考虑 6 月末和 12 月末，其次为 3 月末和 9 月末。UTC 如要变动，需提前 6 个月由国际地球自转服务 IERS 发布 C 公报。截止到 2018 年的闰秒如表 4-1 所示。

表 4-1　1972 年以来的 UTC 闰秒

日期	TAI - UTC	日期	TAI - UTC	日期	TAI - UTC
1972.1.1	10	1981.7.1	20	1996.1.1	30
1972.7.1	11	1982.7.1	21	1997.7.1	31
1973.1.1	12	1983.7.1	22	1999.1.1	32
1974.1.1	13	1985.7.1	23	2006.1.1	33
1975.1.1	14	1988.1.1	24	2009.1.1	34
1976.1.1	15	1990.1.1	25	2012.7.1	35
1977.1.1	16	1991.1.1	26	2015.7.1	36
1978.1.1	17	1992.7.1	27	2017.1.1	37
1979.1.1	18	1993.7.1	28		
1980.1.1	19	1994.7.1	29		

4.1.2　原子时系统

　　原子时（Atomic Time，AT）是以物质内部原子能级跃迁的辐射频率为基础建立的时间计量系统。1967 年 10 月第十三届国际计量大会决定：位于海平面上的铯[133]（Cs[133]）原子基态的两个超精细能级间在零磁场下跃迁辐射 9 192 631 770 周所经历的时间为一个原子时秒，称为国际制秒（SI）。在此基础上国际时间局对地球多个原子钟相互比对并经数据处理推算出统一的原子时，第十四届国际计量大会决定将该原子时记为国际原子时（International Atomic Time，TAI），以 1958 年 1 月 1 日 0 时的 UT1 为起点，以国际制秒长为基准。

全球定位系统 GPS 采用一个独立的时间系统，它以原子时为基准，与美国海军气象天文台原子钟同步，精确度为 1 ms 以内。GPS时开始时间与 1980 年 1 月 6 日的 UTC 一致，因此与 TAI 始终保持19 s 的常值偏移。

由于 UTC 中闰秒的存在，其并不适合在仿真中作为基准连续时间系统，因此在航天系统仿真中大多采用 TAI 作为时间推进的基准，进行时间累加。

4.1.3 历书时与动力学时

4.1.3.1 历书时

由于地球旋转运动的不均匀性，以地球旋转周期为基准的世界时不宜作为时间系统基准，因此就产生了以太阳系统内天体公转为基准的均匀时间系统——历书时（Ephemeris Time，ET），其在1960 年至 1967 年是世界公认的计时标准。历书时的时刻起算点是1900 年初地球所处的位置为太阳几何平黄经 279°41′48.04″的瞬间，也就是 1900 年 1 月 0 日格林尼治平午的时刻作为历书时 1900 年 1 月0 日 12 时。历书时的秒长为整回归年长度的 1/（365.242 198 778×86 400）。历书时具有以下缺点：通过观测太阳、月亮或行星的位置均可以获得历书时，导致不一致的历书时；天文常数系统的改变也会导致历书时的不连续性；精度低，获得速度慢等。因此，1976 年以后，采用动力学时替代历书时。

4.1.3.2 动力学时

动力学时（Dynamical Time）是天体动力学理论研究及天体历

表编算中使用的时间系统，也即广义相对论框架中的坐标时。1976 年国际天文联合会定义了天文学中常用的两种动力学时：以太阳系质心为原点的局部惯性坐标系中的坐标时，称为质心动力学时 (Barycentric Dynamical Time，TDB)；以地心为原点的局部惯性坐标系中的坐标时，称为地球动力学时 (Terrestrial Dynamical Time，TDT)。1991 年国际天文联合会重新定义地球时 (Terrestrial Time，TT) 取代 TDT，两者等价，都可以视为是在大地水准面上实现的与 SI 秒一致的理想化的原子时。在地心与坐标系下地面目标与天体的相关参数多采用 TT 作为时间尺度，例如各国颁布的天文年历。太阳、行星、月亮的星历表则多采用 TDB 作为时间尺度，例如喷气推进实验室的 DE 系列星历。

4.1.4　时间系统转换

根据之前时间系统的基本介绍，不难发现系统之间存在着相互转换关系，各时间系统之间的转换关系如图 4-1 所示。

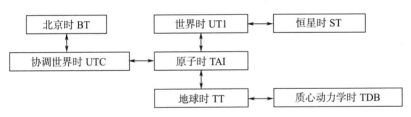

图 4-1　各种时间系统之间的转换

太阳时属于世界时，而地方时为不同天文经度的测站观测到的太阳时，规定地球天文经度起算点是格林尼治天文台的子午线，在此处直接测量的地方时称为世界时 UT0。自 1956 年起，加入地极移动引起的经度变化 $\Delta\lambda$，称为 UT1，加入地球自转速度引起的变化 ΔTs，称为 UT2。一般精度要求可以采用 UT1 作为时间系统。

原子时 TAI 是以 1958 年 1 月 1 日 0 时 UT1 时间为起点，以国际制秒为基准时秒的时间。但是由于技术原因，两者存在微小误差

UT1＝TAI＋0^s.003 9。协调世界时 UTC，以 TAI 的秒长为度量，时刻与 UT1 尽量一致。动力学时 TT 与原子时 TAI 存在概念差异，二者转换关系为 TT＝TAI＋32^s.184。质心动力学时 TDB 与地球力学时 TDT 之间由于相对论效应产生偏差。

4.1.5　年、历元与儒略日

前面讨论了计量时间的基本单位——秒。为了度量更长的时间间隔，还需要引入以地球绕太阳公转为基础的时间单位"年"。为此，需要引入历元的概念。

4.1.5.1　年

地球绕太阳公转运动的周期，称为年。回归年是地球在以太阳为中心的天球上连续两次通过春分点的时间间隔，长度为 365.242 2 平太阳日。恒星年是地球在以太阳为中心的天球上连续两次通过某一恒星的黄经圈所需的时间间隔，长度为 365.256 36 平太阳日，即地球绕太阳公转的平均周期。公元前 46 年，罗马统治者儒略·凯撒制定儒略历（Julian Calendar），以回归年作为历法基本单位，一年被划分为 12 个月，大小月交替，四年一闰，平年 365 日，闰年 366 日为在当年二月底增加一闰日，年平均长度为 365.25 日。由于实际使用过程中累积的误差随着时间越来越大，1582 年罗马教皇格里高利十三世颁布、推行了以儒略历为基础改善而来的格里历，规定公元年被 4 整除仍为闰年，世纪年只有被 400 整除才为闰年，使得 400 年中只有 97 个闰年，平均长度为 365.242 5 平太阳日，更接近回归年的长度，称为格里历（Gregorian Calendar），即沿用至今的公历。

4.1.5.2　历元

在计算航天器轨道和天体坐标时，常选定某一瞬间作为讨论问题的时间起点，称为历元（Epoch）。1984 年以前使用的是贝塞尔历元，岁首取为平太阳黄经等于 280° 的瞬间，长度与回归年相同，用"B＋年份＋.0"表示某一个贝塞尔岁首的贝塞尔历元。从 1984 年

起，天文历年采用儒略纪元法，标准历元被确定为 2000 年 1 月 1 日
12 时的 TT，某年的儒略年首与标准历元的间隔为 365.25 日的整数
倍，用"J＋年份＋.0"表示儒略历元。

4.1.5.3 儒略日

儒略日（Julian Day，JD）是天文上应用的一种不用年和月的长
期纪日法，以公元前 4713 年儒略历 1 月 1 日格林尼治平午为起算
点，每日累加。1973 年国际天文联合会定义了简约儒略日
（Modified Julian Day，MJD），起点为 1858 年 11 月 17 日 0 时，与
JD 的关系为 MJD＝JD－2 400 000.5。

4.2 坐标系统

将一个以观测者为球心、无限长的半径的假想球面称为天球，
其目的是将天体沿观测者视线投影到球面上，以便于研究天体及其
相互关系。有时还将天球球心设置在某些特殊点，如地心和日心，
相应的天球分别称为地心天球和日心天球。以天球作为辅助工具可
以帮助我们建立空间的概念，按照空间的不同可以分为星际坐标系
统、地基坐标系统以及航天器坐标系统。这里仅给出坐标系统的简
要介绍，读者也可查阅参考文献（郗晓宁，2003；杨嘉墀，2001）。

4.2.1 基本概念

天球坐标系是指以天球的中心（如地心、日心）为原点，利用
天球上的某些点和圈建立的坐标系。

在天球坐标系的定义中，常把球面上特别选定的大圆称为基圈，
所在平面为基本平面，过原点与基圈垂直的特定大圈为辅圈，给定
过原点的基圈法线的一个方向为极轴方向，给定基圈与辅圈的交线
的一个方向为主轴方向，极轴、主轴分别投影为天球上的极点、主
点。利用特殊的点和圈就可以建立起需要的直角坐标系或球坐标系。
如图 4-2（a），以地心为原点，极轴为地球自转轴又称为天轴，交

点为南北极点，与极轴垂直的基圈面又称为天赤道面，平行于天赤道面的小圆称为赤纬圈，辅圈又称为赤经圈，定义主点方位，即可明确主轴方向；如图 4-2（b）所示，以地心为原点，极轴 Z 为当地水平面的铅垂方向，K 为地面观测点沿铅垂方向在天球上的投影，此时基圈又称为地平圈，平行于地平圈的小圆称为地平纬圈，辅圈又称为地平经圈，过极点的地平经圈称为子午圈，垂直与子午圈的地平经圈称为卯酉圈。

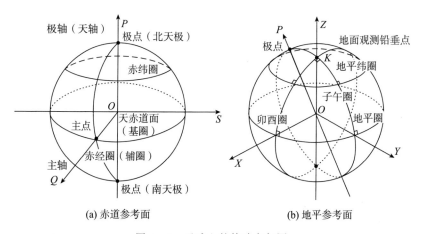

(a) 赤道参考面　　　　　　　　　(b) 地平参考面

图 4-2　天球上的特殊点与圈

　　惯性系是不存在引力作用、不存在自身加速度的"自由"参考系。在经典力学中，这是一种理想参考系：由于宇宙空间中无处不存在引力，实际的惯性系是不存在的。本书中所说的标准惯性系能保证在太阳系内运动的粒子符合牛顿第一定律，且精度足够。通过甚长基线干涉测量（Very Long Baseline Interferometry，VLBI）观测银河系外辐射源等手段确定基准平面或基准轴，进而可以定义不同的惯性系，如 FK4（B1950）、FK5（J2000）和 IAU2000（GCRF）等。

　　自 1998 年 1 月 1 日起国际天文联合会（International Astronomical Union，IAU）开始采用国际天球参考系统（International Celestial Reference System，ICRS）作为标准惯性系，它由一系列银河系外辐射源的精确方向组成，更适用于长期高精度轨道计算。

4.2.2　星际坐标系统

4.2.2.1　日心坐标系

　　星际坐标系统最常用的是日心黄道坐标系和 J2000 日心惯性坐标系。日心黄道坐标系（Heliocentric Ecliptic Coordinate System，HECS）如图 4-3 所示，为一般星际任务的坐标系。坐标系原点为太阳中心，基圈所在平面为黄道平面。主轴方向为春分点方向（春分点时刻地心指向日心的方向 X_γ），Z 轴为地球运行黄道平面的极轴。J2000 日心惯性坐标系的原点为太阳中心，各轴与 J2000 地心惯性系（见 4.2.3 节）平行。

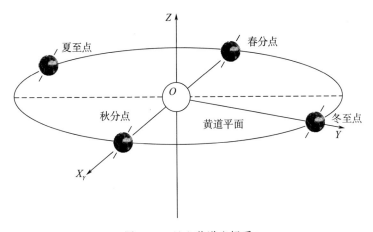

图 4-3　日心黄道坐标系

4.2.2.2　月心坐标系

　　在探测其他天体时需要建立以被探测天体为基准的坐标系。对于月球探测，常用坐标系包括 J2000 月心惯性坐标系、月心惯性坐标系和月固坐标系。

　　J2000 月心惯性坐标系（J2000 Lunar Centered Inertial，J2000 LCI）也简称为 J2000 月心坐标系，原点为月心，各轴与 J2000 地心惯性坐标系平行。类似也可建立以火星为原点的 J2000 火心惯性坐标系等。

月心惯性坐标系（Lunar Centered Inertial，LCI）也称为月心赤道惯性坐标系，原点为月心，Z 轴根据 IAU 报告给定的 2000 年 1 月 1.5 日标准历元的月球北极值（与该时刻的月固坐标系 Z 轴非常接近）计算得到（Seidelmann，2007），Z 轴沿 J2000 月心惯性坐标系 XY 平面与 X 轴垂面的交线。

月固坐标系（Lunar-Centered Fixed，LCF）原点在月心，X 轴在月球赤道平面内，通过月面上的中央湾（Sinus Medii），Z 轴垂直于月球赤道平面，指向月球自转轴方向，Y 轴与其他两轴构成右手直角坐标系。

由于月球质心与形心差距较大，月球自转与公转同周期，这就导致 J2000 月心惯性坐标系与月固坐标系转化需要求解月球星历。计算月球相对于地心 J2000 坐标系的升交点赤经、纬度幅角和轨道倾角及其各自对时间的变化率是求解转换矩阵的基础。在近似计算时，也可认为升交点赤经、轨道倾角对时间的变化率为 0，纬度幅角对时间的变化率为每天 13.2°。具体转化形式见文献（郗晓宁，2001）。仿真中也可以从 JPL DE405 星历中读取月球天平动的三个欧拉角，从而计算得到转换矩阵。

4.2.3　地球基准坐标系统

4.2.3.1　地心惯性坐标系

地心赤道坐标系（Geocentric Equatorial Coordinate System，GECS）原点为地球质心，X 轴指向春分点，Z 轴为极轴。GECS 经常也被称为地心惯性坐标系（Earth Centered Inertial，ECI）和协议惯性坐标系统（Conventional Inertial System，CIS），但是必须认识到，由于春分点和赤道在不断微小移动，因此惯性这一词并不是特别准确，但在一般航天仿真中将其视为惯性系是足够精确的。

不同的历元会对应不同的平赤道惯性坐标系。例如 J2000 地心惯性系就是对应 2000 年 1 月 1.5 日标准历元的历元平赤道惯性系，它采用 IAU1976 岁差模型和 IAU1980 章动理论，采用 IAU 发布的 FK5 系统数据来确定平赤道和平春分点。

2003 年之后 IAU 发布新的 IAU2000 理论，J2000 地心惯性系被逐步替代为地心天球坐标系 GCRF（Geocentric Celestial Reference Frame，GCRF）。与原来 FK5 J2000 不同的是，它的指向由极轴定义，而非赤道和春分点。该坐标系非常接近 FK5 J2000 坐标系（相差 $0.023''$），在很多应用中可以忽略两者的差异（John，2007）。国际地球自转服务（International Earth Rotation Service，IERS）发布了两个坐标系之间的修正数据表。

4.2.3.2　地固坐标系

在 FK5 理论中，国际大地测量与地球物理联合会规定 1900 年至 1905 年地球自转轴瞬时位置的平均值称为协议地极（Conventional Terrestrial Pole，CTP），该位置也称为协议原点（Conventional International Original，CIO），注意在 IAU2000 理论中简写 CIO 表示天球过渡原点（Celestial Intermediate Origin）。国际时间局（Bureau International de l'Heure，BIH）决定将通过 CIO 和格林尼治天文台的子午面称为起始子午面（BIH 零子午面），由 CTP 和 BIH 零子午面建立的坐标系称为协议地球坐标系（Conventional Terrestrial System，CTS）$OX_{CTS}Y_{CTS}Z_{CTS}$。

在经典大地测量中，选用与局部大地水准面密合的地球椭球为参考椭球，其中心一般不与地球质心重合，称为参心。随着大地测量技术的发展，可以确定全球范围内与大地体最为密合的参考椭球，称为总地球椭球。以地球质心为中心、总地球椭球的主轴为参考轴可以建立地固坐标系（Earth - Centered Fixed，ECF），有时直接称为中心体固连坐标系（Body - Fixed Coordinate System，BF），在不同的理论中该坐标系的命名略有不同。在 IAU2000 理论中，ECF 也称为国际地球参考坐标系（International Terrestrial Reference Frame，ITRF），CTP 重新命名为国际参考极轴（International Reference Pole，IRP）。

ECF 坐标系中某点位置可以用大地直角坐标（X，Y，Z）表示，也可以用大地坐标（h，φ_{gd}，λ）表示，如图 4-4 所示。大地高程 h 是该点沿椭球法线到椭球面的距离，面外为正，大地纬度 φ_{gd} 是过该点的椭球法线与赤道面的夹角，大地经度 λ 是该点大地子午面与起始子午面的夹角，从北极看逆时针为正。

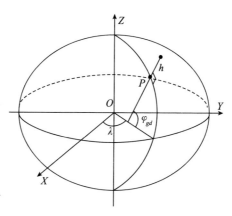

图 4-4　大地坐标系和大地直角坐标系

由大地坐标转换为大地直角坐标时的关系为

$$X = (N + h)\cos\varphi_{gd}\cos\lambda$$
$$Y = (N + h)\cos\varphi_{gd}\sin\lambda \qquad (4-1)$$
$$Z = [N(1 - e^2) + h]\sin\varphi_{gd}$$

式中，e 为地球偏心率，N 为 P 点的卯西圈曲率半径

$$N = \frac{a_E}{\sqrt{1 - e^2 \sin^2\varphi_{gd}}} \qquad (4-2)$$

式中，a_E 为地球赤道半径。

20 世纪中后期，我国先后采用地心大地坐标系 DX-1 和 DX-2。21 世纪初，我国正式发布了 2000 中国大地坐标系（China Geodetic Coordinate System 2000，CGCS2000），它符合 ITRF 标准，与 WGS-84 的定向一致。表 4-2 中给出了几种常用的地心坐标系的地球椭球参数（张守信，1992）。

表 4 - 2 几种常用的地球椭球参数

地心坐标系	缩写	a_E/m	f	GM /(×10^9 m³/s²)	ω_E /(×10^{-11} rad/s)
中国地心坐标系	DX-1, DX-2	6 378 140	1/298.257	398 600.5	7 292 115
中国人地坐标系	CGCS2000	6 378 137	1/298.257	398 600.44	7 292 115
世界大地坐标系	WGS-84	6 378 137	1/298.257	398 600.5	7 292 115
苏联大地坐标系	SGS-85	6 378 136	1/298.257	398 600.44	7 292 113

4.2.3.3 地平坐标系

地平坐标系（ENZ）如图 4 - 5 所示。地面点 Oc 为原点，$OcXc$ 轴在水平面内指向正东 E，$OcYc$ 轴在水平面内指向正北 N，$OcZc$ 轴沿铅垂方向构成右手系。

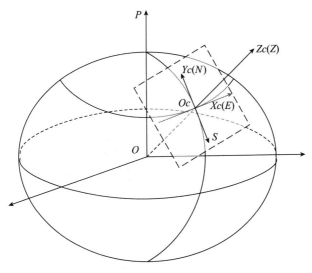

图 4 - 5 地平坐标系

除了上述定义以外，地平坐标系也可以定义为 SEZ，S 轴指向南，E 轴指向东，Z 轴与当地水平面垂直指向天。另外，在航天动力学仿真中，还经常使用当地水平坐标系（Local Horizontal Coordinate System，LH），定义为 Z 轴垂直地球表面指向地心，X 轴与 Z 轴垂直指向北，Y 轴与其他两轴成右手坐标系。

4.2.3.4　FK5 规约

FK5 理论主要用于协议地球坐标系 CTS 与 J2000 地心惯性系之间的转换。CTS 中的协议地极，为 5 年内自转轴瞬时位置的平均值，在日、月和其他天体引力的作用下，地球自转轴的方向改变如图 4 - 6 所示。

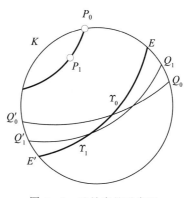

图 4 - 6　日月岁差示意图

图中 $Q_0 Q_0'$ 和 $Q_1 Q_1'$ 为某一瞬时平赤道（Mean Equator of Date，MOD）位置，与之垂直的北天极称为瞬时平均北天极（瞬时平北天极），EE' 为黄道，与之垂直的天极称为北黄极，则黄赤交角等于平北天极与北黄极的夹角。在任意瞬间，平北天极总是以北黄极 K 为圆心，以黄赤交角 ε 做小圆运动。平北天极从 P_0 运行到 P_1 时，黄道与瞬时平赤道交点即瞬时平春分点 Υ，从 Υ_0 移动到了 Υ_1，在黄道上产生周期大约为 25 800 年的缓慢西移，这一现象称为岁差。由某一时刻的平赤道和平春分点建立的天球坐标系称为历元平赤道坐标系 $OX_{MOD}Y_{MOD}Z_{MOD}$。

在日、月引力作用下，自转轴还会绕瞬时平北天极做周期为 18.6 年的微小摆动，称为章动，如图 4 - 7 所示。由章动和岁差共同作用下的北天极称为瞬时北天极，相应的天球赤道和春分点，称为瞬时真赤道（True Equator of Date，TOD）和瞬时春分点。在某一时刻以瞬时真天极和瞬时真春分点为基准建立的天球坐标系称为历元真赤道坐标系 $OX_{TOD}Y_{TOD}Z_{TOD}$。

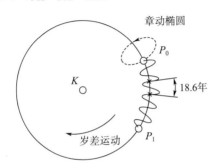

图 4 - 7　岁差和章动引起的天极运动

为了建立协议地球坐标系 CTS 与历元真赤道坐标系之间的联系，定义瞬时地球坐标系或称准地固系（Pesudo - Earth Fixed，PEF）$OX_{PEF}Y_{PEF}Z_{PEF}$，自转轴与历元真赤道坐标系 Z 轴相同，主轴指向起始子午面与瞬时真赤道的交点。自转轴相对于地球的协议轴 CTP 位置改变称为极移，垂直于瞬时真赤道的地球自转轴定义为天球历元极（Celestial Ephemeris Pole，CEP），对应的子午面与赤道的交点为天球历元原点（Celestial Ephemeris Origin，CEO）。

各坐标系的转换关系如图 4 - 8 所示。

4.2.3.5　IAU2000 规约

IAU2000 理论主要用于国际地球参考坐标系 ITRF 与地心天球坐标系 GCRF 之间的转换（Vallado，2007）。FK5 理论中的 CEP 被重新定义为天球过渡极（Celestial Intermediate Pole，CIP），对应的位置 CEO 被重新定义为天球过渡原点（Celestial Intermediate Origin，CIO）。

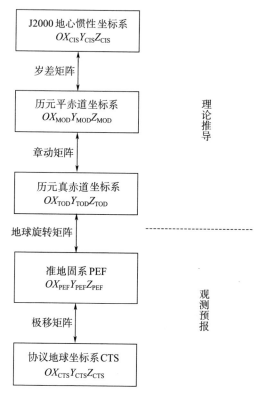

图 4 - 8　FK5 坐标系统转换

ITRF 进行极移转换得到准地固系 PEF，还需要 CIP 旋转一个地球旋转角才能转到历元过渡参考坐标系 （Intermediate Reference Frame of Epoch，IRE），还需要绕 CIP 旋转一个地球旋转角才能转到 PEF。地球旋转角 （Earth Rotation Angle，ERA） 定义为 CIO 与地球历元原点 （Terrestrial Ephemeris Origin，TEO） 在 CIP 对应的瞬时真赤道面上的点形成的夹角，其中 TEO 为地球上的参考子午线与赤道的交点，如图 4 - 9 所示。最后，同时考虑岁差章动将 PEF 转换为 GCRF，如图 4 - 10 所示。

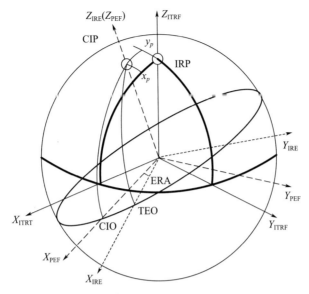

图 4 - 9　ITRF 与 PEF 之间的转换

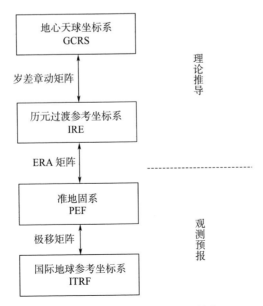

图 4 - 10　IAU2000 坐标系统转换

4.2.4　航天器基准坐标系统

航天器 VVLH 坐标系（Vehicle Velocity，Local Horizontal）如图 4-11 所示，原点为航天器质心，Z 轴指向地球质心，Y 轴为轨道面法线负方向，X 轴与其他两轴构成右手系。

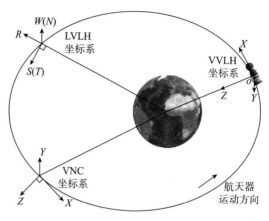

图 4-11　VVLH/RSW/VNC 坐标系

航天器 LVLH 坐标系（Local Vertical，Local Horizontal）如图 4-11 所示，也称为 RSW 或 RTN 坐标系（Radial，Transverse/Along-track，Normal/Cross-track）。原点为航天器质心，R 轴沿地心到航天器质心方向，称为径向（Radial），W 轴沿轨道面法线方向，称为法向（Normal）或横向（Cross-track），S 轴为沿当地水平指向速度方向，但并不一定平行于速度方向，称为迹向（Transverse 或 Along-track）。

航天器速度坐标系 VNC（Velocity-Normal-Conormal），原点为航天器质心，X 轴为航天器速度方向（In-track/Tangential），Y 轴为轨道面法线法向，Z 轴与另外两轴构成右手系，如图 4-11 所示。对于火箭等大气层内飞行器，速度坐标系通常采用另一种定义，原点为飞行器质心，X 轴为飞行器相对大气的速度方向，Y 在飞行器对称面，取向上为正。

将本节中常用的坐标系汇总至表 4 - 3。

表 4 - 3　几类常用的坐标系定义

序号	名称	符号	原点	坐标轴或坐标
1	月心坐标系	HCS	月心	主轴为春分点方向, 基圈位于黄道平面
2	J2000 月心惯性坐标系	J2000LCI	月心	主轴与 FK5 中 J2000 地心惯性坐标系平行
3	月心赤道惯性坐标系	LCI	月心	Z 轴根据 IAU 报告给定的 J2000 历元的月球北极值计算得到, X 轴沿 Z 轴垂面与 J2000 XY 平面的交线
4	月固坐标系	LCF	月心	X 轴在月球赤道平面内, 通过月面上的中央湾, Z 轴垂直于月球赤道平面, 指向月球自转轴方向, Y 轴与其他两轴构成右手坐标系
5	地心惯性坐标系	ECI	地心	FK5 中坐标系历元为 2000 年 1 月 1.5 日的质心动力学时(TDB), 坐标原点在地球质心, 基本平面为 J2000.0 平赤道, X 指向 J2000.0 平春分点, Z 轴沿基本平面的法线方向, Y 轴与 X、Z 构成右手坐标系。IAU2000 理论中将地心天球坐标系 GCRF 作为标准地心惯性系
6	历元平赤道坐标系	MOD	地心	某一时刻的 Z 轴指向瞬时平天极和 X 轴指向瞬时平春分点建立的坐标系
7	历元真赤道坐标系	TOD	地心	某一时刻的 Z 轴指向瞬时真天极和 X 轴指向瞬时真春分点建立的坐标系
8	准地固坐标系	PEF	地心	Z 轴与瞬时真天球坐标系相同, 主轴指向起始子午面(BIH 零子午面)与瞬时真赤道的交点
9	地固坐标系	ECF	地心	Z 轴指向协议地极, X 轴在赤道平面内指向格林尼治子午线(BIH 零子午面)。可用大地坐标(h,φ,λ)表示, 可用大地直角坐标表示, 也可用赤经、赤纬表示
10	地平坐标系	ENZ	地面上某点	X 轴在水平面内正指向正东, Y 轴在水平面内正指向正北, Z 轴沿铅垂方向构成右手系
11	当地水平坐标系	LH	地面上某点	Z 轴垂直地球表面指向地心, X 轴与 Z 轴垂直指向北, Y 轴与其他两轴构成右手坐标系

续表

序号	名称	符号	原点	坐标轴或坐标
12	发射坐标系	LC	地面发射点	X 轴在发射点水平面内,指向发射瞄准方向,Y 轴垂直于发射点水平面指向上方,Z 轴与其他两轴构成右手坐标系
13	发射惯性系	LCI	地面发射点	飞行器起飞瞬间,坐标原点与发射点重合,各坐标轴与发射坐标系各轴也相应重合。飞行器起飞后,坐标系原点及各轴方向在地心惯性系保持不动
14	航天器VVLH坐标系	VVLH	航天器质心	Z 轴指向地球质心,Y 轴为轨道面负法线方向,X 轴与其他两轴构成右手系
15	航天器LVLH坐标系	LVLH	航天器质心	X 轴为地心到航天器质心方向,Z 轴沿轨道面法线方向,Y 轴为沿速度方向的当地水平方向
16	航天器速度坐标系	VNC	航天器质心	X 轴为航天器速度方向,Y 轴为轨道面法线方向,Z 轴与另外两轴构成右手系
17	航天器体坐标系	BF	航天器质心	对于火箭、导弹等航天器,通常定义为:X 轴为航天器体对称轴,指向航天器的头部,Y 轴垂直 X 轴在航天器主对称面内,该平面在发射瞬时与发射系 OXY 平面重合,Z 轴垂直于主对称面,顺着发射方向看去,Z 轴指向右方 对于卫星等航天器,通常定义为:X 轴为航天器体对称轴,指向航天器的头部,Z 轴垂直 X 轴指向天底,Y 轴与其他两轴构成右手坐标系

4.3　空间环境模型

空间环境对航天器轨道和姿态影响很大,图 4-12 所示为大气、太阳光压等摄动对不同高度航天器轨道和姿态的影响。本节对各种空间环境模型进行阐述。

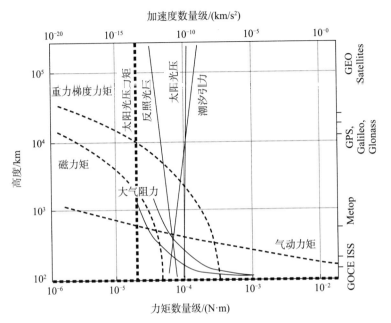

图 4 - 12　空间环境对轨道和姿态的影响

4.3.1　空间引力场

在轨道确定及轨道分析中，引力是最基本、最重要的考虑因素，它等于质点 P 在空间引力场中所具有的势函数负梯度 $-\mathrm{grad}V$ 或引力位梯度 $\mathrm{grad}U$，只与质点 P 的地心距 r 和地心纬度 φ 有关，位于包含 r 的子午面内，如图 4 - 13 所示（贾沛然，2009）。定义由 O_{E} 指向 P 的单位矢量为 r^0，垂直于 r^0 指向地心纬度增大方向的单位矢量为 φ^0，地球自转轴方向单位矢量为 ω_{E}^0。即可以将引力沿着 r^0 及 φ^0 方向投影，也可以将其沿 r^0 及 ω_{E}^0 方向投影。

（1）引力位及引力加速度

用归一化球谐系数，引力位函数可表示为

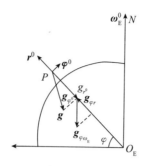

图 4-13　g 在 r^0 及 φ^0 方向上的投影

$$U = -V = \frac{GM}{r}\left[1 + \sum_{n=2}^{N}\left(\frac{a_E}{r}\right)^n \bar{C}_n \bar{P}_n(\sin\varphi) + \right.$$

$$\left. \sum_{n=2}^{N}\sum_{m=1}^{n}\left(\frac{a_E}{r}\right)^n(\bar{C}_{nm}\cos m\lambda + \bar{S}_{nm}\sin m\lambda)\bar{P}_n^m(\sin\varphi)\right] \quad (4-3)$$

式中，G 为万有引力常数，M 为地球质量，GM 也常表示为地球引力常数 μ，a_E 为地球平均赤道半径，r 为计算点至地心的距离，φ 为计算点地心纬度，λ 为计算点经度，$\bar{P}_n(\sin\varphi)$ 为归一化的勒让德函数，$\bar{P}_n^m(\sin\varphi)$ 为归一化的缔合勒让德函数，N 为球谐函数的最高阶，$\bar{C}_n$、$\bar{C}_{nm}$、$\bar{S}_{nm}$ 为归一化球谐系数。引力常数、平均赤道半径、球谐系数的组合称为引力场模型。位函数可分为三部分，其中第一项为中心引力场，第二项只与纬度有关，称为带谐项，第三项与经度、纬度有关，称为田谐项，其中当 $m = n$ 时，称为扇谐项。在地固直角坐标系中的引力加速度向量可用下式计算

$$\begin{bmatrix}\dfrac{\partial V}{\partial x}\\[2mm]\dfrac{\partial V}{\partial y}\\[2mm]\dfrac{\partial V}{\partial z}\end{bmatrix}=\begin{bmatrix}\cos\varphi\cos\lambda & -\dfrac{\sin\varphi\cos\lambda}{r} & -\dfrac{\sin\lambda}{x^2+y^2}\\[3mm]\cos\varphi\sin\lambda & -\dfrac{\sin\varphi\sin\lambda}{r} & \dfrac{\cos\lambda}{x^2+y^2}\\[3mm]\sin\varphi & \dfrac{\cos\varphi}{r} & 0\end{bmatrix}\begin{bmatrix}\dfrac{\partial V}{\partial r}\\[2mm]\dfrac{\partial V}{\partial\varphi}\\[2mm]\dfrac{\partial V}{\partial\lambda}\end{bmatrix} \quad (4-4)$$

式中，引力位函数对球坐标的偏导数为

$$
\begin{cases}
\dfrac{\partial U}{\partial r} = -\dfrac{GM}{r^2}\sum_{n=2}^{N}(n+1)\left(\dfrac{a_E}{r}\right)^n \\
\qquad\qquad \sum_{m=0}^{n}(\bar{C}_{nm}\cos m\lambda + \bar{S}_{nm}\sin m\lambda)\bar{P}_n^m(\sin\varphi) \\
\dfrac{\partial U}{\partial \varphi} = \dfrac{GM}{r}\sum_{n=0}^{N}\left(\dfrac{a_E}{r}\right)^n\sum_{m=0}^{n}\left[\bar{P}_n^{m+1}(\sin\varphi) - m\tan\varphi P_n^m(\sin\varphi)\right] \\
\qquad\qquad (\bar{C}_{nm}\cos m\lambda + \bar{S}_{nm}\sin m\lambda) \\
\dfrac{\partial U}{\partial \lambda} = \dfrac{GM}{r}\sum_{n=0}^{N}\left(\dfrac{a_E}{r}\right)^n\sum_{m=0}^{n}m\bar{P}_n^m(\sin\varphi)\right] \\
\qquad\qquad (\bar{S}_{nm}\cos m\lambda - \bar{C}_{nm}\sin m\lambda)
\end{cases}
\tag{4-5}
$$

其中，$\bar{P}_n^m(\sin\varphi)$ 可用递推公式计算。

地球引力场是随时间和空间变化的量，目前的处理方法是首先将地球当作不变形的固体，根据观测资料求解其引力场模型，得到所谓固体地球引力场模型参数 GM、a_E、$\bar{C}_{nm}$、$\bar{S}_{nm}$，然后考虑潮汐引起的引力场的变化，对 $\bar{C}_{nm}$、$\bar{S}_{nm}$ 加以修正，得到 $\Delta\bar{C}_{nm}$、$\Delta\bar{S}_{nm}$。

（2）仅考虑地球扁率时的引力加速度

引力加速度在 $\boldsymbol{r}^0$ 和 $\boldsymbol{\varphi}^0$ 方向的分量为

$$
\begin{cases}
g_r = \dfrac{\partial U}{\partial r} = -\dfrac{GM}{r^2}\left[1 + \dfrac{3}{2}J_2\left(\dfrac{a_E}{r}\right)^2(1-3\sin^2\varphi)\right] \\
g_\varphi = \dfrac{1}{r}\dfrac{\partial U}{\partial \varphi} = -\dfrac{GM}{r^2}\dfrac{3}{2}J_2\left(\dfrac{a_E}{r}\right)^2\sin 2\varphi
\end{cases}
\tag{4-6}
$$

引力加速度在 $\boldsymbol{r}^0$ 和 $\boldsymbol{\omega}_E^0$ 方向的分量为

$$
\begin{cases}
g_r' = g_r + g_{\varphi r} = -\dfrac{GM}{r^2}\left[1 + \dfrac{3}{2}J_2\left(\dfrac{a_E}{r}\right)^2(1-5\sin^2\varphi)\right] \\
g_{\omega_E} = g_{\varphi\omega_E} = -3\dfrac{GM}{r^2}J_2\left(\dfrac{a_E}{r}\right)^2\sin\varphi
\end{cases}
\tag{4-7}
$$

其中，r 为考查点到地心的距离；φ 为地心纬度。

（3）常用的引力场模型

通过几十年的发展，目前已经有许多不同的引力场模型，如图4-14所示。但是引力系数很难确定，而且必须通过多种数据源和多种类型的卫星轨道数据来确定，如表4-4所示，这就使得引力模型的确定更加困难。

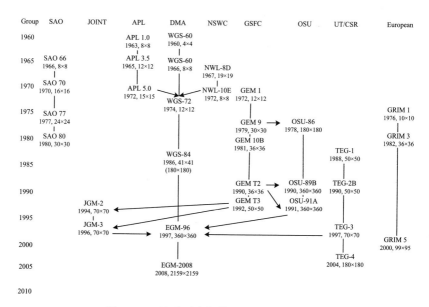

图4-14　地球引力场模型（Vallado，2007）

注：史密松天体物理台（Smithsonian Astrophysical Observatory，SAO）、应用物理实验室（Applied Physics Laboratory，APL）、国防测绘局（Defense Mapping Agency，DMA）、海军水面作战中心（Naval Surface Warfare Center，NSWC）、戈达德航天飞行中心（Goddard Space Flight Center，GSFC）、俄亥俄州立大学（Ohio State University，OSU）、德克萨斯大学太空研究中心（University of Texas Center for Space Research，UT/CSR）。WGS（World Geodetic Survey）、JGM（Joint Gravity Model）、EGM（Earth Gravity Model）、GEM（Goddard Earth Model）、TEG（Texas Earth Gravitational model）、GRIM（GRGS and German geodetic research Institute Munich）。

表 4 - 4　常用引力场模型的数据源

模型	数据类型	近拱点高度/km	轨道倾角/(°)	表面重力	高度计	卫星数量
JGM - 3	O,L,D,RR,S2 SLR,DORIS	600~2 000 5 900,35 000	1~144	1×1°MGA	Seasat Geosat GEOS - 3 SPOT - 2	30
WGS - 84	L,D,GPS	800~1 100 5 700,20 500	50~90	1×1°MGA	Seasat GEOS - 3	10
EGM - 96	All Type	600~2 000 5 900,35 000	1~144	1×1°MGA 30×30′MGA	ERS - 1 Geosat TOPEX	30+
GEM T3	O,L,D,RR,S2	600~2 000 5 900,35 000	1~144	1×1°MGA	Seasat Geosat GEOS - 3	30
OSU 91A	O,L,D,RR,S2	600~2 000	1~144	1×1°MGA	TOPEX	30
TEG - 3	L,D,RR	780~1 600 5 900,19 200	15~108	1×1°MGA	Seasat Geosat GEOS - 3	30
GRIM 5	O,L,D	19 200	15~115	1×1°MGA	SPOT - 2	32

注:该表列出了引力场模型主要的数据源(Vallado,2007),包括光学(Optical,O)、激光(Laser,L)、多普勒(Doppler,D)、距离变化率(Range Rate,RR)、卫星激光测距(Satellite Laser Ranging,SLR)、卫星对卫星跟踪(S2)、全球定位导航系统 GPS 和多普勒卫星刷轨与无线电定位组合(Doppler Orbitography and Radio positioning Integrated by Satellite, DORIS)。

为满足高精度仿真和精密定轨的需要,可采用地球引力场模型 JGM - 3(70×70),它来自于 GSFC、OSU、UT 和欧洲,完整的 70 阶、70 次归一化球谐系数可从文献或网上获取。EGM - 96 是由得克萨斯大学、国防测绘局、俄亥俄州立大学、戈达德航天飞行中心联合发展的一个引力场模型,采用了 30 个卫星和不同地面引力的测量数据,共包含 360×360 阶。

根据飞行器的不同,仿真时选择的引力场阶数和次数相应不同:

1) 对于深空探测航天器来说,通常需要 4×4 阶引力场模型;

2) 对于低轨航天器来说,通常需要 50×50 阶引力场模型;

3) 对于弹道导弹或运载火箭来说,由于其飞行时间较短,因此

经常采用考虑 J_2 摄动的引力场模型，若要求弹道计算精度较高，则需要考虑引力位异常的影响。

4.3.2　大气模型

航天器与弹箭所采用的气动计算模型有所不同，航天器所受的大气阻力加速度可以表示为

$$\boldsymbol{a}_{\mathrm{drag}} = -\frac{1}{2}C_{\mathrm{D}}A\,\frac{1}{m}\rho v_{\mathrm{rel}}^2\,\frac{\boldsymbol{v}_{\mathrm{rel}}}{|\,\boldsymbol{v}_{\mathrm{rel}}\,|} \tag{4-8}$$

其中，C_{D} 是阻力系数，是一个无量纲系数。对于球形航天器来说，通常取为 2.1～2.2，对于沿轴线方向运动的圆柱形航天器，通常取为 2.1～2.2，对于方盒形航天器，通常取为 2.2，对于锥形航天器，通常取为 2.1。ρ 为大气密度，是一个非常难以精确确定的量。另一个难以估计的量是阻力面积 A，定义为垂直速度方向的截面面积。对于高精度计算而言，必须根据航天器的姿态来确定阻力面积。对于一个翻转着再入的航天器而言，例如 1979 年再入大气层的 Skylab，不可能精确得到航天器的姿态，因此阻力面积 A 必然不准。m 为航天器质量，在某些情况下，经常认为质量是常值。通常将 $m/(C_{\mathrm{D}}A)$ 称为弹道系数（Ballistic Coefficient，BC）。BC 越小，则大气对航天器的影响越大。上式中的速度指的是航天器相对大气的速度。由于地球的自转，地球大气也随之转动，风可以看作大气平均运动的扰动。

大气密度需要采用大气模型进行计算，具有代表性的大气模型发展如图 4-15 所示。

（1）指数模型（0～1 000 km）

指数模型（Exponential Model）是一种最简单的静态大气模型，其假定大气密度随高度呈指数变化，大气密度为

$$\rho = \rho_0 \mathrm{e}^{-\frac{h-h_0}{H}}$$

其中，参考高度 h_0 处的大气参考密度为 ρ_0，h 为航天器的实际大地高度，H 为密度标高。

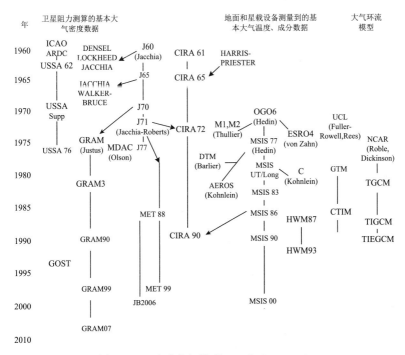

图 4-15　地球大气模型 （Vallado，2007）

注：国际民航组织 （International Civil Aviation Organization，ICAO）、阿伯丁研究与发展中心 （Aberdeen Research and Development Center，ARDC）、空间研究委员会 （The Committee on Space Research，COSPAR）、欧洲空间研究组织 （European Space Research Organization，ESRO）、伦敦学院大学 （University College London，UCL）、美国大气研究中心 （National Center for Atmospheric Research，NCAR）。模型缩写含义：USSA （United States Standard Atmosphere）、GOST （Gosudarstvennyy standart，Russian National Standard）、GRAM （Global Reference Atmosphere Model）、MET （Marshall Engineering Thermosphere）、CIRA （COSPAR International Reference Atmosphere）、OGO （Orbit Geophysical Observatory）、DTM （Drag Temperature Model）、MSIS （Mass Spectrometer and Incoherent Scatter radar）、HWM （Horizontal Wind Model）、GTM （Global Thermosphere Model）、CTIM （Coupled Thermosphere - Ionosphere Model）、TGCM/TIGCM/TIEGCM （Thermosphere/Thermosphere - Ionosphere/Thermosphere - Ionosphere - Electrodynamics General Circulation Model）。

（2）美国标准大气（0～1 000 km）

美国标准大气先后发展了 1962 年版本，1966 年增补大气版本和 1976 年版本。美国标准大气 1976 是一种使用方便、得到国际上承认、被广泛使用的标准大气模式，它代表了北半球中纬度（45°N）、中等太阳活动下的平均状态。

（3）国际参考大气 CIRA（25～2 500 km）

CIRA 是由国际科学联盟理事会的空间研究委员会确定的一种大气模型。该系列参考大气是国际性和权威性最强的参考大气，是美、欧、亚、澳及苏联等世界各国科学家共同努力的结果。该系列大气模型包括 CIRA - 65、CIRA - 72 和 CIRA - 90 模型。CIRA 系列模型是一个半理论模型，其数据主要来自于卫星阻力和地基的测量。

（4）Harris - Priester（120～2 000 km）

Harris - Priester 根据太阳 10.7 cm 辐射通量 F10.7，用不同表格值提供了各个高度上大气密度周日变化的最大值和最小值，它对半年和季节性变化取了平均值。该模型在保证计算效率的前提下提供了相对高的精度，因此在轨道计算中经常采用。Harris - Priester 模型是 CIRA - 65 模型的一部分，但是它也经常被单独使用。

（5）Jacchia - Roberts（70～2 500 km）

Jacchia 模型（J70，J71，J77）是航天器动力学中经常采用的模型。Jacchia - Roberts 包含分析表达式利用位置、时间、太阳活动和地磁活动来确定外逸层的温度，然后利用温度来计算密度。Jacchia 模型比 CIRA - 65 模型具有优势的地方是适用于所有纬度。

（6）MSIS（0～2 000 km）

该系列模式由美国海军研究实验室（US Naval Research Laboratory，NRL）提出，是利用多颗卫星质谱计和 5 个非相干散射雷达探测资料编制的半经验大气模式，经常也表示为 NRLMSIS。模式前几个版本重点是高层大气，它的 MSIS - 86 被 COSPAR 等同采用为 CIRA - 86 的热层经验大气模式。最新版本是 MSISE - 00。

4.3.3　空间磁场

空间磁场对航天器的主要影响是作用在航天器上的磁干扰力矩，它会改变航天器的姿态，这里简要介绍 IGRF 磁场模型，更多内容详见参考文献（王鹏，2012）。

自 1965 年卡安（J. Cain）等进行了全球地磁资料的高斯分析并得出全球地磁场模型（IGRF）以来，国际地磁学与高空大气物理学协会（IAGA）每 5 年给出一组高斯系数表示的基本磁场。该模式是全球地磁场经验模型，实际计算中采用插值方式获得 IGRF 模型的高斯系数。

4.3.4　星历模型

4.3.4.1　JPL 星历

JPL 星历最早是由麻省理工学院（MIT）的一个科研小组提出的，目的是为太阳系观测数据的科学分析提供支持。到 20 世纪 70 年代初，来自 JPL 和 MIT 的星历已经成为世界标准，被广泛应用于太空导航、行星探索、天文观测等领域，同时它也成为了各主要历书部门出版星历的基础。根据功能及使用时间范围，目前 JPL 提供了 DE200、DE403、DE405、DE406、DE410 等多种星历文件，其中国际地球自转服务（IERS）推荐的行星/月球历表为 DE405。

JPL 的太阳系动力学网站（http：//ssd. jpl. nasa. gov）上提供了星历文件及相关计算程序，其中星历文件包括 ASCII 和 UNIX 两种格式，计算程序主要是基于 Fortran 语言开发，本书以 DE405（ASCII 格式）为例，给出具体的使用方法。

（1）星历文件格式

JPL 提供的 ASCII 格式的星历文件名为 ascSYYYY. XXX，代表了星历 DEXXX，其中每个文件覆盖 20 年，开始年份为 SYYYY（p/m 分别代表＋/－）。对于 ASCII 版本的星历文件，星历数据的主要部分被分割成 20 年跨度的子文件块，每个子文件块包含若干个 32

天（DE200、DE403、DE405 和 DE410）或 64 天（DE406）的星历数据。每个星历数据的前两个数据分别记录了该星历的标题信息和星历常量数值信息，其余的数据为每个天体的切比雪夫位置系数。行星的切比雪夫系数代表了行星系统中心的太阳系质心位置。

第一个数据依次记录如下信息：

1）星历表头信息：星历名称，包含在 ASCII 头文件的 1010 组；

2）星历跨度信息：以儒略日表示的星历开始和结束历元，星历记录的时间跨度，包含在 ASCII 头文件的 1030 组；

3）星历常量名称，包含在 ASCII 头文件的 1040 组；

4）星历常量的个数，包含在 ASCII 头文件的 1040 和 1041 组；

5）天文单位所对应的距离，包含在 ASCII 头文件的 1041 组；

6）地月质量比率，包含在 ASCII 头文件的 1041 组；

7）插值星历号，包含在 ASCII 头文件的 1041 组；

8）从星历数据记录中提取各项目插值系数的标志指示器，具体含义下面给出详细解释，包含在 ASCII 头文件的 1050 组；

9）月球天平动的标志指示器，包含在 ASCII 头文件的 1050 组。

星历数据记录通过包含在二进制星历文件第一个记录（或包含在 ASCII 文件的 1050 组）中的标志指示器来区分。标志指示器由 3 组每组 13 个整数组成，在二进制星历文件中，3 组整数中的前 12 个数据存储在一起，每组的第 13 个数据单独存储在第一个记录的最后。这 13 个三维整数提供了 13 个插值项目所对应的切比雪夫多项式系数在星历数据记录中的位置、个数和时间分块。例如，对于DE405 标志指示器的结构如表 4 - 5 所示。

表 4 - 5　标志指示器的具体含义

插值项目	1	2	3	4	5	6	7	8	9	10	11	12	13
开始位置	3	171	231	309	342	366	387	405	423	441	753	819	899
位置系数	14	10	13	11	8	7	6	6	6	13	11	10	10
时间分块	4	2	2	1	1	1	1	1	1	8	2	4	4

在以上数据中，按列划分相应的 13 个插值项目依次为水星、金星、地月系质心、火星、木星、土星、天王星、海王星、冥王星、月球（地心位置）、太阳、章动和月球天平动。第一列第一个数"3"表示水星的切比雪夫系数从第 3 个数据开始；第二个数"14"表示水星的位置分量 x、y、z 分别含有 14 个系数；第三个数"4"表示数据被分为 4 小块，每一小块的时间跨度为 $32/4＝8$ 天，所以关于水星的系数个数为 $3×14×4＝168$。其他列的数据可以以此类推。由于水星和月球的运动周期较短，为了提高精度，水星和月球的切比雪夫系数分为多块：水星的分为 4 块，月球的分为 8 块。

对于前 11 个项目（太阳、月亮和九大行星），每个项目包含 3 个笛卡儿直角坐标分量 x、y、z；对于第 12 个项目章动，仅包含两个分量：黄经章动和交角章动；第 13 个项目同样有三个分量，分别是月球天平动的三个欧拉角。行星（太阳和月球）的速度分量可通过位置插值多项式系数按第二类切比雪夫多项式插值获得。

星历文件中，行星的位置单位为 km（速度单位为 km/s），章动和天平动单位为弧度。

（2）星历求解方法

当给定星历文件时，在任意时刻 t，每个天体的位置、速度以及章动和月球天平动等参数，都可以通过切比雪夫插值多项式给出。下面以 x 坐标分量为例，在 t 时刻它的位置为

$$R_x(t) = \sum_{k=0}^{n} a_k T_k(t) \qquad (4-9)$$

其中，$T_k(t)$ 是第一类切比雪夫多项式，a_k 是存在星历文件中的系数，方程中的时间 t 是一个标准化的时刻，即 $-1 < t < 1$，它的值可以通过下式根据儒略日计算得到

$$t = \frac{T - T_0}{\Delta T} - 1 \qquad (4-10)$$

其中，T 为当前的儒略日数，T_0 为存在系数节点开始处的儒略日数，ΔT 为系数记录的时间跨度。

第一类切比雪夫多项式由下式定义

$$T_k(t) = \cos(k \arccos t) \qquad (4-11)$$

根据以下三角递归表达式，式（4-11）可以看作是 $t \equiv \arccos t$ 的一个 n 次多项式。

$$\cos nt = 2\cos(n-1)t \cos t - \cos(n-2)t \qquad (4-12)$$

它的前四阶可表示为

$$\begin{cases} T_0(t) = 1 \\ T_1(t) = t \\ T_2(t) = 2t^2 - 1 \\ T_3(t) = 4t^3 - 3t \end{cases}$$

高阶次的切比雪夫多项式可通过下面的一般递归表达式求得

$$T_{k+1}(t) = 2t T_k(t) - T_{k-1}(t) \qquad (4-13)$$

利用递推公式（4-13）就可以计算得到方程（4-9）中切比雪夫多项式，其他位置分量和星历角的计算与以上算法相同。

另外，对于速度的插值可通过对方程（4-9）求微分获得，即

$$V_x(t) \equiv \dot{R}_x(t) = \sum_{k=0}^{n} a_k \dot{T}_k(t) \qquad (4-14)$$

切比雪夫多项式的微分可由下式给出

$$\dot{T}_k(t) = k U_{k-1}(t) \qquad (4-15)$$

其中，$U_{k-1}(t)$ 称作第二类切比雪夫多项式，可通过下式定义

$$U_k(t) = \frac{\sin[(k+1)\arccos t]}{\sin(\arccos t)} \qquad (4-16)$$

与第一类切比雪夫多项式类似，它是 t 的多项式，其前四阶表达式为

$$\begin{cases} U_0(t) = 1 \\ U_1(t) = 2t \\ U_2(t) = 4t^2 - 1 \\ U_3(t) = 8t^3 - 4t \end{cases}$$

一般情况下，它由以下递归表达式计算

$$U_{k+1}(t) = 2t U_k(t) - U_{k-1}(t) \qquad (4-17)$$

注意在方程（4-15）中有一个因子 k，因此用在插值多项式中的递归表达式为

$$kU_{k-1}(t) = 2t(k-1)U_{k-2}(t) + 2T_{k-1}(t) - (n-2)U_{k-3}(t) \tag{4-18}$$

4.3.4.2 解析计算法

（1）太阳的轨道根数

包含长期变化的太阳平均轨道根数分别记为 a_S、e_S、ε_S、$\tilde{L}_S$、$\tilde{\Gamma}_S$，表示太阳轨道长半轴、偏心率、黄赤交角、对应当天平春分点的几何平黄经、对应当天平春分点的近地点平黄经。有

$$a_S = 1.000\,001\,02\,(\text{天文单位 AU})$$

$$e_S = 0.16\,708\,62 - 0.000\,042\,04t - 0.000\,001\,24t^2$$

$$\varepsilon_S = 23°26'21''.448 - 46''.815\,0t - 0''.000\,59t^2$$

$$\tilde{L}_S = 280°27'59''.21 + 129\,602\,771''.36t + 1''.093t^2$$

$$\tilde{\Gamma}_S = 282°56'14''.45 + 6\,190''.32t + 1''.655t^2$$

设 $\tilde{M}_S$ 为太阳的平近点角，有

$$\tilde{M}_S = \tilde{L}_S - \tilde{\Gamma}_S = 357°31'44''.76 + 129\,596\,581''.04t - 0''.562t^2 \tag{4-19}$$

式中，t 为自 J2000.0 起算的儒略世纪数。如果需要求解 $\tilde{L}_S$、$\tilde{\Gamma}_S$ 对标准历元平春分点的值，只需进行岁差改正。则太阳在瞬时地心平赤道坐标系下的位置矢量为

$$\boldsymbol{R}_S = \boldsymbol{R}_1(\varepsilon_S)\begin{bmatrix} R_S\cos\tilde{\theta}_S & R_S\sin\tilde{\theta}_S & 0 \end{bmatrix}^T \tag{4-20}$$

式中，R_S 为太阳的地心距，$\boldsymbol{R}_1$ 为绕 X 轴旋转的转换矩阵，$\tilde{\theta}_S$ 为太阳相对于当日平春分点的真近点角。因太阳轨道的偏心率较小，则在近似计算中有

$$R_S = a_S\left[1 + \frac{1}{2}e_S^2 - e_S\cos\tilde{M}_S - \frac{1}{2}e_S^2\cos2\tilde{M}_S\right]$$

$$\tilde{\theta}_S = \tilde{L}_S + 2e_S\sin\tilde{M}_S + \frac{5}{4}e_S^2\sin2\tilde{M}_S \tag{4-21}$$

（2）月球的轨道根数

包含长期变化的月球平均轨道根数分别记为 a_L、e_L、$\tilde{i}_L$、$\tilde{L}_L$、$\tilde{\Gamma}_L$、$\tilde{\Omega}_L$，表示月球轨道的长半轴、偏心率、黄白交角、对应当天平春分点的几何平黄经、近地点平黄经和升交点平黄经。有

$$a_L = 384\ 747.98\ \text{km}$$

$$e_L = 0.054\ 879\ 905$$

$$\sin\frac{\tilde{i}_L}{2} = 0.044\ 751\ 305$$

$$\tilde{L}_L = 218°18'59''.96 + 481\ 267°52'5''.833t - 4''.787t^2$$

$$\tilde{\Gamma}_L = 83°21'11''.67 + 4\ 069°00'49''.36t - 37''.165t^2$$

$$\tilde{\Omega}_L = 125°02'40''.40 - 1\ 934°08'10''.266t + 7''.476t^2$$

这组数据对应于地心黄道坐标系。

设 $\tilde{M}_L$ 为月球的平近点角，有 $\tilde{M}_L = \tilde{L}_L - \tilde{\Gamma}_L$；设 F 为月球的升交距角，有 $F = \tilde{L}_L - \tilde{\Omega}_L = 93°16'19''.56 + 483\ 202°00'16''.099t - 12''.263t^2$；另外，设 D 为月球与太阳的平距角，也称月相角，有

$$D = \tilde{L}_L - \tilde{L}_L = 297°51'00''.74 + 445\ 267°05'54''.473t - 5''.88t^2$$

其中，t 为自 J2000.0（即 2000 年 1 月 1.5 日 TT）起算的儒略世纪数。如果需要求解 $\tilde{L}_L$、$\tilde{\Gamma}_L$ 和 $\tilde{\Omega}_L$ 对标准历元平春分点的值，只需要进行岁差改正。则月球在瞬时地心平赤道坐标系下的位置矢量 $\boldsymbol{R}_L$ 为

$$\boldsymbol{R}_L = \boldsymbol{R}_1(-\varepsilon_S)(R_{EL}\cos u\boldsymbol{P}^* + R_{EL}\sin u\boldsymbol{Q}^*) \tag{4-22}$$

在瞬时地心平赤道坐标系下的速度矢量 $\dot{\boldsymbol{R}}_L$ 为

$$\dot{\boldsymbol{R}}_L = \sqrt{\frac{\mu_L}{a_L(1-e_L^2)}}\boldsymbol{R}_1(\varepsilon_S)[(-\sin u + \eta)\boldsymbol{P}^* + (\cos u + \xi)\boldsymbol{Q}^*]$$

$$\tag{4-23}$$

式中

$$\boldsymbol{P}^* = \begin{bmatrix} \cos\tilde{\Omega}_L' \\ \sin\tilde{\Omega}_L' \\ 0 \end{bmatrix}, \boldsymbol{Q}^* = \begin{bmatrix} -\sin\tilde{\Omega}_L'\cos\tilde{i}_L' \\ \cos\tilde{\Omega}_L'\cos\tilde{i}_L' \\ \sin\tilde{i}_L' \end{bmatrix}$$

$$u = \widetilde{L}'_{L} - \widetilde{\Omega}'_{L}, \xi = e_{L}\cos(\widetilde{\Gamma}_{L} - \widetilde{\Omega}'_{L}), \eta = -e_{L}\sin(\widetilde{\Gamma}_{L} - \widetilde{\Omega}_{L})$$

$$\widetilde{L}'_{L} = \widetilde{L}_{L} + C_1 + \sum_{j} K_j \sin\alpha_j$$

$$R_{EL} = \frac{60.268\ 207\ 51a_e}{\left(1 + C_2 + \sum_{j} \Omega_j \cos\alpha_j\right)}$$

$$\widetilde{\Omega}'_{L} = \widetilde{\Omega}_{L} + C_3 + \sum_{j} \Omega_j \sin\alpha_j$$

$$\widetilde{i}'_{L} = \widetilde{i}_{L} + \sum_{j} J_j \cos\alpha_j$$

$$C_1 = 0.109\ 76\sin M' + 0.003\ 73\sin2M' + 0.000\ 17\sin3M'$$

$$C_2 = 0.054\ 50\cos M' + 0.002\ 97\cos2M' + 0.000\ 18\cos3M'$$

$$C_3 = 0.000\ 47\sin M'$$

其中，K_j、Q_j、Ω_j、J_j 的数值和 α_j 的计算见其他相关参考文献（刘林，2006）。

4.4　航天器轨道动力学模型

4.4.1　轨道描述

众所周知，描绘一个物体在三维空间中的运动，需要知道每个时刻物体位置矢量 r 和速度矢量 v，但在描述航天器在空间的运动轨道时，由于 r 和 v 是时刻变化的，因此在使用中存在很多不便之处，这里给出了轨道根数、位置速度以及两行根数的描述方式，关于轨道运动学方面的内容，详见参考文献（郗晓宁，2003）。

4.4.1.1　经典轨道六根数

几百年前，开普勒推导了一种描述轨道的方法，可以用来描绘轨道的大小、形状、方位以及航天器的位置。描绘航天器的运动需要位置和速度六个独立的分量，因此开普勒定义了六个轨道根数（轨道要素），称为经典轨道根数，包括描述航天器轨道大小的半长轴 a，描述航天器轨道形状的偏心率 e，描述航天器轨道平面方位的轨道倾角 i 和升交点赤经 Ω，描述航天器轨道平面内方向的近拱

点角距 ω（近拱点幅角，对于地球轨道，也称近地点角距）和描述航天器在轨道上位置的真近点角 f。真近点角经常也用平近点角 M 或偏近点角 E 代替。

在某些特殊情况下，经典轨道根数必须进行变形。下面分别给出圆轨道、轨道在赤道平面内等特殊情况下的轨道根数定义。

（1）轨道在赤道面内时

此时升交点难以确定，因此引入近心点经度 θ，等于升交点赤经 Ω 和近拱点角距 ω 之和，定义为轨道偏心率矢量和地心赤道坐标系 x 轴的夹角。

（2）轨道为圆轨道内时

真近点角由纬度幅角（升交点角距或升交距角）来替代，纬度幅角 u 定义为升交点矢量与航天器位置矢量 r 之间的夹角，即 $u = f + \omega$。当 $(\boldsymbol{h} \cdot \boldsymbol{K})(\boldsymbol{r} \cdot \boldsymbol{K}) > 0$ 时，$u < \pi$，当 $(\boldsymbol{h} \cdot \boldsymbol{K})(\boldsymbol{r} \cdot \boldsymbol{K}) < 0$ 时，$u > \pi$。

（3）轨道为赤道面内圆轨道时

真近点角为地心坐标系的 x 轴与矢径的夹角，当 $(\boldsymbol{h} \cdot \boldsymbol{K})(\boldsymbol{r} \cdot \boldsymbol{J}) > 0$ 时，$f < \pi$，当 $(\boldsymbol{h} \cdot \boldsymbol{K})(\boldsymbol{r} \cdot \boldsymbol{J}) < 0$ 时，$f > \pi$。

4.4.1.2　位置速度矢量与轨道根数的转换

（1）由位置矢量和速度矢量计算轨道根数

假定已知航天器相对于地心赤道坐标系的位置和速度矢量，在地心赤道坐标系的 $\boldsymbol{I}$、$\boldsymbol{J}$、$\boldsymbol{K}$ 方向确定的情况下，可以求出相应的轨道根数。

动量矩矢量 $\boldsymbol{h} = \boldsymbol{r} \times \boldsymbol{v}$，升交点矢量 $\boldsymbol{n} = \boldsymbol{K} \times \boldsymbol{h}$，偏心率矢量 $\boldsymbol{e}$

$$e = \frac{1}{\mu} \boldsymbol{v} \times \boldsymbol{h} - \frac{\boldsymbol{r}}{r} \qquad (4-24)$$

由此，半长轴可按照式（4-25）计算获得

$$a = \frac{p}{1 - e^2}, p = \frac{h^2}{\mu} \qquad (4-25)$$

轨道倾角 i 满足

$$\cos i = \frac{h_K}{h} \qquad (4-26)$$

轨道倾角总是小于等于 $180°$。

升交点赤经 Ω 满足

$$\cos\Omega = \frac{n_I}{n} \qquad (4-27)$$

当 $n_I > 0$ 时，$\Omega < 180°$。

近拱点角距 ω 满足

$$\cos\omega = \frac{\boldsymbol{n} \cdot \boldsymbol{e}}{ne} \qquad (4-28)$$

当 $\boldsymbol{K} \cdot \boldsymbol{e} = e_K > 0$ 时，$\omega < 180°$（因在交点线的上半轨道面，$\boldsymbol{e}$ 与 $\boldsymbol{K}$ 夹角小于 $90°$，所以 $\omega < 180°$）。

特定时刻的真近点角 f 是 $\boldsymbol{e}$ 与瞬时矢径 $\boldsymbol{r}$ 之间的夹角，故有

$$\cos f = \frac{\boldsymbol{r} \cdot \boldsymbol{e}}{re} \qquad (4-29)$$

当 $\boldsymbol{r} \cdot \boldsymbol{v} > 0$ 时，$f < 180°$（因近拱点至远拱点是上升轨道，$\boldsymbol{r}$、$\boldsymbol{v}$ 夹角小于 $90°$，所以 $f < 180°$）。

特定时刻的升交点角距 u 是 $\boldsymbol{r}$ 与 $\boldsymbol{n}$ 之间的夹角，故有

$$\cos u = \frac{\boldsymbol{r} \cdot \boldsymbol{n}}{rn} \qquad (4-30)$$

当 $r_K > 0$ 时，$u < 180°$（在上半轨道平面内 $\boldsymbol{r}$、$\boldsymbol{K}$ 夹角小于 $90°$，所以 $u < 180°$）。

（2）由轨道根数计算位置矢量和速度矢量

由轨道根数计算位置矢量和速度矢量可以分两步走：第一步在近焦点坐标系中写出 $\boldsymbol{r}$ 和 $\boldsymbol{v}$ 的表达式；第二步，通过坐标转换由近焦点坐标系转换成地心赤道坐标系。

在轨道根数已知的情况下，可立即写出 $\boldsymbol{r}$ 在近焦点坐标系中的表达式为

$$\boldsymbol{r} = r\cos f \boldsymbol{P} + r\sin f \boldsymbol{Q} \qquad (4-31)$$

式中，r 由圆锥曲线的极坐标方程给出，即

$$r = \frac{p}{1 + e\cos f} \qquad (4-32)$$

$\boldsymbol{P}$、$\boldsymbol{Q}$ 在惯性系中的分量表示为

$$
\boldsymbol{P} = \begin{bmatrix} \cos\Omega\cos\omega - \sin\Omega\sin\omega\cos i \\ \sin\Omega\cos\omega + \cos\Omega\sin\omega\cos i \\ \sin\omega\sin i \end{bmatrix}^{\mathrm{T}} \begin{bmatrix} \boldsymbol{i} \\ \boldsymbol{j} \\ \boldsymbol{k} \end{bmatrix}
$$

$$(4-33)$$

$$
\boldsymbol{Q} = \begin{bmatrix} -\cos\Omega\sin\omega - \sin\Omega\cos\omega\cos i \\ -\sin\Omega\sin\omega + \cos\Omega\cos\omega\cos i \\ \cos\omega\sin i \end{bmatrix}^{\mathrm{T}} \begin{bmatrix} \boldsymbol{i} \\ \boldsymbol{j} \\ \boldsymbol{k} \end{bmatrix}
$$

对式（4-31）求导，即可求出速度矢量 $\boldsymbol{v}$。因 $\boldsymbol{P}$、$\boldsymbol{Q}$ 是常矢量，所以

$$
\dot{\boldsymbol{r}} = \boldsymbol{v} = (\dot{r}\cos f - r\dot{f}\sin f)\boldsymbol{P} + (\dot{r}\sin f + r\dot{f}\cos f)\boldsymbol{Q} \quad (4-34)
$$

将式（4-32）对 t 求导，并将 $h = r^2\dot{f}$、$p = h^2/\mu$ 关系代入，得

$$
\dot{r} = \sqrt{\frac{\mu}{p}}\, e\sin f \tag{4-35}
$$

又因为

$$
r\dot{f} = \frac{h}{r} = \frac{\sqrt{p\mu}}{p/(1+e\cos f)} = \sqrt{\frac{\mu}{p}}(1+e\cos f) \tag{4-36}
$$

将以上这些式子代入式（4-34），经简化后得

$$
\boldsymbol{v} = \sqrt{\frac{\mu}{p}}\left[-\sin f\boldsymbol{P} + (e+\cos f)\boldsymbol{Q}\right] \tag{4-37}
$$

4.4.1.3　TLE 数据格式及轨道预报模型

除了经典轨道根数外，也存在很多其他形式的描述形式。美国军方就采用两行根数来描述轨道。两行根数与经典轨道根数类似，但是并不等同。两行轨道根数（Two Line Element，TLE）是一组用于确定空间目标位置和速度的轨道数据。TLE 以文本格式给出，由三行组成，其中第一行为空间物体的名字，在 22 个字符以内，其他两行为标准的两行轨道根数数据，由北美防空联合司令部（NORAD）制定格式标准，如图 4-16 和表 4-6 所示。

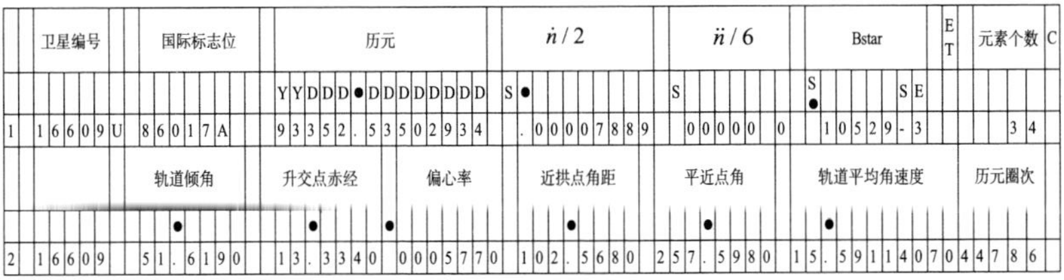

卫星编号	国际标志位	历元	$\dot{n}/2$	$\ddot{n}/6$	Bstar	ET	元素个数	C
		YYDDD●DDDDDDDD	S●	S	S　　　S E			
1　16609U	86017A	93352.53502934	.00007889	00000 0	10529-3		3	4

轨道倾角	升交点赤经	偏心率	近拱点角距	平近点角	轨道平均角速度	历元圈次
●	●	●	●	●	●	
2　16609 51.6190	13.3340	0005770	102.5680	257.5980	15.59114070	47 86

注：ET(Ephemeris Type，星历类型)，C（Check，检查），S表示符号位，E表示指数，●表示小数点。

图 4 - 16　两行根数

表 4 - 6　两行根数格式的具体描述

行数	列数	数据描述
第一行	01	TLE 行号
	03～07	NORAD 卫星编号
	08	是否保密：公开为 U
	10～11	国际编号：年份的后两位
	12～14	国际编号：发射次数
	15～17	国际编号：发射物体编号
	19～20	历元年：年份的后两位
	21～32	历元时刻：年积日和该天的小数部分
	34～43	平均角速度一阶导数的 1/2 或弹道系数（取决于轨道模型）
	45～52	平均角速度二阶导数的 1/6
	54～61	如果采用 GP4 摄动模型为 BSTAR 阻力系数，否则为辐射系数
	63	轨道模型
	65～68	目标第几组 TLE
	69	校验位

续表

行数	列数	数据描述
第二行	01	TLE 行号
	03～07	NORAD 卫星编号
	09～16	轨道倾角(°)
	18～25	升交点赤经(°)
	27～33	偏心率
	35～42	近拱点角距(°)
	44～51	平近点角(°)
	53～63	轨道平均角速度(r/d)
	64～68	历元时刻圈次
	69	校验位

　　TLE 考虑了地球扁率、日月引力的长期和周期摄动影响，以及大气阻力和引力共振产生的轨道衰减。TLE 是平根数，它用特定的方法去掉了周期扰动项，预测模型必须使用同样的方法重构这些扰动项，因此 TLE 并不适合于所有的解析解模型。目前与 TLE 数据相适应的计算模型是 SGP4/SDP4，使用的摄动模型主要是下列 3 种：

　　1）地球非球形引力摄动（低轨为带谐项 J_2、J_3 和 J_4，同步和半同步轨道还考虑了共振项）；

　　2）大气摄动模型（静止非自旋的球对称大气模型）；

　　3）日月引力摄动一阶项。

　　利用 SGP4/SDP4 近似解析模型计算空间目标位置速度的方法与通常利用平根数进行轨道计算的过程基本相同。主要计算步骤：首先，引入基本的参数系统；其次，TLE 数据恢复为平根数；再次，由平根数依次计算长期项、长周期项、短周期项；最后计算空间目标的位置与速度。

4.4.2 绝对轨道动力学

在地心惯性坐标系下，航天器在地球附近的运动可以用牛顿第二定理描述，此时航天器所受的外力包括：地球中心引力，地球非球形摄动力，大气阻力，其他大体的引力等。由于其他力相对地球中心引力而言都是小量，因此在初步研究中只考虑地球的中心引力（杨嘉墀，2001）。

在地心惯性坐标系中，地球中心引力的矢量表达式为

$$\boldsymbol{F} = -\frac{\mu m}{r^2} \cdot \frac{\boldsymbol{r}}{r} \qquad (4-38)$$

由牛顿第二定理可知

$$m\ddot{\boldsymbol{r}} = -\frac{\mu m}{r^2} \cdot \frac{\boldsymbol{r}}{r} \qquad (4-39)$$

方程两边同时消去航天器的质量 m，得到二体问题的运动微分方程

$$\ddot{\boldsymbol{r}} + \frac{\mu}{r^2} \cdot \frac{\boldsymbol{r}}{r} = 0 \qquad (4-40)$$

式中，$\ddot{\boldsymbol{r}}$ 为航天器的加速度；$\boldsymbol{r}$ 为航天器位置矢量。

通过求解式（4-40），可以得到航天器在太空位置矢量的大小

$$r = \frac{a(1-e^2)}{1+e\cos f} \qquad (4-41)$$

式（4-41）是圆锥曲线的极坐标方程，包括圆、椭圆、抛物线和双曲线四种类型，由此可从数学上得到一个重要的结论：二体引力作用下航天器的运动轨迹为圆锥曲线。

当考虑其他摄动因素时，除了中心引力体的引力以外，还要加上其他摄动加速度，即

$$m\ddot{\boldsymbol{r}} = \boldsymbol{F}_{\text{G}} + \boldsymbol{F}_{\text{N}} + \boldsymbol{F}_{\text{A}} + \boldsymbol{F}_{\text{SR}} + \boldsymbol{F}_{\text{T}} = \boldsymbol{F}_0 + \boldsymbol{F}_{\text{NS}} + \boldsymbol{F}_{\text{N}} + \boldsymbol{F}_{\text{A}} + \boldsymbol{F}_{\text{SR}} + \boldsymbol{F}$$

$$(4-42)$$

其中，m 为航天器质量；r 为航天器位置矢量；$\boldsymbol{F}_{\text{G}}$ 为航天器所受的地球引力；$\boldsymbol{F}_{\text{N}}$ 为航天器所受的日月引力摄动；$\boldsymbol{F}_{\text{A}}$ 为航天器所受的大气

阻力摄动；F_{SR} 为航天器所受的太阳光压摄动；F_T 为航天器所受的潮汐摄动；F_0 为地球球形引力；F_{NS} 为地球非球形引力摄动。

实际运载火箭、导弹、人造卫星、载人飞船等航天器的发动机在工作时，推进剂会不断喷出，航天器的质量会不断减小。除了推进剂消耗外，还可能有冷却系统工作时的工质消耗，以及作为再入大气层的弹头或航天器烧蚀影响等。因此，航天器在运动过程中实际上是一个变质量系。针对这一情况要作两点说明：

1）如果将航天器看作变质量质点，同样可以得到与上式类似的质心运动方程，但是外力 F 还要加上发动机排出的气体产生的反推力。

2）如果将航天器看作变质量质点系，作用在航天器上的力除了外界作用在整个质点系上的力和发动机的推力外，还有附加哥氏力，由于附加哥氏力通常非常小，因此可以忽略不计。这样，航天器的质心运动方程就与定质量质心运动方程类似。详细推导可参考相关文献（贾沛然，2009）。

4.4.3　相对轨道动力学

4.4.3.1　C - W 方程

在两个航天器（如交会对接中的追踪航天器和目标航天器）相对距离较近时，用航天器相对运动动力学方程来描述两个航天器的相对状态更加方便（袁建平，2010）。研究航天器相对运动，首先假设航天器为刚体，其次假设航天器只受地球引力和推力器产生的推力作用，不考虑地球自转和公转的影响，不考虑其他摄动影响。在交会过程中，目标航天器在圆轨道或近圆轨道上运行，不作机动飞行，而追踪航天器受推力控制作机动飞行，实现轨道交会。

目标航天器和追踪航天器的运动方程分别如下

$$\ddot{r}_{tg} = -\frac{\mu}{r_{tg}^3} r_{tg}, \quad \ddot{r}_{ch} = -\frac{\mu}{r_{ch}^3} r_{ch} + \frac{P}{m} \qquad (4-43)$$

式中，下标 tg 和 ch 分别表示目标航天器和追踪航天器；P 为追踪航天器所受的推力（N）；m 为追踪航天器的质量（kg）。设 $\boldsymbol{\rho} = \boldsymbol{r}_{ch} - \boldsymbol{r}_{tg}$，由式（4-43）中的两式相减得

$$\ddot{\boldsymbol{\rho}} + \frac{\mu}{r_{tg}^3}\left(\frac{r_{tg}^3}{r_{ch}^3}\boldsymbol{r}_{ch} - \boldsymbol{r}_{tg}\right) = \frac{\boldsymbol{P}}{m} \qquad (4-44)$$

追踪航天器的位置矢量大小可表示为

$$r_{ch}^2 = r_{tg}^2\left[1 + \left(\frac{\rho}{r_{tg}}\right)^2 + 2\frac{\boldsymbol{r}_{tg} \cdot \boldsymbol{\rho}}{r_{tg}^2}\right] \qquad (4-45)$$

对于空间交会来说，两个航天器之间的距离和它们离地球的距离相比是非常小的，所以式（4-45）中的 ρ/r_{tg} 可以近似为 0，然后将其代入式（4-44）得到

$$\ddot{\boldsymbol{\rho}} + \frac{\mu}{r_{tg}^3}\left[\boldsymbol{\rho} - 3\frac{\boldsymbol{r}_{tg} \cdot \boldsymbol{\rho}}{r_{tg}^2}(\boldsymbol{r}_{tg} + \boldsymbol{\rho})\right] = \frac{\boldsymbol{P}}{m} \qquad (4-46)$$

将上式进一步简化，得

$$\ddot{\boldsymbol{\rho}} + \frac{\mu}{r_{tg}^3}\left(\boldsymbol{\rho} - 3\frac{\boldsymbol{r}_{tg} \cdot \boldsymbol{\rho}}{r_{tg}^2}\boldsymbol{r}_{tg}\right) = \frac{\boldsymbol{P}}{m} \qquad (4-47)$$

上式左端第二项表示两个航天器所受的重力差

$$\Delta\boldsymbol{g} = \frac{\mu}{r_{tg}^3}\left(\boldsymbol{\rho} - 3\frac{\boldsymbol{r}_{tg} \cdot \boldsymbol{\rho}}{r_{tg}^2}\boldsymbol{r}_{tg}\right) = \omega^2\frac{r_{tg}}{p}\left(\boldsymbol{\rho} - 3\frac{\boldsymbol{r}_{tg} \cdot \boldsymbol{\rho}}{r_{tg}^2}\boldsymbol{r}_{tg}\right)$$

$$(4-48)$$

式中，$p = a(1-e)$ 为目标航天器轨道的半通径（m）；ω 是目标航天器转动角速度的大小，即目标航天器的轨道角速度（rad/s）。下面我们将上面得到的结果投影到轨道坐标系中。目标航天器位置矢量可以表示为 $r_{tgx} = 0$，$r_{tgy} = 0$，$r_{tgz} = -r_{tg}$，目标航天器轨道为一般椭圆轨道情况下，重力加速度一阶近似后的相对动力学方程可以表示为

$$\begin{cases} \ddot{x} - 2\omega\dot{z} - \omega^2 x = -\omega^2\left(1 + \dfrac{3z}{a}\right)x + a_x \\[2mm] \ddot{y} = -\omega^2\left(1 + \dfrac{3z}{a}\right)y + a_y \\[2mm] \ddot{z} + 2\omega\dot{x} - \omega^2 z = -\dfrac{\mu_E}{a^2} + \omega^2\left(1 + \dfrac{3z}{a}\right)(a - z) + a_z \end{cases}$$

$$(4 - 49)$$

式中，x，y，z 分别是追踪航天器相对目标航天器矢量在轨道坐标系的投影；ω 是目标航天器轨道角速度；a_x，a_y，a_z 分别是追踪航天器加速度在轨道坐标系各轴上的投影。

当目标航天器为圆轨道时，$\omega = \sqrt{\dfrac{\mu}{a^3}}$ 为常数，忽略二阶小量，则轨道坐标系相对动力学方程如下

$$\begin{cases} \ddot{x} - 2\omega\dot{z} = a_x \\[1mm] \ddot{y} + \omega^2 y = a_y \\[1mm] \ddot{z} + 2\omega\dot{x} - 3\omega^2 z = a_z \end{cases} \qquad (4 - 50)$$

此动力学方程称为 C - W 方程，在目标航天器为圆轨道或近圆轨道且两航天器相对距离不是很大，特别是高度差不大的情况下，解的精度足够高，可以满足交会动力学分析的要求。

4.4.3.2　C - W 方程的齐次解

将 C - W 方程写成状态方程形式为

$$\boldsymbol{\dot{X}} = \boldsymbol{AX} + \boldsymbol{BU} \qquad (4 - 51)$$

其中

$$\boldsymbol{X} = \begin{bmatrix} \boldsymbol{\rho}^T & \boldsymbol{V}^T \end{bmatrix}^T = \begin{bmatrix} x & y & z & \dot{x} & \dot{y} & \dot{z} \end{bmatrix}^T, \boldsymbol{U} = \begin{bmatrix} a_x & a_y & a_z \end{bmatrix}^T$$

$$(4 - 52)$$

$$A = \begin{bmatrix} 0 & 0 & 0 & 1 & 0 & 0 \\ 0 & 0 & 0 & 0 & 1 & 0 \\ 0 & 0 & 0 & 0 & 0 & 1 \\ 0 & 0 & 0 & 0 & 0 & 2\omega \\ 0 & -\omega^2 & 0 & 0 & 0 & 0 \\ 0 & 0 & 3\omega^2 & -2\omega & 0 & 0 \end{bmatrix}, \quad B = \begin{bmatrix} 0 & 0 & 0 \\ 0 & 0 & 0 \\ 0 & 0 & 0 \\ 1 & 0 & 0 \\ 0 & 1 & 0 \\ 0 & 0 & 1 \end{bmatrix}$$

由状态方程（4 - 51）得状态转移矩阵为

$$\boldsymbol{\Phi}(t,t_0) = \begin{bmatrix} 1 & 0 & 6(\omega\Delta t - s) & \dfrac{4s - 3\omega\Delta t}{\omega} & 0 & \dfrac{2(1-c)}{\omega} \\[2mm] 0 & c & 0 & 0 & \dfrac{s}{\omega} & 0 \\[2mm] 0 & 0 & 4 - 3c & \dfrac{2(c-1)}{\omega} & 0 & \dfrac{s}{\omega} \\[2mm] 0 & 0 & 6\omega(1-c) & 4c - 3 & 0 & 2s \\[2mm] 0 & -\omega s & 0 & 0 & c & 0 \\[2mm] 0 & 0 & 3\omega s & -2s & 0 & c \end{bmatrix}$$

$$(4 - 53)$$

其中，$c = \cos(\omega\Delta t)$，$s = \sin(\omega\Delta t)$，$\Delta t = t - t_0$。则 C - W 方程的齐次解为

$$\begin{cases} x = 2\left(2\dfrac{\dot{x}_0}{\omega} - 3z_0\right)s - \dfrac{2\dot{z}_0}{\omega}c + 3(2\omega z_0 - \dot{x}_0)\Delta t + \left(x_0 + 2\dfrac{\dot{z}_0}{\omega}\right) \\[3mm] y = \dfrac{\dot{y}_0}{\omega}s + y_0 c \\[3mm] z = \dfrac{\dot{z}_0}{\omega}s - \left(3z_0 - 2\dfrac{\dot{x}_0}{\omega}\right)c + 2\left(2z_0 - \dfrac{\dot{x}_0}{\omega}\right) \\[3mm] \dot{x} = 2(2\dot{x}_0 - 3\omega z_0)c + 2\dot{z}_0 s + 3(2\omega z_0 - \dot{x}_0) \\[2mm] \dot{y} = \dot{y}_0 c - \omega y_0 s \\[2mm] \dot{z} = \dot{z}_0 c + (3\omega z_0 - 2\dot{x}_0)s \end{cases}$$

$$(4 - 54)$$

4.4.3.3　N 次推力机动模型

C–W 方程的状态转移矩阵可分解为如下矩阵

$$\boldsymbol{\Phi}(t,t_0)=\begin{bmatrix}\boldsymbol{\Phi}_{11} & \boldsymbol{\Phi}_{12}\\ \boldsymbol{\Phi}_{21} & \boldsymbol{\Phi}_{22}\end{bmatrix} \qquad (4-55)$$

当推力作用可近似为 N 次脉冲时（每次推力作用在瞬间完成），假设在 t_i 时刻施加了脉冲 $\Delta\boldsymbol{V}_i=\begin{bmatrix}\Delta V_{xi} & \Delta V_{yi} & \Delta V_{zi}\end{bmatrix}^{\mathrm{T}}$，$(i=1,2,\cdots,N)$，则对于终端时刻 t_f，状态矢量

$$\boldsymbol{X}(t_f)=\boldsymbol{\Phi}(t_f,t_0)\boldsymbol{X}(t_0)+\sum_{i=1}^{N}\boldsymbol{\Phi}_v(t_f,t_i)\Delta\boldsymbol{V}_i \qquad (4-56)$$

其中

$$\boldsymbol{\Phi}_v(t,t_0)=\begin{bmatrix}\boldsymbol{\Phi}_{12}\\ \boldsymbol{\Phi}_{22}\end{bmatrix}$$

如果起始时刻 t_0 的状态 $\boldsymbol{X}(t_0)$ 和终端时刻状态 $\boldsymbol{X}(t_f)$ 都是给定的设计变量，令

$$\Delta\boldsymbol{X}_{(6\times1)}=\boldsymbol{X}(t_f)-\boldsymbol{\Phi}(t_f,t_0)\boldsymbol{X}(t_0)$$
$$\Delta\boldsymbol{V}_{(3N\times1)}=\begin{bmatrix}(\Delta\boldsymbol{v}_1)^{\mathrm{T}} & (\Delta\boldsymbol{v}_2)^{\mathrm{T}} & \cdots & (\Delta\boldsymbol{v}_N)^{\mathrm{T}}\end{bmatrix}^{\mathrm{T}}$$
$$\boldsymbol{F}_{(6\times3N)}=\begin{bmatrix}\boldsymbol{\Phi}_v(t_f,t_1) & \boldsymbol{\Phi}_v(t_f,t_2) & \cdots & \boldsymbol{\Phi}_v(t_f,t_N)\end{bmatrix}$$

$$(4-57)$$

则

$$\Delta\boldsymbol{X}=\boldsymbol{F}\Delta\boldsymbol{V} \qquad (4-58)$$

当 $N=1$ 时，一般情况下，这是一个无相容解的矛盾方程组。首先判断方程组是否有解：若 $\mathrm{rank}(\begin{bmatrix}\boldsymbol{F} & \Delta\boldsymbol{X}\end{bmatrix})=\mathrm{rank}(\boldsymbol{F})$，则方程组有解；否则方程组无解。

当 $N=2$ 时，即双脉冲变轨，该方程组有唯一解

$$\Delta\boldsymbol{V}=\boldsymbol{F}^{-1}\Delta\boldsymbol{X} \qquad (4-59)$$

当 $N>2$ 时，一般情况下，这个方程组的解不唯一，其通解为

$$\Delta\boldsymbol{V}=\boldsymbol{F}^{-}\Delta\boldsymbol{X}+(\boldsymbol{I}-\boldsymbol{F}^{-}\boldsymbol{F})\boldsymbol{\xi} \qquad (4-60)$$

其中，$\boldsymbol{F}^{-}$ 为 $\boldsymbol{F}$ 的广义逆矩阵；$\boldsymbol{\xi}$ 为 $3N\times1$ 任意矢量。取最小范数解（即 $3N$ 个冲量分量的平方和最小），则需要施加的 N 次冲量为

$$\Delta V = F^{\mathrm{T}} (F F^{\mathrm{T}})^{-1} \Delta X \qquad (4-61)$$

4.4.4 摄动理论

4.4.4.1 摄动方程

虽然我们给出了二体问题运动微分方程的齐次解，但任何在轨航天器的运动都不是严格的二体问题。航天器除受中心引力外，还受到地球非球形摄动力、大气阻力、其他天体引力等因素的影响，由于这些力相对地球中心引力而言都是小量，因此统称为摄动力，在这些力作用下的航天器运动称为摄动运动。

根据各种摄动力对航天器轨道运动的影响，可将摄动分为长期摄动和周期摄动。长期摄动引起轨道根数稳定偏离；周期摄动引起轨道根数以正弦、余弦函数变化。周期摄动还分为长周期摄动和短周期摄动。其中，短周期摄动的周期小于等于轨道周期，长周期摄动的周期大于轨道周期。不同类型摄动的相对影响如图 4-17 所示。

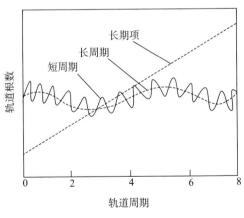

图 4-17　轨道摄动类型

为了更好地分析受摄轨道的性质，引入密切轨道和平均轨道的概念（赵钧，2011）。密切轨道（Osculating Orbit）：以航天器在真实轨道上 S 点的运动状态（r，v）形成的圆锥曲线轨道，用其轨道根数来描述该点的真实轨道。平均轨道（Mean Orbit）：航天器真实轨道上 S 点和相邻 S' 点间的若干密切轨道根数的平均值构成的圆锥曲线轨道。用其来描述 SS' 段的真实轨道，如图 $4-18$ 所示。

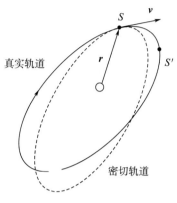

图 $4-18$　真实轨道与密切轨道

各种摄动力对航天器轨道的影响可以用高斯（Gauss）摄动方程描述

$$
\begin{cases}
\dot{a} = \dfrac{2}{n\sqrt{1-e^2}}\left[ef_r\sin f + (1+e\cos f)f_t\right] \\[3mm]
\dot{e} = \dfrac{\sqrt{1-e^2}}{na}\left[f_r\sin f + (\cos f + \cos E)f_t\right] \\[3mm]
\dot{i} = \dfrac{r\cos u}{na^2\sqrt{1-e^2}}f_z \\[3mm]
\dot{\Omega} = \dfrac{r\sin u}{na^2\sqrt{1-e^2}\sin i}f_z \\[3mm]
\dot{\omega} = \dfrac{\sqrt{1-e^2}}{nae}\left[-f_r\cos f + \left(1+\dfrac{r}{p}\right)f_t\sin f\right] - \cos i\,\Delta\Omega \\[3mm]
\dot{M} = n - \dfrac{1-e^2}{nae}\left[-\left(\cos f - 2e\dfrac{r}{p}\right)f_r + \left(1+\dfrac{r}{p}\right)f_t\sin f\right]
\end{cases}
$$

$$(4-62)$$

式中，a、e、i、Ω、ω 为之前介绍的航天器轨道根数，M 为航天器平近点角，$n = \sqrt{\mu/a^3}$ 为航天器的平均角速度，f_r 为各种摄动加速度在轨道坐标系中径向的分量，f_t 为各种摄动加速度在轨道坐标系中迹向的分量，f_z 为各种摄动加速度在轨道坐标系中轨道面法向的分量，E 为偏近点角。

4.4.4.2　地球引力摄动模型

地球对航天器的引力显然是保守力，在地固坐标系中，质点 m 所受的地球引力为

$$\boldsymbol{F}(\boldsymbol{r}) = m\,\mathrm{grad}\,U(\boldsymbol{r}) \qquad (4-63)$$

式中，$\boldsymbol{r} = \boldsymbol{r}(x, y, z)$，$\boldsymbol{r}$ 是质点的地心位置矢量，$U(\boldsymbol{r})$ 是地球引力场位函数。

地球引力场位函数的具体计算参见 4.3.1 节的空间引力场模型。

4.4.4.3　第三体引力摄动模型

日、月和大行星的引力作用对航天器运动的影响，是天体力学中的一种典型的第三体摄动问题。虽然这类摄动力也是一种保守力，但由于日、月和地球、航天器相距都不太远，问题就变得比较复杂。对于高精度问题，日、月和地球都不能简单看成质点，而且还要精确计算日、月的位置。

第三体摄动加速度与地球中心引力加速度之比即为第三体摄动量级，对于轨道高度在 2 000 km 以下的低轨道航天器，大约有

$$\varepsilon = \begin{cases} 0.6 \times 10^{-7}, & \text{太阳摄动} \\ 1.2 \times 10^{-7}, & \text{月球摄动} \end{cases}$$

对于轨道高度在 3 000 km 以上的中高轨航天器，大约有

$$\varepsilon = \begin{cases} 1 \times 10^{-5}, & \text{太阳摄动} \\ 2 \times 10^{-5}, & \text{月球摄动} \end{cases}$$

关于大行星摄动状况，对于低轨道航天器，木星摄动量级 $\varepsilon = 10^{-13}$，而其他大行星的摄动量级 $\varepsilon < 10^{-13}$。

根据上述估计，在一般情况下，第三体摄动主要是指日、月摄动，且将该摄动量看成二阶小量。但是，并不像地球引力场位函数

展开式那么简单，它将涉及日、月位置矢量的计算问题。除此之外，还要考虑日、月和地球非球形部分的影响。

对于第三体、地球和航天器这一力学系统（如图 4 - 19 所示），最简单的模型就是全部处理成质点，这是一个典型的限制性 $N = (n + 1)$ 体系统。相应的摄动力为

$$\begin{cases} \boldsymbol{F}_N = -Gm'\left(\dfrac{\boldsymbol{\Delta}}{\Delta^3} + \dfrac{\boldsymbol{r}'}{r'^3}\right) \\ \boldsymbol{\Delta} = \boldsymbol{r} - \boldsymbol{r}' \end{cases} \tag{4 - 64}$$

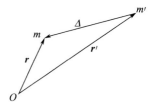

图 4 - 19　地心 O、航天器 m 和第三体 m' 的相对位置

尽管在上述模型中，日、月位置矢量是作为已知函数处理的，但实际上它必须根据天文观测或近似计算得到，日、月位置的计算参见 4.3.4 节。

4.4.4.4　大气阻力摄动模型

大气阻力是除地球引力之外对近地航天器影响最大的摄动力，它将航天器轨道周期逐渐变小。由于近地点阻力相对较大，使椭圆逐渐变圆，轨道半长轴不断减小，直至陨落。

在地面上空 80 km 和 100 km 处，气体分子运动的平均自由程分别约为 1 cm 和 10 cm，而在 180 km 的高度上则增大到 100 m。航天器的特征尺度通常为几米。因此，一般而言，80 km 以下的气体可处理成连续介质流，100 km 高度处于滑流区，而 180 km 以上的高空则对应自由分子流。

由于航天器表面受大气自由分子流撞击，形成滞留、镜反射和漫反射过程，引起沿速度方向和太阳翼面法向两部分阻力

$$\begin{cases} \boldsymbol{F}_{\mathrm{A}} = -\rho V^2 \left\{ \left[\dfrac{C_{\mathrm{D}} S_0}{2} + S_{\mathrm{A}} \mid \cos\theta \mid (1 - \mu_{\mathrm{e}}\mu_{\mathrm{S}}) \right] \dfrac{\boldsymbol{V}_{\mathrm{ra}}}{V_{\mathrm{ra}}} + \right. \\ \qquad \left. \dfrac{2}{3} \cos\theta S_{\mathrm{A}} \mu_{\mathrm{e}} \left[1 + \mu_{\mathrm{S}} (3 \mid \cos\theta \mid -1) \right] \boldsymbol{N} \right\} \\ \boldsymbol{V}_{\mathrm{ra}} - \boldsymbol{v} \qquad \boldsymbol{v}_{\mathrm{a}} \end{cases}$$

$$(4-65)$$

其中，C_{D} 是阻力系数；S_0 是航天器本体阻尼面积；S_{A} 是航天器太阳翼面积；ρ 是航天器所在空间处的大气密度；$\boldsymbol{N}$ 为太阳翼法向；$\boldsymbol{V}_{\mathrm{ra}}$ 是航天器相对大气的运动速度矢量；$\boldsymbol{v}$ 和 $\boldsymbol{v}_{\mathrm{a}}$ 分别是航天器和大气相对地心的运动速度矢量。其他参数取值为：$\mu_{\mathrm{e}} = 0.9$，$\mu_{\mathrm{S}} = 0.1$，$\cos\theta = \dfrac{\boldsymbol{V}_{\mathrm{ra}} \cdot \boldsymbol{N}}{V_{\mathrm{ra}}}$。阻力系数 C_{D} 在自由分子流中可视其为常数，根据实验结果，其值取为 2.2。

关于大气运动速度 $\boldsymbol{v}_{\mathrm{a}}$，它主要来源于大气随地球旋转的结果，但它的旋转规律较复杂。若记相应的旋转角速度为 ω_{a}，地球自转角速度为 ω_{E}，那么，通常在 200 km 高度以下，有 $\omega_{\mathrm{a}} = \omega_{\mathrm{E}}$，而在 200 km 高度以上则有

$$\frac{\omega_{\mathrm{a}}}{\omega_{\mathrm{E}}} = 0.8 \sim 1.4$$

不同的高度有不同的值，325 km 处的值约为 1.22，这一旋转机制目前尚不够清楚。大气质量密度 ρ 在地球引力作用和太阳辐射的影响下，有

$$\rho = \rho(\boldsymbol{r}, t)$$

大气密度的确定需要一个具有较高精度的大气模型。大气模型就是大气状态参数（压力 p，温度 T，密度 ρ 等）及其变化的一种数学模型（包括离散型的各类数据和有关表达式）。关于大气模型的内容参见 4.3.2 节。

以载人飞船为例，考虑将大气阻力按圆柱本体和太阳翼两部分计算。由于飞船的正常轨道飞行是三轴稳定对地定向姿态控制模式，圆柱体本体可以当作零攻角，主轴保持与速度方向一致，所以阻尼

截面积为沿主轴方向前端截面积。而太阳翼法向保持与太阳在轨道面内投影一致，在轨道运行一周保持不变，而对于迎气流方向的横截面积是在不断变更的。飞船本体阻尼面积，等于圆柱体前端圆面积。太阳翼迎气流面积为

$$S_A|\cos\theta| = S_A|\boldsymbol{V}\cdot\boldsymbol{N}|/V \tag{4-66}$$

式中，S_A 为太阳翼面积；$\boldsymbol{V}=\dot{\boldsymbol{r}}+\boldsymbol{r}\times\boldsymbol{\omega}_E$；$\dot{\boldsymbol{r}}$ 为航天器的速度；$\boldsymbol{\omega}_E$ 为地球自转角速度；$\boldsymbol{N}$ 为太阳翼法向。如图 4-20 所示，太阳翼法向的确定过程如下。

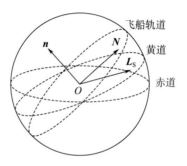

图 4-20　太阳翼法向

首先确定轨道面法向

$$\boldsymbol{n} = (\boldsymbol{r}\times\dot{\boldsymbol{r}})/|\boldsymbol{r}\times\dot{\boldsymbol{r}}| \tag{4-67}$$

其中，$\boldsymbol{r}$，$\dot{\boldsymbol{r}}$ 为航天器位置矢量和速度矢量。设 $\boldsymbol{L}_S$ 为太阳方向单位矢量，通常载人飞船的太阳翼面法向始终指向太阳在轨道面的投影，所以

$$\boldsymbol{N} = (\boldsymbol{n}\times\boldsymbol{L}_S)\times\boldsymbol{n} \tag{4-68}$$

4.4.4.5　太阳光压摄动模型

光压摄动力的大小与航天器离太阳的距离、航天器面质比、航天器表面的反射特性以及航天器相对日、地的位置有关，其中涉及航天器的光线入射截面积的计算十分复杂。另外，光压摄动的计算需考虑地影问题。

根据太阳光的动量流撞击航天器表面的物理过程引起光压的假

设，航天器的光压力为沿太阳光方向和太阳翼负法向（$-\boldsymbol{N}$）两部分。

空间中任一点的光压强度与该点到太阳的距离有关，在地球表面处（相应的日地距离记为 $\Delta_0 = 1.496 \times 10^{11}$ m）的值为 $4.560\ 5 \times 10^{-6}$ N/m^2，也被称为太阳常数。若记 Δ_0 处的光压强度为 P_0，则距太阳 Δ 处的光压强度为 $P_0 \Delta_0^2 / \Delta^2$，作用在航天器上的光压力为

$$
\begin{cases}
\boldsymbol{F}_{\mathrm{SR}} = P_0 \dfrac{\Delta_0^2}{\Delta^2} \{ (C_R S_s + (1-\beta\gamma) S_{\mathrm{A}} \cos\phi) \left(\dfrac{\boldsymbol{\Delta}}{\Delta} \right) + \\
\qquad\qquad [2\beta\gamma\cos\phi + B_f \gamma (1-\beta)] S_{\mathrm{A}} \cos\phi (-\boldsymbol{N}) \} \\
C_{\mathrm{R}} = 1 + \eta
\end{cases}
$$

$$(4-69)$$

其中，η 是航天器的反射系数，若为完全镜反射则 $\eta=1$，完全漫反射则 $\eta=0.44$，完全吸收则 $\eta=0$，通常取值 $0 < \eta < 0.44$。S_s 表示太阳垂直辐射的航天器本体有效表面积，S_{A} 表示航天器太阳翼表面积。对于太阳翼，$\cos\phi = \boldsymbol{L}_{\mathrm{S}} \cdot \boldsymbol{N}$，其余参数的参考数值为 $\beta=0.9$，$\gamma=0.1$，$B_f=2/3$。

以载人飞船为例，其圆柱形本体外加太阳翼结构的有效面积计算如下。太阳翼在对地姿态控制时可绕 Y 轴转动，始终保持太阳翼法向指向太阳在轨道面内的投影。

1）飞船本体面积分侧面积 S_c 和底面积 S_e，如图 4-21 所示。因为飞船主轴方向为（$\boldsymbol{v}/v$），所以飞船本体的光压有效面积为

$$
S_s = S_e \cos\alpha + S_c \sin\alpha , \cos\alpha = \frac{\boldsymbol{v} \cdot \boldsymbol{L}_{\mathrm{S}}}{v} \qquad (4-70)
$$

式中，$\boldsymbol{v}$ 为航天器速度矢量；$\boldsymbol{L}_{\mathrm{S}}$ 为太阳方向单位矢量。

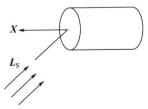

图 4-21　飞船本体的光照

2）太阳翼的光压有效面积为 $S_A\cos\phi$，S_A 是太阳翼的实际面积，$\cos\phi = L'_S \cdot N$，太阳翼法向 N 的确定同大气阻尼摄动模型。

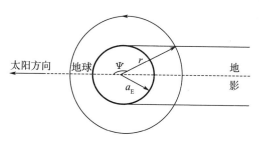

图 4 - 22　航天器进出地影平面图

太阳是一个视半径为 109 个地球赤道半径的球光源，由于太阳距离地球很远，近地情况下可以把太阳光处理成无穷远的平行光，这样就形成柱形地影。近地球处柱形地影和锥形地影的差别很小，而且锥形地影的锥顶在地球背向太阳一侧约 140 万千米处，对于一般精度要求情况，把地影处理成柱形就可以了。即使在较高精度问题中，对于观测弧段短的情况也同样可以采用这一简单的地影模型。除上述因素外，还有地球形状和大气衰减效应问题。但两项因素差别均在 10^{-3} 量级，故可忽略。这样采用圆柱形地影模型，则无本影和半影之分，相应的地影因子就取 1 和 0，分别表示地影外与地影内。由图 4 - 22 可知航天器在地影内所满足的条件是

$$\cos\Psi = \frac{r_S \cdot r}{|r_S \cdot r|} < 0, \sin\Psi < \frac{a_E}{r} \qquad (4-71)$$

式中，r_S 为太阳位置矢量；r 为航天器位置矢量；a_E 为地球赤道平均半径。

4.4.4.6　潮汐摄动模型

导致地球形变摄动的原因很复杂，但就研究航天器运动的角度而言，在当前测量精度前提下，可以归结为外部引力作用（主要是日、月）引起的潮汐形变和地球自转不均匀性导致的自转形变两大类。前者又分为固体潮、海潮和大气潮三种，当然，大气潮的起因

更主要的是热源。

关于潮汐形变，研究表明，海潮对航天器运动的影响比固体潮的影响要小 5～10 倍，而大气潮对航天器运动的影响比固体潮影响约小 100 倍。因此，一般情况下，主要只考虑固体潮和海潮的影响，而这两种潮汐引起的地球形变对航天器运动的影响规律很类似，不易分开，对一般定轨精度要求不是很高的问题，往往可以将它们作综合考虑。

日、月引力引起的潮汐形变对航天器产生的摄动位只取二阶项为

$$U_T = \sum_{j=S,L} \frac{GM_j}{r_j^3} \frac{a_E^5}{r^3} K_2 P_2(\cos\Psi_j) \tag{4-72}$$

式中，K_2 为二阶 Love 数，一般取为 0.3，r_j 为引力体地心距，$j=$ S，L 分别表示日、月，r 为航天器的地心距，a_E 为地球赤道平均半径，$\cos\Psi_j = \hat{r}_j \cdot \hat{r}$ 或记作 $\hat{r}_j^T \hat{r}$，其中 $\hat{r}_j$、$\hat{r}$ 分别为引力体和航天器的单位矢量。因有

$$P_2(\cos\Psi_j) = \frac{1}{2}\left[3(\hat{r}_j^T\hat{r})^2 - 1\right] \tag{4-73}$$

那么，航天器的潮汐摄动加速度为

$$\ddot{R}_T = \frac{\partial U_T}{\partial r} = \frac{K_2}{2}\sum_{j=S,L} \frac{GM_j}{r_j^3} \frac{a_E^5}{r^4}\left\{\left[3-15(\hat{r}_j^T\hat{r})^2\right]\hat{r} + 6(\hat{r}_j^T\hat{r})^2\hat{r}_j\right. \tag{4-74}$$

4.5　航天器姿态动力学模型

描述姿态运动的方程可分为两类：一类是运动学方程，它描述各运动参数之间的相互关系；另一类是动力学方程，它确定运动和作用力之间的关系。

航天器姿态动力学和星体结构也有着密切的联系，航天器的力学特性，如惯量分布，挠性振型，液体推进剂贮箱的尺寸和安装位

置等都直接影响航天器姿态动力学特性，本书只阐述刚体姿态动力学模型，包含弹性振动、液体晃动等非刚性运动的复杂系统动力学的建模请参看相关文献（黄圳圭，1990）。

4.5.1　姿态描述

本节给出两种常用的姿态描述方式：欧拉法和四元数法，并给出它们之间的转换关系。除此之外，描述姿态还可以用轴角、方向余弦阵、双欧法等。

4.5.1.1　欧拉法

欧拉法采用 3 个 Euler 角表征两个坐标系之间的转换关系。按照转动顺序，Euler 角分为两类：

1）第一类：第一次和第三次是绕同类坐标轴进行的，而第二次转动是绕另两个坐标轴的某一轴进行的。用 1 表示绕 x 轴转动，用 2 表示绕 y 轴转动，用 3 表示绕 z 轴转动，则此类转动包括 121、131、212、232、313、323 六种。

2）第二类：每次转动都是绕不同类别的坐标轴进行的。包括 123、132、213、232、312、321 六种转动。

例如，在航天器轨道坐标系 $o_z \xi_z \eta_z \zeta_z$ 中航天器质心坐标系 $o_{cc} x_{cc} y_{cc} z_{cc}$ 的方位是用俯仰角 ϕ、偏航角 θ 和滚转角 Ψ 来描述的。从追踪轨道坐标系到飞船质心坐标系有两种常用的转动方式。

方式一：先把 $o_z \xi_z \eta_z \zeta_z$ 沿 $o_z \zeta_z$ 转动角度 ϕ 得到坐标系 $o_z \xi_z' \eta_z' \zeta_z$，再沿 $o_z \eta_z'$ 轴转动角度 θ 得到坐标系 $o_z x_{cc}' \eta_z' \zeta_z'$，然后沿 $o_z x_{cc}'$ 轴转动角度 Ψ 得到坐标系 $o_z x_{cc}' y_{cc}' z_{cc}'$，最后通过平移得到坐标系 $o_{cc} x_{cc} y_{cc} z_{cc}$，这就是通常所说的按 3－2－1 顺序旋转，也是目前最为常用的一种转换方式，得到的变换矩阵为

$$T_{321} = T_1(\Psi) T_2(\theta) T_3(\phi)$$

$$= \begin{bmatrix} 1 & 0 & 0 \\ 0 & \cos\Psi & \sin\Psi \\ 0 & -\sin\Psi & \cos\Psi \end{bmatrix} \begin{bmatrix} \cos\theta & 0 & -\sin\theta \\ 0 & 1 & 0 \\ \sin\theta & 0 & \cos\theta \end{bmatrix} \begin{bmatrix} \cos\phi & \sin\phi & 0 \\ -\sin\phi & \cos\phi & 0 \\ 0 & 0 & 1 \end{bmatrix}$$

$$(4-75)$$

方式二：先把 $o_z\xi_z\eta_z\zeta_z$ 沿 $o_{zz}\eta_z$ 转动角度 ϕ 得到坐标系 $o_z\xi'_z\eta_z\zeta'_z$，再沿 $o_z\zeta'_z$ 轴转动角度 θ 得到坐标系 $o_z x'_{cc}\eta'_z\zeta'_z$，然后沿 $o_z x'_{cc}$ 轴转动角度 Ψ 得到坐标系 $o_z x'_{cc} y'_{cc} z'_{cc}$，最后通过平移得到坐标系 $o_{cc} x_{cc} y_{cc} z_{cc}$，这就是通常所说的按 $2-3-1$ 顺序旋转，得到的变换矩阵为

$$T_{231} = T_1(\Psi) T_3(\theta) T_2(\phi)$$

$$= \begin{bmatrix} 1 & 0 & 0 \\ 0 & \cos\Psi & \sin\Psi \\ 0 & -\sin\Psi & \cos\Psi \end{bmatrix} \begin{bmatrix} \cos\theta & \sin\theta & 0 \\ -\sin\theta & \cos\theta & 0 \\ 0 & 0 & 1 \end{bmatrix} \begin{bmatrix} \cos\phi & 0 & -\sin\phi \\ 0 & 1 & 0 \\ \sin\phi & 0 & \cos\phi \end{bmatrix}$$

$$(4-76)$$

坐标变换矩阵为单位正交矩阵，即 $T_i^{\mathrm{T}} = T_i^{-1}$（$i$ 为 321 或 231）。因此，航天器轨道坐标系矢量 v_z 到航天器质心坐标系矢量 v_{cc} 的变换关系为 $v_{cc} = T_i v_z$。

用 Euler 角表示姿态，其优点是几何直观明显，小角度线性运算简便，缺点是包含三角函数，有奇点，即当列写运动方程，用本体角速度分量求解 Euler 角时，运动学方程会出现如式（4-83）中 $\sec\theta$ 和 $\tan\theta$ 趋于无穷大、姿态角存在多值等奇异情况。

4.5.1.2　四元数法

Euler 方程中有时会出现奇异点，使计算无法进行下去。避免这种奇异情况出现的有效办法就是在运动方程中用四元数来代替常规的 Euler 角。

（1）四元数的定义

四元数是有四个元素的超复数，即

$$q = q_0 + q_1 i + q_2 j + q_3 k \tag{4-77}$$

其中，i、j、k 是虚数单位。如果 $q_0^2+q_1^2+q_2^2+q_3^2=1$，则称 q 为单位范化的四元数。

（2）用四元数表示坐标变换矩阵

若矢量 r 经过四元数旋转变化到矢量 r'，当旋转变换四元数 q 是规范四元数时，两矢量之间的关系可用矩阵形式来表达：$r'=T_q r$，其中

$$T_q = \begin{bmatrix} q_0^2+q_1^2-q_2^2-q_3^2 & 2(q_1q_2+q_0q_3) & 2(q_1q_3-q_0q_2) \\ 2(q_1q_2-q_0q_3) & q_0^2-q_1^2+q_2^2-q_3^2 & 2(q_2q_3+q_0q_1) \\ 2(q_1q_3+q_0q_2) & 2(q_2q_3-q_0q_1) & q_0^2-q_1^2-q_2^2+q_3^2 \end{bmatrix}$$

$$(4-78)$$

（3）误差修正

在数值计算中，由于计算误差，四元数分量值有可能不会严格地满足单位范化约束方程，因此，在数值计算中不用 q_i 而用其修正值

$$q_i^* = \frac{q_i}{\sqrt{q_0^2+q_1^2+q_2^2+q_3^2}} \quad (i=0,1,2,3) \qquad (4-79)$$

4.5.1.3　参数转换关系

（1）从四元数到 Euler 角的转换

从四元数到 Euler 角的转换，可分别比较式（4-78）和式（4-75）、式（4-76）。

按 $3-2-1(\phi-\theta-\Psi)$ 顺序旋转，得到的由 Euler 角求四元数分量的公式为

$$\begin{cases} \tan\phi = \dfrac{2q_0q_3+2q_1q_2}{q_0^2+q_1^2-q_2^2-q_3^2}, & -\pi \leqslant \phi < \pi \\[2mm] \sin\theta = 2q_0q_2-2q_1q_3, & -\dfrac{\pi}{2} \leqslant \theta \leqslant \dfrac{\pi}{2} \\[2mm] \tan\Psi = \dfrac{2q_0q_1+2q_2q_3}{q_0^2-q_1^2-q_2^2+q_3^2}, & -\pi \leqslant \Psi < \pi \end{cases} \qquad (4-80)$$

按 $3-1-2(\phi-\theta-\Psi)$ 顺序旋转，得到的由 Euler 角求四元数

分量的公式为

$$\begin{cases} \tan\phi = \dfrac{2q_0q_2 - 2q_1q_3}{q_0^2 + q_1^2 - q_2^2 - q_3^2},\ -\pi \leqslant \phi < \pi \\[3mm] \sin\theta = 2q_0q_3 + 2q_1q_2,\ -\dfrac{\pi}{2} \leqslant \theta \leqslant \dfrac{\pi}{2} \\[3mm] \tan\Psi = \dfrac{2q_0q_1 - 2q_2q_3}{q_0^2 - q_1^2 + q_2^2 - q_3^2},\ -\pi \leqslant \Psi < \pi \end{cases} \tag{4-81}$$

（2）从 Euler 角到四元数的转换

Euler 角到四元数的转换关系可作如下推导。以 $3-2-1(\phi-\theta-\Psi)$ 顺序旋转为例，三次转动的四元数表示为

$$\tilde{\boldsymbol{q}}_\phi = \sin\frac{\phi}{2}\boldsymbol{k} + \cos\frac{\phi}{2}$$

$$\tilde{\boldsymbol{q}}_\theta = \sin\frac{\theta}{2}\boldsymbol{j} + \cos\frac{\theta}{2}$$

$$\tilde{\boldsymbol{q}}_\Psi = \sin\frac{\Psi}{2}\boldsymbol{i} + \cos\frac{\Psi}{2}$$

三次转动后航天器体坐标系的最终姿态可用四元数乘积表示为

$$\begin{aligned} \boldsymbol{q} &= \tilde{\boldsymbol{q}}_\phi\,\tilde{\boldsymbol{q}}_\theta\,\tilde{\boldsymbol{q}}_\Psi \\ &= \left(\sin\frac{\phi}{2}\boldsymbol{i} + \cos\frac{\phi}{2}\right)\left(\sin\frac{\theta}{2}\boldsymbol{j} + \cos\frac{\theta}{2}\right)\left(\sin\frac{\Psi}{2}\boldsymbol{k} + \cos\frac{\Psi}{2}\right) \\ &= q_0 + q_1\boldsymbol{i} + q_2\boldsymbol{j} + q_3\boldsymbol{k} \end{aligned}$$

欧拉角按 $3-2-1(\phi-\theta-\Psi)$ 顺序旋转

$$\boldsymbol{q} = \begin{bmatrix} q_0 \\ q_1 \\ q_2 \\ q_3 \end{bmatrix} = \begin{bmatrix} \cos\dfrac{\phi}{2}\cos\dfrac{\theta}{2}\cos\dfrac{\Psi}{2} + \sin\dfrac{\phi}{2}\sin\dfrac{\theta}{2}\sin\dfrac{\Psi}{2} \\[3mm] \cos\dfrac{\phi}{2}\cos\dfrac{\theta}{2}\sin\dfrac{\Psi}{2} - \sin\dfrac{\phi}{2}\sin\dfrac{\theta}{2}\cos\dfrac{\Psi}{2} \\[3mm] \cos\dfrac{\phi}{2}\sin\dfrac{\theta}{2}\cos\dfrac{\Psi}{2} + \sin\dfrac{\phi}{2}\cos\dfrac{\theta}{2}\sin\dfrac{\Psi}{2} \\[3mm] \sin\dfrac{\phi}{2}\cos\dfrac{\theta}{2}\cos\dfrac{\Psi}{2} - \cos\dfrac{\phi}{2}\sin\dfrac{\theta}{2}\sin\dfrac{\Psi}{2} \end{bmatrix}$$

$$\tag{4-82}$$

4.5.2　姿态运动学

4.5.2.1　欧拉运动学方程

Euler 角变化率与角速度之间的关系也就是运动学方程，根据 Euler 角转动顺序不同，欧拉运动学方程也不同。如图 4-23 所示，按 $3-2-1(\phi-\theta-\Psi)$ 顺序旋转时的运动学方程为

$$\begin{cases} \dot{\phi} = (\omega_y \sin\Psi + \omega_z \cos\Psi)\sec\theta \\ \dot{\theta} = \omega_y \cos\Psi - \omega_z \sin\Psi \\ \dot{\Psi} = \omega_x + (\omega_y \sin\Psi + \omega_z \cos\Psi)\tan\theta \end{cases} \quad (4-83)$$

按 $2-3-1(\theta-\phi-\Psi)$ 顺序旋转时的运动学方程为

$$\begin{cases} \dot{\phi} = (\omega_y \cos\Psi - \omega_z \sin\Psi)\sec\theta \\ \dot{\theta} = \omega_y \sin\Psi + \omega_z \cos\Psi \\ \dot{\Psi} = \omega_x - (\omega_y \cos\Psi - \omega_z \sin\Psi)\tan\theta \end{cases} \quad (4-84)$$

如果上述运动学方程是建立在惯性系基准上，则航天器姿态角速度矢量满足

$$\boldsymbol{\omega} = \dot{\boldsymbol{\Psi}} + \dot{\boldsymbol{\theta}} + \dot{\boldsymbol{\phi}}$$

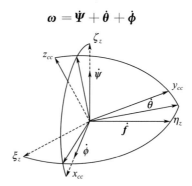

图 4-23　按 $2-3-1$ 转序时转动角速度示意图

4.5.2.2　四元数运动学方程

航天器角速度也可用四元数及其导数表示，相应称为四元数运

动学方程，为

$$\dot{\boldsymbol{q}} = \frac{1}{2}\boldsymbol{\Omega}(\boldsymbol{q})\boldsymbol{\omega} \tag{4-85}$$

$$\boldsymbol{\Omega}(\boldsymbol{q}) = \begin{bmatrix} -q_1 & -q_2 & -q_3 \\ q_0 & -q_3 & q_2 \\ q_3 & q_0 & -q_1 \\ -q_2 & q_1 & q_0 \end{bmatrix} \tag{4-86}$$

其分量形式表示为

$$\begin{aligned}
\frac{\mathrm{d}q_0}{\mathrm{d}t} &= -\frac{1}{2}(\omega_x q_1 + \omega_y q_2 + \omega_z q_3) \\
\frac{\mathrm{d}q_1}{\mathrm{d}t} &= \frac{1}{2}(\omega_x q_0 - \omega_y q_3 + \omega_z q_2) \\
\frac{\mathrm{d}q_2}{\mathrm{d}t} &= \frac{1}{2}(\omega_x q_3 + \omega_y q_0 - \omega_z q_1) \\
\frac{\mathrm{d}q_3}{\mathrm{d}t} &= \frac{1}{2}(-\omega_x q_2 - \omega_z q_0 + \omega_y q_1)
\end{aligned} \tag{4-87}$$

4.5.3　姿态动力学

姿态动力学方程可从刚体的动量矩定理导出。设外力系对质心 O 的主矩为 $\boldsymbol{M}$，则绕质心转动方程为

$$\frac{\mathrm{d}\boldsymbol{h}}{\mathrm{d}t} = \boldsymbol{M}$$

设航天器惯量张量为 $\boldsymbol{I}$，可推导出在航天器体坐标系内建立的绕质心转动方程的具体形式为

$$\boldsymbol{I} \cdot \frac{\mathrm{d}\boldsymbol{\omega}}{\mathrm{d}t} + \boldsymbol{\omega} \times (\boldsymbol{I} \cdot \boldsymbol{\omega}) = \boldsymbol{M} \tag{4-88}$$

其中，$\boldsymbol{\omega}$ 为航天器对惯性空间的瞬时转速在本体坐标系中的投影，称为惯性角速度，也可表示为：$\boldsymbol{\omega} = \boldsymbol{\omega}_b + \boldsymbol{C}_{b0}\dot{\boldsymbol{f}}$，$\boldsymbol{\omega}_b$ 为体角速度，$\dot{\boldsymbol{f}}$ 为轨道角速度，当轨道偏心率很小时可由轨道根数近似得到，$\dot{f} \approx n(1 + 2e\cos nt_p)$，$n$ 为轨道平均角速度，t_p 为从近地点算起的飞行

时间。

4.5.4　空间环境力矩

航天器姿态控制的指向精度和稳定度与它所受的干扰力矩有关，影响航天器姿态的外干扰力矩来源有：重力梯度、太阳光压力、气动力、剩磁干扰力等；内干扰力矩来源有：有效载荷活动部件、帆板挠性、俯仰偏置动量轮的动不平衡、太阳电池阵驱动机构、飞轮的安装误差和动不平衡等（黄圳圭，1997）。

空间环境力矩对卫星姿态稳定与控制十分重要，本节对航天器所受的空间环境力矩进行分析。为了进行姿态动力学计算，主要考虑以下四种空间环境力矩：重力梯度力矩、太阳辐射力矩、气动力矩以及地磁力矩。这些力矩的大小主要取决于航天器运行的轨道高度、质量分布、几何形状、表面特性、太阳活动情况、大气密度、星上磁体以及姿态运动。

4.5.4.1　重力梯度力矩

重力梯度力矩对航天器姿态运动的影响十分重要。在与距离平方成反比的引力场内做轨道运动的任意物体，只要其惯量张量是非球对称的，都将受到梯度力矩作用。航天器飞行经验表明，重力梯度力矩是影响姿态运动的重要因素。

在建立重力梯度力矩的数学模型时，需要进行简化假设：

1）引力场中吸引体是单体，即地球；

2）吸引体质量分布对称；

3）航天器的尺寸与吸引体质心至航天器质心之间距离相比要小得多；

4）航天器本身亦是单体。

由上述假设，推导重力梯度力矩实用算式为

$$\boldsymbol{M}_G = \frac{3\mu}{R_c^5} \boldsymbol{i}_c \times \boldsymbol{I}_c \cdot \boldsymbol{i}_c \qquad (4-89)$$

其中，$\boldsymbol{I}_c = \int_m \boldsymbol{rr} \mathrm{d}m$，$\boldsymbol{rr}$ 是质量元对刚体质心的并矢，R_c 为航天器距

引力中心的距离，i_c 为地心与卫星质心连线方向的单位矢量。如果引入坐标计算，上式可以表示为

$$M_G = \frac{3\mu}{R_c^5} \tilde{i}_c \times \left[\int_m (r^2 E - rr^T) dm \right] \cdot i_c \qquad (4-90)$$

式中，$\tilde{i}_c$ 为 i_c 的伴随矩阵

$$\tilde{i}_c = \begin{bmatrix} 0 & -i_{cz} & i_{cy} \\ i_{cz} & 0 & -i_{cx} \\ -i_{cy} & i_{cx} & 0 \end{bmatrix}$$

$I = \int_m (r^2 E - rr^T) dm$，是刚体对其质心惯量张量。

　　航天器姿态动力学方程通常用体坐标系来描述，因此要代入体坐标系中的分量进行计算。

4.5.4.2　气动力矩

　　航天器运行轨道的高度都在 120 km 以上，大气很稀薄，但气动力矩对航天器姿态的影响不能忽略。从物理机制看，气动力矩是由大气分子撞击航天器表面进行动量交换而产生的。撞击到航天器表面的气体分子被二次发射出来，但在自由分子流情况下，二次发射的分子与入射的大气分子不发生相互作用。因而在计算总动量交换时，可以对入射流与二次发射流的动量交换进行独立的计算，而后再相加即可。同时自由分子流允许把复杂气动外形的航天器，分解成几个简单外形的叠加，使得计算工作得以简化。

　　对自由分子流而言，常用的气动力矩表达式为

$$M_A = \frac{\rho V_R^2}{2} C_D A_P C_P \times V_R \qquad (4-91)$$

其中，$\rho V_R^2/2$ 为动压头；ρ 为大气密度，主要通过大气模型计算获得；C_D 为阻力系数，取值范围为 2.2～2.6；A_P 为迎流面面积；C_P 为航天器质心至压心的矢径；V_R 为大气相对航天器的速度。

4.5.4.3　地磁力矩

　　作用于航天器上的磁力矩由航天器内磁体的磁矩 N 与航天器所

在处的磁场 $\boldsymbol{B}$ 相互作用产生。假定航天器体内的等效磁矩为 $\boldsymbol{N} = [N_{xb} \quad N_{yb} \quad N_{zb}]^{\mathrm{T}}$（航天器体坐标系），则作用于航天器上的磁力矩（在航天器体坐标系中）为 $\boldsymbol{M}_{\mathrm{m}} = \boldsymbol{N} \times \boldsymbol{B}$，分量表示为

$$M_{mx} = N_{yb}B_{zb} - N_{zb}B_{yb}$$
$$M_{my} = N_{zb}B_{xb} - N_{xb}B_{zb} \qquad (4-92)$$
$$M_{mz} = N_{xb}B_{yb} - N_{yb}B_{xb}$$

航天器所在处的磁场 $\boldsymbol{B}$ 求法：根据星下点计算公式求得航天器轨道高度及航天器星下点的地理经度与地理纬度 (R, λ, θ)，再计算地磁场磁位势。在计算磁扰动力矩时，实际上为了简化模型，通常采用偶极子模型，距地心 r 处的磁场为

$$\boldsymbol{B}_0 = \frac{\mu_{\mathrm{m}}}{r^3}(-2\sin\theta_{\mathrm{m}}\,\boldsymbol{e}_r + \cos\theta_{\mathrm{m}}\,\boldsymbol{e}_\theta) \qquad (4-93)$$

式中，$\mu_{\mathrm{m}} = 8.1 \times 10^{15}\,\mathrm{T \cdot m^3}$，$\theta_{\mathrm{m}}$ 为从地磁赤道（地球表面磁针与水平方向夹角为 0 的各点连线）算起的磁纬度。

将其对轨道坐标系进行投影，得

$$B_{0x} = 0, B_{0y} = -\frac{\mu_{\mathrm{m}}}{r^3}\cos\theta_{\mathrm{m}}, B_{0z} = \frac{2\mu_{\mathrm{m}}}{r^3}\sin\theta_{\mathrm{m}}$$

4.6　航天动力学基础库 AstroLib

载人航天系统仿真分析涉及的学科多、内容复杂，若所有仿真分析均从最底层的软件功能模块研制开始，将耗费大量的时间、人力和物力进行重复性、低层次的研发工作，同时，仿真分析结果的可靠性也难以有效保证。通过研制支持软件开发的公共算法库，可以较好地解决上述问题（王华，2007；Zhou，2016；何渝，2003）。

国际上已经有很多航天动力学软件程序库和软件，其中较为著名的有 Meeus 编写的 C++ 天文算法库（Meeus，1991）、国际天文联合会发布的天文坐标系统及地球姿态模型的基础天文标准库 SOFA、得克萨斯大学计算机科学系与 NASA 戈达德航天飞行中心合作开发的航天任务仿真分析包 JAT（Gaylor，2006）、NASA 戈达

德航天飞行中心开发的开源轨道任务分析软件 GMAT （Laing，2016）。本节对作者开发的航天动力学基础库 AstroLib 进行介绍。

航天动力学基础库 AstroLib 对仿真分析软件中需经常重复使用的功能模块进行封装，供仿真分析软件开发时调用。

4.6.1　结构功能介绍

AstroLib 包括支撑数据、航天动力学库、数学库和工具库四部分，其总体结构如图 4 - 24 所示。每个部分又包含若干功能模块，下面介绍各部分的组成及功能。

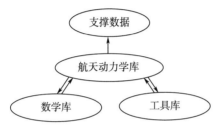

图 4 - 24　AstroLib 库的总体结构

4.6.2　支撑数据

支撑数据包含航天动力学分析所需要的基本数据，包括地球方位数据，跳秒数据，JPL 星历数据文件，大气模型数据，地球引力场模型数据等。地球方位数据由国际地球自转服务（IERS）机构发布，在互联网上定期更新。JPL 星历由美国喷气推进实验室产生，可以在互联网上获得其二进制或 ASCII 格式。这些数据按不同系列组织，包括 403*.* 和 405*.* 等。大气模型和地球引力场数据也可在互联网上获得。支撑数据以数据文件的形式存在，更新时只需要替换相应的数据文件即可。

4.6.3　航天动力学库

航天动力学库包含航天动力学分析的基本函数和数据结构。

AstroLib 隐藏了大部分复杂的实现细节，如岁差、章动、极移和地球方位计算等，对用户提供了简洁的接口。同时对于高级用户，AstroLib 也提供了一些操作这些细节的函数，便于高级用户能够根据需要定制更详细的参数。

航天动力学库主要包含以下功能模块。

(1) 坐标系统

描述航天器运动首先需要定义合适的参考坐标系。在航天系统中常用的坐标系如图 4 - 25 所示。

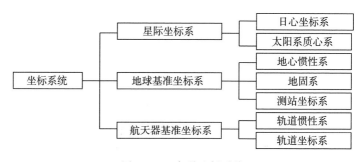

图 4 - 25　各种坐标系统

AstroLib 实现了 B1950 和 J2000 两个系列的坐标系转换，同时对于最新的 IAU2000 系列坐标系也提供了转换函数。

(2) 时间系统

时间是空间科学的一种重要的物理量。航天器以每秒几千米的速度运动，要分析和仿真这样高速的状态，必须高精度地给出时间度量。为了度量时间，应有其尺度和原点。通常采用基督教纪元（从耶稣诞生的时代开始计算的时间）作为时间原点。时间尺度的度量采用四种方式：恒星时，太阳时（世界时），动力学时和原子时。恒星时和太阳时基于地球旋转制定，依赖于数学计算。动力学时和原子时则相对独立。AstroLib 实现了各种时间度量的相互转换，各种时间系统之间的转换关系如图 4 - 1 所示。

（3）轨道参数转换

航天器轨道可以用各种参数来描述，以描述轨道形状为例，就可以用半长轴与偏心率、周期与偏心率、平均角速度与偏心率、近拱点半径与远拱点半径、近拱点高度与远拱点高度五组参数来描述。描述轨道的参数集也有多种，包括位置速度、轨道六根数、球坐标根数等。AstroLib 支持各种轨道参数和轨道参数集的相互转换，包括考虑长期进动椭圆时的轨道参数转换。

（4）姿态参数转换

航天器姿态信息可以采用四种方式描述：Euler 角（包括 12 种转动顺序），四元数，转换矩阵，转动轴和转动角。AstroLib 建立了四种描述方式的结构，并实现了它们之间的相互转换。

（5）JPL 星历

美国喷气推进实验室（JPL）从事行星和月球高精度星历的产生，AstroLib 的 JPL 星历函数用来访问 JPL 的行星星历文件，产生高精度的行星（包括太阳和月球）位置速度。

（6）太阳月球行星解析星历计算

除了支持 JPL 高精度星历外，AstroLib 还提供了一组行星星历的解析计算函数，在精度要求不是很高的任务中可用来快速生成行星星历。

（7）地球方位

AstroLib 提供了地球方位角计算函数用来支持地固系到地心惯性系的转换。这些函数通常直接由坐标系统或时间系统函数调用。地球方位计算采用 IAU1976 岁差模型和 IAU1980 章动模型，采用了国际地球自转服务机构实时发布的地球方位参数和跳秒数据计算地球极移和时间校正。

（8）航天器轨道计算

航天器轨道计算是航天任务中重要的方面，AstroLib 提供了五种轨道计算方法：上升段模拟、两体、J_2 摄动、SGP4 和高精度轨道。

上升段模拟根据发射点位置、入轨点位置和上升段时间来模拟产生航天器的上升段轨迹。两体轨道计算将中心引力体考虑为点质量模型。J_2摄动轨道计算考虑了中心体的J_2长期摄动项影响。SGP4是北美防空联合司令部的解析轨道计算模型，主要用来对空间物体进行跟踪计算。高精度轨道函数考虑了地球引力场、大气阻力、三体摄动和太阳光压对航天器轨道的摄动，采用数值积分方法进行轨道外推。

（9）航天器姿态分析

航天器姿态分析函数采用姿态动力学和姿态运动学方程产生航天器的姿态运动规律，可用来进行航天器的姿态运动分析。

（10）方位角、仰角和距离计算

在航天任务中，经常需要分析两个航天器之间或者地面站和航天器之间的方位角、仰角和距离，这些数据用来分析航天器之间或地面站与航天器之间的可观测关系。AstroLib可以计算航天器之间或航天器相对于地面站的方位角、仰角和距离数据。

（11）阴影计算

AstroLib的阴影分析函数可以很方便地计算航天器的阴影状态，并可以区分出本影、半影和环影三种不同的阴影状态，如图4-26所示。

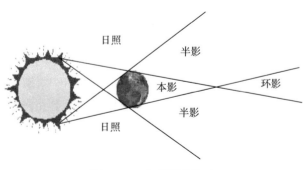

图4-26　各种阴影类型

（12）质量分析

航天器在飞行中，由于推进剂消耗或者局部部件的运动（例如太阳帆板转动）会引起质量特性的变化，AstroLib 包含质量分析函数，可以精确地分析航天器的质量特性变化。

4.6.4　数学库

数学库包含常用的数值计算所需的函数。主要包含以下功能模块：

1）矢量和矩阵：AstroLib 利用面向对象技术和模板技术实现了通用的矢量和矩阵类，使得软件系统能够直接在矢量和矩阵层次进行建模开发。

2）随机数：航天系统仿真中经常要进行 Monte Carlo 打靶分析，这时就需要随机数函数的支持。AstroLib 提供了各种随机分布的随机数产生函数，包括均匀分布、Gauss 分布、Poisson 分布和二项式分布等。

3）统计分析：结果数据分析中经常涉及统计学领域。AstroLib 提供了统计分析函数来支持数据的统计计算，这些函数可用来计算一组数据的均值、方差、三阶矩和四阶矩等参数。

4）常用数值算法：AstroLib 中包含的常用数值算法如表 4 - 7 所示。

表 4 - 7　AstroLib 中包含的常用数值算法

类型	算法
积分	Simpson 法，Romberg 法，Gauss 法
插值	多项式插值，有理函数插值，样条插值
线性方程组求解	Gauss - Jordan 消去法，LU 分解法
非线性方程组求解	Newton - Raphson 法
常微分方程组初值问题	定步长 Runge - Kutta 方法、变步长 Runge - Kutta 方法、Bulirsch - Stoer 方法
优化	线性单纯形法，Brent 方法、单纯形法、Powell 方法和变尺度法

4.6.5 工具库

工具库包含了航天系统分析所需要的一些工具函数。主要包含以下功能模块：

1) 字符串操作：提供了操作函数来增强 C++ 标准库中的字符串操作；

2) 文件目录操作：提供了一系列函数来更便捷地进行目录操作并按照标准格式读写文件；

3) 对象管理：提供了一个对象管理的通用框架，在此框架中可以更便捷灵活地建立和扩展对象。

参 考 文 献

［1］ GAYLOR D，PAGE R，BRADLEY K. Testing of the java astrodynamics toolkit propagator. AIAA/AAS Astrodynamics Special Conference and Exhibit，Keystone，Colorado，2006.

［2］ JOHN B. Standards of fundamental astronomy：SOFA tools for earth attitude. International Astronomical Union，2007.

［3］ LAING J，ABEDIN M. Introduction to the GMAT software. 6th International Conference on Astrodynamics Tools & Techniques，Darmstadt Germany，2016.

［4］ MEEUS J H. Astronomical algorithms. Richmond：Willmann – Bell，Incorproated，1991.

［5］ SEIDELMANN P K，ARCHINAL B A，A'HEARN M F，et al. Report of the IAU/IAG Working Group on cartographic coordinates and rotational element：2006, Celestial Mechanics and Dynamical Astronomy，2007，98（3）：155 – 180.

［6］ VALLADO D A. Fundamentals of astrodynamics and applications. California：Space Technology Library，2007.

［7］ ZHOU W M，WANG H，LI H Y，et al. AstroSim：A software framework for aerospace system analysis and simulation. Proceedings of 2016 IEEE Chinese Guidance，Navigation and Control Conference，August 12 - 14，2016 Nanjing，China.

［8］ HOWARD D C. 轨道力学. 周建华，徐波，冯全胜，译. 北京：科学出版社，2009.

［9］ 何渝. 计算机常用数值算法与程序（C++版）. 北京：人民邮电出版社，2003.

［10］ 黄圳圭，赵志建. 大型航天器动力学与控制. 长沙：国防科技大学出版社，1990.

［11］ 黄圳圭. 航天器姿态动力学. 长沙：国防科技大学出版社，1997.

[12] 贾沛然，陈克俊，何力．远程火箭弹道学．长沙：国防科技大学出版社，2009.

[13] 刘林，王歆．月球探测器轨道力学．北京：国防工业出版社，2006.

[14] 王华，唐国金，李海阳．航天系统分析与仿真基础程序库 AstroLib．系统仿真学报，2007，19（13）：2917－2920.

[15] 王鹏，徐青，李建胜，等．空间环境建模与可视化仿真技术．北京：国防工业出版社，2012.

[16] 郗晓宁，曾国强，任萱，等．月球探测器轨道设计．北京：国防工业出版社，2001.

[17] 郗晓宁，王威，高玉东．近地航天器轨道基础．长沙：国防科技大学出版社，2003.

[18] 杨嘉墀，吕振铎．航天器轨道动力学与控制．北京：宇航出版社，2001.

[19] 袁建平，和兴锁．航天器轨道机动动力学．北京：中国宇航出版社，2010.

[20] 张守信．外弹道测量与卫星轨道测量基础．北京：国防工业出版社，1992.

[21] 赵钧．航天器轨道动力学．哈尔滨：哈尔滨工业大学出版社，2011.

第 5 章　逃逸与应急救生仿真建模

5.1　载人航天救生系统概述

所有载人运输工具的一个核心问题是要保障人员的全程安全，这里的人员既包括使用者也包括可能发生交集的各类人员。常规运输系统如汽车、客机、火车等，在运输过程中的安全主要靠运载工具自身的可靠性来保证，而在紧急情况下，通过应急停车/降落、紧急撤离方式来实施救援。而执行危险任务的运输工具，如战斗机、载人飞船等，本身就是一种技术冒险，要达到足够直接保障人员安全的任务可靠性是不现实的，这时就必须考虑引入专门的救生系统，如弹射座椅等，实施运行全程的救生。

载人航天是人类征服太空的高风险探索，在地面试验、航天飞行中，都曾经付出过惨痛的生命代价，其中最著名的莫过于两次航天飞机失事：1986 年 1 月 28 日，挑战者号航天飞机因右侧固体火箭推进器中的一个 O 形环失效，导致一连串连锁反应，在升空后 73 s 时，爆炸解体坠毁，机上 7 名航天员全部遇难；2003 年 1 月 16 日，哥伦比亚号航天飞机发射升空时，机翼隔热瓦被外推进剂箱表面泡沫材料脱落碎片击中损坏，导致飞机在 2 月 1 日再入地球过程中解体，机上 7 名航天员全部遇难。哥伦比亚号事故直接导致了航天飞机的退役，载人航天又回到了飞船一统天下的时代。

以航天飞机为代表的可重复使用航天器无疑比飞船更加先进，而导致其下马的核心问题就是安全。载人航天任务，保证航天员的安全不仅是首先需要解决的技术难题，也关系到国家的声誉，具有重要的政治意义（李东旭，2003）。在整个载人航天大系统研制以及任务执行过程中，保证人员安全是必须遵循的基本原则。

5.1.1 逃逸与应急救生任务定位

载人航天活动通常由一系列相互衔接的阶段任务组成，可能会涉及运载火箭、飞船、空间站等多个不同的航天器，也会涉及发射场、回收场、地面站、中继卫星、控制中心等相关系统。载人航天救生任务需要各相关飞行器和系统协调配合共同执行，需要各组成系统针对不同阶段的任务特点进行专门设计。从不同的任务视角，救生有不同的提法，本章采用的逃逸救生和应急救生提法，分别针对运载火箭和载人飞船任务。

载人航天系统的核心部分是具有天地往返能力的乘员舱，如航天飞机的轨道器、神舟飞船的返回舱等，救生模式设置和阶段划分通常以此为中心展开，救生模式设置和阶段划分也通常以此为视角展开。在载人飞船飞行任务中，从航天员进舱起，经发射段、运行段、返回段，一直到着陆段航天员出舱为止，一旦出现危及航天员生命的故障或危险时，飞船将在发射场、运载火箭、测控通信、着陆场、航天员等系统的支持下，根据事先制定的方案与实施程序，实施应急救生，保障航天员的生命安全。神舟飞船为适应救生任务，专门设置了应急救生分系统。飞船应急救生分系统配置有专用的飞船逃逸程控器和相应的逃逸控制电路，用于应急救生控制，而救生任务具体执行则主要依赖已有的飞船 GNC、数管、推进、回收着陆等分系统的已有功能。

从航天事故历史可知，航天任务最大的风险在于发射段，运载器必须要针对救生问题进行重大改造。发射段面临的主要风险是运载火箭爆炸或者失控，这时救生的主要任务是快速逃离故障火箭，所以该阶段的救生任务通常称为逃逸救生。承载神舟飞船发射任务的是 CZ - 2F 火箭，其相比 CZ - 2E 火箭的一个重要改进，就是增加了逃逸救生分系统，也可称发射终止系统（Launch Abort System）。运载火箭逃逸救生分系统配置的专用设备较多，包括火箭逃逸程控器、逃逸塔、高空逃逸发动机、高空分离发动机以及栅格翼等配套机构。在大气层内逃逸时，整流罩、逃逸塔、轨道舱、返回舱会构成一个具有独立逃离能力的飞行器，称为逃逸飞行器（Launch Escape Vehicle，LEV）。

救生是故障处置的终极手段，对救生任务的理解需要放到载人航天任务安全性设计的大背景中，如图 5 - 1 所示。为保证安全性，载人航天器首先必须要具备比无人航天器更强的健康监测和故障诊断能力，对飞行器中各关键部件的状态进行实时监控，提供给飞行器控制系统、航天员和飞控中心全面的评测信息。当出现异常信号后，控制系统、航天员、飞控中心需要在给定的时间内，对信息进行处理，给出诊断结论、制定故障处理方案。故障处理的首选方案是启动备份方案，载人任务通常会采用冗余设计。多数设备存在主份、备份两套，甚至某些核心器件存在三套以上的设备，当出现单一故障时，可以直接切换到另外一套设备，继续完成后续任务。某些没有主备份的设备也可能存在冗余型设计，如运载火箭主发动机可能存在多台、多喷管，一旦出现故障，还可以考虑任务重构，即根据当前的设备配置，选用容错或自适应控制律，调整标称轨道和部分任务目标，继续完成飞行任务。任务重构的典型案例是 SpaceX 公司猎鹰 9 号火箭，在 9 台发动机 1 台故障情况下，成功实现发射任务。任务重构，也同样适用于飞船入轨轨道存在重大偏离的情况，比如，阿波罗 13 号任务的应急返回就可以看作是一次成功的任务重构。当设备故障问题难以通过主备份切换和任务重构来弥补时，任务将面临失败，挽救任务的最后一种手段就是应急维修。当任务时间允许及存在维修手段的情况下，通过地面注入更换软件、航天员舱内维修、出舱维修等手段，原理上可以处理一些关键故障。哥伦比亚号航天飞机失事后的调查报告曾对飞机故障维修的可能性进行了详细的探讨，后续的航天飞机任务，在与空间站对接时增加了反转机动，用于对航天飞机外部破损进行早期检测，增加了舱外维修配置，用于对类似问题进行出舱维修。在飞行任务难以保证的情况下，救生就提到日程上来了。

　　救生意味着放弃任务，以确保人员生存、顺利返回地球为首要目标。救生通常可分为应急救援和应急救生两类。应急救援是借助外部力量的救生，如通过发射另外一艘载人飞船，采用空间交会对接实现人员转移，利用新飞船返回地球。应急救生是自主救生，即利用飞行器自身配备的设备，实施人员救生。在很多情况下，如当运载火箭面临爆炸风险时，应急救生是唯一的选项。本章主要探讨发射段应急救生的仿真建模问题，把逃逸飞行器相关的仿真，称为逃逸救生仿真；把以飞船为核心，涉及发射、逃逸、分离、开伞、着陆等救生全程的仿真，称为应急救生仿真。

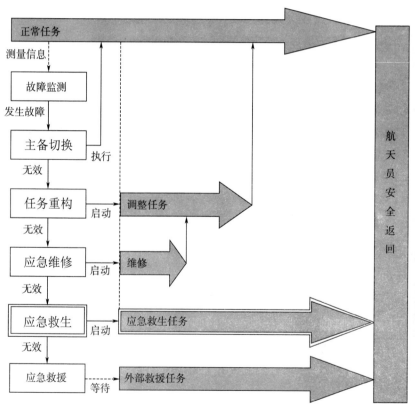

图 5-1　应急救生在航天任务故障处理中的地位

5.1.2　逃逸救生系统发展概况

在应急救生任务中，逃逸救生系统有突出的地位，因为它属于为救生定制的专用系统，而不是对已有任务设备的简单利用。逃逸系统是随着载人航天的发展应运而生的，世界各载人航天大国都有各自专门的逃逸救生系统。逃逸救生系统的主要功能是在大气层内，尤其是发射台逃逸时，提供航天员快速远离故障火箭的能力。

随着载人航天器的更新换代，逃逸救生系统的形式也趋于多样化。从逃逸发动机安装形式来看，存在弹射座椅、逃逸塔、整流罩侧推、飞船侧推、飞船后推、后推逃逸模块等不同的形式，其中逃逸塔或者称塔式逃逸系统是发展最早、使用最为广泛的逃逸系统。从发动机类型来看，有固体火箭发动机和液体火箭发动机的区别。早期设计以固体发动机为主，近年来液体发动机也得到应用。从逃逸系统的可利用性来看，有一次性专用型、一次性辅助入轨型、推进剂共用型、可重复使用型等差别，可重复使用是未来发展的重要趋势。

下面介绍几个典型的逃逸救生系统。

5.1.2.1　美国早期的救生塔方案

1958 年 10 月，NASA 执行了第 1 个载人航天计划——水星计划，其目的是将搭载 1 名航天员的水星飞船送入近地轨道。水星计划中所使用的水星——红石火箭是在丘比特 C 火箭的基础上改进而来的，添加了更多的推进剂，加强了箭体的强度，并加装了逃逸塔及故障检测装置以确保载人航天的可靠性和安全性，如图 5-2（a）所示。该应急救生系统由飞船顶部的逃逸火箭、塔架以及安装在火箭仪器舱内的自动应急救生敏感系统组成。

到了 20 世纪 60 年代，美国为了实现载人登月计划，研制成功了包括土星 1、土星 1B 以及土星 5 三个型号在内的土星系列运载火箭。除了土星 1 前四枚以及土星 1B 的第三枚未配备逃逸塔外，其余土星火箭都配备了逃逸塔。相对水星-红石火箭上最初的逃逸塔，土星系列运载火箭搭载的阿波罗飞船逃逸塔（Shayler，2009；潘刚，2015；Townsend，1973）在主要构造上并没有明显突破，如图 5 - 2（b）所示。

（a）水星-红石火箭逃逸救生塔　　　　　　（b）土星5号运载火箭逃逸塔

图 5 - 2　美国早期的救生塔方案

5.1.2.2　龙飞船逃逸救生系统

龙飞船是由美国 SpaceX 公司开发的航天器，分为货运与载人两种型号，其货运版已多次向国际空间站运送物资补给，载人版的龙飞船正处于研制阶段。载人版的龙飞船将具有逃逸救生的功能，其逃逸救生系统主要组件为安装在返回舱侧面的八台超级天龙座（SuperDraco）发动机，如图 5 - 3 所示。该发动机可在 100 ms 内达到推力峰值，提供约 67 kN 的推力。在逃逸过程中，8 台超级天龙座发动机以最大推力工作 5 s，并可通过控制推力大小进行飞行控制。该发动机具有重复多次点火能力，可以实现重复使用及多功能应用，如在正常飞行情况下可以用于飞船返回着陆（Lauren，2009；Gotcha，2012；Erik，2013）。

图 5 - 3 载人版龙飞船逃逸系统

龙飞船的逃逸救生系统完全不同于传统塔式逃逸系统，其逃逸发动机布局在返回舱侧板内，该逃逸模式可简称为返回舱侧推式。

5.1.2.3 CST - 100 飞船逃逸系统

CST - 100 飞船是由波音公司在 NASA 商业乘员计划 CCDEV 支持下研制的，它采用两舱构型设计，分为乘员舱与服务舱，如图 5 - 4 所示。其逃逸救生系统主发动机为 4 台 RS - 88 发动机，安装在服务舱底部，每台 RS - 88 发动机可以产生约 25 kN 的推力，推进剂为液氧/乙醇。这种依靠推进舱主发动机进行逃逸的方式，简称为推进舱后推式（Mckinney，2013a；McCann，2013；Mckinney，2013b）。

5.1.2.4 猎户座飞船逃逸系统

猎户座飞船，也称乘员探索飞行器，如图 5 - 5 所示，是美国 2004 年启动的星座计划中的载人运输飞行器（Davidson，2007；Murphy，2011；Edwards，2010；Bergin，2007）。

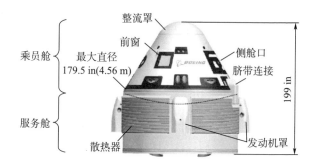

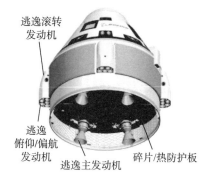

图 5 - 4　CST - 100 飞船发动机配置

图 5 - 5　猎户座飞船

　　猎户座飞船的逃逸系统采用的是典型的塔式逃逸系统布局，从塔尖到飞船依次为控制发动机、分离发动机以及逃逸主发动机，如图 5-6 所示。猎户座飞船的逃逸救生性能非常优异，在逃逸过程中，逃逸主发动机可以提供 2 200 kN 的推力，使飞船的加速度达到 15 g，发射台逃逸高度和距离都达到 1.6 km 左右。

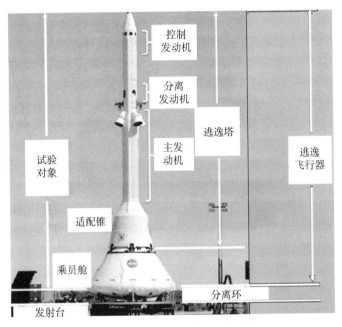

图 5-6　猎户座飞船塔式逃逸系统

　　由于塔式逃逸系统会对发射组合体的阻力及挠度产生较大的影响，并且具有较大的结构质量及气动噪声问题。为了避免上述问题，在猎户座飞船的研制过程中，NASA 还设计了一种非塔式逃逸系统（Max Launch Abort System，MLAS），将逃逸发动机安装到飞船外部的整流罩上，如图 5-7 所示，目前 NASA 已成功完成一次 MLAS 地面逃逸飞行试验。这种依靠整流罩侧面的发动机进行逃逸的方式，简称为整流罩侧推式。

图 5-7　猎户座飞船整流罩侧推式逃逸系统

5.1.2.5　联盟飞船逃逸系统

在 20 世纪 60 年代中后期，俄罗斯在东方号火箭的基础上改进研制了联盟号运载火箭，用于发射联盟系列载人飞船，如图 5-8 所示。为了确保航天员的安全，研制单位对火箭结构做了必要的加强，并在整流罩安装了应急救生塔，该逃逸塔包含 3 种固体发动机：主发动机、控制发动机和分离发动机。主发动机安装在整流罩的上方，推力为 785 kN，工作时间约为 5 s。它可把逃逸飞行器拉离运载火箭约 1 km 的地方。自 1964 年 10 月以来，联盟号运载火箭是苏联/俄罗斯在使用的唯一的载人运载火箭系列，未见其逃逸系统设计有较大改动的报道（Sarigul-Klijn，2010；Zea，2012；Howard，2011；Krevor，2011）。

逃逸塔

图 5 - 8　联盟号运载火箭

5.1.2.6　神舟飞船逃逸系统

我国研制的神舟系列飞船由 CZ - 2F 运载火箭发射，CZ - 2F 运载火箭是在 CZ - 2E 的基础上研发的，重要改进是增加了故障检测系统和逃逸救生系统。神舟飞船逃逸救生采用塔式逃逸系统（张智，2004；刘竹生，2004；李颐黎，2004；李海阳，1997），如图 5 - 9 所示。逃逸发动机都采用固体发动机，分为五类：逃逸主发动机、高空逃逸主发动机、分离发动机、高空分离发动机、控制发动机。其中逃逸主发动机、分离发动机以及控制发动机安装在逃逸塔上，高空分离发动机、高空逃逸主发动机安装在整流罩上。神舟逃逸救生系统仅实施了一次发射台逃逸飞行试验，就完成了研制，很大程度依托了现代的系统仿真技术，研制成本远低于国外同类系统。

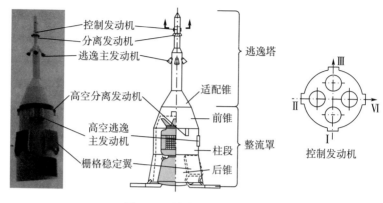

图 5 - 9　神舟飞船逃逸系统

5.1.3　应急救生模式划分

在不同的飞行阶段，应急救生的方式会有本质的不同。以我国载人航天工程一期为例，飞行任务包含发射前准备、发射段、在轨运行段、返回着陆段、着陆后搜救等一系列阶段，据此，应急救生可分为下列几个救生方式：

1）待发段应急救生；

2）发射段大气层内应急救生；

3）发射段大气层外救生；

4）在轨运行段应急救生；

5）返回段应急救生；

6）着陆段应急救生。

对于出舱活动、交会对接、空间站访问等载人航天任务，在轨运行段的内容要更加复杂，一般也要像发射段一样进一步细分。

以上这些飞行阶段的任务特点各异，下面以前 4 个为代表，对救生模式的设置进行说明。

5.1.3.1　待发段应急救生

待发段运载火箭处于发射台上，当人员开始进入飞船后，遇到运载火箭倾倒、爆炸等重大风险时，需要实施救生。该段以乘员舱（返回舱）舱门关闭为界，可以分为两个模式。

(1) 紧急撤离模式

舱门关闭前，发生危险情况时，航天员可以通过脐带塔设置的安全通道，迅速撤离运载火箭，进入安全掩体。

(2) 发射台逃逸模式

舱门关闭后，发生危险情况时，需要启动逃逸救生飞行器，快速撤离发射台，带航天员降落到安全区域。这个模式称为发射台逃逸（Pad Escape），又称为零高度逃逸，或者叫 0-0 逃逸。该模式面临起飞高度最小、速度为零的极限情况，也是运载发生故障风险最大、爆炸后破坏范围最大的情况，是逃逸救生系统设计的重点和难点。

5.1.3.2　发射段大气层内应急救生

发射段又称为上升段，以运载火箭抛整流罩为界，可以分为大气层内和大气层外两个子阶段。发射段大气层内应急救生面临的风险是运载火箭爆炸及失控等重大故障。该阶段可以分为四种救生模式。出于不同的设计考虑，模式的阶段划分对于运载火箭和飞船可能有所差异。

(1) 救生模式 I（低空救生模式）

该模式特点与发射台逃逸基本一致，通常合并处理。从运载角度看，该阶段故障火箭处于发射台附近，为保护发射设施不能关机，从而为逃逸飞行器逃离爆炸危险区带来最危险概况；从逃逸飞行器角度看，发射初始阶段逃逸飞行器能够达到的最大高度有限，为提升高度，需要在逃逸主发动机开机的基础上，辅助以高空逃逸发动机；从飞船角度看，由于逃逸飞行器最大高度有限，飞船返回舱需要在最大高度点附近与逃逸飞行器分离并尽快开伞，以保证安全着陆，即采用低空开伞程序。

(2) 救生模式 II（中空救生模式）

该阶段运载火箭已经飞离发射区，但飞行高度仍然有限。从逃逸飞行器角度看，该阶段运载火箭爆炸风险相对降低，而碰撞风险相对上升，需要针对不同阶段故障火箭的弹道特点，分别设计中空和高空的逃逸控制发动机点火时序；从飞船角度看，该阶段飞船高度已经达到中空开伞的基本需求，可以采用固定高度的中空开伞模式。

（3）救生模式Ⅲ（有塔高空救生模式）

该阶段飞行高度和速度都已较高。从逃逸飞行器角度看，控制发动机从俯仰通道，切换到偏航通道，确保避撞；从飞船角度看，返回舱开伞可以采用正常的十公里开伞程序。

（4）救生模式Ⅳ（无塔高空救生模式）

随着运载火箭飞行时间的延长，其爆炸危险越来越小，客观上对逃逸初始加速度及冲量的要求愈来愈低。逃逸塔对运载火箭而言是一种冗余载荷，需要尽早抛掉。而且到一定高度后，随着大气密度降低，有塔逃逸飞行器会存在不稳定状态。因此在抛整流罩前，通常会先抛逃逸塔。我国 CZ－2F 火箭抛塔时间在发射后 120 s（周建平，2013；李东旭，2003）。此后，如需要逃逸，使用安装在头部整流罩上的高空逃逸发动机和高空分离发动机实施无塔逃逸。

5.1.3.3　发射段大气层外应急救生

大气层外，随着助推、一级等构件分离，二级处于平稳工作状态，运载爆炸风险已经很小，飞船不再需要快速逃离故障火箭，而可以采用正常的有效载荷分离方式，靠飞船的轨控能力实施救生。根据控制目标和方式，可以把大气层外应急救生分为四种救生模式，如图 5－10 所示。

（1）救生模式Ⅴ（发动机无控救生模式）

在某种程度上，该模式是前四种模式的延续。在大气层内逃逸救生时，逃逸飞行器采用的是开环控制，仅通过调整时序参数，调节弹道特性，不利用飞船导航信息进行弹道修正。救生模式Ⅴ也采用类似思路，不进行落点控制。采用这种方式，可以使应急救生系统更加简单可靠。这种模式下，要求飞船能够在陆上回收。我国上

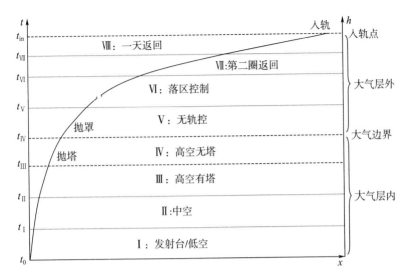

图 5 - 10　大气层内八种救生模式划分

升段陆上应急着陆区设置为从发射场至连云港的运载弹道星下点区间。

（2）救生模式Ⅵ（陆上或海上着陆救生模式）

当运载高度和航程增大到一定程度，不利用飞船轨控发动机进行主动控制，飞船就会溅落海上，并且可能散布在沿运载标称弹道星下点的很长弧段内，这会给搜救带来很大困难。为此需要引入轨控发动机，利用导航信息，进行落点主动控制的救生模式。这种模式下，飞船可能回调至陆地，也可能调节至上升段海上应急溅落区，该区从我国黄海连云港至太平洋关岛东南止，分成 A、B、C 三区。

（3）救生模式Ⅶ（进入非设计轨道第二圈返回救生模式）

当飞船分离后的无控落点远超出海上应急溅落区时，利用飞船自身推进剂，可以将其送入寿命大于 1 圈的环地轨道，这样就可以在副着陆场着陆。

（4）救生模式Ⅷ（进入非设计轨道第 14 圈以后返回救生模式）

当飞船分离后，利用自身推进剂，能够进入寿命大于 1 天的环地轨道，而不足以进入设计轨道完成后续任务时，可以提升轨道，于一天后采用正常的再入返回程序在主着陆场着陆。

　　救生模式Ⅶ、Ⅷ实际可能发生的时间区间很窄，并且处于二级火箭工作较为平稳的时段，这意味着这两种模式可能发生的概率很小。救生模式Ⅷ之后是大偏差入轨任务重构模式，这时可以支持完成部分或全部后续飞行任务，这种模式已经超出了救生的范畴。实际上，救生模式Ⅷ已经具有较为宽裕的在轨飞行时间，也可以支持完成少量飞行试验，和任务重构模式有一定的功能内涵交叠。

5.1.3.4　运行段应急救生

　　飞船入轨后在在轨运行期间如果发生紧急情况，也需要实施应急救生。运行段应急救生主要包括自主应急返回救生模式和提前或推迟返回模式。

　　（1）自主应急返回模式

　　当飞船发生紧急故障，且无测控通信支持情况下需要由航天员决定执行紧急返回。由于在轨运行时飞船星下点覆盖全球所有经度和轨道倾角内的纬度，立即返回不能保证人员搜救安全，所以必须要在轨等待合适的时机再执行再入机动。自主应急返回需要最长坚持时间取决于运行段应急着陆区设置，我国运行段应急着陆区全部设置在陆上，分布于亚洲、非洲、大洋州和南、北美洲陆上，共有10个应急着陆区，这样能够保证应急返回等待时间小于 6 h。

　　（2）提前或推迟返回模式

　　当故障后在有地面测控通信系统支持情况下，在不危及航天员生命的前提下，可以提前或推迟返回，着陆在相对条件较好的着陆区。

　　随着载人航天任务的深入，运行段的飞行任务趋于复杂，这时飞船仍需保留独立运行情况下的在轨应急救生模式，同时也增加了应急交会对接、应急撤离、在轨维修等选项。

　　除了近地载人任务外，载人月球探测及深空探测也存在应急救生的问题，这些任务救生都需要应用飞行器的变轨能力，和正常飞行任务规划大同小异，与发射段应急救生有本质的差异。本章将其归类到任务重构范畴，不进行深入介绍，对此可以参阅相关文献。

5.1.4 逃逸救生系统的组成

逃逸救生系统是一个复杂的系统，它由为完成救生任务而专门设置的专用系统以及兼顾正常和救生任务的共用系统两大部分组成。这里将逃逸分离后的飞行器称为逃逸飞行器，下面以我国神舟飞船/CZ-2F 运载火箭的逃逸飞行器为例，介绍其构成，其外形如图 5-9 所示。

5.1.4.1 专用系统

专用系统是指只在发生事故时起用的系统和组件，包括如下几个部分。

（1）逃逸救生塔

它的主要组件由以下几个部分组成。

①逃逸主发动机

逃逸主发动机用于 0～37.5 km 范围内，它能将逃逸飞行器拉离故障火箭。该发动机为前置反喷管固体发动机，有 4 个反喷管。在抛塔前（0～37.5 km）运载火箭发生故障时，逃逸指令与逃逸主发动机的点火指令同时发出，该发动机工作。

②分离发动机

分离发动机是安装在逃逸救生塔头部的一个小型固体发动机，有 8 个喷管。在发生事故时，用于有塔情况下返回舱与逃逸飞行器的分离。在正常飞行时，用来分离、抛掷未曾使用的逃逸救生塔。

③控制发动机

共有四台控制发动机，每台发动机有一个喷管，它们是位于逃逸救生塔上的小型固体发动机，沿Ⅰ－Ⅲ、Ⅱ－Ⅳ稳定面安装，喷管分别沿Ⅰ、Ⅱ、Ⅲ、Ⅳ向，与逃逸飞行器轴线垂直。控制发动机用于控制在发生事故条件下逃逸飞行器逃逸飞行时绕质心的运动，起偏航/俯仰作用。Ⅱ－Ⅳ稳定面上控制发动机的推力可变，低空逃逸时，推力为100％，高空逃逸时推力为70％，减小推力的方法是喷管出口处安装一个挡流板，使部分推力被抵消。

设置控制发动机的目的：一是要在发射台逃逸时使逃逸飞行器尽快离开危险区；二是在飞行过程中逃逸时使逃逸飞行器和故障火箭沿两个弹道平面飞行；三是抛掷逃逸救生塔时使逃逸塔偏离原弹道平面，以免发生碰撞。控制发动机的启动由控制系统按预先制定的方案控制，它与逃逸时故障火箭的姿态角和姿态角速度、风场参数、安全区范围参数、靶场地面设施布局等多种因素有关。

④配重

在逃逸救生塔顶部装有配重。安装配重的目的在于提高逃逸飞行器的静稳定性，通过它和栅格稳定翼来达到逃逸飞行器的静稳定裕度。

配重的质量是按照栅格稳定翼展开后逃逸主发动机和高空逃逸发动机药柱燃尽时逃逸飞行器质心位置不超过极限值要求选定的。

（2）高空逃逸发动机和高空分离发动机

①高空逃逸发动机

高空逃逸发动机由四台小型固体发动机共同组成，分两组对称安装在逃逸飞行器头部整流罩的圆锥面上，其分布位置如图5-11所示。

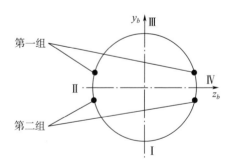

图5-11　高空逃逸发动机分布位置

高空逃逸发动机的用途有两个：一是用于无塔逃逸阶段逃逸时，为逃逸飞行器提供逃逸动力；二是在零高度逃逸时，作为逃逸主发动机逃逸动力的补充，提高逃逸飞行器的逃逸高度，以满足返回舱的开伞要求以及发射场安全所需要的逃逸飞行器水平飞行距离要求。当用于第一种用途时，四台发动机的工作流程是：第一组两台发动机先工作，当逃逸飞行器的轴线与运载火箭轴线夹角达到设计要求时再点燃第二组两台发动机，以实现逃逸飞行器与故障火箭在两个轨道平面内飞行。当用于第二种用途时，四台高空逃逸发动机同时工作，不改变逃逸飞行器的逃逸姿态，仅提高飞行高度和距离。

②高空分离发动机

高空分离发动机由两台小型固体发动机共同组成，两台对称安装于整流罩圆柱的上部，位于对称面内，与逃逸飞行器轴线夹角大致为 20°。用于无塔逃逸情况下返回舱与逃逸飞行器的分离。

逃逸飞行器的五种主要发动机——逃逸主发动机、分离发动机、控制发动机、高空逃逸发动机和高空分离发动机的基本性能参数如表 5-1 所示。

表 5-1　几种发动机的性能参数表

发动机名称	台数（台）	喷管数（个/台）	工作时间（s）	参考推力（kN）
逃逸主发动机	1	4	2.4	830
分离发动机	1	8	0.8	120
控制发动机	4	1	0.8	0.5
高空逃逸发动机	4	1	1.0	2.5
高空分离发动机	2	1	0.5	0.6

（3）逃逸飞行器控制系统（自动装置）

逃逸飞行器自动装置依次处理从各系统各组件所得的各种信号，并在出现事故时形成逃逸飞行器从故障火箭逃逸、返回舱从逃逸飞行器分离并安全着陆等指令程序。正常飞行时的自动装置负责产生分离、抛掷逃逸救生塔和头部整流罩的命令。

自动装置由救生自动装置组块、程序时序装置、陀螺仪、传感器、电源等组成。对逃逸飞行器的飞行过程的仿真即从接到控制系统发出的"逃逸"指令开始。

（4）逃逸飞行器整流罩上的主要机构和装置

1）头部整流罩应急逃逸分离面爆炸螺栓；

2）可展开的栅格稳定翼；

3）头部整流罩和飞船的连接件；

4）潜望镜抛罩火工装置；

5）灭火装置。

我国 CZ‐2F 逃逸飞行器首次采用了栅格稳定翼设计。在飞船和运载火箭正常飞行时处于闭合状态，用爆炸螺栓固定在整流罩上。栅格稳定翼由弹簧推力器（压簧）、阻尼器、爆炸螺栓和栅格翼组成。栅格稳定翼主要用来保证在有逃逸塔时逃逸飞行器的静稳定性，在有逃逸塔时，如不展开栅格翼的话，逃逸飞行器是静不稳定的。展开栅格翼可使逃逸飞行器的气动压心大大后移，从而使逃逸飞行器成为静稳定的。

头部整流罩和飞船的连接件用于传递轴向和侧向力，正常飞行时支座抱住返回舱，但允许做相对头部整流罩的自由转动。支座在发生事故时定位，使飞船的逃逸部分与头部整流罩实现刚性连接。

5.1.4.2　共用系统

除上述专用系统外，逃逸飞行器还有在正常飞行时工作的系统，即与飞船或运载火箭共用的系统，主要有：

1）飞船控制系统；

2）飞船/火箭分离系统；

3）逃逸救生塔抛掷系统；

4）头部整流器抛掷系统；

5）无线电指令装置和线路；

6）测量系统（故障监测，如传感器等）。

5.2　逃逸与应急救生系统仿真模型体系

5.2.1　逃逸与应急救生仿真建模需求

逃逸与应急救生系统是载人任务中不可或缺但又很少启用的系统，要通过飞行试验对其进行验证，不仅成本高，而且很难实现全面覆盖。因此，依托现代仿真技术开展能够部分乃至全面代替飞行试验的仿真试验意义重大。

逃逸与应急救生仿真试验的目的是要代替飞行试验而不是代替试验测试，仿真试验的真实性需要大量的地面试验和测试数据作支撑，需要气动、结构、机械等领域经过实践检验的理论作支撑，需要历史相关型号的飞行试验数据作支撑。所以仿真模型需要具有工程兼容性，即具有适应工程试验和更高精度分析参数的接口。

仿真试验不可能全方位代替飞行试验，必然是有所为有所不为。一般来说，仿真模型是仿真试验的基石，通过仿真模型构建的仿真系统是仿真试验的平台。仿真模型的正确性是仿真试验的出发点，而不是其目的，正确性检验需要来自仿真系统外部，如理论模型合理性分析、仿真结果合理性理论分析、试验数据比对、高精度模型校验等。

逃逸与应急救生仿真试验的主要任务有以下几类。

（1）设计参数的合理性校核

逃逸救生系统涉及一些新研的软硬件，这些软硬件都会经过深入的部件测试，但其组装后的整体性能以及在救生飞行全过程的动态特性，需要依靠仿真试验来检验。典型的设计参数有逃逸飞行时序、抛塔时刻、逃逸发动机参数配置、不同逃逸阶段的开伞方案等。

（2）故障方案校核

逃逸飞行器工作过程环节较多，除了要求其在设计状态下能够正常完成救生任务外，在存在故障的情况下，也需要评判其救生成功的可能性。典型的故障工况比如与故障火箭分离时部分连接螺栓没有成功解锁、有塔逃逸部分栅格翼未展开、控制发动机未正常点火、返回舱分离故障等。

（3）偏差影响及残余风险分析

飞行器的飞行载荷和性能受到各种随机因素的影响，与设计工况存在偏差，由于各种非线性效应的存在，偏差的影响存在极其复杂规律，难以解析评判。此外，采用逃逸救生技术后，载人航天飞行任务的安全性或者说残余风险也需要有效分析。通过蒙特卡洛抽样，开展偏差仿真是解决这两个问题的重要途径。逃逸与应急救生仿真需要考虑的偏差参数包括故障火箭初始参数偏差、几何参数偏差、质量参数偏差、发动机参数偏差、气动参数偏差、大气模型偏差、风场偏差等。

（4）关键设备或软件验证

通过构建硬件在回路或者软件在回路的仿真系统，可以对关键设备或软件在不同救生条件下的性能进行检验。逃逸救生的关键设备是逃逸程控器，应急救生的关键软件是 GNC 程序。在仿真系统中，它们可以作为仿真试验的组成部分，也同时是仿真试验检测的对象。

为适应以上仿真任务，逃逸与应急救生模型需要具备以下能力：

1）时间跨度上，能够对救生全过程仿真，包括故障火箭运行段、逃逸飞行器运行段、飞船/返回舱运行段、开伞着陆段；

2）系统覆盖层面，能够对发动机、结构、气动、GNC、回收场、应急救生等分系统的设计结果进行集成，能够对飞行器整体飞行性能进行仿真；

3）在精度上，能够和工程设计精度匹配；

4）在计算效率上，能够适应实时/超实时仿真；

5）在辅助设计能力方面，能够对关键设计参数，如逃逸控制时序等，实现参数化建模；

6）在随机因素分析方面，能够对主要的设计和工艺偏差、未知载荷变化等随机变量进行抽样。

5.2.2　重点仿真状态

发射台逃逸、最大动压区逃逸和最大高度逃逸是三种最危险的逃逸状态。在发射台、最大动压区和最大高度发生事故时，情况危险，逃逸条件差。在这三种状态下，逃逸飞行器逃逸救生失败的可能性最大，因此，它们既是设计逃逸飞行器时需要重点分析的状态，也是仿真软件需要重点仿真的状态。

（1）发射台逃逸

在发射台，载人飞船面临的最大威胁是运载火箭爆炸。一旦发生爆炸，不仅由于参与爆炸的推进剂量最多，而且由于地面的反射效应，爆炸产生的冲击波强度、火球半径、热辐射及碎片的散布范围都将最大，航天员受到最严重的爆炸威胁。因此，及时摆脱爆炸威胁（特别是冲击波超压威胁）是对逃逸飞行器的最基本要求，据此而确定逃逸主发动机的推重比（即总推力与逃逸飞行器重力之比）。

对逃逸发动机的第二个要求是提供足够的总冲，使其弹道顶点超过降落伞系统安全工作所必须的最小高度，以及使返回舱水平位移满足设计的落点航程要求，以避开爆炸火球并在无障碍物区域安全着陆。

风载对逃逸飞行的影响是发射台逃逸必须考虑的问题。风载不仅影响返回舱的落点航程，而且会影响逃逸飞行器的飞行性能，甚至可能导致逃逸飞行器失稳。

一般情况下栅格翼展开的动力有压簧的推力、气动力、惯性力和自身重力。在发射台逃逸时，气动力接近零，此时栅格展开比空中逃逸时速度慢，能否及时展开应是仿真应回答的问题。

以上四个方面，反映了零高度逃逸状态的特点，应在发射台逃逸仿真时着重考察。

（2）最大动压区逃逸

按 CZ-2F 运载火箭发射载人飞船弹道数据，最大动压 q_{max} 对应

的马赫数 Ma 大致为 1.2，而且 Ma 从 0.7 到 1.2 时，q 变化不大。因此，可以认为最大动压区同时也具有跨声速区的特点。

最大动压区可能是逃逸飞行器与运载火箭最严峻的分离逃逸条件。首先当达到最大动压时，逃逸飞行器所受到的气动阻力最大，逃逸主发动机推力必须克服很大的气动阻力才能使逃逸飞行器达到需要的分离速度。其次是当时运载火箭正在加速飞行，由于运载火箭故障有可能使其丧失应急关机能力，逃逸飞行器需在运载火箭做加速运动的情况下与之分离，这时分离的条件时逃逸飞行器的加速度必须大于运载火箭的加速度。逃逸飞行器的设计加速度必须有一定的余量，这是因为故障火箭在失去逃逸飞行器的质量后加速度会相应增加，此外逃逸飞行器与运载火箭分离初期两者相距尚近，运载火箭迎面阻力小，这也会导致其加速度增加。逃逸飞行器的设计加速度取决于逃逸主发动机的推重比，仿真软件应对此进行验证分析。

在开始逃逸时，逃逸飞行器具有一定的过载，逃逸主发动机工作使过载进一步大幅度提高。因此，在主动段具有大的正过载，在被动段由于气动阻力大，具有较大的负过载。正负两方向的过载是否超过航天员的生理极限是最大动压逃逸的第二个问题。

最大动压区也是跨声速区。逃逸时，逃逸飞行器在跨声速区的飞行时间较长。跨声速区气动现象复杂，气动力难以精确确定。复杂的气动现象（如颤振）可能导致结构失效。同时，最大气动力必然导致栅格翼锁定时冲击最大。因此，栅格翼锁定冲击是否导致栅格翼和整流罩的破坏是最大动压逃逸时必须仿真的。

（3）最大高度逃逸

运载火箭飞过最大动压区后，速度不断增加，但由于大气密度随高度剧降，动压相应减小，逃逸时遇到的气动阻力小。因此，分离已不成问题。

一方面，等量推进剂在高空爆炸时，就指定的超压来说，冲击波传播的距离及逃逸飞行器经过这段距离要比海平面上的短。另一方面，运载火箭已消耗大量推进剂。因此，运载火箭在高空爆炸的危险要比在低空小得多，逃逸飞行器脱离爆炸危险区已不成问题。

运载火箭失控是产生高空逃逸的主要原因。在这种情况下，逃逸飞行器的分离应保证有足够的分离距离，以免与失控的、甚至可能仍有动力的运载火箭相碰撞。碰撞问题应是最大高度逃逸仿真的重点。

5.2.3　逃逸与应急救生仿真模型分类

逃逸与应急救生系统仿真的核心是动力学与控制，所以本章所讨论的建模主要对此展开，而不考虑界面、可视化、数据库等类模型。

仿真模型有不同的分类标准，这里把逃逸与应急救生仿真模型分为两个层面：一个是处于底层具有通用特点的数学化或力学化模型，另一个是处于顶层具有针对性的以实体对象为特征的专用模型，专用模型也可能按照飞行试验过程进行分割。

底层通用数学/力学模型包括基础数学算法模型、刚体动力学模型、分离动力学模型、环境模型、坐标变换模型等。顶层专用实体/过程模型建立在底层模型的基础之上，包括故障火箭模型、逃逸飞行器模型、飞船模型、伞舱组合体模型、逃逸程控器、飞船 GNC 软件等。这些模型又包含各自的发动机模型、气动载荷分析模型、质量分析模型、分离模型、故障分析模型、偏差模型，如图 5 - 12 所示。

第 4 章介绍的 AstroLib 库，包含了仿真所需的常用模型，本章主要对逃逸与应急救生涉及的刚体动力学模型以及其他代表性的载荷模型进行具体介绍。

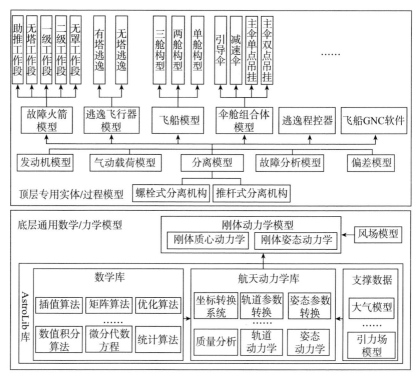

图 5-12　逃逸与应急救生模型分类

5.3　逃逸飞行器刚体动力学模型

5.3.1　坐标系

逃逸飞行器建模需要定义以下几个坐标系，如图 5-13、图 5-14 所示。

（1）发射坐标系 $o_0 x_g y_g z_g (s_g)$

发射坐标系与地球固连，与第 4 章定义相同，表示为 $o_0 x_g y_g z_g$。由于逃逸飞行器行程较短，发射坐标系可近似为惯性坐标系，是构建动力学模型的基准坐标系。

（2）逃逸飞行器体坐标系 $o_b x_b y_b z_b (s_b)$

逃逸飞行器体坐标系与飞行器本体固连，有塔和无塔逃逸飞行器模型的坐标原点 o_b 在有塔逃逸飞行器的理论尖点，而返回舱模型的体坐标原点 o_b 则取返回舱的顶点。$o_b x_b$ 轴沿飞行器纵轴从底部指向头部。$o_b y_b$ 轴在飞行器的纵向对称面内（俯仰发动机安装平面），$o_b x_b y_b z_b$ 构成右手直角坐标系，方向如图 5-13 所示。体坐标系是动坐标系，它与发射坐标系配合可确定逃逸飞行器的姿态。

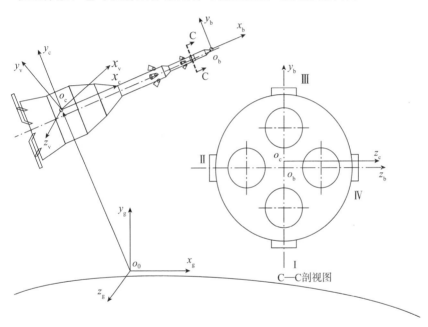

图 5-13　逃逸飞行器坐标系定义

（3）逃逸飞行器质心坐标系 $o_c x_c y_c z_c (s_c)$

逃逸飞行器质心坐标系的坐标原点 o_c 在飞行器的质心，各坐标轴分别与体坐标轴平行。逃逸飞行器存在质量偏心，引入质心坐标系可简化运动方程。

（4）逃逸飞行器速度坐标系 $o_c x_v y_v z_v (s_v)$

逃逸飞行器速度坐标系的坐标原点 o_c 在逃逸飞行器的质心。

$o_c x_v$ 轴沿飞行器的飞行速度（空速）方向。$o_c y_v$ 轴平行于纵向对称面，取向上为正。$o_c x_v y_v z_v$ 构成右手直角坐标系。速度坐标系与其他坐标系的关系可以反映出飞行器的飞行速度矢量状态。

（5）栅格翼局部坐标系 $o_s x_s y_s z_s (s_s)$

四块栅格翼的编号如图 5 - 14 所示，在各栅格翼分别建立局部坐标系 $o_{si} x_{si} y_{si} z_{si} (s_{si})$，$i = 1$，2，3，4。坐标系原点在栅格翼根部中点；$o_s y_s$ 从栅格翼的底部指向顶部；$o_s x_s$ 从栅格翼上表面指向下表面，当栅格翼展开到位时，$o_s x_s$ 与 $o_b x_b$ 正好相反；$o_{si} x_{si} y_{si} z_{si}$ 构成右手系；$y_s o_s z_s$ 为栅格翼平面。o_{si} 所在圆的半径为 R_s， 当栅格翼展开到位时，$o_{si} y_{si}$ 与 $o_b z_b$ 的夹角记作 θ_i 。

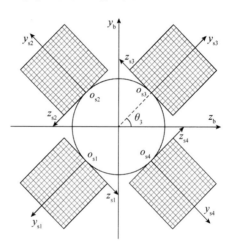

图 5 - 14　栅格翼局部坐标系

质心坐标系 s_c 相对于发射坐标系 s_g 的姿态可以用三个姿态角确定。本模型为了处理方程的奇异性采用了双欧法（黄雪樵，1994），即采用正、反欧拉角两个姿态角体系来进行坐标变换。正欧拉角分别为俯仰角 ϕ，偏航角 Ψ 和滚转角 γ， 如图 5 - 15（a）所示。反欧拉角分别为俯仰角 ϕ_r， 偏航角 Ψ_r 和滚转角 γ_r， 如图 5 - 15（b）所示。

设发射坐标系内的矢量为 $\begin{bmatrix} x & y & z \end{bmatrix}^T$，对应的质心坐标系内的

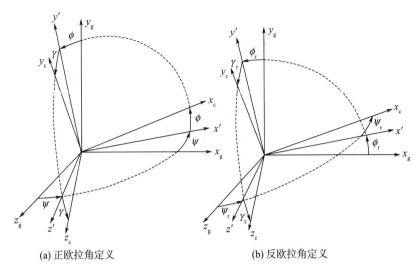

(a) 正欧拉角定义　　　　　　　(b) 反欧拉角定义

图 5 - 15　正、反欧拉角定义

矢量为 $[x_c\quad y_c\quad z_c]^T$，则其转换关系用正欧拉角（231 型）可表示为

$$\begin{bmatrix} x \\ y \\ z \end{bmatrix} = \boldsymbol{T}_{gc} \begin{bmatrix} x_c \\ y_c \\ z_c \end{bmatrix} \quad \begin{bmatrix} x_c \\ y_c \\ z_c \end{bmatrix} = \boldsymbol{T}_{cg} \begin{bmatrix} x \\ y \\ z \end{bmatrix} = \boldsymbol{T}_{gc}^{T} \begin{bmatrix} x \\ y \\ z \end{bmatrix} \tag{5-1}$$

其中

$$\boldsymbol{T}_{cg} = \boldsymbol{T}_1(\gamma)\boldsymbol{T}_3(\phi)\boldsymbol{T}_2(\boldsymbol{\varPsi}) \tag{5-2}$$

$$\boldsymbol{T}_1(\gamma) = \begin{bmatrix} 1 & 0 & 0 \\ 0 & \cos\gamma & \sin\gamma \\ 0 & -\sin\gamma & \cos\gamma \end{bmatrix} \tag{5-3}$$

$$\boldsymbol{T}_2(\boldsymbol{\varPsi}) = \begin{bmatrix} \cos\boldsymbol{\varPsi} & 0 & -\sin\boldsymbol{\varPsi} \\ 0 & 1 & 0 \\ \sin\boldsymbol{\varPsi} & 0 & \cos\boldsymbol{\varPsi} \end{bmatrix} \tag{5-4}$$

$$\boldsymbol{T}_3(\phi) = \begin{bmatrix} \cos\phi & \sin\phi & 0 \\ -\sin\phi & \cos\phi & 0 \\ 0 & 0 & 1 \end{bmatrix} \tag{5-5}$$

同理，用反欧拉角（321 型）可表示为

$$\begin{bmatrix} x \\ y \\ z \end{bmatrix} = \boldsymbol{T}_{gc}^* \begin{bmatrix} x_c \\ y_c \\ z_c \end{bmatrix} \quad \begin{bmatrix} x_c \\ y_c \\ z_c \end{bmatrix} = \boldsymbol{T}_{cg}^* \begin{bmatrix} x \\ y \\ z \end{bmatrix} = \boldsymbol{T}_{gc}^{*\mathrm{T}} \begin{bmatrix} x \\ y \\ z \end{bmatrix} \qquad (5-6)$$

其中

$$\boldsymbol{T}_{cg}^* = \boldsymbol{T}_1(\gamma_r)\boldsymbol{T}_2(\varPsi_r)\boldsymbol{T}_3(\phi_r) \qquad (5-7)$$

不同飞行器的刚体动力学方程形式上大同小异，主要差别在于质量和载荷特性的取值。下面以逃逸飞行器为例给出其刚体动力学方程。

5.3.2 质心运动学方程

（1）以矢量形式表示的质心运动方程

严格地说，发射坐标系为非惯性系，根据非惯性系中变质量质点系力学理论，可得逃逸飞行器在发射坐标系中的质心运动方程为

$$\begin{cases} \dfrac{\mathrm{d}\boldsymbol{X}}{\mathrm{d}t} = \boldsymbol{V} \\[2mm] m\,\dfrac{\mathrm{d}\boldsymbol{V}}{\mathrm{d}t} = \boldsymbol{P} + \boldsymbol{R} + \boldsymbol{G} + \boldsymbol{Q}_k + \boldsymbol{F}_k' + \boldsymbol{F}_t \end{cases} \qquad (5-8)$$

式中，$m = m(t)$ 是逃逸飞行器的质量；$\boldsymbol{V}$ 是逃逸飞行器质心的绝对速度矢量（地速）；$\boldsymbol{P}$ 是发动机推力；$\boldsymbol{R}$ 是气动力；$\boldsymbol{G}$ 是重力（万有引力＋牵连惯性力）；$\boldsymbol{Q}_k$ 是科氏惯性力（$\boldsymbol{\omega}_E$ 为地球自转角速度矢量）；$\boldsymbol{F}_k'$ 是附加科氏力；$\boldsymbol{F}_t$ 是特殊情况下的附加干扰力，代指后面一次分离模型的爆炸螺栓，二次分离时的火工推杆等作用力。

附加科氏力的大小为

$$\boldsymbol{F}_k' = -2\boldsymbol{\omega} \times \int \frac{\delta\boldsymbol{\rho}}{\delta t}\mathrm{d}m = -2\sum_i \dot{m}_i\boldsymbol{\omega} \times \boldsymbol{\rho}_{ei} \qquad (5-9)$$

其中，$\boldsymbol{\omega}$ 是逃逸飞行器相对惯性系的转动角速度矢量，一般可用相对发射坐标系的转动角速度矢量近似，忽略 $\boldsymbol{\omega}_E$ 的影响；$\boldsymbol{\rho}_{ei}$ 是逃逸飞行器质心到各工作发动机喷口截面中心的距离；$\dot{m}_i$ 是各工作发动机喷管出口处的质量流量。

（2）以标量形式表示的质心运动方程

将方程（5-8）中的各项沿发射坐标系投影，可得逃逸飞行器运动学方程和质心运动学方程。其中，质心运动学方程可表示为

$$\begin{bmatrix} \dot{x} = V_x \\ \dot{y} = V_y \\ \dot{z} = V_z \end{bmatrix} \tag{5-10}$$

式中，x，y，z 为逃逸飞行器质心在发射坐标系中的位置坐标；V_x，V_y，V_z 为地速在发射坐标系中的分量。忽略科氏惯性力并取均匀重力场模型，逃逸飞行器在发射坐标系中的质心动力学方程为

$$\begin{bmatrix} \dot{V}_x \\ \dot{V}_y \\ \dot{V}_z \end{bmatrix} = \frac{1}{m} \boldsymbol{T}_{\text{gc}} \begin{bmatrix} P_{xc} - R_x + F_{\text{tcx}} \\ P_{yc} + R_y - 2\dot{m}_e \rho_{ex} \omega_z + F_{\text{tcy}} \\ P_{zc} + R_z - 2\dot{m}_e \rho_{ex} \omega_y + F_{\text{tcz}} \end{bmatrix} - \begin{bmatrix} 0 \\ g \\ 0 \end{bmatrix} \tag{5-11}$$

用反欧拉角表示时可改写为

$$\begin{bmatrix} \dot{V}_x \\ \dot{V}_y \\ \dot{V}_z \end{bmatrix} = \frac{1}{m} \boldsymbol{T}_{\text{gc}}^* \begin{bmatrix} P_{xc} - R_x + F_{\text{tcx}} \\ P_{yc} + R_y - 2\dot{m}_e \rho_{ex} \omega_z + F_{\text{tcy}} \\ P_{zc} + R_z - 2\dot{m}_e \rho_{ex} \omega_y + F_{\text{tcz}} \end{bmatrix} - \begin{bmatrix} 0 \\ g \\ 0 \end{bmatrix} \tag{5-12}$$

其中，$\boldsymbol{T}_{\text{gc}}$、$\boldsymbol{T}_{\text{gc}}^*$ 分别为用正欧拉角和反欧拉角表示的质心坐标系到发射坐标系的变换矩阵；P_{xc}、P_{yc}、P_{zc} 为发动机总推力 $\boldsymbol{P}$ 在质心坐标系中的分量；R_x、R_y、R_z 为体坐标系内的气动力；F_{tcx}、F_{tcy}、F_{tcz} 为特殊力在质心坐标系中的分量，在一般情况下其值为零，特殊情况下的处理可参见分离模型；g 为重力加速度。附加科氏力通常是一个较小的量，因而式（5-11）和式（5-12）只考虑逃逸主发动机的影响，$\dot{m}_e$ 为逃逸主发动机的质量流量，ρ_{ex} 为质心到逃逸主发动机喷口中心的距离矢量在 $o_c x_c$ 轴上的投影。$\boldsymbol{\omega} = [\omega_x \quad \omega_y \quad \omega_z]^{\text{T}}$ 为逃逸飞行器相对发射坐标系的旋转加速度在质心坐标系上的投影，它也可以表示为坐标变换的时间导数关系

$$\frac{\mathrm{d}\boldsymbol{T}_{\mathrm{gc}}}{\mathrm{d}t} = \boldsymbol{T}_{\mathrm{gc}}\boldsymbol{\Omega}^{\times} = \boldsymbol{T}_{\mathrm{gc}} \begin{bmatrix} 0 & -\omega_z & \omega_y \\ \omega_z & 0 & -\omega_x \\ -\omega_y & \omega_x & 0 \end{bmatrix} \quad (5-13)$$

同理也有

$$\frac{\mathrm{d}\boldsymbol{T}_{\mathrm{gc}}^{*}}{\mathrm{d}t} = \boldsymbol{T}_{\mathrm{gc}}^{*}\boldsymbol{\Omega}^{\times} \quad (5-14)$$

气动力 R_x、R_y、R_z 可以表示为

$$\begin{cases} R_x = qC_x S_M \\ R_y = qC_y S_M \\ R_z = qC_z S_M \end{cases} \quad (5-15)$$

其中，速度头 $q = 0.5\rho(h)V_k^2$，C_x、C_y、C_z 分别是轴向、法向、横向气动力系数，可根据逃逸飞行器飞行马赫数、攻角、侧滑角由试验数据插值得到，h 是飞行器飞行高度，由弹道方程算出，ρ 是大气密度，可根据大气模型得到，V_k 是逃逸飞行器质心相对大气速度（空速），由弹道和风场得到，S_M 是飞行器特征面积，即飞行器最大横截面积。在分析有塔或者无塔逃逸飞行器时 $S_M = S_{LEV} = \pi D^2/4$，$D$ 为逃逸飞行器底部直径，在分析返回舱（CA）时 $S_M = S_{CA}$。

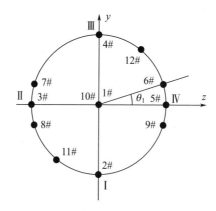

图 5-16 发动机编号示意图

首先给各发动机编号，如图 5-16 所示，1♯ 为逃逸主发动机，

2♯、3♯、4♯、5♯为控制发动机，6♯、7♯、8♯、9♯为高空逃逸发动机，10♯为分离发动机，11♯、12♯为高空分离发动机。记各发动机的推力矢量为 $\boldsymbol{P}_i$，推力在体坐标系 $ox_by_bz_b$ 上的分量分别为 P_{xi}、P_{yi}、P_{zi}，在质心坐标系 $o_cx_cy_cz_c$ 上的分量分别为 P_{xci}、P_{yci}、$P_{zci}(i=1,2,\cdots,12)$。

在质心坐标系中发动机总推力 $\boldsymbol{P}_c$ 可以表示为

$$\boldsymbol{P}_c = \sum_{i=1}^{12} IC(i,t)\boldsymbol{P}_i \qquad (5-16)$$

其中，$IC(i,t)$ 为发动机控制函数，它代表了发动机推力的调用控制逻辑，当其取值为零时表示此时发动机未工作，当其为 1 时表示发动机工作。$\boldsymbol{P}_i$ 的具体取值可由试验数据插值得到。

5.3.3　绕质心的转动方程

（1）以矢量形式表示的绕质心的转动方程

根据变质量质点系力学理论，可得逃逸飞行器绕质心转动的转动方程（在质心坐标系 s_c 中）

$$\boldsymbol{I} \cdot \frac{\mathrm{d}\boldsymbol{\omega}}{\mathrm{d}t} + \boldsymbol{\omega} \times (\boldsymbol{I} \cdot \boldsymbol{\omega}) = \boldsymbol{M}_P + \boldsymbol{M}_R + \boldsymbol{M}'_K + \boldsymbol{M}_t \qquad (5-17)$$

其中，$\boldsymbol{I}$ 是逃逸飞行器绕质心坐标轴转动惯量张量；$\boldsymbol{\omega}$ 是逃逸飞行器相对惯性系的转动角速度矢量，一般可用相对发射坐标系的转动角速度矢量近似，忽略 $\boldsymbol{\omega}_E$ 的影响；$\boldsymbol{M}_P$ 是发动机推力对质心产生的力矩；$\boldsymbol{M}_R$ 是气动力对质心产生的力矩；$\boldsymbol{M}'_K$ 是附加科氏力矩；$\boldsymbol{M}_t$ 是特殊情况下的附加干扰力力矩，代指后面一次分离模型的爆炸螺栓，二次分离时的火工推杆等作用力力矩。

附加科氏力矩的表达式为

$$\boldsymbol{M}'_K = -\frac{\mathrm{d}\boldsymbol{I}}{\mathrm{d}t} \cdot \boldsymbol{\omega} - \sum_i \dot{m}_i \boldsymbol{\rho}_{ei} \times (\boldsymbol{\omega} \times \boldsymbol{\rho}_{ei}) \qquad (5-18)$$

其中，$\dot{m}_i$ 为各工作发动机喷管出口处的质量流量；$\boldsymbol{\rho}_{ei}$ 为逃逸飞行器质心到各工作发动机喷口截面中心的距离。

（2）以标量形式表示的运动方程

将方程（5-21）中的各项沿发射坐标系投影，可得逃逸飞行器绕质心的运动学方程和动力学方程。运动学方程可表示为

$$\begin{bmatrix} \dot{\phi} \\ \dot{\Psi} \\ \dot{\gamma} \end{bmatrix} = \begin{bmatrix} \omega_y \sin\gamma + \omega_z \cos\gamma \\ (\omega_y \cos\gamma - \omega_z \sin\gamma)/\cos\phi \\ \omega_x - \tan\phi(\omega_y \cos\gamma - \omega_z \sin\gamma) \end{bmatrix} \qquad (5-19)$$

用反欧拉角表示

$$\begin{bmatrix} \dot{\phi}_r \\ \dot{\Psi}_r \\ \dot{\gamma}_r \end{bmatrix} = \begin{bmatrix} (\omega_y \sin\gamma_r + \omega_z \cos\gamma_r)/\cos\Psi_r \\ \omega_y \cos\gamma_r - \omega_z \sin\gamma_r \\ \omega_x + \tan\Psi_r(\omega_y \sin\gamma_r + \omega_z \cos\gamma_r) \end{bmatrix} \qquad (5-20)$$

动力学方程可表示为

$$\dot{\boldsymbol{\omega}} = \boldsymbol{I}^{-1}(\boldsymbol{M} - \boldsymbol{\Omega}^{\times}\boldsymbol{I}\boldsymbol{\omega}) \qquad (5-21)$$

即

$$\begin{bmatrix} \dot{\omega}_x \\ \dot{\omega}_y \\ \dot{\omega}_z \end{bmatrix} = \boldsymbol{I}^{-1} \begin{bmatrix} M_x + (I_{yy} - I_{zz})\omega_y\omega_z + I_{yz}(\omega_y^2 - \omega_z^2) + I_{zx}\omega_x\omega_y - I_{xy}\omega_x\omega_z \\ M_y + (I_{zz} - I_{xx})\omega_z\omega_x + I_{zx}(\omega_z^2 - \omega_x^2) + I_{xy}\omega_y\omega_z - I_{zy}\omega_x\omega_y \\ M_z + (I_{xx} - I_{yy})\omega_x\omega_y + I_{xy}(\omega_x^2 - \omega_y^2) + I_{yz}\omega_z\omega_x - I_{zx}\omega_z\omega_y \end{bmatrix}$$

其中，转动惯量阵

$$\boldsymbol{I} = \begin{bmatrix} I_{xx} & -I_{xy} & -I_{xz} \\ -I_{yx} & I_{yy} & -I_{yz} \\ -I_{zx} & -I_{zy} & I_{zz} \end{bmatrix} \qquad (5-22)$$

由质量分析模型给出，M_x、M_y、M_z 为总外力矩 $\boldsymbol{M}$ 在体系下的分量。

发动机推力产生的力矩表示为

$$\boldsymbol{M}_P = \sum_{i=1}^{12} IC(i,t)\boldsymbol{M}_i \qquad (5-23)$$

其中，$\boldsymbol{M}_i$ 由载荷分析模型确定，$IC(i,t)$ 与式（5-16）中的含义相同。

气动力产生的力矩可以表示为

$$\boldsymbol{M}_R = \begin{bmatrix} m_x^{\omega}\bar{\omega}_x q S_M L - R_x y_{co} \\ m_y^{\omega}\bar{\omega}_y q S_M L - R_z (x_T - x_{cp}) \\ m_z^{\omega}\bar{\omega}_z q S_M L + R_y (x_T - x_{cp}) - X y_{co} \end{bmatrix} \qquad (5-24)$$

其中，q 为速度头，m_x^{ω}、m_y^{ω}、m_z^{ω} 为动导数，由载荷分析模型给出；V_k 为空速速率，S_M 为特征面积；L 为参考长度，当分析有塔逃逸飞行器时 $L=L_T$，当分析无塔逃逸飞行器时 $L=L_u$，当分析返回舱时 $L=L_{CA}$；x_T 为质心到理论尖点的距离，由质量分析模型给出；y_{co} 为质心在体坐标系中沿 oy_b 方向的位置坐标，由质量分析模型给出；x_{cp} 为压心到理论尖点的距离，由载荷分析模型给出；归一化参数

$$\bar{\omega}_x = \frac{\omega_x L}{V_k}, \bar{\omega}_y = \frac{\omega_y L}{V_k}, \bar{\omega}_z = \frac{\omega_z L}{V_k} \qquad (5-25)$$

附加科氏力矩可以表示为

$$\boldsymbol{M}'_k = \begin{bmatrix} \dot{I}_{xy}\omega_y + \dot{I}_{xz}\omega_z - \dot{I}_{xx}\omega_x - \dot{m}_e\omega_x\rho_R^2 \\ \dot{I}_{yx}\omega_x + \dot{I}_{yz}\omega_z - \dot{I}_{yy}\omega_y - \dot{m}_e\omega_y(\rho_{ex}^2 + \rho_R^2/2) \\ \dot{I}_{zx}\omega_x + \dot{I}_{zy}\omega_y - \dot{I}_{zz}\omega_z - \dot{m}_e\omega_z(\rho_{ex}^2 + \rho_R^2/2) \end{bmatrix}$$

$$(5-26)$$

其中，ρ_R 为逃逸主发动机各喷管喷口截面中心所在圆的半径；$\dot{I}_{xx}$、$\dot{I}_{yy}$、$\dot{I}_{zz}$、$\dot{I}_{xy}$、$\dot{I}_{xz}$、$\dot{I}_{yz}$、$\dot{I}_{yx}$、$\dot{I}_{zx}$ 为转动惯量随时间的变化率，由质量分析模型给出。特殊力矩 $\boldsymbol{M}_t = [M_{tx} \quad M_{ty} \quad M_{tz}]^T$ 的取值可由分离模型等给出。

对式（5-19）、式（5-20）求导可得方位角的二阶导数表达式

$$\begin{cases} \ddot{\phi} = \dot{\omega}_y\sin\gamma + \omega_y\dot{\gamma}\cos\gamma + \dot{\omega}_z\cos\gamma - \omega_z\dot{\gamma}\sin\gamma \\ \ddot{\Psi} = (\dot{\omega}_y\cos\gamma - \omega_y\dot{\gamma}\sin\gamma - \dot{\omega}_z\sin\gamma - \omega_z\dot{\gamma}\cos\gamma)/\cos\phi + \\ \qquad \dot{\phi}\sin\phi(\omega_y\cos\gamma - \omega_z\sin\gamma)/\cos^2\phi \\ \ddot{\gamma} = \dot{\omega}_x - \tan\phi(\dot{\omega}_y\cos\gamma - \omega_y\dot{\gamma}\sin\gamma - \dot{\omega}_z\sin\gamma - \omega_z\dot{\gamma}\cos\gamma) - \\ \qquad \dot{\phi}(\omega_y\cos\gamma - \omega_z\sin\gamma)/\cos^2\phi \end{cases}$$

$$(5-27)$$

反欧拉角形式

$$
\begin{cases}
\ddot{\phi}_r = (\dot{\omega}_y \sin\gamma_r + \omega_y \dot{\gamma}_r \cos\gamma_r + \dot{\omega}_z \cos\gamma_r - \omega_z \dot{\gamma}_r \sin\gamma_r) / \cos\Psi_r + \\
\qquad\quad \dot{\Psi}_r \tan\Psi_r (\omega_y \sin\gamma_r + \omega_z \cos\gamma_r) / \cos\Psi_r \\
\ddot{\Psi}_r = \dot{\omega}_y \cos\gamma_r - \omega_y \dot{\gamma}_r \sin\gamma_r - \dot{\omega}_z \sin\gamma_r - \omega_z \dot{\gamma}_r \cos\gamma_r \\
\ddot{\gamma}_r = \dot{\omega}_x + \tan\Psi_r (\dot{\omega}_y \sin\gamma_r + \omega_y \dot{\gamma}_r \cos\gamma_r + \dot{\omega}_z \cos\gamma_r - \omega_z \dot{\gamma}_r \sin\gamma_r) + \\
\qquad\quad \dot{\Psi}_r \sec^2\Psi_r (\omega_y \sin\gamma_r + \omega_z \cos\gamma_r)
\end{cases}
$$

$$(5-28)$$

（3）方程的奇异性

当逃逸飞行器在发射台逃逸时，其俯仰角 ϕ 将近 90°，旋转运动学方程（5-19）由于出现奇异而发生退化。这里模型采用双欧法。

双欧法的基本思想是定义两套欧拉角，分别称为正欧拉角和反欧拉角，导出两种欧拉方程。分析发现，所有的欧拉方程都存在奇异性，即存在两个奇异点，我们称这个奇异点附近的区域为奇异区，其他区域称为精华区，奇异区的大小根据人为规定的不同有所差别。采用双欧法描述，其中，$\phi \in [-\pi/2, \pi/2]$，$\Psi \in (-\pi, \pi]$，$\gamma \in (-\pi, \pi]$，$\phi_r \in (-\pi, \pi]$，$\Psi_r \in [-\pi/2, \pi/2]$，$\gamma_r \in (-\pi/2, \pi]$。$(\phi, \Psi, \gamma)$、$(\phi_r, \Psi_r, \gamma_r)$ 构成两种对逃逸飞行器状态的描述，我们称所有可能状态的几何为逃逸飞行器的姿态空间，记作 Ξ，姿态空间的任一点都对应至少一个 (ϕ, Ψ, γ) 坐标和至少一个 $(\phi_r, \Psi_r, \gamma_r)$ 坐标，规定同一点对应的不同表示等价。正欧拉角体系的奇异点为 $\phi = \pm\pi/2$，反欧拉角体系的奇异点为 $\Psi_r = \pm\pi/2$。定义正欧拉角体系的奇异区 Θ^+ 和反欧拉角的奇异区 Θ^- 分别表示为

$$\Theta^+ = \{(\phi, \Psi, \gamma) \mid \phi > \pi/4 \cup \phi < -\pi/4\}$$

$$\Theta^- = \{(\phi_r, \Psi_r, \gamma_r) \mid \Psi_r > \pi/4 \cup \Psi_r < -\pi/4\}$$

对应的精华区为奇异区的补集 $\overline{\Theta^+}$、$\overline{\Theta^-}$。可见这时 $\overline{\Theta^+}$ 和 $\overline{\Theta^-}$ 的并集 $\overline{\Theta}^{\cup}$ 将覆盖整个姿态空间 Ξ，但此映射还不是一一映射，需要选取 $\overline{\Theta}^{\cup}$ 的某一子集。$\overline{\Theta}^{\cup}$ 的子集取法很多，这里定义

$$\overline{\Theta} = \begin{cases} (\phi_r, \Psi_r, \gamma_r), & \phi \in [-\pi/2, -\pi/4] \bigcup (\pi/4, \pi/2] \\ (\phi, \Psi, \gamma), & \phi \in [-\pi/4, \pi/4] \end{cases}$$

$$(5-29)$$

这样表示法 $\overline{\Theta}$ 与姿态空间 Ξ 可以建立一个一一映射关系。不过注意到表示法 $\overline{\Theta}$ 代数形式并不连续，所以实际处理需要对俯仰角 ϕ 进行全程监控，在跨越姿态表示法分界线后，随时对表示法进行转换。

令

$$\boldsymbol{T}_{cg} = \boldsymbol{T}_{cg}^* = \begin{bmatrix} a_{11} & a_{12} & a_{13} \\ a_{21} & a_{22} & a_{23} \\ a_{31} & a_{32} & a_{33} \end{bmatrix} \qquad (5-30)$$

反欧拉角到正欧拉角的变换

$$\phi = \arcsin a_{12}$$

$$\Psi = \begin{cases} \arccos \dfrac{a_{11}}{\sqrt{1-a_{12}^2}}, & a_{13} \leqslant 0 \\ -\pi - \arctan \dfrac{a_{13}}{a_{11}}, & a_{13} > 0, a_{11} \leqslant 0 \\ -\arctan \dfrac{a_{13}}{a_{11}}, & a_{13} > 0, a_{11} > 0 \end{cases} \qquad (5-31)$$

$$\gamma = \begin{cases} \arccos \dfrac{a_{22}}{\sqrt{1-a_{12}^2}}, & a_{32} \leqslant 0 \\ -\pi - \arctan \dfrac{a_{32}}{a_{22}}, & a_{32} > 0, a_{22} \leqslant 0 \\ -\arctan \dfrac{a_{32}}{a_{22}}, & a_{32} > 0, a_{22} > 0 \end{cases}$$

正欧拉角到反欧拉角的变换

$$\Psi_r = \arcsin(-a_{13})$$

$$\phi_r = \begin{cases} \arccos \dfrac{a_{11}}{\sqrt{1-a_{13}^2}}, & a_{12} \geqslant 0 \\[3mm] -\pi + \arctan \dfrac{a_{12}}{a_{11}}, & a_{12} < 0, a_{11} \leqslant 0 \\[3mm] \arctan \dfrac{a_{12}}{a_{11}}, & a_{12} < 0, a_{11} > 0 \end{cases} \qquad (5-32)$$

$$\gamma_r = \begin{cases} \arccos \dfrac{a_{33}}{\sqrt{1-a_{13}^2}}, & a_{23} \geqslant 0 \\[3mm] -\pi + \arctan \dfrac{a_{23}}{a_{33}}, & a_{23} < 0, a_{33} \leqslant 0 \\[3mm] \arctan \dfrac{a_{23}}{a_{33}}, & a_{23} < 0, a_{33} > 0 \end{cases}$$

5.3.4　载荷分析模型

逃逸飞行器属于被动控制飞行器，其飞行弹道、姿态角、稳定性及结构完整性均决定于飞行过程中作用于飞行器上的各种载荷，其中主要的是各种外部力和力矩。因此，飞行仿真计算的准确性在很大程度上直接依赖于外部力和力矩的计算精度。

由于逃逸飞行器是工作在亚声速、跨声速直到高超声速宽广的速度范围内的特殊飞行器，作用在其上的外载荷随着逃逸点的不同而不同，并且由于采用了前置喷管发动机和栅格翼等非常规气动外形而使得作用在逃逸飞行器上的外力尤其是气动力变得十分复杂。逃逸飞行器的这些特点决定了外载荷计算应主要地依赖于大量的地面试验数据。但是，由于地面试验环境与空间实际飞行环境有很大的不同，因此，外载荷分析模块必须提出适当的理论模型以便将地面试验数据修正为可在各种飞行仿真计算中直接使用的载荷数据；另一方面，由于飞行仿真计算要考虑各种非设计状态的逃逸飞行，因此，外载荷分析模块还必须提供满足一定精度的工程估算方法，为逃逸飞行仿真系统提供仿真计算过程中所有可能飞行状态下的外载荷数据，以保证软件系统的完整性与准确性。

逃逸飞行器所受的外力主要包括重力、各发动机推力、空气动力、风载及冲击波等产生的附加外力。

5.3.4.1　发动机推力模型

逃逸飞行器包含逃逸主发动机 1 台、逃逸控制发动机 4 台、高空逃逸发动机 4 台、分离发动机 1 台、高空分离发动机 2 台。这些发动机都是固体发动机，其载荷模型可以统一建模，包括推力大小、推力方向、推力矩及其偏差等几个方面。

（1）发动机推力大小与发动机喷管质量秒流量

实际飞行中的发动机推力由多种因素确定，在仿真过程中，推力根据发动机地面试车数据经过修正得到，可以表示为

$$P_h(t) = P_0(t) - A_e(p_{ah} - p_{a0}) \tag{5-33}$$

其中，P_0 为发动机地面试车的推力，由试验数据插值得到；A_e 为喷管出口处的面积；p_{a0} 为试验时的地面大气压；p_{ah} 为飞行高度为 h 时的大气压（参见标准大气模型）。式（5-33）适用于对逃逸飞行器上的所有五类发动机推力的处理，对发动机统一编号，则第 i 台发动机的推力大小可以记为 $P_i(t)$。

（2）发动机方位

第 i 台发动机的安装位置可以用体坐标系中的位置矢量 $\boldsymbol{r}_i$ 表示，推力方向可以用单位矢量 $\hat{\boldsymbol{P}}_i$ 表示

$$\boldsymbol{r}_i = \begin{bmatrix} x_i \\ y_i \\ z_i \end{bmatrix}, \quad \hat{\boldsymbol{P}}_i = \begin{bmatrix} \cos\alpha_i \\ \cos\beta_i \\ \cos\gamma_i \end{bmatrix}, \quad \boldsymbol{P} = P_i\hat{\boldsymbol{P}}_i$$

其中，α_i，β_i，γ_i 为推力方向与体坐标轴的夹角，$\boldsymbol{P}$ 为推力矢量。$\boldsymbol{r}_i$ 和 $\hat{\boldsymbol{P}}_i$ 的取值需要根据设计参数或者实物测量参数给定，对单喷管的发动机，它们取决于喷管的位置和方向，而对于逃逸主发动机和逃逸分离发动机等多喷管发动机，它们的参数则由各喷管综合得到。考虑到偏差因素

$$\boldsymbol{r}_i = \boldsymbol{X}(-\delta_{ir\theta})(\boldsymbol{r}_{i0} + \delta_{irx}\hat{\boldsymbol{r}}_{ix}) \ \text{或} \ \boldsymbol{r}_i = \boldsymbol{X}(-\delta_{ir\theta})(\boldsymbol{r}_{i0} + \delta_{iry}\hat{\boldsymbol{r}}_{iy})$$

$$P_i^* = \hat{P}_{i0} + \delta_{i\rho}\cos\delta_{i\theta}\frac{\hat{P}_{i0}\times i\times\hat{P}_{i0}}{|\hat{P}_{i0}\times i\times\hat{P}_{i0}|} + \delta_{i\rho}\sin\delta_{i\theta}\frac{\hat{P}_{i0}\times i}{|\hat{P}_{i0}\times i|},\hat{P}_i = \frac{P_i^*}{|P_i^*|}$$

其中,$\delta_{ir\theta}$ 为位置矢量绕 x 轴存在角度偏差;δ_{irx} 为位置矢量沿 x 轴存在位置偏差;δ_{iry} 为位置矢量沿 y 轴存在位置偏差;$\delta_{i\rho}$,$\delta_{i\theta}$ 为推力矢量偏斜夹角和旋转方位角;r_{i0},$\hat{P}_{i0}$ 为设计的基准参数;$\hat{r}_{ix}$,$\hat{r}_{iy}$ 为截面内位置偏差单位矢量,通常取体坐标的基矢量 i,j;若 $\hat{P}_{i0}=i$,则取 $\hat{P}_{i0}\times i$ 为 $-k$。

5.3.4.2　气动力模型

（1）有塔逃逸飞行器气动力参数

有塔逃逸飞行器在主发动机工作期间,由于主发动机喷流的影响,气动特性与无喷流时（主发动机工作结束后）有很大不同,需要分别考虑。另一方面,由于逃逸飞行器主体为轴对称,而栅格翼并非完全轴对称,所以必须根据栅格翼的气动特点来确定整个飞行器的气动力。

①有塔逃逸飞行器的摩阻

有塔逃逸飞行器的气动试验数据（有喷、无喷）的轴向气动力系数包含了压差阻力系数 C_{xp} 和摩擦阻力系数 C_{xf} 两部分,即有

$$C_x(\alpha,Ma)=C_{xp}(\alpha,Ma)+C_{xf}(Ma) \tag{5-34}$$

摩擦阻力系数 C_{xf} 采用经验公式给出

$$C_{xf}(Ma)=\begin{cases}0, & Re\leqslant 1.0\\ 0.4641\bar{C}_{xf}S_S/[(\log Re)^{2.584}S_M], & Re>1.0\end{cases}$$

$$\tag{5-35}$$

其中,S_S 为有塔逃逸飞行器的侧面积,特征面积 $S_M=\pi D^2/4$,Re 为雷诺数,T 为绝对温度,有

$$Re=V_k\rho L/\mu,\quad \mu=1.487\times10^{-7}T^{3/2}/(T+110.4)$$

$$\bar{C}_{xf}=[0.44+(0.376\lambda+0.184)(1.0+0.176Ma^2)]^{-0.875}$$

$$\lambda=\frac{1}{1+0.177Ma^2}$$

②有喷流情况

首先由攻角 α 和侧滑角 β 得到总攻角

$$\delta = \arccos(\cos\alpha\cos\beta) \qquad (5-36)$$

然后由总攻角 δ 和马赫数 Ma ，根据有喷流时的试验数据采用二元插值得到压差阻力系数 $C_{xp}(\delta, Ma)$ ，总法向力系数 $C_N(\delta, Ma)$ ，压心系数 $\bar{x}_{cp}(\delta, Ma)$ ，动导数 $m_x^\omega(\delta, Ma)$ 。实际插值过程中，原始数据的最大攻角为 δ_{max} ，最大马赫数为 Ma_{max} ，最小马赫数为 Ma_{min} ，设定攻角的外插区间为 $\Delta\delta$ （本模型取 $2°$ ），马赫数的外插区间为 ΔMa （本模型取 0），当 $\delta < \delta_{max} + \Delta\delta$ 且 $Ma_{min} < Ma < Ma_{max} + \Delta Ma$ 时，按照一般的内插和外插方法进行插值。当 $\delta > \delta_{max} + \Delta\delta$ 时，属于攻角非正常情况，在计算中需要发出警告，并给出简单的估计；当 $Ma > Ma_{max} + \Delta Ma$ 或 $Ma < Ma_{min}$ 时，属于数据失效情况，如果没有其他试验数据，则也需要给出简单的估计，以保证仿真的继续进行。对 δ 而言假设

$$C_{xp}(\delta, Ma) = C_{xp}^\Delta(Ma) + C_{xp}^0(Ma)\cos\delta, \quad \delta > \delta_{max} + \Delta\delta \qquad (5-37)$$

$$C_N(\delta, Ma) = C_N^0(Ma)\sin\delta, \quad \delta > \delta_{max} + \Delta\delta \qquad (5-38)$$

$$\bar{x}_{cp}(\delta, Ma) = \bar{x}_{cp}(\delta_{max}, Ma), \quad \delta > \delta_{max} + \Delta\delta \qquad (5-39)$$

其中，$C_{xp}^\Delta(Ma)$ 为喷流影响项，近似可取零攻角有喷流与无喷流情况的压差阻力系数的差，即 $C_{xp}^\Delta(Ma) = C_{xp}(0, Ma) - \bar{C}_{xp}(0, Ma)$ ；$C_{xp}^0(Ma)$ 为近似轴向力幅度，可以由无喷流时的轴向力系数估计，即有 $C_{xp}^0(Ma) = \bar{C}_{xp}(0, Ma)k$ ，取系数 $k = 1$ ；$C_N^0(Ma)$ 为近似法向力幅度，可以由无喷流时的轴向力系数估计，即有 $C_N^0(Ma) = \bar{C}_{xp}(0, Ma)k$ ，取系数 $k = L_u/D$ ，L_u 为无塔逃逸飞行器的长度，D 为逃逸飞行器底部直径。

就马赫数而言，在不同的马赫数区间可能会有不同的试验数据（各自对应不同的 δ_{max} ），以有喷流的情况为例，存在低速大攻角数据和一般数据两种情况，当 $V_k \geqslant 100\ \text{m/s}$ 时采用一般数据进行处

理，当 $V_k < 100$ m/s 时采用低速大攻角数据进行处理。

采用一般数据处理时，在有效马赫数区域之外有

$$C_{xp}(\delta, Ma) = C_{xp}(\delta, Ma_{max}), \quad Ma \geqslant Ma_{max} + \Delta Ma$$

$$(5-40)$$

对其他参数的处理与式（5-40）相同。

采用低速大攻角数据进行处理时，采用二元插值可以直接得到轴向气动力系数 $C_x(\delta, V_k)$，总法向力系数 $C_N(\delta, V_k)$，压心系数 $\bar{x}_{cp}(\delta, V_k)$。由于动导数的影响很小，所以在低速大攻角时设各动导数为 0。对 δ 的越界处理与式（5-37）、式（5-38）相同，对速度 $V_k < V_{min}$ 时假设

$$C_x(\delta, V_k) = C_x(\delta, V_{min}), \quad V_k < V_{min} \quad (5-41)$$

逃逸飞行器的静态气动力可以表示为

$$\begin{cases} R_x = qS_M C_x \\ R_y = qS_M C_y = qS_M C_N \dfrac{\sin\alpha \cos\beta}{\sin\delta} \\ R_z = qS_M C_z = -qS_M C_N \dfrac{\sin\beta}{\sin\delta} \end{cases} \quad (5-42)$$

压心到理论尖点的距离

$$x_{cp} = \bar{x}_{cp} L \quad (5-43)$$

其中，L 为逃逸飞行器特征长度；q 为动压；S_M 为逃逸飞行器特征面积。

动导数 $m_z^{\omega}(\alpha, Ma)$ 由攻角 α 和马赫数 Ma 插值得到，动导数 $m_y^{\omega}(\beta, Ma)$ 由 $m_z^{\omega}(\alpha, Ma)$ 的数据得到

$$m_y^{\omega}(\beta, Ma) = m_z^{\omega}(\beta, Ma) \quad (5-44)$$

在各动导数的插值中，如果遇到数据越界问题，则按照式（5-39）、式（5-40）的方式进行处理。

在有喷流情况会发生有塔逃逸飞行器与运载火箭的分离（一次分离），精细模型需要考虑运载火箭与逃逸飞行器的气动干扰，但鉴于其影响较小，本模型不予考虑。在其他分离过程中也忽略这种气

动干扰的影响。

这一部分需要直接处理的一般情况下的原始数据为：有喷流情况有塔逃逸飞行器的压差阻力系数 $C_{xp}(\delta, Ma)$，总法向力系数 $C_N(\delta, Ma)$，压心系数 $\bar{x}_{cp}(\delta, Ma)$，动导数 $m_x^\omega(\delta, Ma)$、$m_z^\omega(\alpha, Ma)$；与各数据对应的数据有效区间参数 δ_{max}、Ma_{max}。低速大攻角情况下的原始数据为：轴向气动力系数 $C_x(\delta, V_k)$，总法向力系数 $C_N(\delta, V_k)$，压心系数 $\bar{x}_{cp}(\delta, V_k)$；与各数据对应的数据有效区间参数 δ_{max}、V_{min}。

③无喷流情况

首先按照式（5-36）由攻角 α 和侧滑角 β 得到总攻角 δ。然后由总攻角 δ 和马赫数 Ma，根据无喷流时的试验数据插值得到压心系数 $\bar{x}_{cp}(\delta, Ma)$，总法向力系数 $C_N(\delta, Ma)$，压差阻力系数 $C_{xp}(\delta, Ma)$，动导数 $m_x^\omega(\delta, Ma)$、$m_z^\omega(\alpha, Ma)$。利用式（5-44）可以得到 $m_y^\omega(\beta, Ma)$。

对 $\delta > \delta_{max} + \Delta\delta$ 的情况，$\bar{x}_{cp}(\delta, Ma)$、$m_x^\omega(\delta, Ma)$、$m_z^\omega(\alpha, Ma)$ 可参照式（5-39）的方式处理；总法向力系数 $C_N(\delta, Ma)$ 参照式（5-38）估计；压差阻力系数 $C_{xp}(\delta, Ma)$ 可表示为

$$C_{xp}(\delta, Ma) = C_{xp}^0(Ma)\cos\delta \qquad (5-45)$$

当 $Ma > Ma_{max} + \Delta Ma$ 或 $Ma < Ma_{min}$ 时，以 $\bar{x}_{cp}(\delta, Ma)$ 为例，有

$$\bar{x}_{cp}(\delta, Ma) = \begin{cases} \bar{x}_{cp}(\delta, Ma_{min}), & Ma < Ma_{min} \\ \bar{x}_{cp}(\delta, Ma), & Ma_{min} \leqslant Ma < Ma_{max} \\ \bar{x}_{cp}(\delta, Ma_{max}), & Ma \geqslant Ma_{max} \end{cases}$$

$$\qquad (5-46)$$

其他各参数与式（5-46）的处理相同。

从以上参数出发，利用式（5-42）可以得到逃逸飞行器的静态气动力，利用式（5-43）可以得到压心到理论尖点的距离。

这一部分需要直接处理的原始数据为：无喷流情况有塔逃逸飞行器的压差阻力系数 $C_{xp}(\delta, Ma)$，总法向力系数 $C_N(\delta, Ma)$，压心系数 $\bar{x}_{cp}(\delta, Ma)$，动导数 $m_x^{\omega}(\delta, Ma)$、$m_z^{\omega}(\alpha, Ma)$；与各数据对应的数据有效区间参数 δ_{max}、Ma_{min}、Ma_{max}。

（2）无塔逃逸飞行器气动力参数

无塔逃逸飞行器不需要考虑喷流和栅格翼的影响，所以处理要简单得多，另一方面，无塔逃逸飞行器的气动试验数据较充分，对攻角范围没有约束，所以不需要对 δ 进行越界分析，只需要分析马赫数 Ma 的有效性，并且利用试验数据可以直接得到无塔逃逸飞行器的轴向气动力系数。

首先按照式（5-36）由攻角 α 和侧滑角 β 得到总攻角 δ。然后由总攻角 δ 和马赫数 Ma 可以通过二元插值得到轴向力系数 $C_x(\delta, Ma)$，总法向力系数 $C_N(\delta, Ma)$，压心系数 $\bar{x}_{cp}(\delta, Ma)$，动导数 $m_x^{\omega}(\delta, Ma)$、$m_z^{\omega}(\alpha, Ma)$。$m_y^{\omega}(\beta, Ma)$ 可利用式（5-44）得到。当 $Ma > Ma_{max} + \Delta Ma$ 或 $Ma < Ma_{min}$ 时对各参数的处理与式（5-46）相同。

对 δ 不需要进行越界分析，但在 $\delta = \pi$ 附近，需要引入周期条件，补充一个 $\delta > \pi$ 的试验点。这样整个区间都可以通过线性内插得到。对具有正对称性质的参数，包括 $C_x(\delta, Ma)$、$\bar{x}_{cp}(\delta, Ma)$、$m_x^{\omega}(\delta, Ma)$、$m_y^{\omega}(\beta, Ma)$、$m_z^{\omega}(\alpha, Ma)$，以 $C_x(\delta, Ma)$ 为例，扩充数据如下

$$C_x(\delta, Ma) = C_x(2\pi - \delta, Ma) \qquad (5-47)$$

对具有反对称性质的参数 $C_N(\delta, Ma)$，扩充数据有

$$C_N(\delta, Ma) = -C_N(2\pi - \delta, Ma) \qquad (5-48)$$

从以上参数出发，利用式（5-42）可以得到逃逸飞行器的静态气动力，压心到理论尖点的距离可以表示为

$$x_{cp} = \bar{x}_{cp}L_u + L_T - L_u \qquad (5-49)$$

这一部分需要直接处理的为：无塔逃逸飞行器的轴向力系数 $C_x(\delta, Ma)$，总法向力系数 $C_N(\delta, Ma)$，压心系数 $\bar{x}_{cp}(\delta, Ma)$，

动导数 $m_x^\omega(\delta,Ma)$、$m_z^\omega(\alpha,Ma)$；与各数据对应的数据有效区间参数 $\delta_{\max}$、$Ma_{\min}$、$Ma_{\max}$。

（3）返回舱气动力参数

二次分离后需要对返回舱进行仿真分析。返回舱的气动力由试验数据通过二元插值得到，包括轴向力系数 $C_x(\delta,Ma)$，总法向力系数 $C_N(\delta,Ma)$，压心系数 $\bar{x}_{cp}(\delta,Ma)$，动导数 $m_x^\omega(\delta,Ma)$、$m_z^\omega(\alpha,Ma)$。$m_y^\omega(\beta,Ma)$ 可利用式（5-44）得到。

由于返回舱的原始数据对角度没有限制，所以只需要对马赫数的数据越界问题按照式（5-46）分析，对角度数据的处理与式（5-47）、式（5-48）相同。

从以上参数出发，利用式（5-42）可以得到逃逸飞行器的静态气动力，压心到返回舱体坐标系原点的距离可以表示为

$$x_{cp}=\bar{x}_{cp}L_{CA} \tag{5-50}$$

这一部分需要直接处理的返回舱原始数据为：返回舱的轴向力系数 $C_x(\delta,Ma)$，总法向力系数 $C_N(\delta,Ma)$，压心系数 $\bar{x}_{cp}(\delta,Ma)$，动导数 $m_x^\omega(\delta,Ma)$、$m_z^\omega(\alpha,Ma)$；与各数据对应的数据有效区间参数 $\delta_{\max}$、$Ma_{\min}$、$Ma_{\max}$。

（4）有塔逃逸栅格翼故障情况下的气动力参数

在故障仿真时可能会遇到有塔逃逸飞行器的部分栅格翼不能打开的情况，这时需要采用部件组合法的思想来计算。其基本思想是：首先根据试验数据，计算出存在栅格翼干扰时单独主体的气动力；然后根据单独栅格翼的气动试验数据计算出单独栅格翼的气动力，同时还需要根据试验数据考虑主体对栅格翼上气动力的干扰；最后将两部分气动力相加，就得到逃逸飞行器上总的气动力。

①飞行器主体上的气动力

飞行器主体上的气动力可由不同的来流马赫数和攻角下，栅格翼完全打开时飞行器总体和各栅格翼的气动试验数据得到。飞行器主体的轴向力系数和总法向力系数可以表示为

$$C_{xt}(\alpha, Ma) = C_x - \sum_{i=1}^{4} C_{xs}^i$$

$$C_{Nt}(\alpha, Ma) = C_N - \sum_{i=1}^{4} [\sin(\theta_i) C_{ys}^i + \cos(\theta_i) C_{zs}^i] \quad (5-51)$$

其中，$C_x(\alpha, Ma)$ 为总轴向力系数；$C_N(\alpha, Ma)$ 为总法向力系数；$C_{xs}^i(\alpha, Ma)$，$C_{ys}^i(\alpha, Ma)$，$C_{zs}^i(\alpha, Ma)$ 分别为第 i 块栅格翼在其局部坐标系下的轴向力系数、法向力系数和侧向力系数，栅格翼位置角 $\theta_i = -\pi/4 - i\pi/2$。

飞行器主体的压心系数

$$\bar{x}_{cpt}(\alpha, Ma) = \frac{1}{C_{Nt}} \left\{ C_N \bar{x}_{cp} + \sum_{i=1}^{4} [\cos(\theta_i) \bar{m}_{ys}^i - \sin(\theta_i) \bar{m}_{zs}^i] \right\}$$

$$(5-52)$$

其中，$\bar{x}_{cp}$ 为整体的压心系数，$\bar{m}_{xs}^i$、$\bar{m}_{ys}^i$ 和 $\bar{m}_{zs}^i$ 为栅格翼局部坐标系下栅格翼上气动力对理论尖点的弯矩系数

$$\bar{m}_{xs}^i = m_{xs}^i + R_s C_{zs}^i / L$$

$$\bar{m}_{ys}^i = m_{ys}^i + x_s C_{zs}^i / L \quad (5-53)$$

$$\bar{m}_{zs}^i = m_{zs}^i - (R_s C_{xs}^i + x_s C_{ys}^i) / L$$

其中，m_{xs}^i、m_{ys}^i、m_{zs}^i 为栅格翼局部坐标系下的法向和侧向气动力矩系数；x_s 为栅格翼局部坐标系原点在体坐标系中的 x 坐标；R_s 为栅格翼局部坐标系原点到体轴的距离。

②栅格翼上的气动力

在不考虑主体干扰的情况下四块栅格翼在体坐标系内的受力是相同的，当考虑来流干扰的不同时可根据试验数据插值来估计。定义来流方向，如图 5-17 所示。

图中，圆周坐标 θ 为栅格翼的空速位置角，虚线框代表第一块栅格翼的假想位置，实线框代表四块栅格翼中的任意一块，$\bar{\beta}$ 为一个与来流方向（$-V_k$）有关的方位角（$V_k = 0$ 时 $\bar{\beta} = 0$），表示为

$$\tan\bar{\beta} = -\frac{V_{kbz}}{V_{kby}}, \cos\bar{\beta} = -\frac{V_{kby}}{\sqrt{V_{kby}^2 + V_{kbz}^2}} \quad (5-54)$$

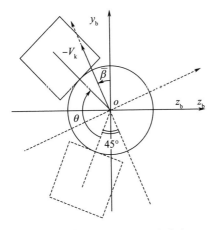

图 5 - 17　风向投影与角度定义

其中，V_{kbx}、V_{kby}、V_{kbz} 为空速 V_{kb} 在体坐标系中的分量，$\bar{\beta}$ 代表来流速度在 $y_b o z_b$ 平面内的投影与 $o y_b$ 轴的夹角。可见，当 $\alpha \in [0, \pi]$、$\beta \in [-\pi/2, \pi/2]$ 时，$\bar{\beta} \in (0, 2\pi]$。

由于在栅格翼展开试验中侧滑角为零，所以实际存在四个试验点，对应四个栅格翼位置。这样就需要在四个区间插值，定义四个试验点上的插值函数如下

$$w_\beta^1(\theta) = \begin{cases} \dfrac{2}{\pi}\left(\dfrac{\pi}{2} - \theta\right), & 0 \leqslant \theta < \pi/2 \\ 0, & \pi/2 \leqslant \theta < 3\pi/2 \\ \dfrac{2}{\pi}\left(\theta - \dfrac{3\pi}{2}\right), & 3\pi/2 \leqslant \theta < 2\pi \end{cases} \quad (5-55)$$

$$w_\beta^i(\theta) = \begin{cases} 1 - \dfrac{2}{\pi}\left|\dfrac{(i-1)\pi}{2} - \theta\right|, & (i-2)\pi/2 \leqslant \theta < i\pi/2 \\ 0, & i\pi/2 \leqslant \theta, \theta < (i-2)\pi/2 \end{cases} \quad i = 2,3,4$$

四块栅格翼的空速位置角分别可以表示为 $\tilde{\theta}_j = \arg[(j-1)\pi/2 + \bar{\beta}]$，$j = 1, 2, 3, 4$，$\arg[\ ]$ 为幅角主值函数。这样四个栅格翼上的在体坐标下的气动力系数可以表示为

$$C_x^j(\alpha,\beta,Ma) = -\sum_{i=1}^{4} w_\beta^i(\widetilde{\theta}_j) C_{xs}^i(\delta,Ma)$$

$$C_y^j(\alpha,\beta,Ma) = \sum_{i=1}^{4} w_\beta^i(\widetilde{\theta}_j) [\sin(\theta_i) C_{ys}^i(\delta,Ma) + \cos(\theta_i) C_{zs}^i(\delta,Ma)]$$

$$C_z^j(\alpha,\beta,Ma) = \sum_{i=1}^{4} w_\beta^i(\widetilde{\theta}_j) [\cos(\theta_i) C_{ys}^i(\delta,Ma) - \sin(\theta_i) C_{zs}^i(\delta,Ma)]$$

$$m_x^j(\alpha,\beta,Ma) = \sum_{i=1}^{4} w_\beta^i(\widetilde{\theta}_j) [-\bar{m}_{xs}^i(\delta,Ma)]$$

$$m_y^j(\alpha,\beta,Ma) = \sum_{i=1}^{4} w_\beta^i(\widetilde{\theta}_j) [\sin(\theta_i) \bar{m}_{ys}^i(\delta,Ma) + \cos(\theta_i) \bar{m}_{zs}^i(\delta,Ma)]$$

$$m_z^j(\alpha,\beta,Ma) = \sum_{i=1}^{4} w_\beta^i(\widetilde{\theta}_j) [\cos(\theta_i) \bar{m}_{ys}^i(\delta,Ma) - \sin(\theta_i) \bar{m}_{zs}^i(\delta,Ma)]$$

$$(5-56)$$

其中，$C_x^j(\alpha,\beta,Ma)$、$C_y^j(\alpha,\beta,Ma)$、$C_z^j(\alpha,\beta,Ma)$ 分别为体坐标系中第 j 块栅格翼对总体产生的轴向力系数、法向力系数和横向力系数；$m_x^j(\alpha,\beta,Ma)$、$m_y^j(\alpha,\beta,Ma)$、$m_z^j(\alpha,\beta,Ma)$ 分别为体坐标系中第 j 块栅格翼产生的滚转、俯仰和偏航力矩系数，$j = 1，2，3，4$。

③逃逸飞行器上的总气动力

逃逸飞行器上的气动力可以表示为五部分气动力之和，设四块栅格翼的状态由函数 $IS(i)$ 表示，当 $IS(i) = 1$ 表示栅格翼展开，$IS(i) = 0$ 表示栅格翼故障。逃逸飞行器上的总气动力系数为

$$\begin{cases} C_x(\alpha,\beta,Ma) = C_{xt}(\delta,Ma) + \sum_{i=1}^{4} IS(i) C_x^i(\alpha,\beta,Ma) \\[2mm] C_y(\alpha,\beta,Ma) = C_{yt}(\delta,Ma) + \sum_{i=1}^{4} IS(i) C_y^i(\alpha,\beta,Ma) \\[2mm] C_z(\alpha,\beta,Ma) = C_{zt}(\delta,Ma) + \sum_{i=1}^{4} IS(i) C_z^i(\alpha,\beta,Ma) \end{cases}$$

$$(5-57)$$

其中，与式（5-42）类似有

$$C_{yt}(\delta, Ma) = C_{Nt}(\delta, Ma)\frac{\sin\alpha\cos\beta}{\sin\delta}, C_{zt}(\delta, Ma) = -C_{Nt}(\delta, Ma)\frac{\sin\beta}{\sin\delta}$$

$$(5-58)$$

故障逃逸飞行器所受的气动力矩表达式与式（5-24）略有不同，可以表示为

$$\boldsymbol{M}_R = qS_M \begin{bmatrix} m_x^\omega \bar{\omega}_x L - C_{zt} y_{co} + m_x^{asy} L + L\sum_{i=1}^4 m_x^i \\ m_y^\omega \bar{\omega}_y L - C_{zt}(x_T - x_{cpt}) + L\sum_{i=1}^4 m_y^i \\ m_z^\omega \bar{\omega}_z L + C_{yt}(x_T - x_{cpt}) - C_{xt} y_{co} + L\sum_{i=1}^4 m_z^i \end{bmatrix}$$

$$(5-59)$$

其中，动导数 m_x^ω、m_y^ω、m_z^ω 和扭矩系数 m_x^{asy} 直接采用栅格翼无故障时的值，x_{cpt} 为逃逸飞行器主体压心到理论尖点的距离，其他变量的定义与前面相同。

5.3.5　分离模型

5.3.5.1　逃逸飞行器与故障火箭分离

在故障情况，最多允许有三个爆炸螺栓未断，这时需要对是否能够顺利分离进行仿真判断，另外爆炸螺栓拉断过程中会给逃逸飞行器施加一个冲量和冲量矩，通常冲量很小，可以忽略，但冲量矩会引起逃逸飞行器方向的改变，需要加以仿真（李东旭，2003）。

（1）逃逸飞行器的附加外力

在爆炸螺栓未达到强度限时，设 $F_{LEV} = P_{xc} - R_x$ 为逃逸飞行器所受外力的轴向分量（除重力），$F_{VE} = P_{VE}$ 为故障火箭的尾推力，则故障火箭对逃逸飞行器的附加作用力可表示为

$$F_{cn} = \frac{m_{VE} F_{LEV} - m F_{VE}}{m_{VE} + m} \qquad (5-60)$$

二者的总体运动参数由式（5-8）、式（5-17）得到，其中总体参数可由逃逸飞行器的参数与运载火箭参数合成得到，近似可以表示为以下形式

$$m^{\text{total}} = m_{\text{VE}} + m \; ; \; x_{\text{T}}^{\text{total}} = x_{\text{T}} - 23.94 \; ; \; y_{\text{co}}^{\text{total}} = m y_{\text{co}} / m^{\text{total}}$$

$$I_{xx}^{\text{total}} = I_{xx} + 4.95 m_{\text{VE}} \; ; \; I_{yy}^{\text{total}} = I_{zz}^{\text{total}} = 383.7 m^{\text{total}} \; ; \; I_{xy}^{\text{total}} = I_{yz}^{\text{total}} = I_{zx}^{\text{total}} = 0$$

其中，带上标 total 的参数为整体参数，m_{VE} 为故障火箭质量。

（2）爆炸螺栓破坏判据

爆炸螺栓共有 12 个，设它们与 oy_b 轴的夹角依次为 $\theta_{\text{pg}i}^*$，$i = 1, \cdots, 12$。

当存在一个爆炸螺栓未断时其所受拉力可以表示为

$$F_{\text{pg}} = \frac{D}{D - D'} F_{\text{cn}} \tag{5-61}$$

式中，D 为分离面外径，D' 为内径。

当有两个爆炸螺栓未断时，设第 i 和第 j 个螺栓未断 $i < j$，则所夹的圆弧角度为 $\theta_{\text{pg}} = \min \left[\left(\sum_{k=i}^{j} \theta_{\text{pg}k}^* \right), \left(2\pi - \sum_{k=i}^{j} \theta_{\text{pg}k}^* \right) \right]$。

两个爆炸螺栓受力相同，每个均受到拉力

$$F_{\text{pg}} = \frac{D/2}{D - (D'/2) \cos(\theta_{\text{pg}}/2)} F_{\text{cn}} \tag{5-62}$$

当有三个爆炸螺栓未断时，设螺栓依次为 i、j、l，则与每个爆炸螺栓相对的圆弧角分别为 $\sum_{k=i}^{j} \theta_{\text{pg}k}^*$，$\sum_{k=j}^{l} \theta_{\text{pg}k}^*$，$2\pi - \sum_{k=i}^{l} \theta_{\text{pg}k}^*$，按照其大小依次记为 $\theta_{\text{pg}1}$、$\theta_{\text{pg}2}$、$\theta_{\text{pg}3}$，即有 $\theta_{\text{pg}1} \leqslant \theta_{\text{pg}2} \leqslant \theta_{\text{pg}3}$。当 $\theta_{\text{pg}3} \geqslant \pi$ 时，令 $\theta_{\text{pg}} = \theta_{\text{pg}1} + \theta_{\text{pg}2}$，按照两个螺栓的情况计算 F_{pg}；当 $\theta_{\text{pg}3} < \pi$ 时螺栓所受的最大拉力为

$$F_{\text{pg}} = \frac{\max(\sin\theta_{\text{pg}i})}{\sum_{i=1}^{3} \sin\theta_{\text{pg}i}} F_{\text{cn}} \tag{5-63}$$

螺栓破坏的判据是

$$F_{\text{pg}} > F_{\text{lim}} \tag{5-64}$$

F_{lim} 为爆炸螺栓的极限载荷,当爆炸螺栓破坏后即完成二体的分离。

（3）分离后二体相对的距离

爆炸螺栓破坏后,二体分离,这时可以由总体运动参数得到逃逸的初始条件。设整体在 s_g 内的坐标矢量为 $\boldsymbol{x}^{total}$,速度为 $\boldsymbol{V}^{total}$,角速度矢量为 $\boldsymbol{\omega}^{total}$,对应的角速度矩阵为 $\boldsymbol{\Omega}^{total}$, 由方位角得到变换关系 $\boldsymbol{T}_{gc}(t_0)$ 。这样有逃逸的角速度和方位角不变,初始位置参数

$$\boldsymbol{x}_{t0} = \boldsymbol{x}^{total} + 23.94\boldsymbol{T}_{gc}\boldsymbol{e}_0 , \boldsymbol{V}_{t0} = \boldsymbol{V}^{total} + 23.94\boldsymbol{T}_{gc}\boldsymbol{\Omega}^{total}\boldsymbol{e}_0$$

$$(5-65)$$

其中,x_{t0}、y_{t0}、z_{t0} 为分离时刻 t_0 逃逸飞行器初始位置 $\boldsymbol{x}_{t0}$ 在坐标系 s_g 中的分量,$\boldsymbol{V}_{t0}$ 为初始速度,$\boldsymbol{e}_0 = \begin{bmatrix} 1 & 0 & 0 \end{bmatrix}^T$ 。

二体分离后需要对二体的距离 d 进行估计,以判断气动力干扰。故障火箭在分离点附近的质心轨迹在 s_g 中可近似表示为

$$\boldsymbol{x}_{VE} = \boldsymbol{x}_{t0} + \boldsymbol{V}_{t0}(t-t_0) + 0.5\boldsymbol{a}_{VE}(t-t_0)^2$$
$$\boldsymbol{a}_{VE} = F_{VE}\boldsymbol{T}_{gc}\boldsymbol{e}_0/m_{VE} + \boldsymbol{g} , \boldsymbol{g} = \begin{bmatrix} 0 & -g & 0 \end{bmatrix}^T$$
$$(5-66)$$

逃逸飞行器的位置 $\boldsymbol{x}_{LEV}$ 可以通过仿真计算得到,这样就可以得到二体距离 $d = |\boldsymbol{x}_{LEV} - \boldsymbol{x}_{VE}|$ 。当 $d > 4D$ 时认为分离过程结束。

5.3.5.2　逃逸飞行器与返回舱的分离（二次分离）

逃逸飞行器与返回舱分离时,火工推杆开始工作。设火工推杆的工作长度为 δ_H ,推力为 F_H 。与一次分离类似,二次分离也可以分为两个阶段（李东旭,2003）。

（1）火工推杆工作阶段

这时将两个物体作为一体考虑,总气动力按照未分离的情况计算,总体的运动状态由方程（5-8）、（5-17）计算得到,包括总质心的弹道和总体的方位角。设分离时刻为 t_{s2} ,忽略质量变化,则二体分离距离和火工推杆工作时间可表示为

$$d = 0.5a_d t^2 , t_H = \sqrt{2\delta_H/a_d} \qquad (5-67)$$

其中,$a_d = a_{LEV} - a_{CA}$,a_{LEV}、a_{CA} 分别表示为

$$a_{LEV} = (F_x^{LEV} + F_H)/m_{LEV} , a_{CA} = (-F_H)/m_{CA}$$

此时逃逸飞行器与返回舱的总体受力为重力和气动力。考虑相对运动时可以忽略重力的影响，所以有

$$F^{\text{LEV}} = \begin{bmatrix} F_x^{\text{LEV}} \\ F_y^{\text{LEV}} \\ F_z^{\text{LEV}} \end{bmatrix} = T_{\text{cg}}(\boldsymbol{R}) \tag{5-68}$$

二体与总质心的距离改变量分别为

$$d_{\text{LEV}} = \frac{m_{\text{LEV}}}{m}d, d_{\text{CA}} = \frac{m_{\text{CA}}}{m}d \tag{5-69}$$

二体的方位角与总体相同。二体的质心坐标分别为

$$\boldsymbol{x}_{\text{LEV}} = \boldsymbol{x} + (d_{\text{LEV}} + d_{\text{L}}^s) \, \boldsymbol{e}_{x0} \tag{5-70}$$

$$\boldsymbol{x}_{\text{CA}} = \boldsymbol{x} + (d_{\text{CA}} + d_{\text{C}}^s) \, \boldsymbol{e}_{x0}$$

其中，d_{L}^s 为分离前逃逸飞行器（不含返回舱）质心到合体质心的距离；d_{ch}^s 为分离前返回舱质心到合体质心的距离。

二体的角速度与总体相同。二体的速度分别为

$$\boldsymbol{V}_{\text{LEV}} = \boldsymbol{V} + \boldsymbol{\Omega}^\times \boldsymbol{e}_{x0} (d_{\text{LEV}} + d_{\text{L}}^s) + \boldsymbol{e}_{x0} 2 d_{\text{LEV}}/t \tag{5-71}$$

$$\boldsymbol{V}_{\text{CA}} = \boldsymbol{V} - \boldsymbol{\Omega}^\times \boldsymbol{e}_{x0} (d_{\text{CA}} + d_{\text{ch}}^s) - \boldsymbol{e}_{x0} 2 d_{\text{CA}}/t$$

（2）气动干扰阶段

当 $t > t_{s2} + t_{\text{H}}$ 时，二体完全分离，此时需要对二体分别按照式（5-8）、式（5-17）仿真，二体的初始姿态和速度由上一阶段结束时的计算值得到。返回舱只受到气动力和重力的作用，逃逸飞行器则受到多种力的作用，但两者的处理方法与前面完全相同不再重复。二体距离 d 由二体仿真位置相减得到，当二体质心距离 $d > 4D$ 时分离过程结束。

5.4　逃逸飞行器结构完整性分析模型

逃逸飞行器工作过程的动特性复杂，可能在某些特定的工况下发生结构破坏，此外，结构变形也可能和气动载荷耦合，导致颤振。这些问题需要通过仿真加以排查，而刚体模型对此不能胜任，需要

构建柔性体模型。

飞行器柔性体模型的常用构建方法包括有限元法、半解析法、模态坐标法、集中参数法等，这些方法各有优点，其中有限元法在结构分析和设计中已处于主导地位，模态坐标法在机构的柔性多体建模及虚拟样机构建中被广泛采用。但有限元法的计算资源开销大、计算速度难以满足实时仿真要求，模态坐标法与结构设计方法的转换较为复杂，不直观。因此，这里选用较为传统的集中参数法来构建逃逸飞行器的结构完整性分析模型。

集中参数法构建柔性体模型的基本思想类似于有限元法，该方法把柔性体离散为若干个相互连接的刚体或质点，连接采用弹簧、阻尼器等近似模型。模型参数通过静力学或动力学等效关系，由试验测量或有限元计算得到。集中参数法的物理意义清晰，适合于分析关键连接面的动载荷，与传统基于梁杆的结构设计方法匹配度高。从原理上讲，集中参数模型离散越细，精度越高，但这时的局部模态固有频率会急剧上升，导致数值稳定性能下降，得不偿失。因此，集中参数法的模型粒度应该适度选择。

5.4.1 结构完整性分析任务与基本假设

结构完整性分析的任务有两项：第一，计算指定部位的弹性变形；第二，对逃逸飞行器上一些重点部位和组件进行强度和刚度校核，判断逃逸飞行器在各种状态下结构完整性是否会遭到破坏。

考察弹性变形产生的影响，主要包括：

1）考虑推力矢量调整面的弯曲变形和剪切变形、逃逸塔分离面的弯曲变形和剪切变形对逃逸主发动机推力矢量作用线的影响；

2）考虑栅格翼的弯曲变形对气动力的影响；

3）考虑在过载作用下，下支撑机构的轴向变形引起的质心移动对稳定性的影响；

4）研究在下支撑机构作用下整流罩径向变形引起的栅格不对称对气动力的影响。

需要进行校核的重点部位和部件，如图 5 - 9 所示，包括：

1）整流罩上的重点部位，包括推力矢量调整面、逃逸塔分离面、前锥与柱段连接面、柱段与后锥连接面、阻尼器在整流罩上的连接点、栅格翼在整流罩上的连接点；

2）支撑机构；

3）栅格翼展开阻尼器；

4）栅格翼。

结构完整性分析只要针对有塔逃逸阶段。这是因为在无塔逃逸阶段，栅格翼和阻尼器不工作，推力矢量调整面已不复存在，逃逸塔分离面已不属于连接界面，这些关键部位已不存在强度/刚度校核问题。此外，由于无塔逃逸阶段的过载系数的大幅度减小（约为有塔逃逸阶段的七分之一），前锥与柱段对接面，柱段与后锥对接面以及支撑机构所受载荷会比有塔逃逸阶段小得多，因此，在无塔阶段已无进行结构完整性分析的必要。

柔性体建模需要在刚体模型基础上，引入新的坐标系。

（1）准体坐标系 $oxyz$

原点 o 取在逃逸飞行器尾部中点，ox 垂直于底面，指向前方，oxy 在 $o_0 x_g y_g z_g$ 坐标系中为铅垂面，ox、oy 与 oz 轴构成右手直角坐标系。$oxyz$ 与 $o_0 x_g y_g z_g$ 的关系由正欧拉角 ϕ、Ψ 给定。需要特别注意的是，准体坐标系 $oxyz$ 与体坐标系 $o_b x_b y_b z_b$ 不仅原点不同，而且准体坐标系相对于发射坐标系不做滚动旋转变换；在变形情况下，$oxyz$ 和 $o_b x_b y_b z_b$ 相对 $o_0 x_g y_g z_g$ 的欧拉角有差别；而刚体情况下，两坐标系的俯仰角和偏航角相同。

（2）准质心坐标系 $o_c \xi \eta \zeta$

原点为飞行器质心，$o_c \xi$ 为考虑弹性变形影响后逃逸飞行器的平均轴线，$o_c \xi \eta$ 在 $o_0 x_g y_g z_g$ 坐标系中为铅垂面，$o_c \xi \eta \zeta$ 构成右手直角坐标系。$o_c \xi \eta \zeta$ 与 $o_0 x_g y_g z_g$ 的关系由正欧拉角 ϕ、Ψ 给定，无变形情况下，反欧拉角 ϕ_r、Ψ_r 与 ϕ、Ψ 相同。一般情况下，变形体的平均姿态难以定义，而根据小变形假设，可以认为变形体的惯量主轴在变形过程中没有大幅度的扰动，因此可以把平均轴线定义为沿轴向的瞬时中心惯量主轴。

逃逸飞行器的结构风险主要在有塔逃逸工况，有塔逃逸飞行器在飞行过程中，除栅格翼展开运动外，结构变形为小幅振动，结构整体近似为轴对称模型，因此，可以给出以下基本假定：

1）线弹性假定：力和变形之间为线性关系，不考虑物理线性；

2）小变形假定：振动的振幅很小，可以不考虑几何非线性；

3）LEV 轴对称假定；

4）不计扭转变形。

根据上述四条假定可以把逃逸飞行器的弹性振动分解为三部分：沿 ox 轴轴向振动（以下称轴向振动），在 oxy 平面内横向振动（以下称法向振动），在 oxz 平面内横向振动（以下称横向振动）。这三部分彼此独立，基本没有耦合作用，可以分别进行讨论，一般情况可以分解为三种振动的叠加。

质点 P 在准体坐标系 $oxyz$ 中的坐标向量 $\boldsymbol{r} = [x \quad y \quad z]^{\mathrm{T}}$ 与在 $o_0 x_g y_g z_g$ 中的坐标向量 $\boldsymbol{R} = [X \quad Y \quad Z]^{\mathrm{T}}$ 满足

$$\boldsymbol{R} = \boldsymbol{T}_{gb}\boldsymbol{r} + \boldsymbol{R}_o \tag{5-72a}$$

其中，$\boldsymbol{T}_{gb}$ 为发射系到准体坐标系变换矩阵

$$\boldsymbol{T}_{bg} = \boldsymbol{T}_{gb}^{\mathrm{T}} = \boldsymbol{T}_3(\phi)\boldsymbol{T}_2(\Psi) = \begin{bmatrix} \cos\phi\cos\Psi & \sin\phi & -\cos\phi\sin\Psi \\ -\sin\phi\cos\Psi & \cos\phi & \sin\phi\sin\Psi \\ \sin\Psi & 0 & \cos\Psi \end{bmatrix}$$

$\boldsymbol{R}_o$ 为准体坐标系原点在 $o_0 x_g y_g z_g$ 中的坐标向量。速度和加速度关系可以进一步表示为

$$\dot{\boldsymbol{R}} = \dot{\boldsymbol{T}}_{gb}\boldsymbol{r} + \boldsymbol{T}_{gb}\dot{\boldsymbol{r}} + \dot{\boldsymbol{R}}_o = \boldsymbol{T}_{gb}(\boldsymbol{\omega}^{\times}\boldsymbol{r} + \dot{\boldsymbol{r}}) + \dot{\boldsymbol{R}}_o \tag{5-72b}$$

$$\ddot{\boldsymbol{R}} = \ddot{\boldsymbol{T}}_{gb}\boldsymbol{r} + \boldsymbol{T}_{gb}\ddot{\boldsymbol{r}} + 2\dot{\boldsymbol{T}}_{gb}\dot{\boldsymbol{r}} + \ddot{\boldsymbol{R}}_o \tag{5-72c}$$

$$= \boldsymbol{T}_{gb}(\dot{\boldsymbol{\omega}}^{\times}\boldsymbol{r} + \boldsymbol{\omega}^{\times}\boldsymbol{\omega}^{\times}\boldsymbol{r} + 2\boldsymbol{\omega}^{\times}\dot{\boldsymbol{r}} + \ddot{\boldsymbol{r}}) + \ddot{\boldsymbol{R}}_o$$

其中

$$\dot{\boldsymbol{T}}_{gb} = \boldsymbol{T}_{gb}\boldsymbol{\omega}^{\times}$$

$$\boldsymbol{\omega}^{\times} = \begin{bmatrix} 0 & -\omega_z & \omega_y \\ \omega_z & 0 & -\omega_x \\ -\omega_y & \omega_x & 0 \end{bmatrix}, \begin{bmatrix} \omega_x \\ \omega_y \\ \omega_z \end{bmatrix} = \begin{bmatrix} \dot{\Psi}\sin\phi \\ \dot{\Psi}\cos\phi \\ \dot{\phi} \end{bmatrix},$$

$$\begin{bmatrix} \varepsilon_x \\ \varepsilon_y \\ \varepsilon_z \end{bmatrix} = \begin{bmatrix} \dot{\omega}_x \\ \dot{\omega}_y \\ \dot{\omega}_z \end{bmatrix} = \begin{bmatrix} \ddot{\Psi}\sin\phi + \dot{\Psi}\dot{\phi}\cos\phi \\ \ddot{\Psi}\cos\phi - \dot{\Psi}\dot{\phi}\sin\phi \\ \ddot{\phi} \end{bmatrix}$$

在振动模型中，设 y、z 及各速度分量为小量，式（5-72c）可以忽略小量得

$$\begin{bmatrix} \ddot{X} \\ \ddot{Y} \\ \ddot{Z} \end{bmatrix} - \begin{bmatrix} \ddot{X}_o \\ \ddot{Y}_o \\ \ddot{Z}_o \end{bmatrix} \approx \boldsymbol{T}_{gb} \begin{bmatrix} \ddot{x} \\ \ddot{y} + \varepsilon_z x \\ \ddot{z} - \varepsilon_y x \end{bmatrix}, \begin{bmatrix} \varepsilon_x \\ \varepsilon_y \\ \varepsilon_z \end{bmatrix} \approx \begin{bmatrix} \ddot{\Psi}\sin\phi \\ \ddot{\Psi}\cos\phi \\ \ddot{\phi} \end{bmatrix} \quad (5-73)$$

5.4.2 轴向模型

把轴向振动通过 11 个集中质量站和 10 个弹簧阻尼来描述。11 个集中质量站记为 m_i，$i = 1,\cdots,11$。其中，m_1 包括配重和安装支架；m_2 包括控制发动机和一半分离发动机；m_3 包括一半分离发动机和一半主发动机；m_4 包括一半主发动机和一半发动机尾裙等；m_5 包括一半发动机尾裙和一半整流罩前锥段；m_6 包括一半前锥段、一半柱段、上支撑机构、高空分离发动机和高空逃逸发动机；m_7 包括一半柱段、一半后锥段、一半下支撑机构；m_8 包括一半下支撑机构、一半后锥段和栅格翼等；m_9 包括飞船附加段和一半轨道舱；m_{10} 包括一半轨道舱和一半返回舱；m_{11} 包括一半返回舱。质量站、弹簧刚度、阻尼系数取值可以通过理论估算和试验标定等方式由设计部门给定。模型整体包含两大部分，$m_1 \sim m_8$ 为逃逸塔及整流罩，$m_9 \sim m_{11}$ 为飞船轨道舱和返回舱部分，具体构型如图 5-18 所示。

轴向模型只考虑轴向变形，这时 $oxyz$、$o_c\xi\eta\zeta$ 的各坐标轴平行，

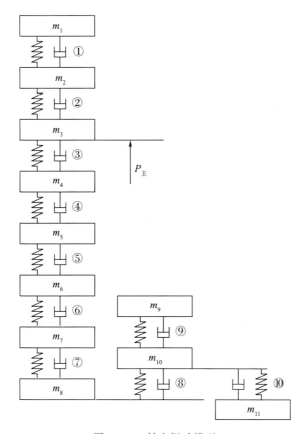

图 5 - 18　轴向振动模型

ox、$o_C\xi$ 共线。设备质量站和 o_C 在 $oxyz$ 系坐标分别为 x_i 和 x_C，则
$Mx_C = \sum\limits_{i=1}^{11} m_i x_i$，$M = \sum\limits_{i=1}^{11} m_i$。由式（5 - 73）对质心分析可得

$$\ddot{X}_{ob} = -\ddot{x}_C + \cos\phi\cos\Psi\ddot{X}_C + \sin\phi\ddot{Y}_C - \cos\phi\sin\Psi\ddot{Z}_C$$

$$= -\ddot{x}_C + \ddot{X}_{Cb}$$

（5 - 74）

其中，$\ddot{X}_{ob}$ 为准体坐标系原点在惯性系（发射坐标系）中的加速度在准体坐标系 ox 轴上的投影，对应 $\boldsymbol{R}_{ob} = \boldsymbol{T}_{bg}\boldsymbol{R}_o$，$\ddot{X}_C$、$\ddot{Y}_C$、$\ddot{Z}_C$ 为质心

在惯性系的加速度分量。

采用线性弹簧和线性阻尼模型,各质量站节点的动力学方程可以表示为

$$m_i(\ddot{x}_i + \ddot{X}_{ob}) = -k_i x - c_i \dot{x} + F_i \qquad (5-75)$$

其中,x 为节点位移向量,k_i 为刚度矩阵,c_i 为阻尼矩阵,F_i 为节点所受外力,包括重力、旋转惯性力、发动机推力、气动力等,具体表达式略。令 $x_i^* = x_i - x_C$,注意到弹簧阻尼力只与节点相对位移有关,上式可以改写为

$$m_i\ddot{x}_i^* + k_i x^* + c_i \dot{x}^* = F_i - m_i\ddot{X}_{Cb} \qquad (5-76)$$

求和可得质心运动参数

$$M\ddot{X}_{Cb} = \sum_{i=1}^{11} F_i \qquad (5-77)$$

将式 (5-76) 写成矩阵形式

$$m\ddot{x}^* + c\dot{x}^* + kx^* = F - m\ddot{X}_{Cb} \qquad (5-78)$$

其中,m 为对角矩阵,c,k 为带状对称矩阵,带宽为 5。该方程即为轴向模型的动力学方程,可以较为方便地应用传统的数值方法求解。此方程在飞行器快速旋转情况下,有一定误差,可以利用式 (5-72c) 加以修正。

5.4.3　法/横向模型

根据轴对称假设,法向和横向模型一致。逃逸飞行器横向变形主要包括整流罩与飞船之间的三个弹性支撑点、轨道舱与返回舱的相对弯曲变形、逃逸塔与整流罩连接面变形、逃逸塔变形等。

在对逃逸飞行器的布局和受力形式进行分析的基础上,考虑刚度特性和个别结构件的工作条件,参考联盟-TM 号飞船的类似研究,可建立典型的逃逸飞行器法向动力学模型。沿逃逸飞行器法向/横向可划分为几个刚性段,以法向模型为例,如图 5-19 所示,包括:1)头部整流罩(0~1 段);2)适配锥段(1~2 段);3)带配

重的应急救生动力装置（2～3 段）；4）返回舱（4～6 段）；5）带对
接机构的轨道舱（6～8 段）。各段由弹性连接件连接。

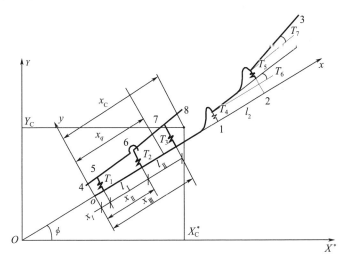

图 5 - 19　法向振动模型

广义坐标的选取如图 5 - 19 所示，除刚体位移 x_C，y_C，ϕ_0 外，
选取 xoy 平面内的变形分量 T_1，T_2，…，T_7 为广义坐标，其中，
除 T_6、T_7 是角度外，其他都为长度量纲。因为 $o_C\xi\eta\zeta$ 和 $oxyz$ 之间
的角位移是小量，可以当作矢量处理，所以两个坐标系之间的角度
关系可以分解到 oxy 和 oxz 平面内分别处理，不用考虑耦合效应。
设 oxy 与 $o_C\xi\eta$ 夹角为 $\Delta\phi$，则质点在两个坐标系中的坐标矢量 $\boldsymbol{r} = [x \quad y \quad 0]^T$ 和 $\boldsymbol{\rho} = [\xi \quad \eta \quad 0]^T$ 满足

$$\boldsymbol{\rho} = \boldsymbol{T}_3(\Delta\phi)(\boldsymbol{r} - \boldsymbol{r}_C) \tag{5-79}$$

其中，$\Delta\phi = \phi_0 - \phi$，$\boldsymbol{T}_3(\ )$ 为绕 Z 轴旋转方向余弦矩
阵。考虑法向模
型中 y、$\Delta\phi$ 为小量，上式可以近似为

$$\xi = x - x_C, \eta = (y - y_C) - \Delta\phi(x - x_C) \tag{5-80}$$

在每一区段引入局部坐标系 x_i'，$i = 1$，…，5，分别对应模型
中 0～1、1～2、2～3、4～6、6～8 段，各段长度记为 l_i，局部坐标
到准体坐标系的变换记为 $x(x_i')$。各段位移函数可以分别表示为

$$\begin{cases} y_1^* (x_1') = 0 \\ y_2^* (x_2') = T_4 + T_6 x_2' \\ y_3^* (x_3') = T_4 + T_6 l_2 + T_5 + (T_6 + T_7) x_3' \\ y_4^* (x_4') = T_1 \left(1 - \dfrac{x_4'}{l_{\mathrm{I}}} \right) + T_2 \dfrac{x_4'}{l_{\mathrm{I}}} \\ y_5^* (x_5') = T_2 \left(1 - \dfrac{x_5'}{l_{\mathrm{II}}} \right) + T_3 \dfrac{x_5'}{l_{\mathrm{II}}} \end{cases} \qquad (5-81)$$

上式可以统一写成 $y_i^* (x_i') = \sum\limits_{j=1}^{7} Y_{ij} (x_i') T_j$，注意到对应轴向位移 $x_i^* (x_i') = 0$。

各段的质量分布函数可以忽略横向尺寸与转动的耦合效应，近似表达为一维分布函数 $m_i (x_i')$。质心在准体坐标系中的坐标

$$x_{\mathrm{C}} = \frac{\sum\limits_i \int m_i x \, \mathrm{d}x_i'}{M} , y_{\mathrm{C}} = \frac{\sum\limits_{i=1}^{5} \int m_i y_i^* \, \mathrm{d}x_i'}{M} = \frac{\sum\limits_{j=1}^{7} K_j' T_j}{M} \quad (5-82)$$

其中，$m_i (x_i')$、$x (x_i')$、$y_i^* (x_i')$ 略写了函数变量，后续积分式也作类似处理。K_j' 可由 $m_i (x_i')$ 积分得到，对给定的构型为常数，x_{C} 在横向/法向模型中为常数。

由式（5-80），考虑以 $o_{\mathrm{C}}\xi$ 为主轴，则有

$$\sum_{i=1}^{5} \int m_i \xi \eta \, \mathrm{d}x_i' = \sum_{i=1}^{5} \int m_i (x - x_{\mathrm{C}}) \left[(y - y_{\mathrm{C}}) - \Delta\phi (x - x_{\mathrm{C}}) \right] \mathrm{d}x_i' = 0$$

$$(5-83)$$

其中，m_i，x，y 为 x_i' 的函数，$y = y_i^*$，可得

$$\Delta\varphi = \frac{1}{I} \sum_{j=1}^{7} K_j'' T_j \qquad (5-84)$$

$$I = \sum_{i=1}^{5} \int m_i (x - x_{\mathrm{C}})^2 \, \mathrm{d}x_i'$$

$$\sum_{j=1}^{7} K_j'' T_j = \sum_{i=1}^{5} \int m_i (x - x_{\mathrm{C}}) y_i^* \, \mathrm{d}x_i' = \sum_{i=1}^{5} \int m_i x y_i^* \, \mathrm{d}x_i' - M x_{\mathrm{C}} y_{\mathrm{C}}$$

其中，J，K_j'' 对给定的构型为常数。这样式（5-80）可得

$$\eta = \left(y - \frac{1}{M} \sum_{j=1}^{7} K'_j T_j \right) - \frac{1}{J} \sum_{j=1}^{7} K''_j T_j (x - x_C)$$

$$\ddot{\eta} = \left(\ddot{y} - \frac{1}{M} \sum_{j=1}^{7} K'_j \ddot{T}_j \right) - \frac{1}{J} \sum_{j=1}^{7} K''_j \ddot{T}_j (x - x_C) \tag{5-85}$$

根据柯尼希定理，逃逸飞行器整体的动能可以分解为随质心平动动能和相对质心平动系的动能之和，而利用式（5-83）和微幅振动的性质相对质心平动系的动能

$$K_r = \sum_{i=1}^{5} \int m_i \, (\omega_\zeta \xi + \dot{\eta})^2 \mathrm{d}x'_i = \frac{1}{2} \sum_{i=1}^{5} \int m_i \, (\omega_\zeta \xi)^2 \mathrm{d}x'_i + \frac{1}{2} \sum_{i=1}^{5} \int m_i \dot{\eta}^2 \mathrm{d}x'_i \tag{5-86}$$

综合来看，逃逸飞行器整体的动能可以分解为刚体动能和质点相对质心主轴坐标系的动能之和，这样可以把刚体运动和变形运动解耦，刚体动力学模型可以直接引用上一节的已有方程，本节只探讨变形运动相关方程。

应用拉格朗日方法，系统变形的广义坐标为 $T_1, \cdots, T_7$，相对准质心坐标系（主轴系）的动能可以表示为

$$K = \frac{1}{2} \sum_{i=1}^{5} \int m_i \dot{\eta}^2 \mathrm{d}x'_i = \frac{1}{2} \sum_{i=1}^{5} \int m_i \, [\, (\dot{y} - \dot{y}_C) - \Delta\dot{\varphi}(x - x_C) \,]^2 \mathrm{d}x'_i$$

$$= \frac{1}{2} \sum_{i=1}^{5} \int m_i \left[\sum_{j=1}^{7} Y_{ij} \dot{T}_j - \frac{1}{M} \sum_{j=1}^{7} K'_j \dot{T}_j - \frac{1}{J} \sum_{j=1}^{7} K''_j (x - x_C) \dot{T}_j \right]^2 \mathrm{d}x'_i$$

变形势能可以表达为

$$U = \frac{1}{2} \sum_{j=1}^{7} K_j T_j^2 + \frac{1}{2} K_{46} \theta_{46}^2, \quad \theta_{46} = \frac{T_3 - T_2}{l_{II}} - \frac{T_2 - T_1}{l_1}$$

其中，K_j 为各广义坐标处的弹性连接刚度，K_{46} 为轨道舱和返回舱连接的抗弯刚度。令 $L = K - U$，应用第二类拉格朗日方程

$$\frac{\mathrm{d}}{\mathrm{d}t} \left(\frac{\partial L}{\partial \dot{T}_j} \right) - \frac{\partial L}{\partial T_j} = F_j, \quad j = 1, \cdots, 7$$

其中，F_j 为广义力。考虑到动能和势能函数的形式，有

$$\frac{\mathrm{d}}{\mathrm{d}t} \left(\frac{\partial K}{\partial \dot{T}_j} \right) + \frac{\partial U}{\partial T_j} = F_j \tag{5-87}$$

其中

$$\frac{\partial U}{\partial T_j} = K_j T_j + K_{46} Y_{46j} \theta_{46}, Y_{46j} = \frac{\partial \theta_{46}}{\partial T_j}$$

$$\frac{\partial K}{\partial \dot{T}_k} = \sum_{j=1}^{7} D_{jk} \dot{T}_j$$

$$D_{jk} = \sum_{i=1}^{5} \int m_i \left[Y_{ik} - \frac{K'_k}{M} - \frac{K''_k}{J}(x - x_C) \right] \left[Y_{ij} - \frac{K'_j}{M} - \frac{K''_j}{J}(x - x_C) \right] \mathrm{d}x'_i$$

其中，Y_{46j}、D_{jk} 对给定的构型为常数。故由法向模型的动力学方程

$$\sum_{j=1}^{7} D_{jk}\ddot{T}_j + K_j T_j + K_{46} C_{46j} \theta_{46} = F_j \quad j = 1, \cdots, 7$$

可以把上式写为矩阵形式

$$\boldsymbol{D\ddot{T}} + \boldsymbol{ET} = \boldsymbol{F} \tag{5-88}$$

其中，$\boldsymbol{D}$ 为广义质量矩阵、$\boldsymbol{E}$ 为广义刚度矩阵，两者都为对称矩阵。

　　广义力需要针对具体载荷进行分析，对应载荷包括重力、气动力、发动机推力、结构阻尼、轴力等，下面给出几个典型的广义力模型。

　　设重力加速度在 η 方向的分量为 g_η，因为 $\Delta\phi$ 为小量，可以认为 $g_\eta \approx g_y$。重力所做虚功可以表示为

$$\delta W_g = g_\eta \sum_{i=1}^{5} \int m_i \delta\eta \, \mathrm{d}x'_i = g_\eta \sum_{i=1}^{5} \int m_i \delta \left[(y_i^* - y_C) - \Delta\phi(x - x_C) \right] \mathrm{d}x'_i$$

$$= g_\eta \sum_{i=1}^{5} \int m_i \left[(\delta y_i^* - \delta y_C) - (x - x_C)\delta\Delta\phi \right] \mathrm{d}x'_i = 0$$

$$\tag{5-89}$$

可以看出，以重力为代表的均布力只会影响刚体运动，不会导致变形，对应广义力为零。

　　以主发动机为例，分析发动机推力的广义力。设主发动机推力相对发动机结构存在推力偏斜角 ε，考虑到变形角 T_6、T_7，则主发动机推力在 η 方向的分量

$$P_{M\eta} \approx P_M(\varepsilon + T_6 + T_7 - \Delta\phi)$$

主发动机推力虚功可以表示为

$$\delta W_M = P_{M\eta} \delta \eta_M$$
$$= P_{M\eta} \delta \left[(y_3^* (x'_M) - y_C) - \Delta\varphi (x_M - x_C) \right] \quad (5-90)$$
$$= P_{M\eta} \left[\delta y_3^* (x'_M) - \delta y_C - (x_M - x_C) \delta\Delta\varphi \right]$$

$$\delta y_3^* (x'_M) = \delta T_4 + \delta T_5 + (l_2 + x'_3) \delta T_6 + x'_3 \delta T_7$$

$$\delta y_C = \frac{1}{M} \sum_{j=1}^{7} K'_j \delta T_j, \quad \delta\Delta\varphi = \frac{1}{J} \sum_{j=1}^{7} K''_j \delta T_j$$

其中，x'_M 为主发动机的安装位置局部坐标。则可得主发动机广义力

$$F_{Mj} = \frac{\delta W_M}{\delta T_j} \quad (5-91)$$

式（5-91）中包含广义位移的一次项，具有刚度效应，可以将这些项合并到广义刚度矩阵 **E** 中。控制发动机、气动力等对应的广义力求解与此类似，不再赘述。

式（5-90）仅考虑了发动机法向分量的效应，认为轴向与法向变形不存在耦合关系，而在实际问题中，当轴向载荷相对法向载荷大很多时，会带来附加的法向效应，如压杆失稳变形的情况。如果考虑这种效应，需要提升式（5-81）法向模型的轴向变形精度，考虑二阶小量，有

$$x_1^* (x'_1) = 0$$
$$x_2^* (x'_2) = -\frac{T_6^2}{2} x'_2$$
$$x_3^* (x'_3) = -\frac{T_6^2}{2} l_2 - \frac{(T_6 + T_7)^2}{2} x'_3 \quad (5-92)$$
$$x_4^* (x'_4) = -\frac{(T_2 - T_1)^2}{2l_I^2} (x'_4 - l_I)$$
$$x_5^* (x'_5) = -\frac{(T_3 - T_2)^2}{2l_{II}^2} x'_5$$

对应式（5-92）、式（5-80）也需要提高精度

$$\xi = (x - x_C) \left(1 - \frac{\Delta\phi^2}{2} \right) + (y - y_C) \Delta\phi \quad (5-93)$$

$$x_C = \frac{\sum_i \int m_i (x + x_i^*) \, \mathrm{d}x_i'}{M}$$

$$= x_{C0} + x_{C1} T_6^2 + x_{C2} (T_6 + T_7)^2 + x_{C3} \left(\frac{T_2 - T_1}{l_\mathrm{I}} \right)^2 + x_{C4} \left(\frac{T_3 - T_2}{l_\mathrm{II}} \right)^2$$

仍以主发动机为例，分析其轴向效应对应的广义力

$$\delta W_{\bar{M}} = P_{M\xi} \delta \xi_M$$

$$= P_{M\xi} \delta \left[(x_M + x_M^* - x_C) \left(1 - \frac{\Delta\phi^2}{2} \right) + (y_3^* (x_M') - y_C) \Delta\phi \right]$$

$$\approx P_M \big[(\delta x_M^* - \delta x_C) + (x_M - x_C) \Delta\phi \delta\Delta\phi +$$

$$\Delta\phi (\delta y_3^* (x_M') - \delta y_C) + (y_3^* (x_M') - y_C) \delta\Delta\phi \big]$$

其中，x_M 为主发动机的安装位置全局坐标，x_M^* 为该点位移。可得主
发动机广义力

$$F_{\bar{M}j} = \frac{\delta W_{\bar{M}}}{\delta T_j} \tag{5-94}$$

该式中同样包含广义位移的一次项，可合并到广义刚度矩阵 $\boldsymbol{E}$ 中。
控制发动机、气动力等对应的轴向效应广义力求解与此类似，不再
赘述。此外，式（5-94）并没有平衡轴向的惯性效应，所以还需要
同时引入相匹配的轴向惯性力模型，各发动机、气动力等对应的轴
向惯性力可以参考轴向模型统一处理。注意，因为采用了质心主轴
坐标系，所以除了轴向效应外，法向模型不需要再考虑惯性力。

设存在与弹簧对应的线性阻尼器，则阻尼力所做虚功

$$\delta W_C = - \sum_{j=1}^{7} C_j \dot{T}_j \delta T_j - \frac{1}{2} C_{46} \dot{\theta}_{46} \delta\theta_{46}$$

则阻尼广义力可以表示为

$$F_{Cj} = \frac{\delta W_C}{\delta T_j} \ \text{或} \ \boldsymbol{F}_C = -\boldsymbol{C}\dot{\boldsymbol{T}} \tag{5-95}$$

广义阻尼矩阵 $\boldsymbol{C}$ 的结构和广义刚度矩阵 $\boldsymbol{E}$ 相同，解方程时可以把阻
尼广义力移到式（5-88）左端。前面构建的模型是以法向模型为例
展开介绍的，横向模型构造与法向模型完全相同，只需要采用横向

变形的广义坐标，在 oxz 平面内分析其振动即可，并注意相对转角与欧拉角的对应关系

$$\Delta\phi = -(\Psi_0 - \Psi)\cos\phi \qquad (5-96)$$

上述模型实际为二维模型，与欧拉角的形式关联不密切，可以认为 $\Delta\phi$ 是一个独立定义的角度，只有需要涉及将振动解与刚体运动解叠加时，才需要在模型接口处考虑对应哪个欧拉角，以及正反欧拉角转换等问题。

5.4.4 过载与内力分析模型

结构完整性分析需要对逃逸飞行器的动特性进行评价，通常考虑的评价准则有变形准则、过载准则、强度准则等。

变形准则形式如

$$|x_i - x_{i0}| < \bar{u}_i \ 或 \ |T_{iF}| < \bar{T}_{iF} \ 或 \ |T_{iH}| < \bar{T}_{iH} \qquad (5-97)$$

其中，x_{i0} 为轴向模型节点 i 的初始位置；$\bar{u}_i$ 为节点允许位移；T_{iF}，T_{iH} 为法横向模型第 i 个广义变量；$\bar{T}_{iF}$，$\bar{T}_{iH}$ 为对应的允许变形。

过载准则形式如

$$\max_t |\boldsymbol{n}_i \cdot \boldsymbol{l}_i| < \bar{n}_{fi} \ 或 \ \max_t \min_{[t,t+\Delta]} |\boldsymbol{n}_i \cdot \boldsymbol{l}_i| < \bar{n}_{qi} \qquad (5-98)$$

其中，$\boldsymbol{n}_i = [n_{xi} \quad n_{yi} \quad n_{zi}]^{\mathrm{T}}$ 为给定待评测点 i 的过载矢量，$\boldsymbol{l}_i$ 为对应需要评测的过载方向，在载人飞行时，航天员沿身体不同方向过载承受能力有较大差别，具体可参考相关文献（李东旭，2003）。$\bar{n}_{fi}$ 为允许的瞬时峰值过载值，$\bar{n}_{qi}$ 为允许的作用时间区间长度为 Δ 最大过载，多个过载准则可叠加构成复杂的过载约束。

强度准则可以采用梁模型的许用内力准则

$$\bar{N}_{di} < N_i < \bar{N}_{ui} \ 或 \ \bar{M}_{ydi} < M_{yi} < \bar{M}_{yui} \ 或 \ \bar{M}_{zdi} < M_{zi} < \bar{M}_{zui}$$

$$或 \ \bar{Q}_{ydi} < Q_{yi} < \bar{Q}_{yui} \ 或 \ \bar{Q}_{zdi} < Q_{zi} < \bar{Q}_{zui} \qquad (5-99)$$

其中，N_i、M_{yi}、M_{zi}、Q_{yi}、Q_{zi} 为需要评测截面处的轴力、弯矩和剪力，$\bar{N}_{di}$、$\bar{N}_{ui}$、$\bar{M}_{ydi}$、$\bar{M}_{yui}$、$\bar{M}_{zdi}$、$\bar{M}_{zui}$、$\bar{Q}_{ydi}$、$\bar{Q}_{yui}$、$\bar{Q}_{zdi}$、$\bar{Q}_{zui}$ 为对应的许用上下限。

通过轴向、法向和横向模型，可以得到逃逸飞行器的变形参数，即可以得到各节点的位移或广义位移。逃逸飞行器的质心速度、加速度，刚体运动角速度、角加速度可以通过前一节给出的刚体动力学模型求解得到，设解得的质心速度、质心加速度、角速度、角加速度投影到 $o_c x_c y_c z_c$ 坐标系为 $\boldsymbol{v}_C = [v_{Cx}\quad v_{Cy}\quad v_{Cz}]^T$、$\boldsymbol{a}_C = [a_{Cx}\quad a_{Cy}\quad a_{Cz}]^T$、$\boldsymbol{\omega} = [\omega_x\quad \omega_y\quad \omega_z]^T$、$\boldsymbol{\varepsilon} = [\varepsilon_x\quad \varepsilon_y\quad \varepsilon_z]^T$。因变形为小量，可以认为 $o_c x_c y_c z_c$ 与 $o_c \xi \eta \zeta$ 具有相同的正欧拉角 ϕ、Ψ，而仅相差正欧拉角 γ。则体坐标系 $o_b x_b y_b z_b$ 中给定质点 $\boldsymbol{r}_b = [x\quad y\quad z]^T$ 的牵连速度和牵连加速度可以表示为

$$\boldsymbol{v}_e = \boldsymbol{v}_C + \boldsymbol{\omega} \times (\boldsymbol{r}_b - \boldsymbol{r}_{Cb})$$

$$\boldsymbol{a}_e = \boldsymbol{a}_C + \boldsymbol{\varepsilon} \times (\boldsymbol{r}_b - \boldsymbol{r}_{Cb}) + \boldsymbol{\omega} \times [\boldsymbol{\omega} \times (\boldsymbol{r}_b - \boldsymbol{r}_{Cb})]$$

$$(5-100)$$

因为正常逃逸过程中，角速度和振动速度相对较小，所以可以忽略科氏加速度效应，考虑振动引起的加速度可以近似表示为

$$\boldsymbol{a}_r = \begin{bmatrix} \ddot{x}^* \\ \ddot{\eta} \\ \ddot{\zeta} \end{bmatrix} \qquad (5-101)$$

其中，$\ddot{x}^*$ 为式（5-76）解得的对应点相对质心加速度，$\ddot{\eta}$ 由式（5-88）和式（5-85）解得，$\ddot{\zeta}$ 与 $\ddot{\eta}$ 解法类似，需要注意前面选用的准体坐标系与这里体坐标系变量采用了相同符号，应用时需要进行合理变换。式（5-101）没有考虑横向尺寸和弯转变形耦合引起的轴向加速度，可以进一步加以修正，这里不进一步展开。综合可得总过载矢量

$$\boldsymbol{n} = \frac{\boldsymbol{a}_e + \boldsymbol{a}_r}{g} \qquad (5-102)$$

根据轴向模型，如图 5-18 所示，可以分段给出各段的轴力分布函数，各端面载荷

$$N_i = k_i(x_i - x_{i+1} - l_i) + c_i(\dot{x}_i - \dot{x}_{i+1}) , \quad i = 1, \cdots, 7, 9$$

$$N_8 = -k_8(x_{10} - x_8 - l_8) - c_8(\dot{x}_{10} - \dot{x}_8)$$

$$N_{10} = k_{10}(x_{10} - x_{11} - l_{10}) + c_{10}(\dot{x}_{10} - \dot{x}_{11}) + k_8(x_{10} - x_8 - l_8) +$$
$$c_8(\dot{x}_{10} - \dot{x}_8)$$

$$N_{11} = 0$$

这里轴力取拉正压负。则各段轴力可以表达为

$$N_i(x'_i) = N_i - \int_0^{x'_i} F_i(x'_i)\,\mathrm{d}x'_i + (\ddot{x}_i^* + \ddot{X}_{Cb}) \int_0^{x'_i} m_i(x'_i)\,\mathrm{d}x'_i$$

$$(5-103)$$

其中，x'_i 为质量站节点对应结构段的局部坐标，$F_i(x'_i)$ 对应了式 (5-76) 中的 F_i 项，只是拓展为轴向分布函数。

根据法向模型，如图 5-19 所示，可以给出各段端面的剪力和弯矩

$$0 \sim 1 \quad Q_{y1} = 0 \qquad\qquad M_{y1} = 0$$

$$1 \sim 2 \quad Q_{y2} = K_4 T_4 \qquad\quad M_{y2} = K_6 T_6$$

$$2 \sim 3 \quad Q_{y3} = K_5 T_5 \qquad\quad M_{y3} = K_7 T_7$$

$$4 \sim 6 \quad Q_{y4} = 0 \qquad\qquad M_{y4} = 0$$

$$6 \sim 7 \quad Q_{y5} = Q_{4l} + K_2 T_2 \qquad M_{y5} = 0$$

剪力以左下右上为正，弯矩以向上为正。其分布可以通过法向载荷积分得到

$$Q_{yi}(x'_i) = Q_{yi} - \int_0^{x'_i} q_i\,\mathrm{d}x'_i + \int_0^{x'_i} m_i(\ddot{\eta}_i + a_{e\eta})\,\mathrm{d}x'_i \quad (5-104)$$

$$M_{yi}(x'_i) = M_{yi} - Q_{yi}x'_i + \int_0^{x'_i} q_i(x'_i - s)\,\mathrm{d}s - \int_0^{x'_i} m_i(\ddot{\eta}_i + a_{e\eta})(x'_i - s)\,\mathrm{d}s$$

其中，$q_i(x'_i)$ 包含沿 y 向的气动力、重力以及弹簧力，模型中的连接弹簧是集中力，所以需要用脉冲函数来表征；$a_{e\eta}$ 为准质心坐标系在 x'_i 点处的牵连加速度在法向的分量。式 (5-104) 可以直接数值积分处理，也可以对给定分布载荷导出解析形式，提升计算效率。横向模型与法向模型基本相同，这里不赘述。

5.4.5　栅格翼分析模型

栅格翼是逃逸飞行器的一个重要部件，栅格翼与逃逸飞行器连接点的强度校核是结构完整性分析的一项重要内容。对栅格翼的处理方式有两种：

1）把栅格翼作为固连于 LEV 上的刚体，不作单独的分析；

2）把栅格翼作为与 LEV 相连接的部件，对其取隔离体，进行受力分析，求出支反力；另一方面，支反力施加于 LEV 上，作为外力影响 LEV 的运动状态。

比较而言，第一种处理方式简单得多，在飞行过程中与实际情况也比较接近，有一定的实用价值，但是这种处理方法对于栅格翼的展开锁定过程却无能为力。第二种处理方式很复杂，但它能克服前一种方式的局限性。

栅格翼的结构形式和俯视图、侧视图，如图 5 - 20 所示。可以看出栅格翼的 $A'BCD'$ 部分为多重超静定结构，有很大的刚度；AA' 与 DD' 段为一薄板构造，它们沿垂直于栅格翼的方向的刚度远大于其侧向刚度。栅格翼的受力比较复杂，包括约束力、重力、气动力、惯性力、冲击力等几个方面。栅格翼的支反力包括阻尼器拉力 F_1、F_1'，铰座支反力 F_x、F_x'、F_y、F_y'、F_z、F_z'，总共有八个未知力，如图 5 - 21 所示。这是一个超静定问题，必须对栅格翼的特点进行分析，引入变形关系来解决。这里假设：

1）与栅格翼相连的整流罩部分为刚体；

2）栅格翼 $A'BCD'$ 段为刚体；

3）DD'、AA' 段只考虑沿侧向的弯曲，其他方向则认为是刚性的。

即只考虑两种弹性性能：一是阻尼器的拉伸性能，二是 DD'、AA' 的侧向弯曲性能。

忽略阻尼器的重力，设栅格翼所受外载荷的合力及合力矩为 f_x、f_y、f_z、M_x、M_y、M_z。根据变形假设，有

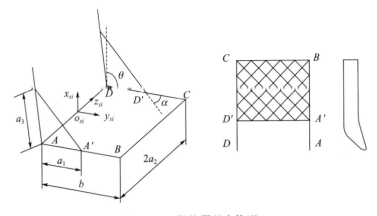

图 5 - 20　栅格翼基本构型

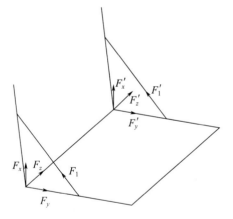

图 5 - 21　栅格翼所受支反力

$$F_1 = F'_1, F_z = F'_z \qquad (5 - 105)$$

通过平衡方程可以解得

$$F_1 = \frac{M_z}{2a_1 \sin\alpha}, \quad F_z = -\frac{f_z}{2}$$

$$F_x = \frac{1}{2}\left(-f_x - 2F_1\sin\alpha + \frac{M_y}{a_2}\right), \quad F'_x = \frac{1}{2}\left(-f_x - 2F_1\sin\alpha - \frac{M_y}{a_2}\right)$$

$$F_y = \frac{1}{2}\left(-f_y + 2F_1\cos\alpha - \frac{M_x}{a_2}\right), \quad F'_y = \frac{1}{2}\left(-f_y + 2F_1\cos\alpha + \frac{M_x}{a_2}\right)$$

$$(5-106)$$

四块栅格翼所受外载荷的具体取值可以由气动力、重力、惯性力分析综合得到，具体方法和前面模型类似，具体形式略。这里得到的支反力可以作为附加外力项，代入前面的轴向模型和横/法向模型，从而导出逃逸飞行器的整体响应，以及各截面的内力。需要注意，载荷中的惯性力部分，可以提取广义坐标的导数项，合并到对应模型的质量或刚度矩阵中。式（5-106）不仅适用于栅格翼展开状态，也可以适用于栅格翼的展开过程。在展开过程中，α 是 θ 的函数，而 θ 可取为一条随时间变化的给定曲线。采用这种方法时，F_1 是作为约束力得到的，这与实际问题稍有出入，但模型一致性较好。若考虑实际过程，需要在展开过程中把 F_1 作为已知载荷，建立以 θ 为变量的运动微分方程。

在展开过程中，栅格翼开始在弹簧力、过载、气动力及自身重力作用下，其展开速度不断增大。到达一定的角度后，阻尼器的作用使其展开速度不断减小。但到锁定位置时，其展开速度仍会有一定的值 $\dot{\theta}_{oi}$（对第 i 块栅格翼而言），如图 5-22 所示。

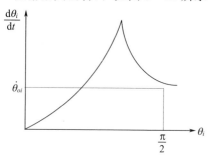

图 5-22　栅格翼的展开角速度曲线示意图

设锁定前对应的展开时间为 t_s^-，经过 Δt_s 后，$\dfrac{\mathrm{d}\theta_i}{\mathrm{d}t}$ 必然减小为零。在这一锁定过程中，阻尼器及其与栅格翼、整流罩的连接点，栅格翼与整流罩的边接点都将承受较大的冲击载荷。为了对这些危险部位进行强度校核，我们必须确定它们所受的冲击载荷。

栅格翼是一单自由度机构，由于其存在对称性，故冲击过程可以简化为一个梁模型，如图 5 - 23 所示。在冲击过程中，阻尼器与栅格翼的弹性对冲击都有缓冲作用，必须都给予考虑。

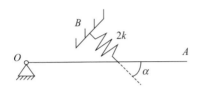

图 5 - 23　栅格翼工程模型

栅格翼的结构很复杂，数值分析存在一定的困难，因此我们把模型进一步简化为一个工程模型，如图 5 - 23 所示。此工程模型中 OA 为刚体，在两个弹性系数为 k 的弹簧支撑下运动。冲击过程可被描述为：OA 的初始位移为零，初始速度为 ω_0，求其支反力。

动态弹性系数 k 由冲击试验（或振动试验）或者是精确的计算模型来确定，确定的原则为"最大力等效"。具体来讲，冲击分析关心的是最大力，而不是动态参数，因此 k 要满足以下关系

$$\begin{cases} F_{\max} = k x_{\max} \\ k x_{\max}^2 = \dfrac{1}{2} I_s \omega_0^2 \end{cases} \tag{5-107a}$$

其中，I_s 为栅格翼绕 $o_s z_s$ 方向的转动惯量。

确定 k 后就可以得到冲击力

$$\begin{cases} F_1 = F_1' = \sqrt{\dfrac{k I_s \omega_0^2}{2}} \\ F_y = F_y' = F_1 \cos\alpha \end{cases} \tag{5-107b}$$

　　另外要说明一点，在锁定瞬间的冲击力除了惯性力之外，还有气流的冲击力，因为栅格翼的速度突变意味着气流相对于栅格翼的速度也存在着突变，从而有一个气流的冲击作用。不过栅格翼的速度突变相对气流速度来讲一般不会很大，其冲击影响远小于惯性力的影响，故我们这里给予忽略。

参 考 文 献

[1]   BERGIN C. NASA evaluates Launch Abort System options for Orion. URL: http://www.nasaspaceflight.com/2007/01/nasa – evaluates – launch – abort – system – options – for – orion/ [cited 28 July 2012].

[2]   DAVIDSON J, MADSEN J. Crew exploration vehicle ascent abort overview. AIAA Guidance, Navigation and Control Conference and Exhibit 20 – 23 August 2007, Hilton Head, South Carolina.

[3]   EDWARDS A. NASA successfully tests orion launch abort system. NASA News Release: 10 – 109, URL: http://www.nasa.gov/home/hqnews/2010/may/HQ _ 10 – 109 _ Orion _ Test. html [cited 28 July 2012].

[4]   ERIK S. SpaceX: making commercial spacecraft a reality. Chichester, UK: Praxis Publishing, 2013: 123 – 128.

[5]   GOTCHA P M. Robot arm plugs SpaceX Dragon into the ISS [EB/OL]. (2012 – 05 – 25) [2014 – 06 – 01]. http://www.newscientist.com/blogs/shortsharpscience/2012/05/grapple – and – hold – dragon – berths. html.

[6]   HOWARD R D, CREVOR Z C, MOSHER T, et al. Dream Chaser commercial crewed spacecraft overview, AIAA – 2011 – 2245. Reston: AIAA, 2011.

[7]   KREVOR Z, HOWARD R, MOSHER T. Achieving full ascent abort coverage with the dream chaser space system, AIAA – 2011 – 7102. Reston: AIAA, 2011.

[8]   LAUREN D. Latest developments on SpaceX's Falcon 1 and Falcon 9 launch vehicles and dragon spacecraft//The International IEEE Aerospace Conference. Piscataway, NJ: IEEE, 2009: 1 – 15.

[9]   MCCANN J R, DEPAUW T, MCKINNEY J, et al. Boeing CST – 100 landing and recovery system design and development of an integrated

approach to landing，AIAA - 2013 - 5306. Reston：AIAA，2013.

[10] MCKINNEY J，FERGUSON P，WEBER M L，et al. Initial testing of the CST - 100 aerodynamic deceleration system，AIAA - 2013 - 1263. Reston：AIAA，2013a.

[11] MCKINNEY J，FERGUSON P，WEBER M L，et al. Boeing CST - 100 landing and recovery system design and development testing，AIAA - 2013 - 1262. Reston：AIAA，2013b.

[12] MURPHY K J，BIBB K L，BRAUCKMANN G J，et al. Orion crew module aerodynamic testing，AIAA - 2011 - 3502. Reston：AIAA，2011.

[13] SARIGUL - KLIJN M M. Joint universal launch escape & assist system (JULEAS)，AIAA 2010 - 8839，2010，pages 7 - 8.

[14] SHAYLER D J. Space rescue - ensuring the safety of manned spaceflight. Springer，2009.

[15] TOWNSEND N A. Apollo experience report - launch escape propulsion subsystem. NASA Technical Note D - 7083，Washington D. C.，March 1973，pages 2. 6 - 7.

[16] ZEA L，OVER S，KLAUS D，et al. Development of a cockpit architecture for the Dream Chaser orbital vehicle，AIAA 2012 - 3421. Reston：AIAA，2012.

[17] 黄雪樵. 克服欧拉方程奇异性的双欧法. 飞行力学，1994，12（4）：28 - 37.

[18] 李东旭. 逃逸飞行器分离动力学与仿真. 北京：科学出版社，2003.

[19] 李海阳. 载人飞船逃逸飞行器的结构完整性仿真研究. 国防科技大学研究生院，1997.

[20] 李颐黎，张书庭，柯伦. 神舟飞船应急救生分系统研制与飞行结果评价. 航天器工程，2004，13（1）：104 - 110.

[21] 刘竹生，张智. CZ - 2F 载人运载火箭. 导弹与航天运载技术，2004（1）：6 - 12.

[22] 潘刚. 基于单舱飞船的逃逸系统设计及其仿真验证. 国防科技大学研究生院，2015.

[23] 张智. CZ - 2F 火箭逃逸系统. 导弹与航天运载技术，2004（1）：20 - 27.

[24] 周建平. 空间交会对接技术. 北京：国防工业出版社，2013.

第6章 交会对接仿真建模

6.1 交会对接仿真概述

6.1.1 交会对接概念

交会对接（Rendezvous and Docking，RVD）技术是指两个航天器于同一时间在轨道同一位置以相近速度相会合，并在结构上连成一个整体的技术。参与交会对接的两个航天器通常一个为被动航天器，一个为主动航天器。被动航天器不做任何机动或做少量机动，称为目标航天器或目标器，例如空间站或飞船。主动航天器要执行一系列的轨道机动飞向目标器，称为追踪航天器或追踪器，例如飞船或航天飞机等。航天器的交会问题实质上是飞行时间固定或受约束、在自然摄动与轨道机动作用下的两点边值问题。

6.1.2 交会对接技术分类

交会对接技术可以有多种分类方式，常用的方式有按任务特征分类、按交会轨道分类、按对接口方向分类以及按控制方式分类。

6.1.2.1 按任务特征分类

在进行交会对接任务分类时，一般不详细考察对接任务，而是从约束条件和技术要求角度对交会任务进行划分（Jezewski，1991），一般有以下几种类型：

1）释放和捕获：追踪航天器释放目标到几千米至几十千米处，然后又接近捕获目标航天器。

2）空间启动交会：空间启动交会对接是指当启动交会对接任务时，追踪航天器和目标航天器均是在空间轨道上。

3）地面启动交会：当启动交会对接任务时追踪航天器是从地面发射，目标航天器在空间轨道上。如果不加以特别注明，交会对接通常指地面启动交会对接。

4）合作交会：为完成交会操作，目标航天器和追踪航天器都作轨道机动。

5）多次交会：在一次飞行任务中，追踪航天器同多个目标航天器完成交会对接。

6）往返交会：为多次交会任务的特例，特指追踪航天器在完成交会任务后重新回到基站。基站可能包括空间站、航天飞机等，交会任务通常用来捕获和维修有效载荷。

6.1.2.2 按交会轨道分类

根据交会对接所处的空间环境，可以将交会对接飞行任务和飞行轨道大致划分为如下三种类型：地球低轨道交会对接、地球同步轨道交会对接和其他行星（如月球）轨道交会对接。

6.1.2.3 按对接口方向分类

按对接口（轴）方向的不同，交会对接通常可划分为 $-V-bar$、$+V-bar$、$R-bar$、$H-Rar$ 对接以及其他特定逼近方向对接。$V-bar$、$R-bar$、$H-bar$ 均在目标航天器 VVLH 坐标系中定义，$V-bar$ 与目标轨道速度方向一致，$R-bar$ 由目标航天器指向地心，$H-bar$ 沿轨道角动量矢量负方向。

不同的对接口方向必然会要求截然不同的逼近段轨道，相应地会带来基线交会轨道、交会对接传感器安装（包括目标器和追踪器）以及制导控制系统的不同，这可以作为区分不同的交会对接任务的标准。Marsh 和 White 以货运转移航天器和自由号空间交会对接任务为背景，通过高精度的仿真软件详细分析对比了 10 种可能的交会逼近策略，采用的评价指标包括被动避撞特性、发动机羽流影响、保持或中止任务能力、导航需求和推进剂消耗等（Marsh，1992）。Yamanada 以 HTV 与国际空间站的交会对接任务为背景，从控制、轨道动力学、任务中止能力以及相对导航等几个方面对比了 V - bar 和 R - bar 逼近策略 (Yamanada, 1998)。美国的航天飞机为了适应不同的任务需求，具备在 - V - bar、 + V - bar 和 R - bar 三个方向进行对接的能力。

6.1.2.4　按控制方式分类

根据交会对接控制的自动和自主程度分类 (林来兴, 1995)，通常可以将交会对接控制方式分为：

1) 遥操作交会对接：由地面控制中心的操作人员或目标航天器上的航天员，通过测控通信系统获取航天器相对运动状态，远程控制追踪航天器完成交会对接。

2) 手控交会对接：由追踪航天器上的航天员利用船载设备进行观察和操作，通过手动交会对接控制系统完成交会对接。

3) 自动交会对接：不需要航天员或地面控制人员的手动操作，由船载系统和地面控制中心协作实现交会对接。

4) 自主交会对接：不需要地面测控系统和控制中心支持，完全由船载系统完成的交会对接。

根据实际任务情况的不同，交会对接控制方式将在以上四种方式中进行切换，以保证任务的顺利进行。

6.1.3　国内外研究进展

自 20 世纪 60 年代开始，美、俄两国就已对交会对接技术展开研究。迄今为止，掌握交会对接技术的有美国、俄罗斯、欧空局、日本和中国。

(1) 美国交会对接进展

1966 年 3 月 16 日，双子星座 8 号载人飞船在航天员阿姆斯特朗和斯科特的手动控制下，与阿金纳无人目标航天器成功对接，实现了人类历史上首次载人交会对接。

1969 年 7 月 16 日，承载阿波罗飞船的土星五号从美国卡纳维尔角发射升空。阿波罗飞船在进入月球轨道前，登月舱体先分离，转向 180°之后与指挥舱、服务舱进行了交会对接。7 月 21 日，阿波罗飞船成功完成载人登月任务。完成登月任务后，登月舱上升级与环月轨道上飞行的指令舱和服务舱进行了第二次交会对接。

1973 年 5 月 14 日，美国发射了第一个实验性空间站——天空实验室，并于同年发射阿波罗飞船与其进行交会对接，完成了航天员运送任务。

1975 年 7 月 18 日，美国的阿波罗飞船与苏联的联盟 19 号飞船成功实现交会对接。

在阿波罗工程结束后，美国重点发展航天飞机技术。1981 年 4 月至 2011 年 7 月，航天飞机共执行了一百多次飞行任务，先后与空间站等多个航天器进行交会对接，如图 6 - 1 所示。

图 6 - 1　航天飞机与和平号空间站交会对接

自 2000 年以来，美国重点发展了自动交会对接技术，并在试验卫星系统 XSS - 11、自主交会技术验证 DART、乘员探索飞行器 CEV（如图 6 - 2 所示）、轨道快车（如图 6 - 3 所示）等任务中对其进行了验证。

图 6 - 2　CEV 飞向国际空间站

图 6 - 3　轨道快车计划的 ASTRO 和 NextSat 卫星

近年来，民营企业进入主流航天事业，担负起向国际空间站补给的任务。具有自动交会对接能力的龙飞船首先投入使用，2012 年至 2017 年已成功发射 6 次。天鹅座飞船也于 2013 年 9 月首次发射并与国际空间站成功对接。

美国 NASA 从 20 世纪 60 年代初就开始进行交会对接仿真技术的研究和仿真设备的研制，至今已有 50 多年历史。美国具有代表性的交会对接仿真器有双子星座飞船光学对接仿真器、阿波罗飞船近距离交会对接仿真器和阿波罗飞船混合对接仿真器（Alexander，1978）。

（2）俄罗斯/苏联交会对接进展

1962 年 8 月 12 日，苏联发射载有航天员波波维奇的东方 4 号飞船升空，与东方 3 号首次实现了空间交会，最近距离达到 5 km，并第一次从太空传回了电视图像。

1967 年 10 月 30 日，无人飞船宇宙 188 号与宇宙 186 号成功对接，实现了世界上首次自动交会对接。

1969 年 1 月 16 日，联盟 4 号飞船与联盟 5 号飞船成功对接，首次实现了乘员舱外转移。

1978 年 1 月 20 日，进步 1 号货运飞船与礼炮 6 号空间站完成交会对接，并成功转移推进剂。

1987 年 2 月 5 日，联盟 TM 飞船与和平号空间站成功对接并实现了两名航天员的转移，如图 6 - 4 所示。

2011 年，航天飞机退役后，联盟 TMA - M 飞船承担了向国际空间站运送航天员的任务。

近年来，俄罗斯重点发展快速交会对接技术。2012 年 8 月 1 日，进步 M - 16M 货运飞船在发射后 6 个小时（以往需 2 天）就与国际空间站成功对接。2013 年 3 月 28 日，这种快速交会技术首次用于载人飞船与国际空间站的交会对接。

俄罗斯目前正在研发新一代有人操作的运输飞行器（PTK NP），计划于 2018 年进行首次发射。

图 6-4　联盟 TMA 飞船与国际空间站交会对接

俄罗斯/苏联的交会对接半物理仿真设备主要有两种类型：一种是在无线电微波暗室内安装两台三轴机械伺服转台，主要供交会对接无线电敏感器进行一定距离的半物理仿真试验；另一种是采用两个六自由度运动模拟器组成的对接机构动力学仿真器。

（3）欧洲交会对接进展

欧空局（European Space Agency，ESA）近年来研发了自动转移飞行器（Automated Transfer Vehicle，ATV）。在航天飞机退役后，欧空局利用 ATV 与国际空间站进行交会对接，并执行货运任务，如图 6-5 所示。2008 年至 2014 年，已有 5 艘 ATV 完成了向国际空间站的货运任务。

欧空局早在 20 世纪 70 年代末期就开始进行交会对接仿真技术的研究和仿真设备的研制（Heimbold，1987），其典型的交会对接半实物仿真设备有欧洲逼近操作仿真器（EPOS）和对接动力学试验设备（Dynamic Docking Test Facility，DDTF）。

图 6 - 5　欧洲自动转移飞行器飞向国际空间站

（4）日本交会对接进展

1997 年 11 月，日本发射工程试验卫星 - 7（ETS - 7），进行自主交会对接技术和遥操作技术验证。

2008 年 3 月至 2009 年 7 月，日本实验舱发射升空并与国际空间站进行交会对接，进而实现在轨组装。

在航天飞机退役后，日本的 H - Ⅱ 转移飞行器（H - Ⅱ Transfer Vehicle，HTV）也开始为国际空间站提供货运服务，如图 6 - 6 所示。2009 年至 2018 年，已有 7 艘 HTV 成功为国际空间站进行货运补给，到 2020 年还有两次计划的发射任务。

日本从 20 世纪 80 年代初开展了交会对接仿真设施的研制工作，90 年代在筑波空间中心建成了当今国际上最先进的交会对接系统开发试验设备——交会对接操作测试系统（Redezvous and Docking Operation Test System，RDOTS），用于交会对接过程的动态闭路试验（Sotashi，2010）。

图 6-6　日本 H-Ⅱ 转移飞行器

（5）中国交会对接进展

作为载人航天工程三步走战略的第二步，我国已成功掌握了交
会对接技术。

2011 年 11 月 3 日，神舟八号飞船与天宫一号目标飞行器成功实
现了我国首次无人自动交会对接，如图 6-7 所示。

2012 年 6 月 18 日，神舟九号飞船与天宫一号目标飞行器成功实
现了我国首次载人交会对接。同年 6 月 24 日，又成功实施了手动控
制交会对接，这标志着我国已掌握自动控制与手动控制两种交会对
接技术，如图 6-8 所示。

2013 年 6 月 13 日，神舟十号飞船成功实施了与天宫一号目标飞
行器的载人交会对接任务。

2017 年 10 月 19 日，神舟十一号飞船与天宫二号自动交会对接
成功。

天链　　　　　　　　　　　　　　　从天宫看飞船

图 6-7　神舟八号自动交会对接

2020 年左右，我国将建成长期运营的空间站，神舟飞船交会对接的成功经验将会为我国空间站的建造提供重要支持。

图 6-8　神舟九号手动交会操作

6.2　交会对接任务总体方案

交会对接任务一般分为多个阶段进行设计和控制，各阶段飞行任务、飞行程序以及控制方式差异较大。总结已成功实现和工程实际在研的交会任务，本节对交会对接各飞行阶段进行阐述。

从追踪航天器入轨后开始，交会对接飞行阶段一般分为：远距离导引段、近距离导引段（寻的段、接近段）、平移靠拢段、对接段、组合体飞行段和撤离段，其中近距离导引段和平移靠拢段统称为自主控制段，远距离导引、近距离导引和平移靠拢段统称为交会段。图 6 - 9 给出了一个典型的－V - bar 交会对接飞行阶段。如果对接轴不在水平轴上，一般在靠拢段之前，还需要进行绕飞控制，图6 - 10 是一个典型的 R - bar 交会对接。

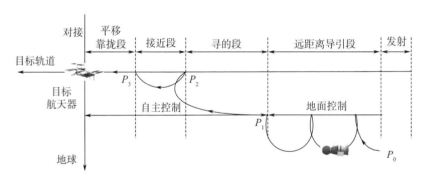

图 6 - 9　－V - bar 交会对接飞行阶段划分示意图

6.2.1　远距离导引段飞行任务

远距离导引段，国际上通常称为调相段（Phasing Phase），俄罗斯和我国则称之为远距离导引段或地面导引段。如图 6 - 11 所示，相位角指追踪航天器位置矢量与目标航天器位置矢量之间的夹角，"调相"即指调整相位角。

对于地面启动交会任务，远距离导引段的初始条件即追踪航天

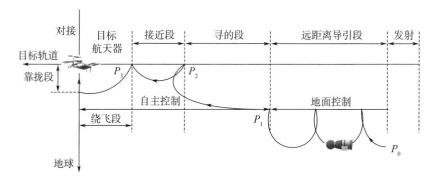

图 6-10　R-bar 交会对接飞行阶段划分示意图

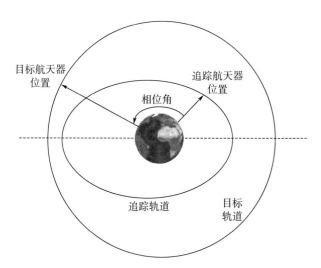

图 6-11　相位角的定义

器入轨条件及该时刻目标航天器状态，一般要求追踪航天器入轨时尽量与目标航天器共面。远距离导引的飞行任务是提高追踪航天器轨道高度，减小两个航天器之间的相位角，同时修正轨道倾角和升交点赤经偏差，将追踪航天器导引到远距离导引段的终端位置，即自主控制段初始位置。

6.2.1.1　远距离导引阶段划分

可以将远距离导引段分为入轨初期、轨道调整和转入自主控制等阶段，具体说明如下：

（1）入轨初期

在追踪航天器入轨初期，需要进行一系列的操作：姿态捕获、太阳帆板展开、航天员生命保障相关设备启动、发动机标定、各类通信设备的启动、航天器状态检查、对接机构检查等。

（2）轨道调整

远距离导引段轨道调整的基本原理是利用轨道高度较低（较高）的航天器角速度较大（较小）的性质，在适当的地方调整追踪航天器的轨道高度，可以调整相位角变化率，以在预定的时刻获得期望的相位角。

由天地测控网测量追踪航天器和目标航天器轨道，地面根据交会变轨策略计算追踪航天器的轨道控制参数，并注入到追踪航天器，实现对追踪航天器的调相控制。图 6 - 12 和图 6 - 13 给出了一个典型的远距离导引轨道机动过程及运动轨迹示意图：

1）第 1 次机动，第 N_1 圈远地点沿迹向机动，提高近地点高度；

2）第 2 次机动，第 N_2 圈恰当纬度幅角处沿法向机动，同时调整轨道倾角和升交点赤经；

3）第 3 次机动，第 N_3 圈近地点沿迹向机动，调整远地点高度；

4）第 4 次机动，第 N_4 圈远地点附近沿迹向机动，调整偏心率，进行轨道圆化；

5）第 5 次机动：第 N_5 圈恰当纬度幅角处进行一次小机动，修正前面机动的误差。

（3）转入自主控制

远距离导引段最后一次机动后不久，追踪航天器上的相对通信测量设备开机，开始搜索目标航天器，在建立空空通信链路后开始进行相对 GPS 导航。当空空通信及相对导航稳定建立后，地面将航天器的控制权交由船载计算机，进入自主控制段。

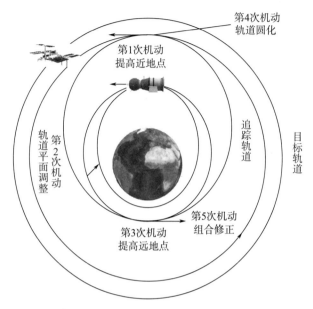

图 6-12　远距离导引轨道机动过程

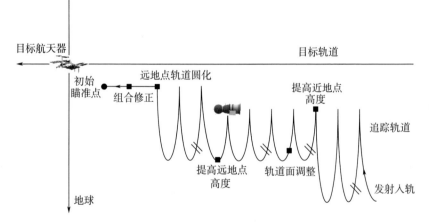

图 6-13　远距离导引面内相对运动轨迹示意图

6.2.1.2 远距离导引约束条件

（1）机动约束

在远距离导引过程中，目标器姿态保持对地定向三轴稳定，且不作轨道机动，追踪器姿态通常是保持对地定向三轴稳定，但在变轨机动过程中，可根据需要进行调姿，其基准可选择当地轨道坐标系或惯性坐标系。

（2）测控约束

地面测控网应能保证在机动变轨过程中对追踪器进行跟踪测轨、遥测遥控和联络通信的弧段要求；要满足关键变轨点同时对目标器和追踪器测量定轨、轨道参数注入和轨道机动监视的要求。

（3）初始轨道参数约束

追踪器发射窗口和初始轨道满足调相变轨的初始条件要求，对于近地载人交会对接飞行任务，有以下要求：

1）目标器运行轨道和追踪器初始轨道均为近地近圆轨道，且轨道高度低于 500 km，偏心率小于 0.02；

2）空间交会过程可以是共面或非共面，但追踪器相对目标器的初始相位角 Φ_0（追踪器相对于目标器初始滞后的纬度幅角）和轨道非共面偏差（Δi、$\Delta \Omega$）应在允许范围内。

（4）交会时间约束

对于近地交会对接而言，通常由于目标器轨道是一个两天或者三天的回归轨道，因此要求远距离导引阶段必须在两天或三天内完成。此外对于载人交会对接而言，乘员作息时间也是安排远距离导引段变轨策略的一个重要约束，即变轨点尽量安排在乘员非休息时间段内。

（5）远距离导引终端条件

由于船载自主测量设备要求工作的相对距离在几十到一百千米左右，因此远距离导引终端条件也即自主交会阶段的起始点轨道要求，通常要求追踪器进入稍低于目标器轨道十到几十千米的共面圆轨道。

（6）轨道模型要求

由于远距离导引段飞行时间较长，基于线性化方程和二体方程的解与实际有比较大的差别，地球非球形扁率摄动和大气阻力摄动是必须要考虑的。同时出于精度的考虑，实际的变轨策略要考虑到各种偏差因素诸如测量误差、控制误差、轨道预报误差以及模型误差等因素，制定实时变轨策略。

6.2.2　近距离导引段飞行任务

根据控制目标及任务不同，近距离导引段通常分为两个子阶段：寻的段（Homing）和接近段（Approach）。寻的段开始于追踪器与目标器建立通信链路进行相对导航，其目标是减小轨迹散布，保证接近段初始点所需的位置和速度要求，在这个点上追踪器能够完成标准的接近操作。接近段的目标是进一步减小两个航天器的相对距离，使追踪器满足合适的位置、速度、姿态和角速度条件，保证最后平移靠拢段的顺利进行。

6.2.2.1　寻的飞行阶段

（1）飞行任务定义

寻的段的飞行任务是通过数次轨道机动捕获目标轨道，减小相对距离和相对速度，同步光照测控等外部条件、航天员作息时间表及轨道转移时间表，保证接近段初始点所需的状态。

（2）飞行时间及初始终端条件

典型的寻的段飞行时间约为大半个轨道周期，初始点在目标航天器后下方几十千米处（前提是追踪航天器与目标航天器已建立稳定的空空通信链路和相对导航），终点通常是 V-bar 上距目标航天器几千米的停泊点。

（3）测量设备

寻的段的测量设备包括微波雷达、相对 GPS、激光雷达以及星敏感器等。寻的段开始的导航精度一般要求达到一百米，终端导航精度要求达到十米量级，而寻的段终端的位置控制精度要求在几十米内以便于启动接近操作。因此寻的段中可能涉及主要测量传感器的切换。

（4）轨道转移

寻的段轨道转移一般基于 C－W 制导或 Lambert 制导算法进行轨道转移，该阶段脉冲控制的次数一般为 3～4 次。图 6－14 给出了一个典型的寻的段三冲量机动的面内相对运动轨迹。

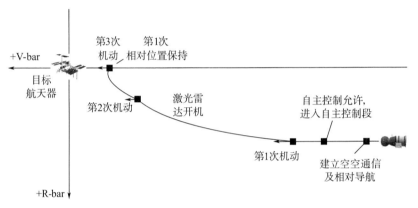

图 6－14　寻的段飞行程序示意图

第 1 次机动在远距离地面导引切换到自主控制后不久执行，由船载计算机基于相对运动模型根据相对 GPS 或交会雷达等的导航信息计算控制量。第 1 次机动提高追踪航天器轨道高度，减小相对目标航天器的相对距离和速度，将追踪航天器导引到激光雷达的测量范围内。

第 2 次机动在激光雷达测量范围内进行，目的是将追踪航天器导引到目标航天器后方几千米处的停泊点。第 2 次机动执行前，需要基于更新的相对导航信息重新计算机动速度增量。

第 3 次机动在目标航天器上的 V－bar 上执行，目的是消除各个方向上与目标航天器的相对速度，进行相对位置保持，以便进行系统检测校验，保证交会任务为一个稳定的过程。第 3 次机动仍然需要根据更新的相对导航信息重新计算。

在寻的段轨道转移过程中，航天员一般不需要参与轨道控制。在寻的段终端的停泊点进行相对位置保持，持续时间约几分钟，进行系统检测校验以及同步光照、通信等事件，根据校验结果决定中止交会任务还是进入接近段。根据事前确定的方案，这一命令可以由船载计算机自动判发，也可由航天员或地面决定。

6.2.2.2　接近飞行阶段

（1）飞行任务定义

接近段的飞行任务是进一步减小两个航天器的相对距离，进入对接走廊。

（2）飞行时间及初始终端条件

典型的接近段飞行时间约为半个轨道周期。接近段通常从两个航天器相距几千米开始到相距一二百米结束，在接近段终端追踪航天器应当满足合适的位置、速度、姿态和角速度条件，保证最后平移靠拢段需要的初始条件。

接近操作的开始一般要求具有以下几个条件：

1）轨道面偏差已经得到有效修正，应该具有与面内相近的精度（十米级）；

2）接近到对接的任务时间表已经与外部约束（光照、通信）有效同步；

3）所有参与交会对接任务的人员及设备（包括目标航天器和追踪航天器相关）都已经为最后的接近、靠拢和对接操作准备就绪。

（3）测量设备

接近段的测量信息主要由激光雷达及相对 GPS 提供。接近段终端，CCD、电视摄像机等近距离敏感器开始工作。

（4）轨道转移

根据相对测量精度、轨道控制精度等限制，为了获得较稳定的交会方案，接近段分为两步进行：接近段 Ⅰ 和接近段 Ⅱ。接近段的轨道控制可采用 C－W 制导和视线制导，C－W 制导算法一般应用于接近段 Ⅰ，而视线制导应用于接近段 Ⅱ。

接近段 I 将追踪航天器由相距几千米导引至几百米，终端作短暂的相对位置保持，一般由如图 6-15 所示的两次径向冲量机动完成，时间约为半个轨道周期。接近段 I 一般不采用切向冲量机动而采用径向冲量机动的方式，主要基于安全性考虑，如果第 2 次机动由于故障未能执行，追踪航天器将回到寻的段终端保持点，也不会与目标航天器相撞。如果第 2 次机动执行过小，追踪航天器仍将回到接近段 I 停泊点与寻的段终端停泊点之间，仍然不会与目标航天器相撞。

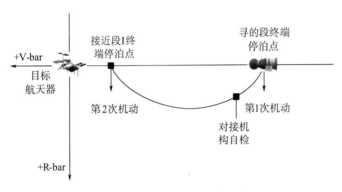

图 6-15　接近段 I 飞行程序示意图

根据对接口的不同方位（例如，＋V-bar 或＋R-bar 等），追踪航天器在接近段可能需要进行绕飞操作，以进入对接走廊。图 6-16 给出了对接口在 R-bar 方向时的绕飞操作，一般在接近段 I 终端开始，也可能一进入接近段便进行绕飞操作。

接近段 Ⅱ 将追踪航天器由相对距离几百米导引至一百多米，终端进行相对位置保持。控制方式一般为视线导引，如图 6-17 所示。接近段不完全采用视线导引方式，主要是由于初始相对距离为数千米，完全采用视线导引将消耗较多的推进剂。

6.2.3　平移靠拢段飞行任务

平移靠拢段又称为最终逼近段（Final Approach），该段飞行任

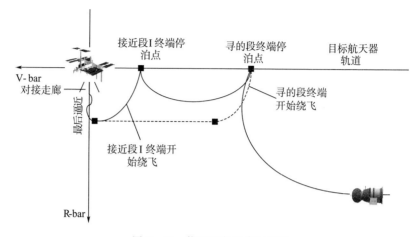

图 6 - 16　绕飞飞行程序示意图

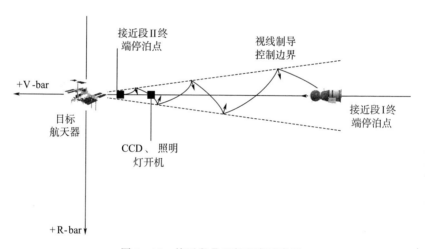

图 6 - 17　接近段 II 飞行程序示意图

务主要是继续减小相对距离，达到对接初始条件。飞行时间根据具体情况可能为几分钟到几十分钟。初始条件为追踪航天器进入对接走廊，相对距离约一二百米。终端要求两个航天器的对接机构接触。如果对接采用直接接触（硬对接或软对接）的方式，平移靠拢段的终端要求具有一定的相对速度。如果采用停靠，由机械臂抓取再对接的方式，平移靠拢终端要求追踪航天器在一个区域内保持相对位置姿态一段时间，便于机械臂抓取。出于安全性考虑，此时追踪航天器不能进行闭环控制，所以停靠初始条件一般较对接初始条件更难获得。平移靠拢段的测量设备包括 CCD、电视摄像机（用于手控）等，为平移靠拢段自动控制提供近距离高精度相对导航，为手动控制提供必要的图像信息。

　　平移靠拢段的控制要求追踪航天器在目标航天器的对接走廊内，如图 6 - 18 所示，追踪航天器的控制必须考虑轨道安全性，避免与目标航天器发生碰撞。平移发动机、姿控发动机等的排气方向应避免发动机羽流对目标航天器的影响。

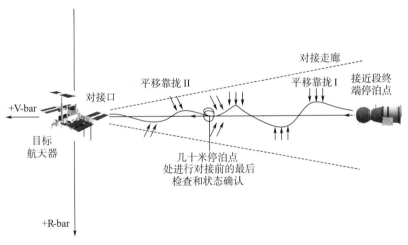

图 6 - 18　平移靠拢段飞行程序示意图

　　追踪航天器发动机羽流对目标航天器的影响主要体现在四个方面：

1）对目标航天器位置姿态的扰动；

2）对目标航天器表面及其结构的热效应；

3）对目标航天器表面的腐蚀以及影响密封效果；

4）污染目标航天器表面的敏感器，如交会传感器的反射镜、监视相机等。

因此，要求在一定相对距离处就达到对接要求的接触速度，而且后续靠拢过程中接近速度基本保持不变。最后的制动点火应当离目标航天器足够远，使得燃气温度浓度较低，减小对目标航天器表面和结构的影响。

6.2.4　对接段及组合体飞行任务

对接段从两航天器对接机构接触开始，到两个航天器成为一个组合航天器一同运行为止。对接的目的和任务主要包括：获得结构上的刚性连接及成为一个组合航天器共同运行等。在组合体运行过程中，航天员休息调整后按计划进行科学实验等预定任务，该阶段与单个载人航天器运行基本相同。

6.2.4.1　结构刚性连接

对接过程对两个航天器的相对位置速度、相对姿态及角速度均有严格要求，建立结构上的刚性连接包括接触与缓冲、捕获、缓冲与校正、拉近贴合、锁紧等。被动对接需要有一定的轴向接触速度，传感器感知接触信号通知追踪航天器控制系统启动正推发动机，正推发动机短暂工作后关机，产生的冲量可以提高对接初始偏差较大情况下两对接机构捕获成功的概率，该种方式称为硬对接。对于主动对接机构，当两航天器对接机构相互接触时，对接机构根据传感器信息，利用自身缓冲装置和导向瓣结构进行缓冲和导向，该种方式称为软对接。

初始接触后，两对接机构继续相对靠近运动，当两对接环端面重合时，追踪航天器对接机构导向瓣上捕获锁与目标航天器对接机构上卡板器咬合，完成两对接机构的捕获，实现两航天器的柔性连接。产生的捕获信号上传至航天员显示屏，下传至地面站。

捕获后，对接机构缓冲系统继续缓冲两航天器间的相对运动，并通过耗能器件不断耗散接触撞击能量，使两航天器相对姿态和位置不断校正。最后，追踪航天器对接机构对接环再次推出到极限位置，实现两航天器姿态和位置的强制校正。强制校正到位后，对接环回收，拉近两航天器，到两航天器对接机构前端框面互相贴合，产生端面接触信号后，端面上的对接锁启动工作，锁紧两端框，完成两航天器的刚性连接。两端框锁紧也使端面上密封圈压紧，实现端面处的密封。两端框锁紧后，追踪航天器对接环捕获锁解锁，对接环继续回收到初始位置。

至此，两个航天器结构上连接成为一个整体。整个过程是个高度自动化过程，一般无需航天员干预。只是若自动捕获锁解锁不成功，可以在对接完成后，航天员进入对接通道实施手动解锁。

6.2.4.2　组合体运行

两个航天器完成结构上的刚性连接后，还需要进行一系列复杂的操作，才能合并成为一个组合航天器共同运行。

（1）轨道与姿态控制转换

在组合体飞行段，通常依靠追踪航天器或目标航天器一方进行轨道和姿态控制，控制一方选择为两个航天器中质量较大的一个（为了便于论述，这里以目标航天器作为组合体控制航天器）。

主要操作包括：追踪航天器 GNC 停止相对导航计算；交会对接相对测量设备（如激光雷达、CCD 相机、电视摄像机等）、交会标志灯等关闭；追踪航天器 GNC 设备关闭；目标航天器 GNC 转入组合体轨道与姿态控制模式等。

（2）数据与指令管理转换

组合体运行状态下，追踪航天器的部分参数通过对接总线在目标航天器仪表上显示。主要操作包括：两个航天器进行总线并网、关闭两航天器之间的空空通信设备等。

（3）对接通道建立

对接完成之后，追踪航天器航天员要进入目标航天器（或从目标航天器进入追踪航天器），一般均需要建立对接通道，主要事件包括：对接通道检漏，对接通道复压，航天员打开追踪航天器对接口舱门，航天员打开目标航天器对接口舱门等。

（4）环境温度控制和能源控制转换等

对接通道建立后，追踪航天器与目标航天器舱内环境相通，追踪航天器的一些环境温度控制设备关闭，由目标航天器统一进行；追踪航天器不需工作的设备相继关机，两航天器并网供电。

6.2.5　撤离段飞行任务

除了装配任务以外的交会对接任务最后一般都具有撤离飞行任务。从对接的两个航天器解锁开始，到追踪航天器自主控制撤离到安全距离为止称为撤离段，图 6 - 19 给出了撤离段的两种典型的撤离过程：实线表示的是后上方撤离，虚线表示的是前下方撤离。撤离段进一步划分为分离段和远离段。

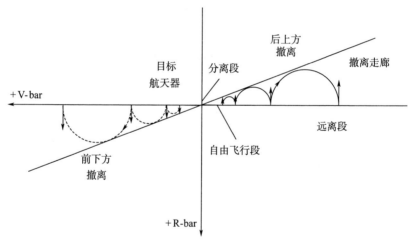

图 6 - 19　撤离段飞行程序示意图

6.2.5.1　分离段

两个航天器的分离包括由组合体运行转入两个航天器独立运行及结构上的分离。

（1）组合体运行转入两个航天器独立运行

组合体分离过程中追踪航天器 GNC 设备开启，目标航天器

GNC 停止对组合体进行姿态控制、交会对接相对测量设备和交会标志灯开启。同时，开启两航天器之间的空空通信设备，两个航天器总线断网。航天员进行关闭目标航天器对接口舱门、关闭追踪航天器对接口舱门、舱门检漏、对接通道泄压等操作。追踪航天器的环境温度控制设备开启，两航天器断网独立供电。

（2）结构分离

主动对接机构接到航天器控制系统指令后，启动对接锁驱动组合电机，使主动锁钩处于解锁位置，弹簧推杆将两航天器推开。主动对接机构的分离传感器测得分离完成后，向航天器控制系统发出信号，分离过程结束。

由于弹簧力作用结束时追踪航天器和目标航天器间相对距离大致为 1 m，为了避免羽流影响，特别是对目标航天器上光学仪器的污染，此时只启动姿控发动机，追踪航天器和目标航天器保持姿态对地定向，追踪航天器要以弹簧力作用结束时的速度继续飞行，直至两航天器间距离达到一定数值，启动反推发动机。

6.2.5.2 远离段

分离段结束后，追踪航天器启动反推发动机，以避免两航天器发生碰撞，这一阶段直到两航天器相对距离达到绝对安全距离时结束，一般在几十千米左右，在此距离上，即使不实施任何控制，两航天器都不可能再发生相遇。

在撤离段中，需要设计合适的分离方向和分离速度，保证两个航天器弹开后的自由漂移轨迹是安全的，这可以防止 GNC 分离控制失败时两个航天器发生碰撞。撤离控制过程中，同样需要对各种状态进行监视，当这些值超过安全值时，就要执行避撞机动。

6.3 远距离导引段仿真建模

远距离导引段的变轨目的是利用低轨道运动速度快的轨道特性，减少两个航天器之间的相位角差，同时消除追踪器入轨时的轨道倾角偏差和升交点赤经偏差。远距离导引结束时追踪器进入自主导引控制段的起始瞄准点或者进入走廊。瞄准点和进入走廊位置通常要求追踪器进入一个圆轨道，在目标器的后下方几十千米处（Fehse，2003）。国际上广泛应用的调相变轨策略有两种：一类是特殊点变轨策略，如远地点提升近地点高度，升交点调整轨道倾角等（NASA，2000；Young，1970），采用这一策略的航天器有美国航天飞机、双子星座飞船和阿波罗飞船，该策略将在 6.3.2 节进行介绍；另外一类是综合变轨策略，该策略的变轨点不局限于轨道的特殊点，脉冲分量同时包括面内和面外（Baranov，1990），采用这一策略的航天器有俄罗斯联盟/进步号飞船，该策略将在 6.3.3 节进行介绍。另外，也有大量学者提出基于 Lambert 算法的多脉冲变轨策略（韩潮，2002；Luo，2007a；Luo，2007b）。

6.3.1 远距离导引基本模型

平面内调整相位角的基本原理来自 Kepler 第三定律：航天器轨道周期 T 的平方与其半长轴 a 的三次方成正比

$$\frac{a^3}{T^2} = \frac{\mu}{4\pi^2} = 常数 \qquad (6-1)$$

式中，μ 为引力常数。对于半长轴较小的轨道来说，其轨道周期较短，角速度较大。

在 Δt 时间内，可以调整的追踪器相对目标器的相位角

$$\Delta\theta = (n_{\text{ch}} - n_{\text{tg}})\Delta t \qquad (6-2)$$

式中，$n_{\text{ch}} = \sqrt{\mu/a_{\text{ch}}^3}$ 是追踪器平均角速度；$n_{\text{tg}} = \sqrt{\mu/a_{\text{tg}}^3}$ 是目标器平均角速度。

给定目标器轨道，需要调整的相位角 $\Delta\theta$，以及任务约束时间 Δt，可以通过选择一系列具有不同半长轴的中间轨道，达到在 Δt 时间内调整 $\Delta\theta$ 相位角的目的。

$$\Delta\theta = \sum_i \Delta\theta_i = \sum_i (n_{\text{chi}} - n_{\text{tg}})\Delta t_i \qquad (6-3)$$

$$\Delta t = \sum_i \Delta t_i \qquad (6-4)$$

式中，$\Delta\theta$ 是需要调整的总的相位角；$\Delta\theta_i$ 是第 i 段中间轨道调整的相位角；n_i 是第 i 段中间轨道平均角速度；Δt_i 是第 i 段中间轨道消耗的时间。

（1）轨道面内调相机动

通常调整半长轴的轨道机动有两类操作。

在近地点沿速度方向施加推力可以增加半长轴，同时提高远地点高度，如图 6 - 20 所示。

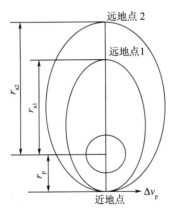

图 6 - 20　提升远地点的机动

$$\Delta v_p = v_{p2} - v_{p1} = \sqrt{\mu}\left(\sqrt{\frac{2}{r_p} - \frac{1}{r_{a2}}} - \sqrt{\frac{2}{r_p} - \frac{1}{r_{a1}}}\right) \qquad (6-5)$$

式中，r_p 为近地点；r_{a1} 和 r_{a2} 分别为推力施加前的远地点和施加后的远地点。在远地点沿速度方向施加推力也可以增加半长轴，同时提高近地点高度，如图 6 - 21 所示。

$$\Delta v_a = v_{a2} - v_{a1} = \sqrt{\mu}\left(\sqrt{\frac{2}{r_a} - \frac{1}{r_{p2}}} - \sqrt{\frac{2}{r_a} - \frac{1}{r_{p1}}}\right) \qquad (6-6)$$

式中，r_a 为远地点；r_{p1} 和 r_{p2} 分别为推力施加前的近地点和施加后的近地点。

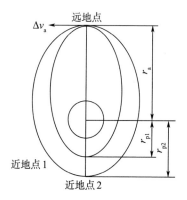

图 6 - 21　提升近地点的机动

（2）轨道面外修正机动

追踪器入轨后其轨道平面与目标器轨道平面不可避免地存在偏差，包括轨道倾角 i 与升交点赤经 Ω 的偏差，如图 6 - 22 所示。在轨道法向进行机动，可以修正轨道面外的偏差，利用 Gauss 型摄动方程有

$$\begin{cases} \Delta i = \dfrac{r\cos u}{na^2\sqrt{1-e^2}}\Delta v_z \\[4mm] \Delta\Omega = \dfrac{r\sin u}{na^2\sqrt{1-e^2}\sin i}\Delta v_z \end{cases} \tag{6-7}$$

其中，u 为纬度幅角；e 为偏心率；n 为轨道角速度；Δv_z 为轨道面外机动。

6.3.2　远距离特殊点变轨策略

特殊点变轨的轨道机动位置一般选择在轨道的特殊点，如远地点、近地点和升交点等，美国航天飞机的远距离导引段采用了特殊点变轨。

6.3.2.1　变轨方案

特殊点变轨实质上利用轨道摄动动力学的特性，对轨道面内外

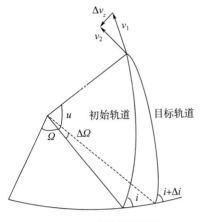

图 6-22　轨道平面修正

独立进行修正。假定冲量为（Δv_r，Δv_t，Δv_z），各项分别为径向、迹向和轨道面法向冲量，则航天器轨道根数在脉冲作用下的瞬时变化方程为如下高斯摄动方程

$$
\begin{cases}
\Delta a = \dfrac{2}{n\sqrt{1-e^2}}\left[e\sin f\Delta v_r + (1+e\cos f)\Delta v_t\right] \\[2mm]
\Delta e = \dfrac{\sqrt{1-e^2}}{na}\left[\sin f\Delta v_r + (\cos f + \cos E)\Delta v_t\right] \\[2mm]
\Delta i = \dfrac{r\cos u}{na^2\sqrt{1-e^2}}\Delta v_z \\[2mm]
\Delta \Omega = \dfrac{r\sin u}{na^2\sqrt{1-e^2}\sin i}\Delta v_z \\[2mm]
\Delta \omega = \dfrac{\sqrt{1-e^2}}{nae}\left[-\cos f\Delta v_r + \left(1+\dfrac{r}{p}\right)\sin f\Delta v_t\right] - \cos i\,\Delta\Omega \\[2mm]
\Delta M = n - \dfrac{1-e^2}{nae}\left[-\left(\cos f - 2e\dfrac{r}{p}\right)\Delta v_r + \left(1+\dfrac{r}{p}\right)\sin f\Delta v_t\right]
\end{cases}
$$

$$
(6-8)
$$

式中，n 表示平均角速度，为 $\sqrt{\mu/a^3}$。

特殊点变轨采用如下四类变轨操作：

　　1）平面内轨道调相：改变半长轴，轨道周期发生变化，进而可以调整追踪航天器和目标航天器之间的相位差。对追踪航天器轨道调相任务而言，主要是通过在远地点变轨来调整近地点高度或者在近地点变轨调整远地点高度来达到调相的目的。

　　2）轨道倾角偏差修正：当 $u=0°$ 或 $180°$，即在升交点或者降交点用单独的 Δv_z 可以单独修正 i 而不影响 Ω。

　　3）升交点赤经修正：当 $u=90°$ 或 $270°$，即在纬度幅角最高处或者最低处用单独的 Δv_z 可以单独修正 Ω 而对 i 影响很小。

　　4）当 $u=\arctan\left(\sin i\,\dfrac{\Delta\Omega}{\Delta i}\right)$，可以通过一个 Δv_z 脉冲同时修正 Ω 和 i。由于在轨道设计时，变轨点位置难于预料，实际应用有一定的困难，但是采用该种变轨方案可以减少一次变轨机动，实际应用也有一定的优势。

　　针对不同的调相任务，上述四类变轨操作将会有不同的组合。远距离导引段特殊点变轨的一个典型四脉冲方案如图 6-23 所示。

　　1）第 N_1 圈远地点施加迹向冲量 Δv_{t1}，调整近地点高度；

　　2）第 N_2 圈纬度幅角 φ_2 处施加法向冲量 Δv_{z2}，同时调整轨道倾角和升交点赤经；

　　3）第 N_3 圈近地点施加迹向冲量 Δv_{t3}，调整远地点高度；

　　4）第 N_4 圈远地点施加迹向冲量 Δv_{t4}，调整偏心率，进行轨道圆化。

　　上述方案中，Δv_{t1}、Δv_{t3}、Δv_{t4} 为面内轨控参数，φ_2、Δv_{z2} 为面外轨控参数。

　　二体条件下，基于 Gauss 型摄动运动方程，根据变轨前轨道参数与轨道参数调整量或期望变轨后轨道参数，各次冲量有如下解析计算公式。

　　第 1 次变轨

$$\Delta v_{t1}=g_1(E_1,h'_{p1})=\frac{n_1}{4}\sqrt{\frac{1+e_1}{1-e_1}}(h'_{p1}-h_{p1}) \qquad (6-9)$$

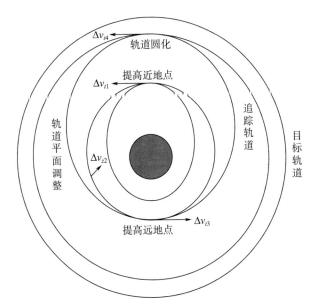

图 6 - 23　远距离导引特殊点变轨过程

第 2 次变轨

$$\varphi_2 = g_2^1(E_2, \Delta i, \Delta\Omega) = \arctan(\frac{\Delta\Omega\sin i_2}{\Delta i}) \qquad (6-10)$$

$$\Delta v_{z2} = g_2^2(E_2, \Delta i, \Delta\Omega) = \frac{n_2 a_2^2 \sqrt{1-e_2^2}}{r_2\cos\varphi_2}\Delta i \qquad (6-11)$$

第 3 次变轨

$$\Delta v_{t3} = g_3(E_3, h_a') = \frac{n_3}{4}\sqrt{\frac{1-e_3}{1+e_3}}(h_a' - h_{a_3}) \qquad (6-12)$$

第 4 次变轨

$$\Delta v_{t4} = g_4(E_4, e') = -\frac{n_4 a_4}{2\sqrt{1-e_4^2}}(e' - e_4) \qquad (6-13)$$

式中，下标数字表示第几次变轨；上标"′"表示期望变轨后参数；
E_j 表示第 j 次变轨前的轨道参数；h_p、h_a 表示近地点高度和远地点
高度；Δi、$\Delta\Omega$ 表示轨道倾角修正量和升交点赤经修正量；e 为偏心

率；n 为轨道角速度；r 为航天器地心距。

6.3.2.2　规划模型

将设计变量选择为 $(\Delta v_{t1}, \varphi_2, \Delta v_{z2}, \Delta h_{aim}^*, e_{aim}^*)^T$。$\Delta h_{aim}^*$、$e_{aim}^*$ 分别为终端虚拟瞄准相对轨道高度和偏心率，满足

$$\Delta v_{t3} = g_3(E_3, h_{tg}(t_f) + \Delta h_{aim}^*) \qquad (6-14)$$

$$\Delta v_{t4} = g_4(E_4, e_{aim}^*) \qquad (6-15)$$

其中，$h_{tg}(t_f)$ 为终端目标器轨道高度。

特殊点变轨的终端条件按照进入走廊形式给出，要求追踪器在预定的时间进入与目标器共面的近圆轨道，相对目标器的相位差及相对高度一定，表述如下。

圆轨道约束

$$f_1 = e_{ch}(t_f) = 0 \qquad (6-16)$$

共面约束

$$f_2 = i_{tg}(t_f) - i_{ch}(t_f) = 0 \qquad (6-17)$$

$$f_3 = \Omega_{tg}(t_f) - \Omega_{ch}(t_f) = 0 \qquad (6-18)$$

相位约束

$$f_4 = \varphi_{tg}(t_f) - \varphi_{ch}(t_f) + \Delta u_{aim} = 0 \qquad (6-19)$$

相对高度约束

$$f_5 = h_{tg}(t_f) - h_{ch}(t_f) + \Delta h_{aim} = 0 \qquad (6-20)$$

相位约束可转换为面内相对距离约束

$$f_4 = \Delta d(t_f) - \Delta d_{aim} = 0 \qquad (6-21)$$

偏心率为零时，航天器轨道只需要半长轴（轨道高度）、偏心率、轨道倾角、升交点赤经、纬度幅角 5 个条件即可确定，设计变量为 5 个，等式约束也为 5 个。

6.3.2.3　求解策略

二体条件下，φ_2、Δv_{z2}、Δv_{t3} 及 Δv_{t4} 可由式（6-9）～式（6-13），根据终端条件及变轨点轨道参数直接计算，而 Δv_{t1} 可以以 h_{p1}' 为变量，式（6-21）为约束条件迭代求解。

　　考虑轨道摄动时，各轨控参数是耦合的，必须对二体的计算方法进行修正，以获得摄动条件下满足终端条件的轨控参数。由于问题的复杂性及终端条件对变量的敏感性差异较大，直接对 5 个设计变量进行迭代求解，迭代过程难以收敛。摄动条件下，相位约束仍然主要受 Δv_{t1}（或 h'_{p1}）影响，共面约束主要受 φ_2 及 Δv_{z2} 影响，相对轨道高度约束及圆轨道约束主要受 Δv_{t3} 及 Δv_{t4} 影响，根据这个性质将设计变量分组进行迭代，设计了如图 6 - 24 所示的计算流程，轨道计算均采用摄动轨道积分。

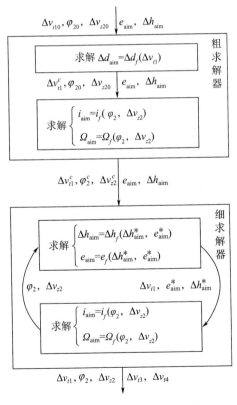

图 6 - 24　特殊点变轨迭代求解流程

　　求解算法包括两个部分：粗求解器和细求解器。

（1）粗求解器

第 1 步，根据初值 Δv_{t10}、u_{z0}、Δv_{z0} 及瞄准量 $e_{aim} = 0$、Δh_{aim}，以 Δv_{t1} 为变量进行迭代，满足终端面内相对距离要求，实质是求解非线性方程：$\Delta d_{aim} = \Delta d_f(\Delta v_{t1})$。$\Delta v_{t3}$、$\Delta v_{t4}$ 由式（6 - 14）与式（6 - 15）计算，其中 $\Delta h_{aim}^* = \Delta h_{aim}$，$e_{aim}^* = e_{aim}$。

第 2 步，根据第 1 步计算的 Δv_{t1}^c，以 φ_2、Δv_{z2} 为变量进行迭代，大致满足终端共面要求，实质是求解一个二维非线性方程组：

$$\begin{cases} i_{aim} = i_f(\varphi_2, \ \Delta v_{z2}) \\ \Omega_{aim} = \Omega_f(\varphi_2, \ \Delta v_{z2}) \end{cases}, \ \Delta v_{t3}、\Delta v_{t4} \text{ 的计算方法同上。}$$

（2）细求解器

第 1 步，以 Δh_{aim}^*、e_{aim}^* 为变量进行迭代，以满足终端圆轨道及相对轨道高度要求，实质是求解一个二维非线性方程组：

$$\begin{cases} \Delta h_{aim} = \Delta h_f(\Delta h_{aim}^*, \ e_{aim}^*) \\ e_{aim} = e_f(\Delta h_{aim}^*, \ e_{aim}^*) \end{cases}。 \text{迭代内部每一步以 } \Delta v_{t1} \text{ 为变量，以终}$$

端面内相对距离为约束进行内层迭代，Δv_{t3}、Δv_{t4} 由式（6 - 14）、式（6 - 15）计算，φ_2、Δv_{z2} 保持不变。

第 2 步，再次求解二维非线性方程组：$\begin{cases} i_{aim} = i_f(\varphi_2, \ \Delta v_z) \\ \Omega_{aim} = \Omega_f(\varphi_2, \ \Delta v_z) \end{cases}$，$\Delta v_{t1}$、$\Delta v_{t3}$、$\Delta v_{t4}$ 由上一步提供。判断是否满足终端条件，若满足，则退出迭代，输出 Δv_{t1}、φ_2、Δv_{z2}、Δv_{t3}、Δv_{t4}；若不满足，则将 φ_2、Δv_z 代入上一步继续迭代。

上述迭代过程将面内外轨控参数分开计算，采用工程实际中常用的牛顿迭代法求解。迭代中直接求解的非线性方程组不超过二维，降低了直接求解非线性方程组的难度。大量计算表明上述迭代过程在初始轨道面偏差较小（如小于 2°）时是收敛的。当初始轨道具有较大轨道面偏差时，轨道面调整冲量较大，将对轨道半长轴产生较大影响，进而影响相位关系，此时上述迭代过程将很难收敛。实际交会任务要求追踪器入轨时尽量与目标器共面，以减小轨道面调整的推进剂消耗，追踪器的初始轨道面偏差一般在 2°以内，因此上面提出的求解算法对实际交会任务是可行的。

6.3.2.4　算例分析

以一个近地两天远距离导引任务为例计算机动序列，设入轨时刻追踪器和目标器轨道参数为，入轨历元 UTCG=2010 年 3 月 21 日 14 时 30 分，$a_{ch}=6\,628.137$ km，$e_{ch}=0.007\,543\,598$，$i_{ch}=42°$，$\Omega_{ch}=0$，$\omega_{ch}=124°$，$f_{ch}=0$；$a_{tg}=6\,713.963$ km，$e_{tg}=0$，$i_{tg}=42°$，$\Omega_{tg}=0$，$\omega_{tg}=0$，$f_{tg}=244°$。两个航天器初始相位角为 120°，要求在 $t_f=140\,000$ s 时追踪器完成调相，进入比目标轨道低 30 km 的圆轨道，终端相对距离 $r_f=100$ km，两个航天器满足共面约束。采用图 6-23 所示的轨道机动序列，选择在第 6 圈提高近地点，第 14 圈综合修正升交点赤经和轨道倾角，第 17 圈提高远地点高度，第 22 圈轨道圆化。

采用本节计算方法得到变轨机动序列如表 6-1 所示，追踪器的轨道长半轴随时间变化如图 6-25 所示，相位角变化如图 6-26 所示，轨道面内轨迹和轨道面外轨迹分别如图 6-27 和图 6-28 所示。轨道计算考虑地球非球形和大气阻力摄动，取 5×5 阶 JGM3 引力场模型，NRLMSISE00 大气模型，阻力系数 $C_D=2.2$，F10.7 通量为 150，地磁指数 Ap=15，追踪器和目标器面质比均为 0.005 m^2/kg，追踪器发动机比冲为 2 800 m/s。

表 6-1　远距离导引段变轨计算结果

机动时刻/s	圈次	速度增量/(m/s)	推进剂消耗/kg	近地点高度/远地点高度/km	备注
0	0	—	—	200/300	追踪器入轨
29 577.2	6	20.792 6	59.187 4	276.1/295.4	提高近地点
69 478.8	14	22.743 7	64.239 9	269.8/294.0	修正轨道面
86 148.4	17	2.275 86	6.399 54	270.5/305.2	提高远地点
116 080.0	22	6.861 24	19.261 8	302.0/302.0	轨道圆化

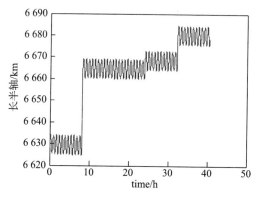

图 6 - 25　轨道长半轴变化曲线

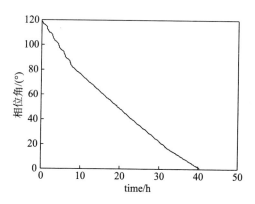

图 6 - 26　相位角变化曲线

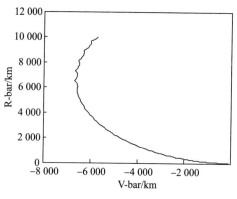

图 6 - 27　轨道面内轨迹

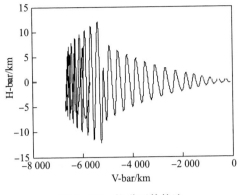

图 6 - 28　轨道面外轨迹

从图 6 - 25 可以看出，半长轴有三次增加，这对应追踪器三次提升轨道高度的切向机动。从图 6 - 26、图 6 - 27 和图 6 - 28 可以看出，追踪器在调相过程中逐渐接近目标器，相位角和相对距离逐渐减小，轨道面外偏差逐渐消除，最终满足共面要求。

6.3.3　远距离综合变轨策略

综合变轨，又称组合变轨（Combined Maneuvers），变轨点不局限于特殊点，每次变轨冲量同时含有轨道面内外分量，综合变轨用于俄罗斯联盟/进步号飞船远距离导引段。

6.3.3.1　近圆偏差方程

在远距离导引段，两个航天器之间距离相对轨道半径不再是小量，C - W 方程的线性化条件不能成立，这里给出适用于远距离导引段的相对运动分析模型：近圆偏差线性方程。

航天器在柱坐标系 $O_E - r\theta z$ 中的动力学方程为

$$\begin{cases} \ddot{r} = -\dfrac{\mu}{r^2} + r\dot{\theta}^2 + a_r \\[2mm] r\ddot{\theta} = -2\dot{r}\dot{\theta} + a_t \\[2mm] \ddot{z} = -\dfrac{\mu}{r^3} z + a_z \end{cases} \qquad (6 - 22)$$

分别建立参考轨道和所研究航天器在极坐标系中的动力学方程，将两个方程作差，保留一阶小量，略去高阶小量得

$$
\begin{cases}
\Delta \dot{r} = \Delta v_r \\[2mm]
\Delta \dot{\theta} = -\omega_0 \dfrac{\Delta r}{r_0} + \omega_0 \dfrac{\Delta v_t}{v_0} \\[2mm]
\Delta \dot{z} = \Delta v_z \\[2mm]
\Delta \dot{v}_r = \omega_0^2 \Delta r + 2\omega_0 \Delta v_t + \Delta a_r \\[2mm]
\Delta \dot{v}_t = -\omega_0 \Delta v_r + \Delta a_t \\[2mm]
\Delta \dot{v}_z = -\omega_0^2 \Delta z + \Delta a_z
\end{cases}
\tag{6-23}
$$

式中，r_0、ω_0 分别为参考轨道半径及角速度；Δr、$\Delta \theta$、Δz、Δv_r、Δv_t 和 Δv_z 分别为航天器相对于参考轨道的径向位置差、纬度幅角差、法向位置差、径向速度差、迹向速度差和法向速度差；Δa_r、Δa_t、Δa_z 分别为径向、迹向和法向加速度差。

此方程即为近圆偏差线性方程，不同于基于目标轨道坐标系建立的 C - W 方程，此方程在柱坐标系下建立，对两航天器相位角较大的远距离导引段仍然适用。

6.3.3.2　控制模型

由近圆偏差线性方程，不考虑其他摄动力，发动机推力近似为 $t_1 \cdots t_n$ 时刻一系列脉冲 $\Delta v_1 \cdots \Delta v_n$ 时

$$
\boldsymbol{X}(t_f) = \boldsymbol{\Phi}(t, t_0)\boldsymbol{X}(t_0) + \sum_{i=1}^{n} \boldsymbol{\Phi}_v(t_f, t_i)\Delta \boldsymbol{v}_i
\tag{6-24}
$$

其中

$$
\boldsymbol{X} = (\Delta r, r_0 \Delta \theta, \Delta z, \Delta v_r, \Delta v_t, \Delta v_z)^{\mathrm{T}}
$$

$$
(t_f,t_0) = \begin{bmatrix}
2-\cos\Delta\theta_0 & 0 & 0 & \dfrac{\sin\Delta\theta_0}{\omega_0} & -\dfrac{2(\cos\Delta\theta_0-1)}{\omega_0} & 0 \\[2mm]
2\sin\Delta\theta_0-3\Delta\theta_0 & 1 & 0 & \dfrac{2(\cos\Delta\theta_0-1)}{\omega_0} & \dfrac{4\sin\Delta\theta_0-3\Delta\theta_0}{\omega_0} & 0 \\[2mm]
0 & 0 & \cos\Delta\theta_0 & 0 & 0 & \dfrac{\sin\Delta\theta_0}{\omega_0} \\[2mm]
\omega_0\sin\Delta\theta_0 & 0 & 0 & \cos\Delta\theta_0 & 2\sin\Delta\theta_0 & 0 \\[2mm]
\omega_0(\cos\Delta\theta_0-1) & 0 & 0 & -\sin\Delta\theta_0 & -1+2\cos\Delta\theta_0 & 0 \\[2mm]
0 & 0 & -\omega_0\sin\Delta\theta_0 & 0 & 0 & \cos\Delta\theta_0
\end{bmatrix}
$$

$$
\boldsymbol{\Phi}_v(t_f,t_i) = \begin{bmatrix}
\dfrac{\sin\Delta\theta_i}{\omega_0} & -\dfrac{2(\cos\Delta\theta_i-1)}{\omega_0} & 0 \\[2mm]
\dfrac{2(\cos\Delta\theta_i-1)}{\omega_0} & \dfrac{4\sin\Delta\theta_i-3\Delta\theta_i}{\omega_0} & 0 \\[2mm]
0 & 0 & \dfrac{\sin\Delta\theta_i}{\omega_0} \\[2mm]
\cos\Delta\theta_i & 2\sin\Delta\theta_i & 0 \\[2mm]
-\sin\Delta\theta_i & -1+2\cos\Delta\theta_i & 0 \\[2mm]
0 & 0 & \cos\Delta\theta_i
\end{bmatrix}
$$

其中，$\Delta\theta_0 = \omega_0(t_f-t_0) = \theta_{t_f}-\theta_{t_0}$，$\Delta\theta_i = \omega_0(t_f-t_i) = \theta_{t_f}-\theta_{t_i}$，令

$$\Delta\boldsymbol{X} = \boldsymbol{X}(t_f) - \boldsymbol{\Phi}(t,t_0)\boldsymbol{X}(t_0)$$

$$\Delta\boldsymbol{V} = \left[(\Delta\boldsymbol{v}_1)^{\mathrm{T}}\ (\Delta\boldsymbol{v}_2)^{\mathrm{T}}\cdots(\Delta\boldsymbol{v}_n)^{\mathrm{T}}\right]^{\mathrm{T}}$$

$$\boldsymbol{F} = \left[\boldsymbol{\Phi}_v(t_f,t_1)\boldsymbol{\Phi}_v(t_f,t_2)\cdots\boldsymbol{\Phi}_v(t_f,t_n)\right]$$

则

$$\Delta\boldsymbol{X} = \boldsymbol{F}\Delta\boldsymbol{V} \tag{6-25}$$

若 $\mathrm{rank}([\boldsymbol{F}，\Delta\boldsymbol{X}]) = \mathrm{rank}(\boldsymbol{F})$，则方程组（6-25）有解；否则方程组（6-25）无解。

当 $n=2$ 时，即双脉冲变轨，该方程组有唯一解

$$\Delta\boldsymbol{V} = \boldsymbol{F}^{-1}\Delta\boldsymbol{X} \tag{6-26}$$

当 $n>2$ 时，通常方程组的解不唯一，其通解为

$$\Delta\boldsymbol{V} = \boldsymbol{F}^{-}\Delta\boldsymbol{X} + (\boldsymbol{I}-\boldsymbol{F}^{-}\boldsymbol{F})\boldsymbol{\xi} \tag{6-27}$$

其中，$\boldsymbol{F}^-$ 為 $\boldsymbol{F}$ 的任意廣義逆矩陣；ξ 為 $3n \times 1$ 任意列向量。

$\Delta \boldsymbol{V}$ 是在參考軌道中描述的，其真正意義應當是參考軌道上運行的航天器在 $\Delta \boldsymbol{V}$ 的作用下，終端有 $\Delta \boldsymbol{X}$ 的偏差。用 $\Delta \boldsymbol{V}$ 修正追蹤器軌道，其實是一種近似，這種近似對終端狀態的影響可以通過迭代來消除。選取恰當的參考軌道，可以保證模型對原問題更好的近似。對於交會問題，傳統的參考軌道有兩種：一種是與 C－W 方程類似的目標器軌道，另一種是平均半徑參考軌道。這裏選取的是平均角速度參考軌道，其初始軌道根數滿足：偏心率為 0，軌道傾角和升交點赤經均為目標器與追蹤器初始值的平均，近拱點角為 0，真近點角與追蹤器的初始緯度幅角相等，半長軸滿足參考點具有追蹤器完成整個調相交會過程的平均角速度。二體條件下其計算表達式為：$a = [\mu (t_f - t_0)^2 / \Delta \theta_f^2]^{1/3}$，$\Delta \theta_f$ 為追蹤器初始位置到瞄準點的角距離。平均角速度參考軌道，相對目標器參考軌道與平均半徑參考軌道，可以減小實際脈衝作用點與模型中脈衝作用點的角位置誤差，對迭代的收斂和優化性能的提高都是有利的（張進，2007）。

6.3.3.3　算例分析

初始時刻，追蹤器和目標器的六個軌道根數分別為

$$a_{tg} = 6\ 720.14\ \text{km}, \quad e_{tg} = 0.000\ 01, \quad i_{tg} = 42°,$$
$$\Omega_{tg} = 169.286°, \quad \omega_{tg} = 0°, \quad f_{tg} = 245°$$
$$a_{ch} = 6\ 638.14\ \text{km}, \quad e_{ch} = 0.009\ 039, \quad i_{ch} = 42.2°,$$
$$\Omega_{ch} = 169.686, \quad \omega_{ch} = 120°, \quad f_{ch} = 1°$$

遠距離導引終端，目標器 LVLH 軌道坐標系中期望的追蹤器相對位置為 $[-29.3\ \text{km}\quad -81.7\ \text{km}\quad 0\ \text{km}]^T$，相對速度為 $[0\ \text{m/s}\quad 50.8\ \text{m/s}\quad 0\ \text{m/s}]^T$。

綜合變軌的變軌次數為 4，軌道積分時間步長為 60 s，變軌圈數分別為 $N_1 = 6$、$N_2 = 14$、$N_3 = 17$ 和 $N_4 = 22$。變軌點緯度幅角與衝量分量的尋優範圍如表 6－2 所示。

表 6 - 2　优化变量寻优范围

优化变量	φ_1	φ_2	φ_3	φ_4	$\Delta v_{ri}, \Delta v_{ti}, \Delta v_{zi}$
寻优范围	[290°,320°]	[290°,360°]	[40°,130°]	[290°,360°]	[−160 m/s,160 m/s]

基于近似模型与数值积分相结合的混合快速求解策略（张进，2013）获得的总速度增量为 61.283 m/s，推进剂消耗约为 161.765 kg。表 6 - 3 给出了获得的追踪器远距离导引变轨序列。

表 6 - 3　综合变轨规划结果

任务序列	变轨时刻（UTCG）	冲量矢量/（m/s） 轨道坐标系下（径向、迹向、法向）	变轨后追踪器 质量/kg
第 1 次变轨	1 Jun 2010 08:11:37.40	（−0.47 337,8.608 85,0.538 51）	7 976.997
第 2 次变轨	1 Jun 2010 20:22:20.00	（2.713 39,9.383 34,−15.103 28）	7 929.313
第 3 次变轨	1 Jun 2010 23:39:06.10	（4.021 54,1.401 65,−19.959 07）	7 875.555
第 4 次变轨	2 Jun 2010 08:10:35.90	（−0.968 24,13.883 62,3.061 02）	7 838.235

图 6 - 29～图 6 - 34 分别给出了追踪器相对目标器的面内轨迹、相位角、相对距离、相对速度、追踪器半长轴及追踪器偏心率变化过程。

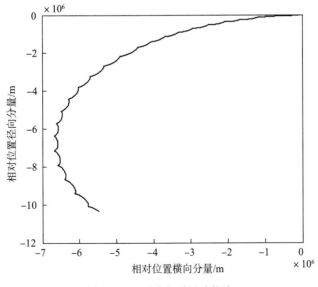

图 6 - 29　面内相对运动轨迹

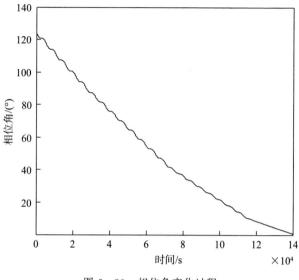

图 6 - 30　相位角变化过程

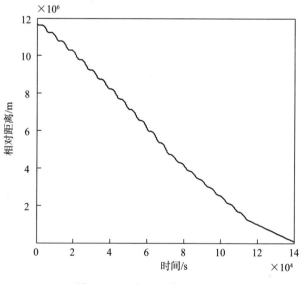

图 6 - 31　相对距离变化过程

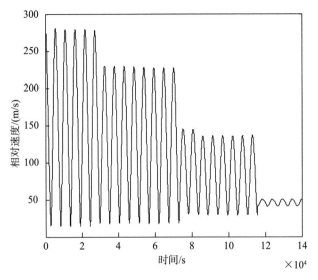

图 6 - 32　相对速度变化过程

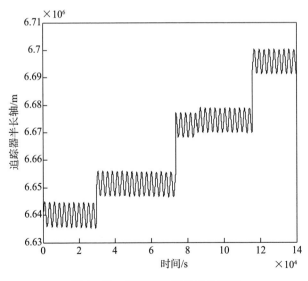

图 6 - 33　追踪器半长轴变化过程

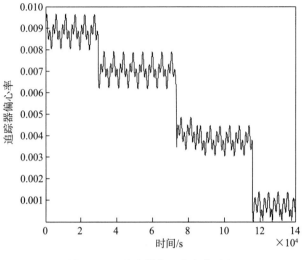

图 6 - 34　追踪器偏心率变化过程

6.4　近距离导引段仿真建模

根据控制目标及任务不同，近距离导引段通常分为两个子阶段：寻的段和接近段。寻的段开始于追踪航天器与目标航天器建立通信链路进行相对导航，其目标是减小轨迹散布，保证接近段初始点所需的位置和速度要求，在这个点上追踪航天器能够完成标准的接近操作。接近段的目标是进一步减小两个航天器的相对距离，使追踪航天器满足合适的位置、速度、角度和角速度条件，保证最后平移靠拢段的顺利进行（唐国金，2008）。

寻的段通常从相距几十千米到几千米结束，基本目标是捕获目标器，减小两飞行器的相对距离和相对速度，保证接近段初始点所需的状态。寻的段一般基于 C - W 制导或 Lambert 制导算法进行轨道控制，该阶段脉冲控制的次数一般为 3～4 次。C - W 制导基于相对测量参数进行制导计算（Clohessy，1960；向开恒，1999；王华，

2003；Luo，2006），而 Lambert 制导算法基于绝对参数（Vallado，2001；Battin，1987），所以当选择两种制导算法时需要考虑寻的段的参数测量情况。

接近段通常从两个航天器相距几千米开始到相距上百米左右结束，该阶段目标是进一步减小两个航天器的相对距离，使追踪器获得合适的位置、速度、姿态和角速度条件，保证最后平移靠拢段需要的初始条件。接近段的轨道控制可采用 C－W 制导和视线制导。

6.4.1　C－W 制导模型

当目标器为圆轨道时，目标器轨道角速度 ω 近似为常数。两航天器相对距离不是很大，特别是高度差不大的情况下，采用 C－W 交会状态方程对航天器的相对运动进行描述能够获得比较高的精度，相应的 C－W 制导控制模型可以推导出多脉冲制导算法。具体可参见第 4 章相对轨道动力学部分的内容。

6.4.1.1　C－W 迭代制导算法

上述 C－W 制导计算方程是基于目标器与追踪器之间的相对运动得到的，推导过程中没有考虑摄动力的影响，而且略去了一些高阶项，所以在实际应用中会造成一定的误差。下面介绍两种 C－W 制导算法：一种是中途修正 C－W 多脉冲制导算法，另一种是末端迭代修正 C－W 制导算法。

（1）中途修正 C－W 多脉冲制导算法

Step 1　设初始时刻 t_0 追踪器的初始相对状态为 $r(t_0)$、$v(t_0)$，瞄准的终端状态为 $r(t_f)$、$v(t_f)$；变轨脉冲施加次数为 N，施加脉冲对应的时刻为 t_1，t_2，…，$t_N(t_0 \leqslant t_i \leqslant t_f$，$i=1$，$2$，…，$N)$；通过 C－W 多脉冲制导算法可以计算得到一组相应时刻脉冲施加的最小范数解 $\Delta v(t_1)$，$\Delta v(t_2)$，…，$\Delta v(t_N)$；且在 t_1 时刻追踪器施加脉冲 $\Delta v(t_1)$。

Step 2　仿真追踪器运行到下一时刻，并获取当前时刻的状态；

以当前的状态为初始状态，以 N 个初始变轨时刻中未施加脉冲的时刻点为变轨时刻，重新计算剩余时刻的脉冲 $\Delta v(t_1^*)$，…，$\Delta v(t_{N-k}^*)$；且追踪器在当前时刻施加脉冲 $\Delta v(t_1^*)$。

Step 3 判断当前时刻是否满足 $t_1^* \geqslant t_{N-1}$。若是，进入下一步骤；若否，返回 Step 2。

Step 4 仿真追踪器运行到最后一个变轨时刻 t_N，在 t_N 时刻施加脉冲 $\Delta v(t_{N-k}^*)$；仿真追踪器运行到终点时刻 t_f。获得全部在仿真过程中实际施加过的脉冲。

（2）末端迭代修正 C - W 制导算法

Step 1 根据初始相对状态 $r(t_0)$、$v(t_0)$，相对瞄准状态 $r(T)$、$v(T)$（第一次迭代计算时相对瞄准状态等于终点时刻欲到达的相对状态 $r(t_f)$、$v(t_f)$），以及两次变轨时间间隔 T，采用 C - W 二脉冲制导方法，计算首末两次变轨脉冲 Δv_1 和 Δv_2。

Step 2 采用高精度模型仿真追踪器运行到终点时刻 T，获得终点时刻追踪器的实际相对状态 $r(t_T)$，$v(t_T)$，进而获得终端相对状态偏差 δr、δv，其中，$\delta r = r(t_T) - r(T)$ 且 $\delta v = v(t_T) - v(T)$。

Step 3 判断终端状态偏差 δr、δv 是否在允许范围内。若是，则进入下一步骤；若否，则重新计算相对瞄准状态 $r(T) = r(T) - \delta r$ 且 $v(T) = v(T) - \delta v$，返回 Step 1。

Step 4 仿真结束，返回最后一次迭代计算得到的脉冲 Δv_1 和 Δv_2。

（3）两种修正算法应用分析

对于修正算法一，在机动距离较大和变轨时间较长的情况下，相对于不经过修正的 C - W 多脉冲制导算法，精度可以得到很大的提高；对于修正算法二，当机动距离较大和变轨时间较长时，通过修正结果也可以得到很大改善，但计算量有较大增加。在寻的段的 C - W 制导计算中，通过将上述两个修正算法相结合，即在修正算法一的最后两个脉冲重新计算时引入修正算法二，可以同时吸收两种算法的优点，使 C - W 制导模型精度得到有效提高。

6.4.1.2　算例分析

初始时刻 $t_0 = 0$ s，终点时刻 $t_f = 4\,000$ s，目标器在 t_0 时刻的六个轨道根数为 $a_0 = 7\,078\,140$ m，$e_0 = 0$，$i_0 = 98.192\,9°$，$\Omega_0 = 199.517\,7°$，$\omega_0 = 0°$，$f_0 = 359.599\,0°$。

追踪器 t_0 时刻相对状态为 $[50\,000$ m　$-5\,000$ m　$1\,000$ m　-5 m/s　0 m/s　0 m/s$]^T$，追踪器 t_f 时刻相对状态为 $[3\,000$ m　$-1\,000$ m　0 m　-1 m/s　0 m/s　0 m/s$]^T$。

首先采用中途修正 C-W 三脉冲制导算法对寻的段进行制导计算，且将三个变轨时刻设为 $t_1 = 0$ s，$t_2 = 2\,500$ s，$t_3 = 4\,000$ s，三脉冲制导结果如表 6-4 所示，终端结果如下：

终点时刻追踪器的相对状态为 $[3\,030.76$ m　-945.331 m　$27.706\,6$ m　$-0.921\,255$ m/s　$0.065\,8$ m/s　$0.004\,87$ m/s$]^T$，追踪器终点时刻实际相对状态与瞄准点相对状态偏差为 $[30.76$ m　54.669 m　$27.706\,6$ m　$0.078\,745$ m/s　$0.065\,8$ m/s　$0.004\,87$ m/s$]^T$。

表 6-4　中途修正 C-W 三脉冲制导计算结果

C-W 三脉冲制导	Δv_x/(m/s)	Δv_y/(m/s)	Δv_z/(m/s)	脉冲总量 Δv/(m/s)
$t_1 = 0$ s	$-2.450\,27$	$-3.833\,37$	$0.005\,86$	
$t_2 = 2\,500$ s	$-1.541\,49$	$-1.791\,7$	$0.425\,581$	$12.232\,7$
$t_3 = 4\,000$ s	$-0.163\,021$	$-5.187\,33$	$-0.979\,992$	

各相对状态变量随时间变化曲线，如图 6-35 所示。

采用中途修正加末端迭代修正 C-W 三脉冲制导算法，同样将三个变轨时刻设为 $t_1 = 0$ s，$t_2 = 2\,500$ s，$t_3 = 4\,000$ s，制导结果如表 6-5 所示，终端结果如下：

终点时刻追踪器的相对状态为 $[2\,999.22$ m　$-1\,000.52$ m　0.04 m　-1.001 m/s　0 m/s　0 m/s$]^T$，追踪器终点时刻实际相对状态与瞄准点相对状态偏差为 $[-0.78$ m　-0.52 m　0.04 m　-0.001 m/s　0 m/s　0 m/s$]^T$，末端修正迭代次数为 1。

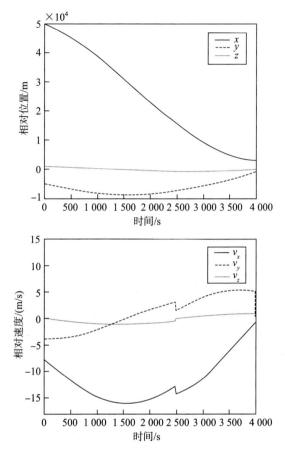

图 6-35　中途修正 C-W 三脉冲制导相对状态

表 6-5　中途修正加末端迭代修正 C-W 三脉冲制导计算结果

C-W 三脉冲制导	Δv_x /(m/s)	Δv_y /(m/s)	Δv_z /(m/s)	脉冲总量 Δv /(m/s)
$t_1 = 0$ s	−2.450 27	−3.833 37	0.005 86	
$t_2 = 2\ 500$ s	−1.513 3	−1.792 7	0.396 1	12.209 5
$t_3 = 4\ 000$ s	−0.154 0	−5.185 7	−0.985 2	

各相对状态变量随时间变化曲线，如图 6-36 所示。

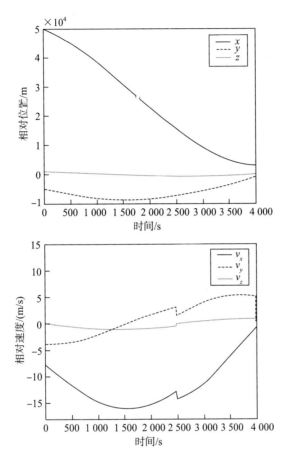

图 6-36 中途修正加末端迭代修正 C-W 三脉冲制导相对状态

从上面两个算例可以得到以下结论：

1）采用中途修正 C-W 三脉冲进行寻的段制导计算时，终端位置偏差可以控制在 ±60 m 的范围内，终端速度偏差可以控制在 ±0.1 m/s 范围内。所以，如果不考虑测量和控制误差对终端状态偏差的影响，寻的段采用该制导方案是可行的，可以满足下一阶段初始化的要求。

2）采用中途修正加末端迭代修正 C-W 三脉冲进行寻的段制导

时，实际终端状态可以非常精确地接近至欲到达的终端状态，制导精度进一步得到提高；同时，需要增加的计算量是比较小的，最后两次脉冲的计算只需要迭代一次。

6.4.2　近距离导引安全指标

为了保证在偏差扰动、故障等情况下自主交会航天器不发生碰撞，在设计追踪器自主接近目标航天器的轨道时，必须考虑偏差扰动所引起的轨迹散布，保证相对运动轨迹的安全性要求。当实际轨道因系统故障或操作原因偏离设计轨道时，必须通过主动校正使追踪器回到设计轨道或者尽力保持偏离后的追踪器不会与目标器发生碰撞。

6.4.2.1　安全性基本概念

关于安全性分析，这里引入两个概念。

（1）目标航天器控制区域

为了保证交会对接的安全，通常在目标航天器周围定义一些参考区域，对追踪航天器进行约束，这些参考区域称为控制区域（Control Zone）。在控制区域内，定义了参与交会对接各方的控制权层次，限制了最大的控制脉冲大小，确定了操作次序，定义了接近和分离走廊，同时还包括其他一些限制。

在交会对接平移靠拢段和撤离段的轨道控制过程中，需要分别定义接近走廊（Approach Corridor）和分离走廊（Departure Corridor），使追踪器的相对运动轨迹始终处于接近走廊或分离走廊内，以满足两航天器靠拢或撤离时的测控条件和安全性要求。通常情况下，接近走廊和分离走廊均处于敏感器视场内的圆锥形区域。

国际空间站的控制区域如图 6-37 所示。外部控制区域称为接近椭球（Approach Ellipsoid，AE），是一个中心在国际空间站质心的 4 km×2 km×2 km 的椭球，其中长度为 4 km 的长轴与 V-bar 方向重合。飞行器在导引到接近椭球外时（图 6-37 中的 S2 点），必须保证在任何误差扰动下都不与接近椭球发生碰撞。内部控制区

域称为禁飞球 （Keep Out Sphere，KOS），是一个中心在国际空间站质心的半径为 200 m 的球体。在考虑所有误差扰动情况下，飞行器应该从禁飞球外的区域到达接近走廊的开口处（图 6 - 37 中的 S3 点）。在验证了所有安全功能后，飞行器才能按照分配的接近走廊进入禁飞球。

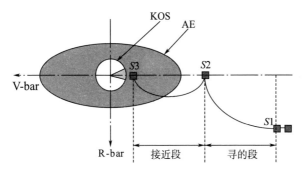

图 6 - 37　国际空间站的控制区域

（2）轨道安全的防护措施

由于偏差和故障，设计轨道不能保持，但是要保证偏离后的追踪航天器运动不能和目标航天器碰撞。考虑到轨道偏差的各种原因和推力器故障的各种可能性，为了确保处于设计轨道上，主动的探测和轨道偏离的校正是首要的选择，这即是主动轨道防护。

无论由于什么原因，如果主动轨道防护不再可行时，必须尽力确保轨道在一个"安全轨道"上，即当关闭所有推力时，轨道仍是无碰撞的（被动轨道防护）。这也将是在完全丧失控制功能时（例如完全丧失能量、爆炸、陨星破坏和空间碎片影响等），目标航天器防止碰撞的最终防护措施。然而，并非交会逼近轨道的所有部分都可以用这个方法防护。当追踪航天器与目标航天器非常接近时，无论是直接与目标航天器上的特殊几何位置对接，还是在相当近的虚拟停泊区，它们的轨道本来就被设计成"要进行接触"。在这些情况下仅有追踪航天器主动地避撞机动（Collision Avoidance Maneuver，CAM），才能提供需要的目标航天器的防护。

应指出的是若 CAM 有效，对于距离有一些限制。这些限制可能一方面由制动距离要求给出，另一方面由热载及 CAM 过程中羽流对目标航天器表面的污染给出。因此，在接触前的最后几米内不能使用 CAM。CAM 可以视为主动轨道防护的一部分，也可视为被动轨道防护。从一个容错能力较好的交会对接方案考虑，在自主交会对接阶段主动轨道防护、被动轨道防护以及 CAM 均是需要考虑的，三者要相互备份。

依据国际空间站控制区域的划分，结合被动和主动安全设计思想，交会过程的安全准则可以描述为：

1）在追踪航天器被导引到目标航天器接近椭球的寻的过程中，必须保证任何误差扰动下都不和接近椭球发生碰撞；

2）在接近段，必须保证任何误差扰动下，追踪航天器都不和禁飞区发生碰撞；

3）由于发动机故障关闭所有推力时，追踪航天器的飞行轨迹不和目标航天器发生碰撞；

4）主动控制失败或者当前的轨迹不符合被动安全时执行 CAM。

6.4.2.2　安全性评价模型

交会轨迹安全分析就是要对追踪器与目标器的碰撞可能性大小进行评估以确定两者是否会发生碰撞。判断交会的轨迹安全有两种方法：基于包络体的接近分析方法和基于碰撞概率的分析方法（梁立波，2011）。基于包络体的接近分析法，是通过相对位置的 3σ 误差椭球的接近距离作为发生碰撞的依据。基于碰撞概率的分析方法，是利用碰撞概率定量描述航天器碰撞发生的可能性大小，能够比基于危险包络体的分析方法更准确、更客观地描述碰撞危险性。

（1）3σ 椭球计算

交会对接中两个航天器的相对状态误差可以用 Gauss 分布来描述，如果两个航天器能够进行相对状态测量，那么 Gauss 分布的参数可以直接由相对测量误差得到。利用相对运动方程对初始相对状态和相对状态误差分布的协方差矩阵进行外推，就得到了任意时刻两个航天器的相对状态和协方差矩阵。根据协方差矩阵可以得到两个航天器相对位置误差的 3σ 椭球，这样交会对接近距离段的轨迹安全问题就可以转化为位置分布的 3σ 椭球和控制区域椭球之间的碰撞分析问题。

航天器在近圆轨道上的相对运动可以用 C－W 方程来描述，相对状态 $\boldsymbol{X}=\begin{bmatrix} x & y & z & \dot{x} & \dot{y} & \dot{z} \end{bmatrix}^{\mathrm{T}}$ 的传播方程为

$$\boldsymbol{X}=\boldsymbol{\varPhi}\boldsymbol{X}_0 \tag{6-28}$$

其中，$\boldsymbol{X}_0$ 表示初始时刻的相对状态；$\boldsymbol{\varPhi}$ 是相对运动的状态转移矩阵。

设初始时刻误差的协方差矩阵为 $\boldsymbol{C}_{X0}$，那么可得到误差协方差矩阵的传播方程

$$\boldsymbol{C}_X=\boldsymbol{\varPhi}\boldsymbol{C}_{X0}\boldsymbol{\varPhi}^{\mathrm{T}} \tag{6-29}$$

根据协方差矩阵可以得到相对状态误差分布的 Gauss 概率密度函数为

$$f_X=\frac{1}{\sqrt{(2\pi)^n \mid \boldsymbol{C}_X \mid}}\exp\left(-\frac{1}{2}\boldsymbol{X}^{\mathrm{T}}\boldsymbol{C}_X^{-1}\boldsymbol{X}\right) \tag{6-30}$$

其中，n 是状态空间的维数，这里等于 6。相对状态误差分布的等概率密度面可表示为

$$\boldsymbol{X}^{\mathrm{T}}\boldsymbol{C}_X^{-1}\boldsymbol{X}=k^2 \tag{6-31}$$

其中，k 为常数，式（6-31）表示一个 6 维椭球。

在任意时刻考虑追踪器和参考椭球的碰撞时，关心的是表示位置误差的 3×3 子协方差矩阵。取相对状态误差协方差矩阵 $\boldsymbol{C}_X$ 的左上角 3×3 矩阵，记为 $\boldsymbol{C}_R$，这一矩阵表示的是追踪器位置误差的协方差矩阵。可以得到相对位置误差分布的概率密度函数为

$$f_R=\frac{1}{\sqrt{(2\pi)^3 \mid \boldsymbol{C}_R \mid}}\exp\left(-\frac{1}{2}\boldsymbol{R}^{\mathrm{T}}\boldsymbol{C}_R^{-1}\boldsymbol{R}\right) \tag{6-32}$$

相对位置误差分布的等概率密度面可表示为

$$\boldsymbol{R}^{\mathrm{T}}\boldsymbol{C}_R^{-1}\boldsymbol{R}=k^2 \tag{6-33}$$

求解相对位置误差协方差矩阵 $\boldsymbol{C}_R$ 的特征值和特征向量，得到

$$\boldsymbol{U}^{\mathrm{T}}\boldsymbol{C}_R\boldsymbol{U}=\boldsymbol{A} \tag{6-34}$$

对角矩阵 $\boldsymbol{A}$ 的对角元素就是 $\boldsymbol{C}_R$ 的特征值,矩阵 $\boldsymbol{U}$ 的各列就是相应的特征向量。矩阵 $\boldsymbol{U}$ 是一个正交转移矩阵,$\boldsymbol{U}^T$ 表示从目标轨道坐标系 $oxyz$ 到椭球主轴坐标系 $ox_A y_A z_A$ 的转移矩阵(如图 6 - 38 所示),即

$$\boldsymbol{R}_A = \boldsymbol{U}^T \boldsymbol{R} \tag{6-35}$$

其中,$\boldsymbol{R}_A$ 表示椭球主轴坐标系中表示的相对位置矢量。在椭球主轴坐标系中,相对位置误差分布的等概率密度面,也就是位置误差的椭球方程为

$$\boldsymbol{R}_A^T \boldsymbol{A}^{-1} \boldsymbol{R}_A = k^2 \tag{6-36}$$

椭球的大小由 k 确定。当 $k=3$ 时,就表示的是 3σ 椭球。如果椭球是通过一个概率来给定的,那么这个概率值必须转化为 k 的数值。对于三维分布来说,概率值和 k 的关系为

$$P_{c3} = \mathrm{erf}\left(\frac{k}{\sqrt{2}}\right) - \sqrt{\frac{2}{\pi}} k \exp\left(-\frac{k^2}{2}\right) \tag{6-37}$$

其中,erf 为误差函数。当 $k=3$ 时,落在椭球内的概率为 $0.970\ 7$,而对于一维概率问题来说,对应的概率为 $0.997\ 4$。

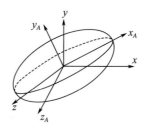

图 6 - 38　参考坐标系与椭球主轴坐标

(2)接近距离分析

在判断访问飞行器与 AE 或 KOS 是否可能发生碰撞时,通常用的判断准则是判断访问飞行器位置散布的 3σ 椭球与 AE 或 KOS 是否发生碰撞。将初始相对状态和误差分布协方差矩阵进行外推,得到任意时刻的相对状态和误差分布。根据误差分布可以得到位置误差的 3σ 椭球,将 3σ 椭球与 AE 或者 KOS 进行接近分析就可以判断

接近轨迹是否安全。以上描述的轨迹安全计算过程可以用图 6 - 39
来表示。

图 6 - 39　基于 3σ 椭球的轨迹安全计算流程

考虑两个任意椭球 E_1 和 E_2 的接近分析问题，如图 6 - 40 所示。
设椭球 E_1 的主轴长度为 (a_1, b_1, c_1)，则椭球的方程为

$$\boldsymbol{r}^{\mathrm{T}} \boldsymbol{D}_1 \boldsymbol{r} = 1 \qquad (6 - 38)$$

其中

$$\boldsymbol{D}_1 = \begin{bmatrix} 1/a_1^2 & 0 & 0 \\ 0 & 1/b_1^2 & 0 \\ 0 & 0 & 1/c_1^2 \end{bmatrix}$$

类似，椭球 E_2 的方程可写为

$$\boldsymbol{\rho}^{\mathrm{T}} \boldsymbol{D}_2 \boldsymbol{\rho} = 1 \qquad (6 - 39)$$

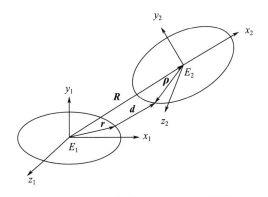

图 6 - 40　任意形状和方向的两个椭球

在判断两个椭球是否存在碰撞危险之前，可以进行一些简单的
预处理来判断是否需要进行复杂的接近分析计算。最常用的方法是
检测两个椭球中心的距离是否小于两个椭球各自最长轴之和，如果

两个椭球中心的距离小于相加得到的值，两个椭球才有可能碰撞。

考虑点 P 到椭球 E_1 的最近距离问题，设点 P 在椭球 E_1 中的位置矢量为 $\boldsymbol{R}_{E1}$，点 P 到椭球 E_1 的最近距离满足方程

$$\boldsymbol{R}_{E1}^{\mathrm{T}}(\boldsymbol{I}+\lambda \boldsymbol{D}_1)^{-\mathrm{T}} \boldsymbol{D}_1(\boldsymbol{I}+\lambda \boldsymbol{D}_1)^{-1} \boldsymbol{R}_{E1}-1=0 \qquad (6-40)$$

其中，$\boldsymbol{I}$ 为单位矩阵，λ 为 Lagrange 乘子。式中仅包含一个未知数 λ，可以通过 Newton - Raphon 等非线性方程数值解法得到。求解式（6-40）后，可以得到椭球面上和点 P 最近的点的位置为

$$\boldsymbol{r} = (\boldsymbol{I}+\lambda \boldsymbol{D})^{-1} \boldsymbol{R}_{E1} \qquad (6-41)$$

从椭球 E_1 到点 P 的最近距离矢量为

$$\boldsymbol{d} = \boldsymbol{R}_{E1} - \boldsymbol{r} \qquad (6-42)$$

式（6-40）有多个分别代表点 P 和椭球之间的最大距离和最小距离的解。考虑到椭球面是凸的，如果点 P 在椭球面的外面，那么椭球面上和点 P 最近的点只有一个，这时 λ 的解中只有一个大于零。当点 P 在椭球面的内部时，解的个数不确定。下面采用迭代策略来求椭球和椭球之间的最近距离。

首先求椭球面 E_2 上的一点 P_1 到椭球面 E_1 的最近距离，得到椭球面 E_1 上的点 P_2。然后求点 P_2 到椭球面 E_2 的最近距离。重复上述迭代过程直到点到椭球面的距离值不再明显改变。这一迭代过程如图 6-41 所示。为了加速迭代过程，将每次得到的 λ 值作为下一次迭代时求解式（6-40）的初值。当迭代进行到两个最近点附近时，收敛会越来越慢，所以实际计算时应该设置一个最大迭代次数。在迭代过程中，需要不断判断测试点是否位于椭球面内，由此来决定两个椭球是否已经相交。点 P 位于椭球 E_1 内部的条件是

$$\boldsymbol{R}_{E1}^{\mathrm{T}} \boldsymbol{D}_1 \boldsymbol{R}_{E1} < 1 \qquad (6-43)$$

（3）碰撞概率的计算

由于碰撞时刻相对速度的大小不同，形成了两航天器的线性相对运动轨迹和非线性相对运动轨迹。线性相对运动指的是两航天器在相遇时刻的相对运动轨迹为直线。当相对速度较大时，两航天器可以看成是线性运动，否则应看成是非线性运动，如图 6-42 所示。

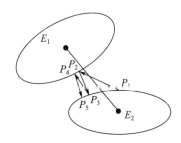

图 6-41　求两个椭球之间最近距离的迭代过程

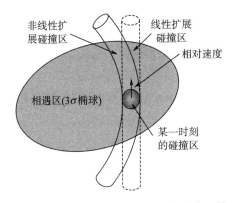

图 6-42　线性和非线性情况下的积分区域

定义 6.1　随机航天器、参考航天器：根据两个航天器各自的绝对位置误差协方差矩阵可以得到两个航天器的相对位置误差协方差矩阵，将这个协方差矩阵全部分配给其中一个航天器，于是这个航天器就包含了所有的随机因素，称这个航天器为随机航天器，而称另一个不包含随机因素的航天器为参考航天器。

定义 6.2　总包络体：两个航天器（或航天器与空间碎片）各自的包络体结合而成的包络体称为总包络体。

如果两个航天器的包络体是球形，那么总包络体也是球形，球的半径等于两个小包络球半径之和，球心在参考航天器中心。

图 6-43 所示为包络体为球形时的碰撞判断示意图。图中坐标系原点在随机航天器质心，中心在坐标原点的椭球面表示随机航天

器位置误差分布的等概率密度椭球面，$\boldsymbol{R}_{\mathrm{rel}}$ 和 $\boldsymbol{V}_{\mathrm{rel}}$ 分别是参考航天器相对随机航天器的相对位置和相对速度矢量，总包络球中心在参考航天器质心。当随机航天器的位置落在总包络球内时，两个航天器距离小于总包络球半径，这表示两个航天器发生了碰撞。

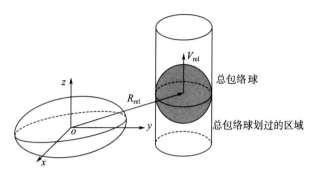

图 6 - 43　碰撞判断示意图

定义 6.3　相遇区、碰撞区：由于相对位置误差分布的 3σ 椭球包含了几乎全部的概率密度，所以计算碰撞概率时一般只需要计算 3σ 椭球内的部分，故将 3σ 椭球定义为相遇区。总包络体所围空间称为碰撞区，当碰撞区在空间划过时，就形成了一个扩展碰撞区。

定义 6.4　瞬时碰撞概率：瞬时碰撞概率就是在某时刻随机航天器位置落在总包络体的概率，也就是概率密度在总包络体的积分。

定义 6.5　最大瞬时碰撞概率：瞬时碰撞概率的最大值为最大瞬时碰撞概率。最大瞬时碰撞概率的计算需要在整个相遇区内求出所有的瞬时碰撞概率，然后再找出它们的最大值，这给实际的计算带来了过多的时间复杂性。

定义 6.6　拟最大瞬时碰撞概率：定义相对距离最小或总包络体中心的概率密度达到最大时刻的瞬时碰撞概率为拟最大瞬时碰撞概率。

定义 6.7　总碰撞概率：随机航天器位置落在扩展碰撞区的概率，也就是概率密度落在扩展碰撞区上的三维积分。

给定两个航天器（随机航天器和参考航天器，分别用下标 S 和

R 代表）在各自轨道坐标系中的位置误差分布的协方差矩阵 C_S 和 C_R，根据两个航天器各自的位置参数可以得到两个轨道系到惯性系（或某个给定的参考系）的转换矩阵为 P_S 和 P_R，那么可以得到惯性系中的两个协方差矩阵为

$$C_{Sl} = P_S\, C_S P_S^{-1},\ C_{Rl} = P_R\, C_R P_R^{-1} \tag{6-44}$$

由于两个航天器的位置误差分布不相关，于是可以得到相对位置误差的协方差矩阵为

$$C_l = C_{Sl} + C_{Rl} \tag{6-45}$$

根据两个航天器的位置 r_S、r_R 和速度 v_S、v_R，可得到相对位置和相对速度如下

$$R_{rel} = r_R - r_S,\ V_{rel} = v_R - v_S \tag{6-46}$$

从惯性系到随机航天器的轨道系的转换矩阵为 U，那么可将相对位置转换为

$$R_e = U\, R_{rel} \tag{6-47}$$

将相对位置的协方差矩阵也转换到随机航天器的轨道坐标系中

$$C_e = U\, C_l\, U^{-1} \tag{6-48}$$

于是得到随机航天器轨道坐标系中表示的相对位置误差的三维 Gauss 分布概率密度函数

$$\rho(R) = \frac{1}{(2\pi)^{3/2}\,|C_e|^{1/2}} \exp\!\left(-\frac{1}{2}\,R^{\mathrm{T}} C_e^{-1} R\right) \tag{6-49}$$

这里，$|C_e|$ 表示协方差矩阵 C_e 的行列式的值。

两个航天器的总碰撞概率等于概率密度在总包络体所划过的扩展碰撞区上的三维积分，即

$$P_{\text{total}} = \frac{1}{(2\pi)^{3/2}\,|C_e|^{1/2}} \iiint \exp\!\left(-\frac{1}{2}\,R^{\mathrm{T}} C_e^{-1} R\right) \mathrm{d}x\,\mathrm{d}y\,\mathrm{d}z \tag{6-50}$$

如果两个航天器相对距离最近时或者总包络体中心处的概率密度达到最大时的相对位置为 R_q，那么拟最大瞬时碰撞概率为

$$P_{\text{max}} = \frac{1}{(2\pi)^{3/2}\,|C_e|^{1/2}} \iiint \exp\!\left(-\frac{1}{2}\,R_q^{\mathrm{T}} C_e^{-1} R_q\right) \mathrm{d}x\,\mathrm{d}y\,\mathrm{d}z \tag{6-51}$$

这里的积分域为总包络体所围成的空间。

如果在总包络体内的概率密度比较均匀，那么可以用总包络体中心处的概率密度代替整个曲面内的概率密度。设总包络体的体积为 U_{vol}，那么拟最大瞬时碰撞概率为

$$P_{max} = \frac{U_{vol}}{(2\pi)^{3/2} |\boldsymbol{C}_e|^{1/2}} \exp\left(-\frac{1}{2}\boldsymbol{R}_q^T \boldsymbol{C}_e^{-1} \boldsymbol{R}_q\right) \qquad (6-52)$$

（4）安全轨迹设计

利用碰撞概率与 3σ 椭球的结合指标 I_{safe} 作为目标函数，可以对安全轨迹进行优化设计。在 $[t_0, t_f]$ 时间内，安全评价指标表示为

$$I_{safe} = \max_{t_0 \leqslant \tau_0 \leqslant \tau_f} (I_{safe}^{TBD}(\tau_{0i})) \qquad (6-53)$$

其中，施加脉冲的特定时间点为 $\tau_{0i}(i = 0, 1, \cdots, n, n$ 为脉冲数目），$I_{safe}^{TBD}(\tau_{0i})$ 表示在两个脉冲之间的特定时间（To Be Defined, TBD）段内的安全指标

$$I_{safe}^{TBD}(\tau_0) = \begin{cases} \max(-d(\tau)), d(\tau) > 0 \\ \max(p_c(\tau)), d(\tau) = 0 \end{cases}, \tau_0 \leqslant \tau \leqslant \tau_0 + TBD$$

$$(6-54)$$

式中，$p_c(\tau)$ 为碰撞概率（如拟最大碰撞概率、碰撞概率等），$d(\tau)$ 为 3σ 椭球到目标控制区域的最近距离，可分别按照之前的方法计算获得，以式（6-54）为目标函数，在脉冲数和脉冲时间确定的情况下优化出各次的脉冲分量。

6.5　平移靠拢段仿真建模

平移靠拢段是空间交会的最后阶段，在这一阶段，机动发动机频繁启动，增加了故障发生的可能性。就安全性而言，平移靠拢段是空间交会对接最为关键的阶段。进入平移靠拢段飞行之前，追踪航天器首先要捕获目标航天器的对接轴，当对接轴线不沿轨道飞行方向时，追踪航天器要在轨道面内或轨道面外进行绕飞，以进入对接走廊，到达平移靠拢段的进入点（王华，2007）。主动逼近的追踪

航天器从距离目标航天器约 $100\sim300$ m 的位置保持点开始机动，沿逼近方向作直线型受迫运动，直到两目标航天器对接轴相合，对接部位接触。为此，要求精确调整两航天器之间的相对位置及其速率以及相对姿态及其变化率，以满足捕获与对接的要求。

6.5.1　安全性约束模型

在空间交会最终平移靠拢（逼近）段，标称轨迹是制导策略设计与控制方法设计的重要依据，而逼近方向及飞行轨迹的安全性是标称轨迹设计首要考虑的因素。通常在最终逼近段的前期采用被动安全模式，而在后期相距更近时，采用主动安全模式。Yamanaka 分析了 R-bar 和 V-bar 逼近时紧急避撞机动施加后的相对轨迹，说明了沿 R-bar 逼近的避撞机动具有能够较快恢复下一次对接的优势（Yamanaka，1998）。朱仁璋提出了一种紧急避撞机动的设计方法，将紧急避撞机动的总大小考虑为克服逼近速度所需的速度增量和保证不进入禁飞区所需的速度增量两部分（朱仁璋，2004）。

6.5.1.1　被动安全模式

被动安全模式是指在制导机动失效情况下，追踪航天器按机动失效点的速度自由飞行，不会进入禁区。被动安全模式的设计，实际上是研究追踪航天器机动失效点的位置与速度的关系。当追踪器逼近目标器的速度小于安全逼近速度时，在控制系统失效后按照自由飞行轨迹不会进入禁飞区。下面给出 V-bar 逼近时长方体禁区和球形禁区的安全速度计算公式（Yamanaka，1998；朱仁璋，2004）。

（1）长方体禁区

设长方体 x、y、z 方向长度分别为 $2a$、$2b$、$2c$。根据机动失效点位置的不同，极限自由飞行轨迹可分为两类（如图 6-44 所示）。类型 I：运动轨迹与禁区正 x 方向边界 AB 相切；类型 II：运动轨迹经过禁区第一象限顶点 A。x 轴上存在点 P_0，当追踪航天器制导机动在该点失效时，极限自由飞行轨迹与禁区正 x 方向边界 AB 相切，且切点为 A（图 6-44 中"临界轨迹"）。当机动失效点越过 P_0

点距禁区较近时（图 6 - 44 中 P_I 点），极限自由飞行轨迹为类型 I；当机动失效点未到 P_0 点距禁区较远时（图 6 - 44 中 P_II 点），极限自由飞行轨迹为类型 II。

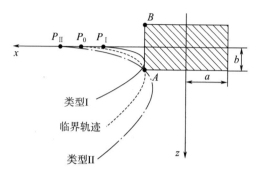

图 6 - 44　追踪航天器机动失效后自由飞行轨迹

根据临界轨迹 A 点的状态 $x=a$，$z=b$，$\dot{x}=0$，可求出 P_0 点的坐标为 $x_0=a-2b[3\arccos(3/4)-\sqrt{7}]$。记 x_P 与 $\dot{x}_P$ 分别为机动失效点坐标与速度。当 $x_P<x_0$ 时，极限安全轨迹为类型 I，由切点状态 $x=a$，$\dot{x}=0$，有 $\dot{x}_P=(x_P-a)/\lambda$，这里，$\lambda=[3\arccos(3/4)-\sqrt{7}]/n$，$n$ 为轨道平均角速度，$\dot{x}_P$ 随 x_P 线性递减。当 $x_P>x_0$ 时，极限安全轨迹为类型 II，根据禁区顶点 A 点的状态 $x=a$，$z=b$，有 $x_P=a+\{3\dot{x}_P\arccos[1+bn/(2\dot{x}_P)]\}/n+2\sqrt{-b(4\dot{x}_P+bn)/n}$，$\dot{x}_P$ 随 x_P 呈非线性递减。

（2）球体禁区

设球体半径为 r。追踪航天器制导机动失效后，极限安全自由飞行轨迹与球相切，记切点为 T，切点位置矢量与正 x 轴夹角为 α（如图 6 - 45 所示）。由 $x_T=r\cos\alpha$，$z_T=r\sin\alpha$，$\dot{x}_T/\dot{z}_T=-\tan\alpha$，有

$$x_P=r(12sc-8s-12c\theta+9\theta)/[2(1-c)\sqrt{12c^2-24c+13}]$$

$$\dot{x}_P=-rn(4c-3)/[2(1-c)\sqrt{12c^2-24c+13}]$$

式中，$\theta=nt$，$s=\sin nt$，$c=\cos nt$，时间 t 为机动失效点 P 至切点 T 的自由飞行时间。

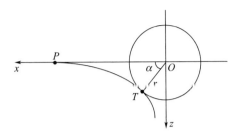

图 6 - 45　球形禁区追踪航天器自由轨迹

由上述长方体禁区及球体禁区的 $\dot{x}_P$ 与 x_P 的关系式可知，随着相对距离的缩短，将逼近速度减小到一定程度，就可实现被动安全。然而，逼近速度受到逼近距离的限制，尤其在相对距离很近时，逼近速度的减小，导致飞行时间显著增加。

6.5.1.2　主动安全模式

在空间交会使命中，由于测控通信、光照等方面的原因，往往对最终逼近段飞行时间有一定要求。若被动安全模式的飞行时间不能满足相关要求，可考虑采用主动安全模式。所谓主动安全模式是指以较大的超出被动安全模式的逼近速度飞行，若制导机动失效，便在失效点上施加避撞机动，使追踪航天器自由飞行轨迹不进入禁区。主动安全模式可缩短飞行时间。

（1）速度变化模式

对被动安全模式，越接近禁区逼近速度越小。在距禁区较近时，增大逼近速度对缩短飞行时间效果明显。因此，可以在飞行前期采用被动安全模式，在飞行后期采用主动安全模式。图 6 - 46 表示被动与主动安全模式的切换过程。在 P_1 点，被动安全模式切换为主动安全模式。考虑到切换点速度的连续性，在该点不增大速度，而是等速平移至 P_2 点，然后线性减速至 P_3 点，P_3 点的速度为对接操作要求的对接速度 V_d。P_3 点至对接的最后一段距离，追踪航天器作等速逼近。P_3 点的速度应这样设计，在最后阶段，无论制导机动正常与否，追踪航天器与目标航天器接触速度也能在安全范围之内，不会造成危险。

(2) 避撞机动设计

在主动安全模式的 P_1 至 P_3 段设置避撞机动。避撞机动设计有下列两种方法：

1) 避撞机动速度增量 ΔV_c 随逼近距离变化，取为主动安全模式与被动安全模式逼近速度之差。追踪航天器在制导机动失效后，施加避撞机动减速，由主动安全模式转变为被动安全模式，确保自由飞行安全。

2) 避撞机动速度增量设计为一定值，满足 P_1 至 P_3 任何位置的安全性要求。

对第 2 种避撞机动设计，不能简单将主动安全模式与被动安全模式逼近速度之差的最大值（P_2 点主被动模式速度差）设置为避撞机动速度增量，因为这样虽能确保 P_2 点不进入禁区，但对于此后逼近速度较小的机动失效点，施加该避撞机动后，追踪航天器逼近速度可能变为 $+x$ 方向，产生向 $-x$ 轴椭圆形滚动的相对轨迹，导致追踪器进入禁区，而且追踪航天器的位置不确定，不利于统一组织下一次对接。因此，设置避撞机动，需统一将追踪航天器安全地转移至 $-V$ - bar。也就是说，避撞机动 ΔV_c 应包括两部分的速度增量，$\Delta V_c = \Delta V_{c1} + \Delta V_{c2}$，其中 ΔV_{c1} 为克服追踪航天器 $-x$ 方向逼近速度，ΔV_{c2} 为追踪航天器不进入禁区飞至 $-V$ - bar 所需 $+x$ 方向速度增量（如图 6 - 46 所示）。图 6 - 47 为追踪航天器施加避撞机动前后自由飞行轨迹示意图。

如图 6 - 48 所示，追踪航天器不进入禁区飞至 $-V$ - bar 的极限轨迹有两种类型。类型 A：运动轨迹经过禁区第二象限顶点 B，在第三象限越过禁区；类型 B：运动轨迹在第二象限越过禁区，经过禁区第三象限顶点 C。当机动失效点距禁区较近时（图 6 - 48 中 P_{I} 点），追踪航天器极限运动轨迹为类型 A；当机动失效点距禁区较远时（图 6 - 48 中 P_{II} 点），追踪航天器极限运动轨迹为类型 B。因此，在 x 轴上存在点 P^*，在该点机动失效后的极限运动轨迹在第二象

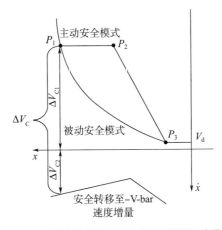

图 6 - 46　主被动安全模式切换及避撞机动设置

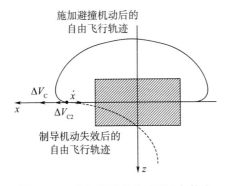

图 6 - 47　施加避撞机动前后飞行轨迹

限经过禁区顶点 B，在第三象限经过顶点 C。设点 P^* 的坐标为 x^*，根据 C - W 方程，x^* 不难确定。当 $x_P < x^*$，根据 B 点位置，得 $\dot{x}_P$ 与 x_P 的关系式为

$$x_P = a + \arccos\left(1 - \frac{bn}{2\dot{x}_P}\right)\frac{3\dot{x}_P}{n} - \sqrt{\frac{4b(4\dot{x}_P - bn)}{n}}$$

当 $x_P > x^*$，根据 C 点位置，得 $\dot{x}_P$ 与 x_P 的关系式为

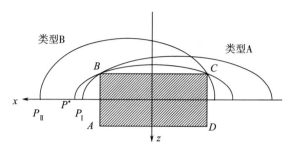

图 6-48　追踪航天器不进入禁区飞至-V-bar 轨迹类型

$$x_P = -a + \left[2\pi - \arccos\left(1 - \frac{bn}{2\dot{x}_P} \right) \right] \frac{3\dot{x}_P}{n} + \sqrt{\frac{4b(4\dot{x}_P - bn)}{n}}$$

以上两式中的 $\dot{x}_P$ 即为避撞机动速度增量的第二部分 ΔV_{C2}。

6.5.1.3　标称轨迹设计

　　以平移靠拢段的安全模式为依据，兼顾到平移靠拢段飞行时间的限制条件，通常选用主被动混合安全模式设计平移靠拢段的速度率。最初的一段可设计为等速逼近阶段，追踪航天器以被动安全模式下的逼近速度向目标航天器接近；接下来需要设计一段减速飞行阶段，使追踪航天器的速度降至对接前的速度大小。为了减少避撞机动所需要携带的推进剂消耗，等速与减速阶段的切换点通常设置在被动安全模式下。减速阶段可以设计在被动安全模式下，也可以设计在主动安全模式下，但通常前者飞行时间较长，而后者虽然缩短了飞行时间，但由于需要启用避撞机动，所以对追踪航天器而言需要携带启用避撞机动的推进剂，增加了航天器的负担。考虑到这两方面的原因，可以将减速阶段设计为主被动混合安全模式。

　　图 6-49 表示在 V-bar 逼近中分段采用指数型衰减逼近与等速逼近的一种制导策略。从 $100 \sim 60$ m 的等速逼近过程，以 0.15 m/s 的速度逼近，这个速度小于被动安全飞行模式的临界速度，因此属于被动安全飞行模式。接下来的指数型减速过程，从

60～40 m 也是安全的，只是在 40 m 以后的速度大于被动安全飞行的临界速度，属于主动安全飞行模式，如果这个过程中出现制导机动失效，需启用避撞机动（CAM 所需 $\Delta V = 0.084$ m/s），使追踪航天器避开禁区，沿安全的转移轨迹飞行，为组织下一次机动做充分的准备。

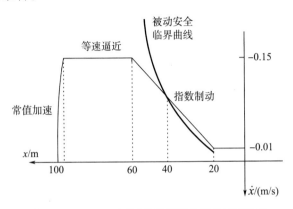

图 6 - 49　V - bar 逼近分段制导的相对速度变化

图 6 - 49 所示的标称轨迹将作为下一节中的标称制导轨迹，以后的分析也都是基于这个标称制导轨迹做出的。

6.5.1.4　算例与分析

设目标航天器轨道高度 400 km，相应轨道周期为 5 545 s，轨道角速度 $n = 0.001\,13$ rad/s。最终逼近段起点为 ＋V - bar 上 100 m。长方体禁区范围 $a = 20$ m，$b = 10$ m；球体禁区半径 $r = 20$ m。对接速度 $V_d = 0.01$ m/s。以下将对全被动安全模式、被动与主动混合安全模式以及全主动安全模式进行计算分析。

（1）全被动安全模式

1）长方体禁区。临界轨迹点 P_0 的坐标 $x_0 = 29.6$ m。$x < x_0$ 时，轨迹曲线为类型 I；$x > x_0$ 时，轨迹曲线为类型 II。类型 I 和类型 II 轨迹曲线机动失效点速度与位置关系如图 6 - 50 所示。当 $x = 24.2$ m 时，逼近速度减小至 0.01 m/s，在 ＋V - bar 上 $x = 24.2$ m

至 $x = 20$ m，以 $\dot{x} = -0.01$ m/s 等速度逼近。图 6 - 51 和图 6 - 52（图 6 - 52 为图 6 - 51 局部放大图）为按照图 6 - 50 机动失效点位置与速度关系，计算出追踪航天器机动失效后的自由飞行轨迹。所有轨迹均刚好不进入禁区，满足安全性要求。

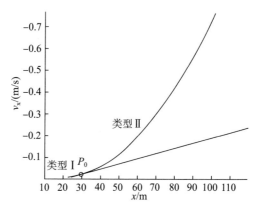

图 6 - 50　长方体禁区被动安全模式 $\dot{x}_P$ 与 x_P 关系

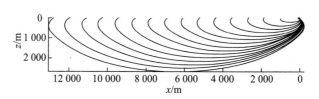

图 6 - 51　追踪航天器自由飞行轨迹

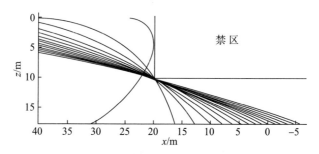

图 6 - 52　追踪航天器自由飞行轨迹（局部放大）

2）球体禁区。$\dot{x}_P$ 与 x_P 关系如图 6-53 所示，按图 6-53 机动失效点位置与速度关系，追踪航天器自由飞行轨迹如图 6-54、图 6-55 所示（图 6-55 为图 6-54 局部放大图），所有轨迹都和球体禁区相切，满足安全性要求。

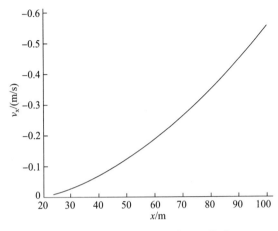

图 6-53 球形禁区 $\dot{x}_P$ 与 x_P 关系

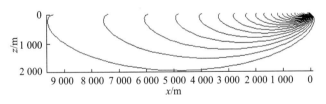

图 6-54 追踪航天器自由飞行轨迹

（2）被动与主动混合安全模式

以长方体禁区为例，在 +V-bar 上 $x=100$ m 至 $x=50$ m 采用被动安全模式逼近，在 +V-bar 上 $x=50$ m（点 P_1）处切换为主动安全模式，以该点的速度（$\dot{x}=-0.159$ m/s）进行一段等速逼近，至 +V-bar 上 $x=30$ m（点 P_2）处；接着进行线性减速逼近，至 +V-bar 上 $x=24.2$ m（点 P_3），逼近速度减至 $V_d=0.01$ m/s，此后等速逼近，以 V_d 作对接接触。

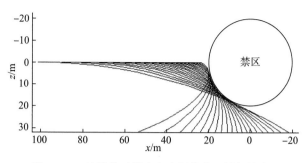

图 6-55　追踪航天器自由飞行轨迹（局部放大）

　　在 +V-bar 上 $x = 50$ m 至 $x = 24.2$ m，逼近速度超过了被动安全模式逼近速度，设置避撞机动。避撞机动速度增量的第一部分 ΔV_{C1}，可由主动安全的速度模式直接得到；第二部分 ΔV_{C2} 与机动位置的关系，如图 6-56 所示。ΔV_{C2} 的切换点 P^* 坐标 $x^* = 30.2$ m。x^* 至 $x = 24.2$ m 为类型 A 轨迹；$x = 50$ m 至 x^* 为类型 B 轨迹。图 6-57、图 6-58 按照图 6-56 对应的 ΔV_{C2} 作出的飞行轨迹，均不进入禁区。

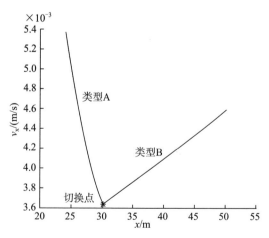

图 6-56　从 +V-bar 不进入禁区飞至 -V-bar 位置与速度关系

　　如前所述，避撞机动速度增量 ΔV_C 为 ΔV_{C1} 与 ΔV_{C2} 之和，取其

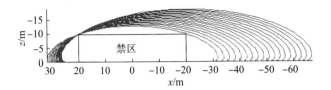

图 6 - 57　不进入禁区飞至 - V - bar 轨迹类型 A

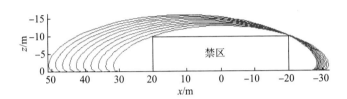

图 6 - 58　不进入禁区飞至 - V - bar 轨迹类型 B

最大值 0.12 m/s（如图 6 - 59 所示）。追踪航天器按以上设计的主动安全模式逼近，在制导机动失效点施加避撞机动 ΔV_C 后，自由飞行轨迹均不会进入禁区，并飞行至 - V - bar（如图 6 - 60、图 6 - 61 所示）。同理可设计球体禁区主动安全模式与避撞机动速度增量。

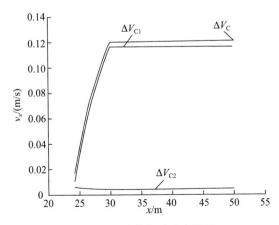

图 6 - 59　避撞机动速度增量

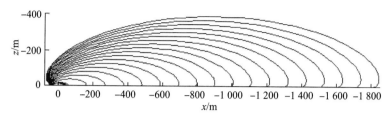

图 6 - 60　采用 CAM 后飞行轨迹

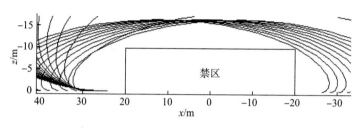

图 6 - 61　采用 CAM 后飞行轨迹（局部放大）

（3）全主动安全模式

全主动安全模式逼近速度的设定与混合模式主动安全段有相似之处，也就是将混合模式被动至主动切换点 P_1 的位置由原来的 $+V-bar$ 上 $x=50$ m 改为 $x=100$ m 处，以此处被动安全逼近速度 $\dot{x}=-0.739$ m/s 等速平移至 $+V-bar$ 上 $x=30$ m 处，再切换为线性减速逼近，至 $+V-bar$ 上 $x=24.2$ m 处，以 $V_d=0.01$ m/s 完成最后的对接逼近。避撞机动设置方法也与混合模式主动安全段相似，$\Delta V_C=0.846$ m/s 。

6.5.2　平移靠拢段制导模型

在平移靠拢段，追踪航天器可以从不同方向逼近目标航天器（如图 6 - 62 所示）。在整个过程中，逼近速度基本上随时间呈指数型衰减，也可以在某一阶段作等速逼近。为兼顾总体与约束条件的多方面要求，可选用分段制导方式，如 6.5.1.3 节中所述。

6.5.2.1 制导机动加速度

在 VVLH 坐标系中，如图 6 - 62 所示，追踪航天器的位置矢量和速度矢量分别用 $\boldsymbol{r}$ 和 $\dot{\boldsymbol{r}}$ 表示。

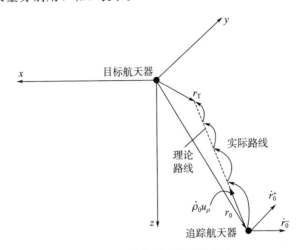

图 6 - 62 最终逼近段制导轨迹

令 $\boldsymbol{r} = [x \quad y \quad z]^{\mathrm{T}}$，$\dot{\boldsymbol{r}} = [\dot{x} \quad \dot{y} \quad \dot{z}]^{\mathrm{T}}$，在 $t = 0$ 时，追踪航天器位于 $\boldsymbol{r}(0) = \boldsymbol{r}_0$，速度为 $\dot{\boldsymbol{r}}(0) = \dot{\boldsymbol{r}}_0$，经过一段时间，在 $t = T$ 时刻，追踪航天器位于 $\boldsymbol{r}(T) = \boldsymbol{r}_T$，速度为 $\dot{\boldsymbol{r}}(T) = \dot{\boldsymbol{r}}_T$。将 $\boldsymbol{r}_T$ 指向 $\boldsymbol{r}_0$ 的矢量定义为矢量 $\boldsymbol{\rho}$，即转移的直线路径。用 $\boldsymbol{r}(t) = \boldsymbol{r}_t$ 表示从目标航天器质心指向这个矢量上的追踪航天器的位置矢量，$0 \leqslant t \leqslant T$，则 $\boldsymbol{\rho}(t) = \boldsymbol{r}_t - \boldsymbol{r}_T$。在起始和终点时刻有，$\boldsymbol{\rho}(0) = \boldsymbol{r}_0 - \boldsymbol{r}_T = \boldsymbol{\rho}_0$，$\boldsymbol{\rho}(T) = \boldsymbol{0}$。由 $\boldsymbol{r}_0 = [x_0 \quad y_0 \quad z_0]^{\mathrm{T}}$ 与 $\boldsymbol{r}_T = [x_T \quad y_T \quad z_T]^{\mathrm{T}}$，有 $\boldsymbol{\rho}$ 的方向余弦

$$\cos\alpha_1 = \frac{x_0 - x_T}{\rho_0}, \cos\alpha_2 = \frac{y_0 - y_T}{\rho_0}, \cos\alpha_3 = \frac{z_0 - z_T}{\rho_0}$$

其中，$\rho_0 = |\boldsymbol{\rho}_0|$，单位矢量 $\boldsymbol{u}_\rho = [\cos\alpha_1 \quad \cos\alpha_2 \quad \cos\alpha_3]^{\mathrm{T}}$。由此，$\boldsymbol{r}(t) = \boldsymbol{r}_T + \boldsymbol{\rho}(t) = \boldsymbol{r}_T + \rho\boldsymbol{u}_\rho$，对直线型逼近轨迹，$\alpha_1$，$\alpha_2$，$\alpha_3$ 保持为常量。将上面的关系式代入 Hill 相对运动方程，得到制导机动加速

度方程

$$a_x = \ddot{\rho}\cos\alpha_1 - 2n\dot{\rho}\cos\alpha_3$$
$$a_y = \ddot{\rho}\cos\alpha_2 + n^2(\rho\cos\alpha_2 + y_T) \qquad (6-55)$$
$$a_z = \ddot{\rho}\cos\alpha_3 + 2n\dot{\rho}\cos\alpha_1 - 3n^2(\rho\cos\alpha_3 + z_T)$$

6.5.2.2 指数型衰减逼近

指数型衰减是指速度与距离同步衰减，呈线性递减关系（如图 6-63 所示），于是相对距离与相对速度随时间呈指数型递减，即 $\dot{\rho} = k\rho + \dot{\rho}_T$，其中 k 是斜率，$\dot{\rho}_T$ 是在 $t=T$ 时刻的终端速度。在转移过程中，ρ 不断减小，速度 $\dot{\rho} < 0$ 并且 $|\dot{\rho}|$ 也随之递减，即 $|\dot{\rho}_T| < |\dot{\rho}_0|$。$\rho$ 和 $\dot{\rho}$ 的边界条件

$$t=0: \rho=\rho_0, \dot{\rho}=\dot{\rho}_0; \quad t=T: \rho=0, \dot{\rho}=\dot{\rho}_T$$

斜率 $k = \dfrac{\dot{\rho}_0 - \dot{\rho}_T}{\rho_0} < 0$。于是得到，$\rho(t) = \rho_0 e^{kt} + \dfrac{\dot{\rho}_T}{k}(e^{kt} - 1)$。由此，得到整个转移过程所需的时间，即 $T = \dfrac{1}{k}\ln\dfrac{\dot{\rho}_T}{\dot{\rho}_0}$。将 $\rho(t)$、$\dot{\rho}(t)$ 与 $\ddot{\rho}(t)$ 代入方程（6-55），得到机动加速度 a_x，a_y 和 a_z 的表达式

$$a_x = (k^2\rho_0 e^{kt} + k\dot{\rho}_T e^{kt})\cos\alpha_1 - 2n\cos\alpha_3(k\rho_0 e^{kt} + \dot{\rho}_T e^{kt})$$

$$a_y = (k^2\rho_0 e^{kt} + k\dot{\rho}_T e^{kt})\cos\alpha_2 + n^2\{[\rho_0 e^{kt} + \dfrac{\dot{\rho}_T}{k}(e^{kt} - 1)]\cos\alpha_2 + y_T\}$$

$$a_z = (k^2\rho_0 e^{kt} + k\dot{\rho}_T e^{kt})\cos\alpha_3 + 2n\cos\alpha_1(k\rho_0 e^{kt} + \dot{\rho}_T e^{kt}) -$$
$$3n^2\{[\rho_0 e^{kt} + \dfrac{\dot{\rho}_T}{k}(e^{kt} - 1)]\cos\alpha_3 + z_T\}$$

$$(6-56)$$

6.5.2.3 等速逼近

对等速逼近方式，速度 $\dot{\rho}$ 为常数，$\dot{\rho} = \dot{\rho}_0$，$\ddot{\rho}(t) = 0$，$\rho(t) = \dot{\rho}_0 t + \rho_0$。将上述条件代入方程（6-55），得到机动加速度分量 a_x、a_y 和 a_z 的表达式

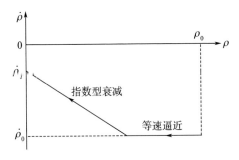

图 6 - 63　直线型逼近 $\dot{\rho}$ 随 ρ 的变化

$$a_x = -2n\dot{\rho}_0\cos\alpha_3$$
$$a_y = n^2[(\dot{\rho}_0 t + \rho_0)\cos\alpha_2 + y_T] \qquad (6-57)$$
$$a_z = 2n\dot{\rho}_0\cos\alpha_1 - 3n^2[(\dot{\rho}_0 t + \rho_0)\cos\alpha_3 + z_T]$$

不难看出，若指数型衰减模式中 $a \to 0$，便成为等速逼近模式。

6.5.3　平移靠拢段控制策略

平移靠拢段的控制目标是完成捕获所要求的相对位置、速度、姿态和角速度条件。如果对接机构采用了被动捕获锁进行捕获（硬对接），那么在终端就需要一定的能量，这就要求终端必须有一定的纵向速度。如果对接机构采用的是主动捕获锁进行捕获（软对接），那么捕获过程就对能量没有要求，这样就可以在很低的纵向速度下完成对接。考虑到可观测性和安全性要求，平移靠拢段通常定义一个锥形的接近走廊，追踪航天器的轨迹必须保持在这个接近走廊内，同时还要考虑发动机羽流对目标航天器的影响。

6.5.3.1　横向控制策略

在平移靠拢段两个航天器的横向速度很小，交会敏感器很难给出足够精确的横向速度值，因此，横向控制要充分利用较为精确的位置信息。

下面以 $-V-bar$ 接近为例讨论轨道平面 xz 内的横向控制，轨道面外的横向控制与轨道面内类似。定义一个顶点在目标器对接机构中心的锥面作为横向位置控制边界，半锥角为 α_{zT}。横向控制的目标是将横向位置保持在锥形控制边界内。如果对于任何轨迹超过边界的情况都施加推力，那么就会浪费推进剂，甚至可能引起相对速度校正过度，导致相对轨迹在上下控制边界间快速振荡。因此，只有满足下面条件之一才开启发动机：

1）$\hat{\alpha}_z > \alpha_{zT}$ 且 $\hat{v}_z > -v_{z1}$，开启平移发动机产生沿负 z 轴方向的推力；

2）$\hat{\alpha}_z > \alpha_{zT}$ 且 $\hat{v}_z < -v_{z0} - 1.5v_{z1}$，开启平移发动机产生沿正 z 轴方向的推力；

3）$\hat{\alpha}_z < -\alpha_{zT}$ 且 $\hat{v}_z < v_{z1}$，开启平移发动机产生沿正 z 轴方向的推力；

4）$\hat{\alpha}_z < -\alpha_{zT}$ 且 $\hat{v}_z > v_{z0} + 1.5v_{z1}$，开启平移发动机产生沿负 z 轴方向的推力；

5）$-\alpha_{zT} < \hat{\alpha}_z < \alpha_{zT}$ 且 $\hat{v}_z > 1.5v_{z1}$，开启发动机产生沿负 z 轴方向的推力；

6）$-\alpha_{zT} < \hat{\alpha}_z < \alpha_{zT}$ 且 $\hat{v}_z < -1.5v_{z1}$，开启发动机产生沿正 z 轴方向的推力。

在上面各式中，$\hat{\alpha}_z = \mathrm{atan}(-\hat{z}/\hat{x})$ 是测量得到的横向偏离角度，$\hat{v}_z$ 是测量得到的横向速度，v_{z0} 和 v_{z1} 是给定的速度阈值，v_{z0} 代表标称速度项，v_{z1} 代表速度测量误差项。这就是说，对于追踪器横向位置超过外部控制边界，但是测量得到的相对速度显示追踪器正在减小横向位置偏离，并且相对速度满足给定阈值 v_{z0} 和 v_{z1} 的情况，发动机不开机，同时，如果追踪器横向位置在控制边界内，但是横向速度过大，也需要开启发动机校正，这些措施都是为了避免校正过度。

速度阈值 v_{z0} 和 v_{z1} 按照下式计算

$$\begin{cases} v_{z0} = a\hat{R}\sin\hat{\alpha}_z \\ v_{z1} = b\hat{R} + c \end{cases} \tag{6-58}$$

其中，a、b、c 是常系数，$\hat{R}$ 是测量得到的追踪和目标对接机构之间的距离。系数 b 和 c 的选择与测量偏差有关。如果横向速度测量偏差的均方差为 0.01 m/s，那么系数 b 和 c 应该保证速度阈值 v_{z1} 至少为 0.03 m/s。如果横向位置在 20 s 内还没有被校正到控制边界内，那么就将系数 b 适当增加。这是为了保证在测量误差与预估测量模型不同的情况下也能够及时校正横向位置偏差。

6.5.3.2　纵向控制策略

（1）控制策略

对于纵向控制，定义纵向接近速度上限 $v_{x\max}(R)$ 和下限 $v_{x\min}(R)$（如图 6-64 所示），速度上限和速度下限是两个航天器对接机构间距离 R 的函数。

图 6-64　纵向速度控制边界

速度上限 $v_{x\max}(R)$ 和速度下限 $v_{x\min}(R)$ 的选取应该尽量满足被动安全需求并保证紧急避撞机动的正常施加。平移靠拢段采用直线逼近模式，对于不同的目标器外形，设置不同的安全禁区就可得到不同的安全逼近速度曲线，速度上限 $v_{x\max}(R)$ 应该小于安全逼近速度。由于平移靠拢段的紧急避撞机动通常是一个固定大小的反向冲量，因此为了保证紧急避撞机动不致失效，必须有

$$v_{x\min}(R) < v_{x\max}(R) < \Delta V_{\text{col}} \tag{6-59}$$

其中，ΔV_{col} 是紧急避撞机动冲量的大小。

根据测量得到的接近速度 $\hat{v}_x$ 与速度上下限的比较决定正反推发动机的开关：

1）如果 $\hat{v}_x > v_{x\max}$，那么开启反推发动机减速，开机时间根据

下式确定

$$t_{-x} = \frac{m_{ch}(\hat{v}_x - v_{x\max})}{F_{-x}} \qquad (6-60)$$

其中，m_{ch} 是追踪器的质量，F_{-x} 是反推发动机产生的推力大小。

2) 如果 $\hat{v}_x < v_{x\min}$，那么开启正推发动机加速，开机时间根据下式确定

$$t_x = \frac{m_{ch}(v_{x\min} - \hat{v}_x)}{F_x}$$

其中，m_{ch} 是追踪器的质量，F_x 是正推发动机产生的推力大小。

虽然纵向接近速度比横向速度大，但是通常速度测量精度仍难以满足控制需求，因此采用一定时间内移动的距离来间接计算。每经过 5 s 测量一次追踪器移动的距离，然后除以时间得到逼近速度估计值。

（2）羽流污染防止策略

为了防止羽流污染，在两个飞行器对接机构相距 20 m 以内时将纵向接近速度上下限取为恒值，并且当对接机构相距 10 m 以内时停止反推发动机开机。这样，最终对接时需要的纵向速度在两个航天器相距 20 m 内时就已经得到满足，此后只需保持这一速度直到两个航天器开始对接，用于减速的最后一次发动机开机位置距目标器较远，这一段距离可以避免发动机羽流对目标航天器造成危害。

6.5.3.3 悬停控制策略

悬停时横向控制逻辑和控制边界与逼近飞行时相同。悬停时纵向控制采用与逼近飞行横向控制类似的策略，但控制边界选取不同。悬停纵向控制边界取距悬停点固定距离 d_T 的区域，速度阈值同样依据纵向速度测量偏差确定。

航天器从逼近过程进入悬停点需要一个平滑过渡，避免在悬停点发生位置波动，因此需要在进入悬停点前提前减速，需要提前的距离根据下式计算

$$s = \frac{v_{x\max}^2}{2a_{-x}} \qquad (6-61)$$

其中，a_{-x} 是反推发动机产生的加速度，$v_{x\max}$ 是开始减速位置的速度上限。

6.5.3.4　算例分析

以一个从 150 m 到对接的平移靠拢为例计算。初始时刻追踪器位于目标器后方相对位置 $[-150 \quad 10 \quad -10]^{\mathrm{T}}$ m 处，追踪器采用视线控制从 $-$V-bar 方向逼近目标器，在 30 m 处悬停 100 s，然后继续逼近到对接为止。初始历元 UTCG2010 年 3 月 23 日 12 时 30 分，目标器轨道根数 $a_{tg} = 6\,713.963$ km，$e_{tg} = 0$，$i_{tg} = 42°$，$\Omega_{tg} = 0$，$\omega_{tg} = 0$，$f_{tg} = 244°$。取横向控制边界 $\hat{a}_z = 3°$。交会敏感器的相对位置和相对速度的测量误差均方差为

$$\sigma(x) = \sigma(y) = \sigma(z) = 0.01 + 0.005R$$

$$\sigma(v_x) = \sigma(v_y) = \sigma(v_z) = 0.01 + 0.002R$$

按照上面的测量误差，在距离 100 m 时，相对位置测量误差的均方差达到 0.51 m，相对速度测量偏差的均方差达到 0.21 m/s，速度测量误差甚至与横向速度达到了一个量级。

根据传统的视线控制方法和本节的控制策略分别进行计算。图 6-65 是按照传统视线控制方法得到的纵向和横向速度曲线，图 6-66～图 6-68 是按照本节控制策略得到的位置和速度曲线。图 6-66 是纵向位置 x、速度 v_x 随时间的变化曲线，图 6-67、图 6-68 是横向位置（y、z）、速度（v_y、v_z）随时间的变化曲线。控制周期为 200 ms，姿态控制采用相平面控制，轨道计算考虑地球非球形和大气阻力摄动，取 5×5 阶 JGM3 引力场模型，NRLMSISE00 大气模型，阻力系数 $C_D = 2.2$，F10.7 通量为 150，地磁指数 Ap$= 15$，追踪器和目标器面质比均为 0.005 m^2/kg。

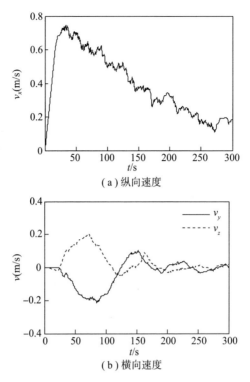

（a）纵向速度

（b）横向速度

图6-65　传统视线控制的纵向和横向速度曲线

　　从图6-65中可以看出，在算例给定的测量误差条件下，传统视线控制方法速度波动很频繁，这对应正向和负向发动机反复交替开机。从图6-66（b）、图6-67（b）和图6-68（b）可以看出，采用本书策略后纵向速度和横向速度没有出现频繁波动，这说明发动机开关机正常，没有受到较大的速度测量误差影响。从图6-66（b）可以看出，300 s到400 s之间纵向速度在零值附近，这一段属于悬停时间，在悬停后到对接的一段时间，纵向速度变化不大，这表明正推和反推发动机开机都较少，避免了发动机羽流污染。从图6-67（a）和图6-68（a）中可以看出，横向位置在逼近过程中不断波动，波动峰值逐渐减小。

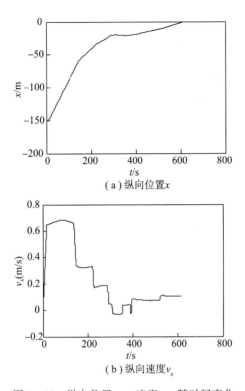

（a）纵向位置 x

（b）纵向速度 v_x

图 6 - 66　纵向位置 x 、速度 v_x 随时间变化

6.5.4　手控交会操作

前面各节介绍的内容均属于自动交会对接的范畴，在平移靠拢段和对接段，往往还可以由航天员手动控制实现。手控交会对接系统主要包括了测量子系统、显示子系统、操作控制子系统，通过测量信息将目标器状态还原到显示子系统中，航天员根据显示结果，进行综合决策并操作手柄来控制追踪器与目标器的交会对接。本节只介绍几种与手控交会对接相关的经典评价指标，具体的手控交会对接仿真系统将在第 9 章展开说明。

针对遥操作和手控交会对接等需要航天员介入的任务，则需要

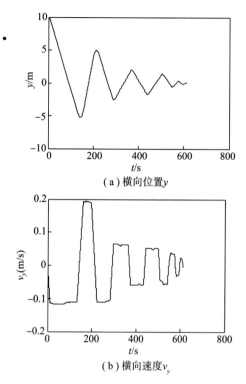

（a）横向位置 y

（b）横向速度 v_y

图 6-67　横向位置 y、速度 v_y 随时间变化

引入操作品质这一概念来对任务完成情况进行评价。操作品质
（Handling Qualities）指航天员完成给定飞行任务的难易程度和操作
精度（周晚萌，2015）。在设计人机交互动力系统时，操作品质用来
表征人在回路中的调控能力，用来论证系统设计品质。对人机系统
的操作品质评价分为分析法和实验法两大类。Neal 和 Smith 总结了
前人的工作提出了著名的 Neal-Smith 模型并结合操作性能对人在
回路的操作系统进行频域分析（Neal，1970）。同时，也有大量学者
提出了时域内的最优模型控制并进行了一系列改进（Kleinman，
1970；Schmit，1979；Doman，2000）。Hess 发现了目标函数值与操
作性能之间的线性关系，并借此对航天器操作性能等级进行预测

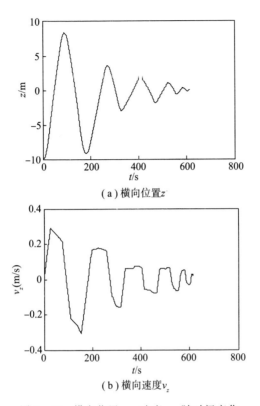

（a）横向位置 z

（b）横向速度 v_z

图 6 - 68　横向位置 z、速度 v_z 随时间变化

（Hess，1977）。Thomason 和 Cameron 等人提出更具工程性的研究方法，利用逆仿真理论构建直升机仿真系统，兼顾实验法和分析法的优势，在设计初期从时域角度对航天器操作等级进行评价（Cameron，2003）。美国 NASA 的 Ames 研究中心和 Langley 研究中心沿用航空设计标准（Aeronautics Design Standard，ADS）中的 Cooper - Harper 测试指标，对航天器月面着陆（Cheatham，1966）、对接（Bilimoria，2011）、逼近操作（Stephens，2013）等任务进行了大量实验研究。国内，龙升照最早开展了有关模糊控制人控模型方面的研究（龙升照，1990），周剑勇等人利用图像感知域和预测因子来分析人控交会模型的操作精度（Zhou，2012），张波等人根据

Smith 预测模糊控制建立了带延时的模糊控制模型（张波，2013），周晚萌等人利用逆仿真方法实现了针对不同交会对接轨迹的操纵品质评价（Zhou，2015）。限于篇幅，这里主要针对航天领域中使用的 Cooper－Harper、TLX、Beford 评价指标展开介绍，具体的结果分析详见第 9 章。

6.5.4.1　C－H 评价指标

C－H（Cooper－Harper）评价指标是由 NASA 的 Cooper 和康奈尔（Cornell）实验室的 Harper 于 1969 年提出的，并在过去 40 多年中一直作为航空航天领域系统操作品质评价的标准。C－H 评价指标内容如图 6－69 所示。

C－H 评价指标包括系统可操作性和任务工作负担两个方面，给出了操控人员在完成既定任务后用 10 个不同评价尺度进行评判的标准。10 个不同的评判尺度又被划分为 3 个评价等级，等级的划分界限相对来说更加明显，使操控人员更容易了解，从而迅速根据实际任务情况进行评判。

C－H 评价指标规定了 3 个等级，其反映了系统操纵品质与任务适应性的关系：

1）1 级（满意）：系统操纵品质明显能够适应任务的所有阶段，操控人员明显感觉具有较好的系统可操作性和较小的工作负担；

2）2 级（可接受）：系统操纵品质能够适应任务的所有阶段，操控人员能够完成既定任务，但是工作负担有所增加，系统可操作性下降；

3）3 级（可控）：系统操纵品质能够满足安全地完成任务，但是操控人员工作负担过重，系统可操作性较差。

C－H 评价指标虽然具有严格的等级划分和明确的文字说明，操纵品质的评价方法是客观的，但是由于评价主体是操控人员，评价结果依赖于其主观感受和判断。因此，需在操纵品质评价试验开始前对操控人员进行培训，直至所有操控人员对于相同条件下的系统可操作性条件和任务工作负担具有基本相同的评价。

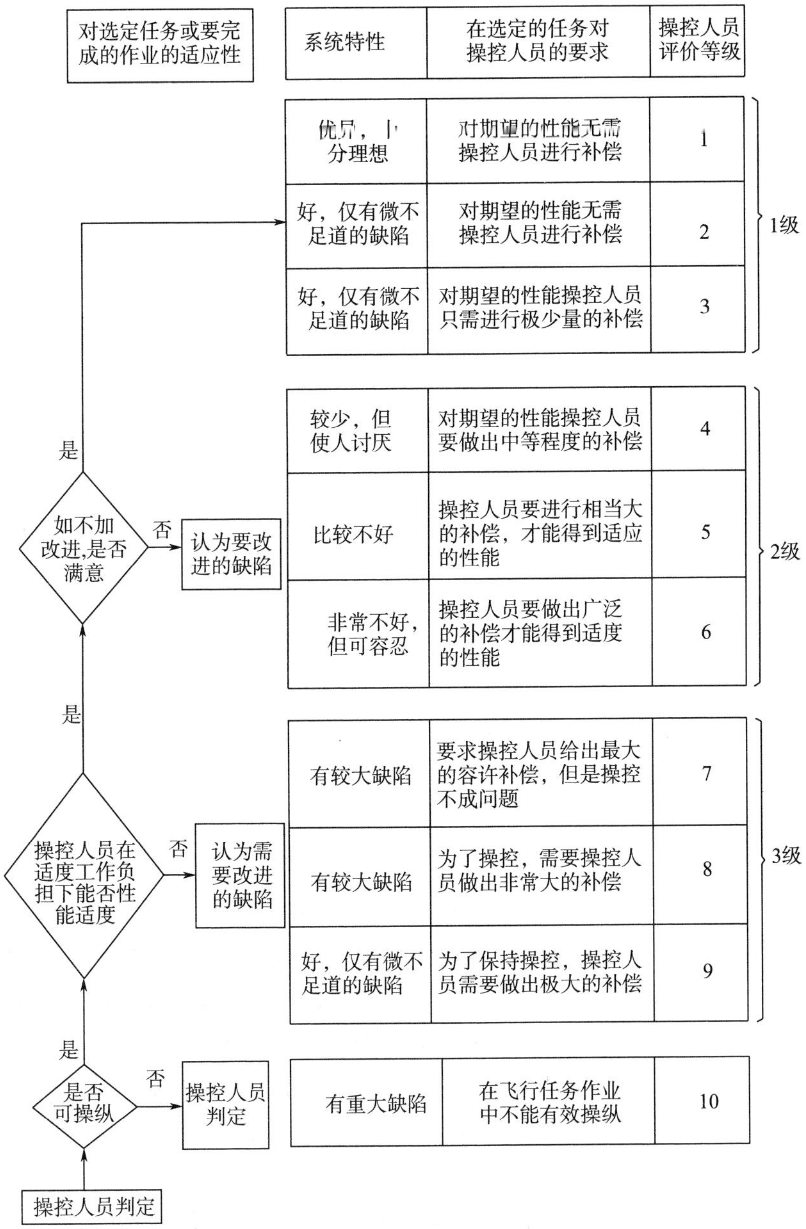

对选定任务或要完成的作业的适应性	系统特性	在选定的任务对操控人员的要求	操控人员评价等级	
	优异，十分理想	对期望的性能无需操控人员进行补偿	1	1级
	好，仅有微不足道的缺陷	对期望的性能无需操控人员进行补偿	2	
	好，仅有微不足道的缺陷	对期望的性能操控人员只需进行极少量的补偿	3	
	较少，但使人讨厌	对期望的性能操控人员要做出中等程度的补偿	4	2级
	比较不好	操控人员要进行相当大的补偿，才能得到适应的性能	5	
	非常不好，但可容忍	操控人员要做出广泛的补偿才能得到适度的性能	6	
	有较大缺陷	要求操控人员给出最大的容许补偿，但是操控不成问题	7	3级
	有较大缺陷	为了操控，需要操控人员做出非常大的补偿	8	
	好，仅有微不足道的缺陷	为了保持操控，操控人员需要做出极大的补偿	9	
	有重大缺陷	在飞行任务作业中不能有效操纵	10	

流程判断：
- 如不加改进，是否满意 → 否 → 认为要改进的缺陷
- 操控人员在适度工作负担下能否性能适度 → 否 → 认为需要改进的缺陷
- 是否可操纵 → 否 → 操控人员判定
- 操控人员判定

图 6-69 C-H 评价指标

6.5.4.2　NASA - TLX 评价指标

　　NASA - TLX（Task Load Index）评价指标是由 NASA 艾姆斯研究中心提出的（Hart，1988），现已成为航空航天领域操纵品质评价脑力负荷的评价标准，并广泛应用于设计和评估领域。同 C - H 评价指标一样，NASA - TLX 评价指标也是主观评价指标，多用于评估操控人员在完成既定任务过程中的工作负荷程度，指标内容如表 6 - 6 所示。

表 6 - 6　NASA - TLX 评价指标

条目	量化等级	描述
脑力需求	低/高	需要多少脑力或者感官活动(例如思考、决策、计算、记忆、观察、搜索等)? 任务是容易或者困难,简单或者复杂,准确或者不准确?
体力需求	低/高	需要多大的体力活动(例如推、拉、旋转、控制、出发等)? 完成任务是容易或者费力,快或者慢,紧张或者轻松,压力大还是小?
时间需求	低/高	感受到多大由任务时间带来的压力? 任务速度和时间是大还是小?
努力程度	低/高	需要付出多大程度的努力(脑力和体力)才能完成既定任务?
业绩表现	低/高	在完成既定任务后有多大的成就感? 对任务完成情况的满意度?
受挫水平	低/高	在完成既定任务过程中,多大程度上感觉恼怒、受挫、压力和烦躁?

　　由上表可以看出，NASA - TLX 评价指标是一个多维度主观评价指标，组成内容包括脑力需求、体力需求、时间需求、努力程度、业绩表现和受挫水平 6 个条目，并用文字给出了每个条目所对应的文字描述，以便操控人员更容易理解，并在完成任务后能够迅速进行评判。所列出的 6 个条目均以从易到难来量化等级，每个条目被均分为 20 等份，并用直线从左至右表示从易到难，如图 6 - 70 所示。

　　同使用 C - H 评价指标一样，在使用 NASA - TLX 评价指标之前需要对操控人员进行培训，直至所有操控人员在相同任务难度条

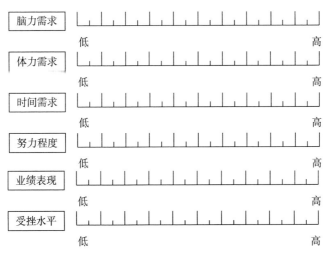

图 6 - 70 NASA - TLX 评价指标条目说明

件下具有基本相同的脑力负荷评价。

6.5.4.3 Beford 评价指标

同 C - H 评价指标和 NASA - TLX 评价指标一样，Beford 评价指标也是主观评价指标，多用来衡量操控人员在完成既定任务过程中的精力使用情况和工作负荷程度。指标内容如图 6 - 71 所示。

Beford 评价指标内容包括工作负荷程度和任务中精力使用情况，给出了 10 个等级供操控人员在完成任务后进行评判。10 个不同的评判尺度按照任务是否能够完成、工作负荷是否能够容忍和工作负荷是否满意从 10 级到 1 级依次降低。不同于 C - H 评价指标，Beford 可以接受操控人员的评价结果在两个等级之间（4.5，7.5 等）。

同使用 C - H 评价指标和 NASA - TLX 一样，在使用 Beford 评价指标之前需要对操控人员进行培训，直至所有操控人员在相同任务条件下具有基本相同的工作负荷程度和精力使用评价。

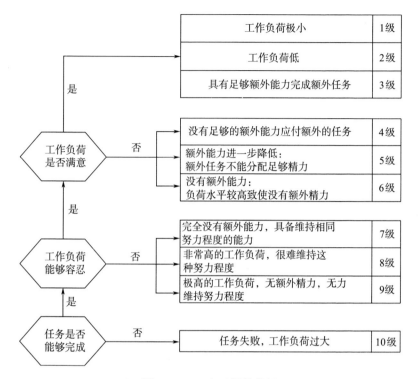

图 6 - 71　Beford 评价指标

参 考 文 献

［1］ ALEXANDER J D, BECKER R W. Apollo experience report evolution of the rendzvous – maneuver plan for lunar – landing missions. NASA TN D – 7388.

［2］ BARANOV A A. An algorithm for calculating parameters of multi – orbit maneuvers in remote guidance. Cosmic Research, 1990, 28 (1): 61 – 67.

［3］ BATTIN R H. An introduction to the mathematics and methods of astrodynamics. New York: AIAA Education Series, 1987.

［4］ BILIMORIA K D, MUELLER E R, FROST C R. Handling qualities evaluation of piloting tools for spacecraft docking in earth orbit . Journal of Spacecraft and Rockets, 2011, 48 (5): 846 – 855.

［5］ CAMERON N, THOMSON D G, MURRAY – SMITH D J. Pilot Modelling and Inverse Simulation for Initial Handling Qualities Assessment. Aeronautical Journal, 2003, 107 (1074): 511 – 520.

［6］ CHEATHAM D C, HACKLER C T. Handling qualities for pilot control of apollo lunar – landing spacecraft. Journal of Spacecraft and Rockets, 1966, 3 (5): 632 – 638.

［7］ CLOHESSY W H, WITSHIRE R S. Terminal guidance system for satellite rendezvous. Journal of the Aerospace Science, 1960, 27 (9): 653 – 658, 67.

［8］ DOMAN D B, ANDERSON MARK R. A fixed – order optimal control model of human operator response. Automatica, 2000, 36: 409 – 418.

［9］ FEHSE W. Automated rendezvous and docking of spacecraft. London: Cambridge University Press, 2003.

［10］ HARPER R P, COOPER G E. Handling qualities and pilot evaluation. Journal of Guidance, Control, and Dynamics, 1986, 9 (5): 515 – 528.

［11］ HART S G, STAVELAND L E. Development of NASA – TLX (task load index): results of empirical and theoretical research. Human Mental Workload. P. A. Hancock and N. Meshkati (Eds.), North Holland Press, Amsterdam, The Netherlands, 1988: 239 - 350.

[12] HEIMBOLD G, PRINS J J M, FESHE W. EPOS: European proximity operations simulation. First European In - orbit Operations Technology Symposium, Darmstadt, 1987: 273 - 279.

[13] HESS A R. Prediction of pilot opinion ratings using an optimal pilot model. Human Factors, 1977, 19 (5): 459 - 475.

[14] JEZEWSKI D J, BRAZZEL J P, PRUST E E, et al. A survey of Rendezvous Trajectory Planning. Advances in the Astronautical Sciences, 1992, 1: 1373 - 1396.

[15] KLEINMAN D L, BARON S, LEVISON W H. An Optimal Control Model of Human Response, Pt. I & II. Automatica, 1970, 6 (3): 357 - 383.

[16] LUO Y Z, TANG G J, LI H Y. Optimization of multi - impulse minimum - time rendezvous using a hybrid genetic algorithm. Aerospace Science and Technology, 2006, 10 (6): 536 - 540.

[17] LUO Y Z, LI H Y, TANG G J. Hybrid approach to optimize a rendezvous phasing strategy. Journal of Guidance, Control and Dynamics, 2007a, 30 (4): 185 - 191.

[18] LUO Y Z, TANG G J, LEI Y J, et al. Optimization of multi - impulse multi - revolution phasing rendezvous maneuvers. Journal of Guidance, Control and Dynamics, 2007b, 30 (4): 946 - 952.

[19] MARSH S M, WHITE B D. Trajectory design and navigation analysis for cargo transfer vehicle proximity operations. AIAA Paper 92 - 4436.

[20] MITCHELL D G, DOMAN D B, KEY D L, et al. Evolution revolution and challenges of handling qualities. Journal of Guidance, Control, and Dynamics, 2004, 27 (1): 12 - 28.

[21] NASA. Discovery: Delivering framework for future space station growth. STS - 92. www. shuttlepresskit. com. 2000.

[22] NEAL T P, SMITH R E. An in - flight investigation to develop control system design criteria for fighter airplanes. AFFDL - TR - 70 - 74, 1970.

[23] SATOSHI U，TORU K. HTV rendezvous technique and GN&C design evaluation based on 1st flight on‐orbit operation result. AIAA Astrodynamics Specialist Conference，Toronto，AIAA 2010‐7664.

[24] SCHMIDT D K. Optimal flight control synthesis via pilot modeling. Journal of Guidance，Control and Dynamics，1979，2（4）：308‐312.

[25] STEPHENS J P，BILIMORIA K D，MUELLER E R，et al. Orion handling qualities during international space station proximity operations and docking. Journal of Spacecraft and Rockets，2013，50（2）：449‐455.

[26] VALLADO D A. Fundamentals of astrodynamics and applications. California：Microscosm Press，2001.

[27] YAMANAKA K，YOKOTA K. Guidance and navigation system design of R‐bar approach for rendezvous and docking. 1998. AIAA 98‐1299.

[28] YOUNG K A，ALEXANDER J D. Apollo lunar rendezvous. Journal of Spacecraft and Rockets，1970，7（9）：1083‐1086.

[29] ZHOU J Y，ZHOU J P，JIANG Z C，et al. Investigation into pilot handling qualities in teleoperation rendezvous and docking with time delay. Chinese Journal of Aeronautics，2012，25（4）：622‐630.

[30] ZHOU W M，WANG H，THOMSON D，et al. Inverse simulation system for evaluating handling qualisties during rendezvous and docking. Acta Astronautica，2017，137（8）：461‐471.

[31] 梁立波. 近距离导引段交会轨迹安全性的定量评价和设计优化方法. 长沙：国防科技大学，2011.

[32] 林来兴. 空间交会对接结束. 北京：国防工业出版社，1995.

[33] 龙升照. 航天员的模糊控制模型及应用展望. 航天控制，1990（2）：53‐59.

[34] 唐国金，罗亚中，张进. 空间交会对接任务规划. 北京：科学出版社，2008.

[35] 王华，唐国金. 非线性规划求解有限推力最优交会. 国防科技大学学报，2003，25（5）：9‐13.

[36] 王华. 交会对接的控制与轨迹安全. 长沙：国防科技大学，2007.

[37] 向开恒，肖业伦. 空间交会中脉冲变轨燃料消耗研究. 中国空间科学技

术，1999，19（3）：9-15.

[38]　张波，李海阳，唐国金. 变时延遥操作交会的 Smith 模糊控制. 物理学
　　　　报，2013，62（2）：573-583.

[39]　张进. 空间交会任务解析摄动分析与混合整数多目标规划方法. 长沙：
　　　　国防科技大学，2013.

[40]　周晚萌. 空间交会离散逆仿真系统建模与操作性能评价. 长沙：国防科
　　　　技大学，2015.

[41]　朱仁璋，汤溢，尹燕. 空间交会最终平移轨迹安全模式设计. 宇航学报，
　　　　2004，25（7）：443-448.

第7章 载人深空探测仿真建模

　　载人深空探测是近年来航天领域的热点研究方向，探测目的地主要有月球、火星、近地小行星等。载人深空探测的任务规模远大于近地载人任务，是技术含量高且复杂的大系统工程，具有极高的风险性，采用建模与仿真技术事先对工程任务系统建模仿真是不可逾越的研究阶段。深空探测系统建模中的结构机构、发动机、质量、能源等模型与近地空间任务的模型有较大的相似性，本章不进一步展开，而重点介绍以轨道和进入动力学为主体的仿真建模问题。

7.1　载人深空探测任务概述

　　深空探测是指对地球引力场之外宇宙空间的探测，其与近地空间探测的任务边界界定存在一定的争议，界定标准存在引力影响球、中心天体、地球磁场等不同选择，由此月球、日地 L_1 和 L_2 平动点、地磁尾等探测会有不同的归属。本书以中心天体为标准，把地球引力影响球之外和月球引力影响球内的空间界定为深空，把与之相关的探测称为深空探测。20 世纪 60、70 年代，美国和苏联为了争夺世界霸权，在航天领域展开了激烈的竞争，载人月球探测是这一竞争的巅峰，最终以美国 Apollo 11 号载人登月成功，苏联 N1 火箭发射失败告终。21 世纪以来，世界范围内掀起了深空探测的第二轮热潮。世界航天强国或组织都先后提出了自己未来 20～40 年的载人深空探测计划。

7.1.1　载人深空探测的作用和意义

载人深空探测涉及人类航天三大领域（地球应用卫星、载人航天和深空探测）中的两个，是未来航天活动的热点发展方向之一。月球是距离地球最近的天体，火星是太阳系中与地球性质最为接近的行星。在人类航天史上，月球和火星是载人深空探测的首选目标。载人深空探测的意义主要体现在以下方面。

（1）国家威望和民族自豪感

载人航天是展示高精尖最新科技成果的舞台，是国家综合国力的体现，是国家现代化和国际地位的衡量标志之一。载人航天的领先地位对国家政治、经济、文化等层面都有着广泛影响，对民族精神也是巨大激励。载人深空探测工程将是全人类开拓性的壮举，是树立国家威望和凝聚民族精神的重大举措，值得投入经费和承担一定的风险去实施（Mindell，2008）。

（2）科学研究

通过探测月球的地质成分，可以寻找月球开发空间，建立月球太空基地，为更进一步的深空探测提供跳板。近火星环境（火星磁层、电离层、磁场、重力场等）可检测火星大气层的结构与成分，寻找过去气候变化的证据，研究火星气象与气候的演化历史及未来变化趋势。通过探测火星地形、地貌、地质构造及土壤与岩石的矿物与化学成分特征，特别是沉积岩的分布范围和形成的相对年龄以及极地水冰与干冰的分布与变化特征，可研究火星水体产生、演化与消失的过程，寻找生命存在的证据。通过火星内部结构的探测及与地球的对比研究，可探讨类地行星的演化史。总之，探寻月球和火星的历史和演化规律，将有助于揭示太阳系演化的共性和特性。

（3）人类进化与扩展

目前地球环境恶化，人口剧增，资源枯竭，促使人类不得不拓展新的生存空间，并考虑开发外星资源的问题。火星是太阳系中最可能登陆的大行星，其重力场、大气组分、温度、自转周期、黄赤交角等与地球的相似性是其他行星所不能比拟的，探讨火星和月球的移民前景可拓展人类在宇宙的生存空间，开辟新领域会带来新的机会与繁荣。

（4）国际合作

载人深空探测这样的大型工程，无论从技术还是经济上考虑，任何一个国家都难以独立完成；另一方面载人深空探测是造福全人类的活动。因此需要通过国际合作的模式，由多个国家组成团队共同完成任务。通过登月、登火这样大型工程项目的合作，有利于各国的交流与互惠，建立良好的合作伙伴关系。

（5）技术进步

载人深空探测工程涉及众多高新技术领域，将促进系统工程、自动控制、计算机系统、推进、环控生保、能源、材料、通信、遥感、测试、医学等学科的迅速发展。这些领域所产生的技术突破不仅能用于航天工程，还可用于其他领域，从而带动国家科技水平的总体提升。

（6）教育与激励

载人深空探测任务对民众能起到很好的教育和激励作用，尤其是对青少年和学生。该工程可激励青少年热爱科学，努力学习工程、技术、数学等专业，并在将来从事相关职业，进而提高全民族科学素质和自主创新意识（叶培建，2006）。

（7）经济效益

虽然人类对月球和火星的开发前景还不确定，目前尚未通过月球和火星探测获取直接经济效益，但月球和火星上存在开发有用资源（矿产资源、环境资源等）的潜质，如应用遥操作开发月痕等新型资源、建造用于旅游和移民的太空基地。从间接经济效益而言，载人深空探测工程的实施，可带动和促进相关产业的发展。

7.1.2　载人深空探测的目的地选择

载人深空探测与无人深空探测任务密切相关，但又有本质不同。

两者在科学和技术方面有很多共同之处，但载人探测会更多考虑人类生存空间的拓展问题。无人探测可以根据探测目标选择八大行星及其卫星以及小行星、平动点等不同的目的地，而载人探测则要更多地考虑人类未来移民的可能性。类地行星中，金星与地球大小接近、距离地球最近，但其自然环境不适合作为人类太空基地；水星的自然环境也同样较为恶劣；木星等外行星尚未证明存在固体表面，其部分卫星则存在一定的移民价值，只是距离地球过于遥远，短期内很难实现载人探测；近地小行星虽然数量庞大，但星上资源有限，尚无可作为太空移民的合适对象。从当前研究来看，载人深空探测的目的地主要选择月球和火星。

7.1.2.1　月球探测

在美苏太空竞赛时期，探月活动达到高潮。仅仅是 1958 年到 1976 年的短短 18 年内，苏联就发射了 47 个无人月球探测器。这其中，大部分是"有去无回"的探测任务，探测器硬着陆或软着陆至月球表面进行探测并将探测数据发回地球。

美国虽然在无人月球探测方面稍落后于苏联，但 Apollo 登月计划的成功实施使得美国在太空竞赛中一举超越了苏联，如图 7-1 所示。为实施载人登月，美国在 Apollo 之前发射了许多无人探测器，比较突出的有先驱者系列、徘徊者系列、月球轨道器系列以及勘察者系列。Apollo 载人登月计划历时 11 年，其中 Apollo 2 号～7 号只是绕地球轨道飞行试验，没有飞抵月球；Apollo 8 号首次进入月球轨道，Apollo 11 号首次进行了载人登月，除 Apollo 13 号发生事故外，至 Apollo 17 号共实现了 6 次登月。

在无人月球探测方面，欧空局、日本、印度等组织和国家虽然也取得了一定成果，但是目前为止都没有实现探月返回（Llewellyn，1990；Mindell，2008；Augustine，2009；孙龙，2012；哈维，2009；Messina，2005）。

7.1.2.2　火星探测

自 1960 年苏联发射世界上第一个火星探测器开始，世界各国对

图 7-1　美国载人登月

火星的无人探测取得了丰硕成果：拍摄了大量照片，实现了火星表面软着陆与漫游，对火星的环境、地形地貌、气候、演化历史、生命存在的证据等进行了广泛探索与研究，获取了一系列重要信息（焦维新，2006；褚桂柏，2000；赵见明，2002；陈闽慷，2006）。

（1）苏联/俄罗斯

苏联在 1962—1974 年间执行了火星号系列探测计划。其中，1962 年 11 月发射的火星 1 号探测器是人类首次成功接近火星的航天器，其揭开了人类探测火星的序幕。1971 年 5 月 19 日发射的火星 3 号探测器于当年 12 月 2 日首次成功实现火星表面软着陆，但着陆后很快与地球通信中断。1973 年 7 月 21 日发射的火星 4 号掠过火星时传回了不多的几幅图像。1973 年 8 月 5 日发射的火星 5 号在 1974 年 2 月 2 日进入火星轨道，环绕火星轨道飞行数天。1988 年发射了两个火卫一探测器，1996 年发射了火星 96，但遗憾的是都未能返回科学数据。

（2）美国

美国于 1964—1972 年发射了水手号（Mariner）系列探测器，拍摄了大量的火星照片。1964—1972 年发射了火星号系列探测器和宇宙号系列，并于 1975 年实现了海盗（Viking）1 号、2 号探测器在火星表面成功软着陆的壮举。海盗 1 号、2 号在火星大气中发现了氮气，这对生物的形成有重要意义。

美国于 1992 年发射火星观察者（Mars Observer）探测器，该探测器在预计入轨的前三天与地面联系中断。经过 4 年技术改进后，于 1996 年 11 月 6 日成功发射了火星全球勘测者（Mars Global Surveyor）探测器。MGS 探测器于 1997 年 12 月 12 日进入火星的太阳同步轨道，传回的数据显示火星两极存在大量的冰，预示着生命存在的可能性。1996 年 12 月 4 日美国成功发射了火星探路者（Mars Path Finder）探测器，1997 年 7 月 4 日到达火星。其携带的旅居者漫游车设计寿命是 7 个火星日，实际工作了两个多月，并发回了 16 550 张彩照、15 份火星土壤和岩石化学成分分析结果及大量的气候、风力、风向等测量数据。2001 年 4 月 7 日成功地发射了火星奥德赛（Mars Odyssey）探测器。

美国勇气（Spirit）号和机遇（Opportunity）号火星车分别于 2003 年 6 月 10 日和 6 月 25 日发射，2004 年 1 月着陆在火星表面，实现了火星漫游，并完成了 90 个火星日的工作。2005 年 8 月 13 日，美国发射火星勘测轨道器（Mars Reconnaissance Orbiter，MRO），2006 年 3 月抵达火星。MRO 拍摄了清晰的火星地表照片，同时动用探地雷达寻找地下水，为以后的探测行动挑选安全和有科学价值的着陆地点。2007 年 8 月，美国成功发射凤凰号（Phoenix）着陆器，于 2008 年 5 月底着陆火星北极圈附近，进行了采样就地分析等探测活动。2011 年 11 月，美国成功发射火星科学实验室（Mars Science Laboratory）探测器，并于 2012 年以主动制导方式成功登陆火星。该火星车是有史以来重量最大的探测车，任务是对火星的大气、土壤及生物可能性进行探测。

（3）其他国家

日本于 1998 年发射了希望号（Nozomi）火星探测器，原计划 1999 年 10 月到达。由于推进器出现故障推迟了到达火星的时间，2003 年 6 月进入了将与火星碰撞的轨道，虽然在 2003 年 12 月通过变轨成功改变了其行进路线，使之不会撞击火星，但希望号最终远离火星进入绕日轨道，探测行动失败。

2003 年 6 月 2 日，欧空局火星快车（Mars Express）探测器发射升空，它携带的猎兔犬 2 号登陆器于 2003 年 12 月 25 日凌晨登陆火星，但猎兔犬 2 号在登陆火星后失去联系。

7.1.3　载人深空探测面临的挑战

载人深空探测的核心挑战是规模、周期和成本。载人深空探测任务的时间周期长，需要发展高效的环控生保技术，提升长期在轨生存能力。短期载人月球探测的任务周期约 6~30 天，近地小行星探测的任务周期约 100~300 天，火星探测的任务周期约 500~1 000 天。长期在轨生存需要大量的消耗品、必要的医疗能力和较大的生活空间，这决定了载人深空探测的有效载荷质量必然很大，从而导致巨大的任务规模。从已有研究来看，载人月球探测的近地出发质量在 100~150 t；载人火星探测的近地出发质量在 400~1 000 t 范围内。

任务规模决定了载人深空探测很难通过单个航天器来实现，需要涉及多航天器的在轨组装和分解，不同的航天器组合/分解方式会带来不同的性能，从而形成各式各样的载人深空探测方案，对这些方案进行仿真评价是载人深空探测系统仿真的重要目的。航天器组合/分解将全任务过程分割成不同的飞行阶段，不同飞行阶段具有不同的运动特点，前面已经介绍了上升段、交会对接段的建模问题，下面重点讨论转移轨道和进入轨道的建模问题。

7.1.3.1　载人深空探测轨道设计难点

由于载人深空探测轨道动力学模型复杂、非线性强且动力学方程系数需要星历插值求解等，载人深空探测轨道设计一直是该领域的研究热点。下面主要列举三个方面的挑战。

（1）基于高精度模型的载人深空探测轨道设计

目前，探测器轨道研究多是采用简化的动力学模型，如双二体模型、伪状态模型、圆型限制性三体模型等。简化模型仅仅适合轨道特性分析，在任务最终阶段，往往需要考虑高精度模型。高精度模型是目前精度最高的动力学模型，考虑了地球中心引力、太阳等N体引力摄动、地月非球形摄动、太阳光压摄动和大气阻力摄动等因素的影响，能够较为真实地反映轨道转移空间的动力学特性。当前，高精度模型下载人轨道设计往往需要用简化模型计算得到初值，然后在高精度模型下对初值进行迭代修正。但这一过程比较复杂，而且还会出现不收敛的情况。

（2）考虑应急返回能力的深空探测轨道设计

以载人登月为例，与无人探测不同，载人登月轨道要保证航天员的安全，即必须具有任务各个阶段发生故障时任务终止和航天员安全返回的能力。倘若不考虑故障应对，一般的地月转移轨道设计只需要满足飞行时间、月面着陆区、测控等基本约束条件即可。此时轨道设计的空间往往较大，其地月转移的能量消耗约在 3.9～4.5 km/s 之间，且基本可以到达大部分月面着陆区。但沿一般转移轨道飞行，航天器在地月转移过程中发生故障后，在不进行轨道机动的前提下，将无法返回地球，即使通过轨道机动返回也有可能消耗较多的能量，往往导致应急返回的工程难度很大，因此其安全性相对较低。

（3）兼顾应急返回和全月面到达能力的载人登月轨道设计

绕月自由返回轨道（简称自由返回轨道）作为由近地出发，在月球引力作用下从月球近旁转向，之后返回地球的轨道，具有很高的安全性，在载人登月史上被广泛应用。然而自由返回轨道的月面可达范围很有限，仅限于月球赤道附近。2004 年，美国启动了重返月球的星座计划，并提出了"全月面到达和任意时刻月面返回"等新时期载人登月任务目标。在综合考虑自由返回和全月面到达的情况下，开展载人登月轨道设计方法研究难度较大，具有重要的现实工程意义。

7.1.3.2　火星进入着陆技术难点

由于火星环境的特殊以及对火星环境资料掌握的有限，火星进入着陆任务的规划面临着很多的挑战。下面主要列举三个主要方面的挑战。

（1）火星大气密度稀薄是进入技术实现的主要难点

尽管地球和火星在尺寸和质量上有着巨大的不同，并通过重力作用直接影响进入器的进入速度，但是对于进入着陆过程来说，技术上实现气动减速的最大难点还是因为火星极低的大气密度。火星大气密度大约只有地球的 1/100。火星进入航天器能利用的气动减速相对地球进入器来说十分有限。这也直接造成了火星进入器在进入段结束时，其速度很难像在地球上一样降到亚声速。

有国外学者曾对航天器弹道系数和火星进入速度做了分析（Braun，2007）。分析指出，对于火星进入段来说，要在降落伞开启前把速度降到亚声速，弹道系数必须在 50 kg/m^2 以下才行。而较低的弹道系数意味着较小的进入器质量和较大的阻力系数。这就给火星进入器的设备和气动外形提出了难题。即便如此，等进入器降到亚声速时，其距离地面的高度已经不足 10 km。此时，着陆后续工作开展的时间已经非常有限。

与地球环境不同，火星大气在一年中变化剧烈，因此也限制了发展通用进入着陆系统的可能性。而且，随机发生的火星大气尘暴增加了火星大气温度，进一步降低了大气密度，限制了着陆区域的选择。其中，欧空局于 2003 年发射的猎兔犬 2 号火星探测器就曾因为在进入过程中遇到火星尘暴，造成降落伞未能正常开启而最终坠毁在火星表面。

（2）火星粗糙的地表增加了着陆风险

在进入器着陆阶段，着陆系统的任务是将登陆器调整到着陆装置允许的水平和垂直速度漏斗里，然后利用气囊或着陆腿方式进行着陆。然而火星表面地形复杂，遍布岩石、斜坡、沟壑等障碍与危险。即使火星探测器的着陆系统有一定的规避危险复杂着陆区和清理着陆区碎石的能力，着陆安全性也不容乐观。

NASA 曾在考虑全部火星环境变量的情况下，对进入着陆过程进行打靶仿真。他们发现，对于腿式的着陆系统，火星表面的复杂性是限制探测器正常探测的最大因素；对于气囊式着陆系统，火星大气风对探测器能否安全着陆的影响最大。综合这两种着陆方式，着陆环境的变化造成着陆任务失败的可能性大约为 2%～15%（Braun，2007）。

（3）火星进入环境难以模拟加大了进入着陆技术的验证难度

通常情况下，火星进入着陆过程大约只有 5～8 min 的短暂过程，并且飞行系统单元之间的切换会增加系统的复杂性和负担，所以火星进入器关键的进入着陆子系统都是没有备份的。这就要求进入着陆系统必须具有很高的可靠性。而由于火星和地球在大气、重力等方面的差异，对进入着陆技术进行全面的仿真验证就变得十分困难，其仿真验证的成本也随着对仿真环境要求的提高而增加。

7.2　圆形限制性三体问题

在深空探测轨道设计过程中，航天器常常受中心体引力、太阳等多体引力和其他摄动力的共同作用，在不同的研究尺度上可以将问题简化为二体问题、双二体问题、限制性三体问题以及高精度轨道问题。针对前两个问题和高精度轨道问题可以参见相关文献（Vallado，2007；郗晓宁，2003），这里主要对限制性三体问题展开介绍。

假设质量为 m_1 和 m_2 的主天体 P_1 和次天体 P_2，围绕其公共质心做角速度为 ω 的匀速圆周运动，小天体 P 的质量为 m，三个天体质量关系为 $m_1 > m_2 \gg m$，即认为 P 对 P_1 和 P_2 的影响可忽略不计，在这样的假设下研究 P 在 P_1 和 P_2 引力下的运动，称为圆型限制性三体问题（Circular Restricted Three - Body Problem，CR3BP）。

7.2.1　动力学方程

在 CR3BP 中，常用坐标系为质心会合坐标系 $Bxyz$，如图 7-2 所示。

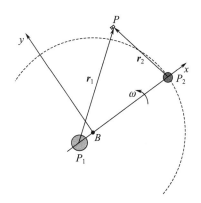

图 7-2　质心会合坐标系

为了研究方便，引入归一化单位，长度单位 DU 为 P_1 和 P_2 质心间距离，质量单位 M^* 为 P_1 和 P_2 质量之和，P_1 和 P_2 的相对运动周期为 2πTU，由此可导出时间单位 TU 为

$$\text{TU} = \sqrt{\frac{\text{DU}^3}{GM^*}} \qquad (7-1)$$

速度单位 VU 为

$$\text{VU} = \frac{\text{DU}}{\text{TU}} \qquad (7-2)$$

归一化单位时，万有引力常数 G 和角速度 ω 的值为 1。引入质量比 μ，定义为

$$\mu = \frac{M_2}{M_1 + M_2} \qquad (7-3)$$

在归一化条件下，P_1 的质量化为 $1-\mu$，P_2 的质量化为 μ。此外，由质心特性可知，P_1 和 P_2 在 $Bxyz$ 坐标系下的坐标为 $(-\mu，0，0)$ 和 $(1-\mu，0，0)$。P 在 $Bxyz$ 坐标系下的无量纲动力学方程为

$$\begin{cases} \ddot{x} - 2\dot{y} = \dfrac{\partial U}{\partial x} \\[2mm] \ddot{y} + 2\dot{x} = \dfrac{\partial U}{\partial y} \\[2mm] \ddot{z} = \dfrac{\partial U}{\partial z} \end{cases} \qquad (7-4)$$

式中，U 为与位置相关的伪势能函数，即

$$U = \frac{1}{2}(x^2 + y^2) + \frac{1-\mu}{r_1} + \frac{\mu}{r_2} \qquad (7-5)$$

式中，r_1 和 r_2 分别为 P 到 P_1 和 P_2 的距离，表达式为

$$r_1 = \sqrt{(x+\mu)^2 + y^2 + z^2} \qquad (7-6)$$

$$r_2 = \sqrt{(x-1+\mu)^2 + y^2 + z^2} \qquad (7-7)$$

由式（7-4）可知，CR3BP 在会合坐标系中的无量纲动力学方程为典型常系数非线性微分方程。

7.2.2　平动点

早在 1772 年，Lagrange 和 Euler 就已经推导出圆型限制性三体问题存在五个平动点。所谓平动点，亦称平动解，是指动力学方程（7-4）满足以下条件的特解，即

$$x(t) \equiv x_0, y(t) \equiv y_0, z(t) \equiv z_0 \qquad (7-8)$$

式中，x_0，y_0，z_0 由初始条件设定，相应的有

$$\dot{x} = 0, \dot{y} = 0, \dot{z} = 0$$
$$\ddot{x} = 0, \ddot{y} = 0, \ddot{z} = 0 \qquad (7-9)$$

将式（7-9）代入方程（7-4），不难看出，平动点处应满足

$$\frac{\partial U}{\partial x} = 0, \frac{\partial U}{\partial y} = 0, \frac{\partial U}{\partial z} = 0 \qquad (7-10)$$

具体形式为

$$\begin{cases} \dfrac{\partial U}{\partial x} = x - \dfrac{(1-\mu)(x+\mu)}{r_1^3} - \dfrac{\mu(x-1+\mu)}{r_2^3} = 0 \\[3mm] \dfrac{\partial U}{\partial y} = y\left(1 - \dfrac{1-\mu}{r_1^3} - \dfrac{\mu}{r_2^3}\right) = 0 \\[3mm] \dfrac{\partial U}{\partial z} = -z\left(\dfrac{1-\mu}{r_1^3} + \dfrac{\mu}{r_2^3}\right) = 0 \end{cases} \qquad (7-11)$$

由于

$$\frac{1-\mu}{r_1^3} + \frac{\mu}{r_2^3} \neq 0 \qquad (7-12)$$

由式 (7-11) 中 z 方向分量可得，要求

$$z = z_0 = 0 \qquad (7-13)$$

可以看出，平动点位于 $x-y$ 平面内。将式 (7-13) 代入方程 (7-11)，分下列两种情况

$$y=0,\begin{cases} x - \dfrac{1-\mu}{(x+\mu)^2} + \dfrac{\mu}{(x-1+\mu)^2} = 0, x \in (-\mu, 1-\mu) \\[3mm] x - \dfrac{1-\mu}{(x+\mu)^2} - \dfrac{\mu}{(x-1+\mu)^2} = 0, x \in (1-\mu, +\infty) \\[3mm] x + \dfrac{1-\mu}{(x+\mu)^2} + \dfrac{\mu}{(x-1+\mu)^2} = 0, x \in (-\infty, -\mu) \end{cases}$$

$$(7-14)$$

$$y \neq 0,\begin{cases} x - \dfrac{(1-\mu)(x+\mu)}{r_1^3} - \dfrac{\mu(x-1+\mu)}{r_2^3} = 0 \\[3mm] 1 - \dfrac{1-\mu}{r_1^3} - \dfrac{\mu}{r_2^3} = 0 \end{cases} \qquad (7-15)$$

采用牛顿迭代法在各区间对非线性方程 (7-14) 进行求解，分别得出三个共线平动点，称为 L_1，L_2 和 L_3 点。对于方程 (7-15)，$r_1 = r_2 = 1$ 显然满足，此时解得

$$x_{eq} = -\mu + \frac{1}{2}, \quad y_{eq} = \pm\frac{\sqrt{3}}{2} \qquad (7-16)$$

与之相对应的解为两个三角平动点，称为 L_4 和 L_5 点，分别与两主天体 P_1 和 P_2 构成等边三角形。五个平动点同两主天体在会合坐标

系中的几何构型如图 7 - 3 所示。引入 γ_i 表示各平动点与最近主天体之间的距离，以日地和地月系统为例，具体参数值如表 7 - 1 所示。

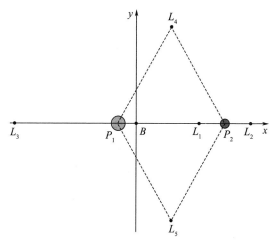

图 7 - 3　五个平动点同两主天体在会合坐标系中的几何构型

表 7 - 1　日地系和地月系的平动点与最近天体之间的距离

平动点	日地系		地月系	
	$\mu = 3.003\,486\,074\,446\,236 \times 10^{-6}$ DU = 1.495 978 706 91×10⁸ km TU = 58.132 493 days		$\mu = 0.012\,150\,571\,430\,596$ DU = 384 400 km TU = 4.342 480 days	
	γ/DU	γ/km	γ/DU	γ/km
L_1	0.009 973 412 175 893	1 492 001.225 037	0.150 934 302 906 477	58 019.146 037
L_2	0.010 034 122 533 401	1 501 083.365 249	0.167 832 736 955 518	64 514.904 086
L_3	1.000 001 251 464 707	149 598 057.907 455	0.992 912 074 394 496	381 675.401 397
L_4	1	149 597 870.691	1	384 400
L_5	1	149 597 870.691	1	384 400

7.2.3　零速度面

对方程（7 - 4）进行处理，即分别将 $2\dot{x}$，$2\dot{y}$，$2\dot{z}$ 乘以三个方程

的两侧，后将三个方程等号两侧量分别相加，得到

$$\frac{\mathrm{d}}{\mathrm{d}t}(\dot{x}^2 + \dot{y}^2 + \dot{z}^2) = 2\frac{\mathrm{d}U}{\mathrm{d}t} \qquad (7-17)$$

对上式进行积分，得

$$\dot{x}^2 + \dot{y}^2 + \dot{z}^2 = 2U - C \qquad (7-18)$$

式中，常数 C 称为限制性三体问题的雅克比（Jacobi）积分常数，显然有

$$\frac{1}{2}C = U - \frac{1}{2}(\dot{x}^2 + \dot{y}^2 + \dot{z}^2) \qquad (7-19)$$

由式（7-19）可知，C 表征小天体势能与动能的相关分量之和，可作为系统能量参数，且能量越大，C 越小，在没有轨道机动或其他摄动因素时，C 保持不变。

对于能量恒定的小天体，C 恒定，小天体势能与动能之和恒定。当小天体速度为 0 时，满足

$$C = 2U = x^2 + y^2 + \frac{2(1-\mu)}{r_1} + \frac{2\mu}{r_2} \qquad (7-20)$$

此时动能全部转化为势能，所处的区域被称为零速度面。零速度面将空间分成两个部分，即可达域和不可达域。

以地月系统为例，从大到小取 8 个 C，绘出式（7-20）表示的零速度面与可达域和不可达域。地月系统能量参数如表 7-2 所示。

表 7-2　地月系统能量参数

C	C_1	C_2	C_3	C_4	C_5	C_6	C_7	C_8
数值	3.308 4	3.188 4	3.178 2	3.172 2	3.092 2	3.012 2	2.996 0	2.988 0

C 较大为 C_1 时，小天体或远离两主天体运动（势能较大），或在两主天体附近运动（动能较大），如图 7-4（a）所示；C 减小为 C_2 时，两主天体附近可达域增大，外部不可达域减小，出现 L_1 平动点，如图 7-4（b）所示；C 减小为 C_3 时，两主天体附近可达域在 L_1 点连通，如图 7-4（c）所示；C 减小为 C_4 时，两主天体附近可达域增大，出现 L_2 平动点，如图 7-4（d）所示；C 减小为 C_5 时，两

主天体附近可达域和外部可达域在 L_2 点连通，如图 7 - 4（e）所示；C 减小为 C_6 时，可达域增大，出现 L_3 点，如图 7 - 4（f）所示；C 减小为 C_7 时，不可达域减小成为两个小部分，如图 7 - 4（g）所示；C 减小为 C_8 时，不可达域继续减小，出现 L_4 与 L_5 平动点，如图 7 - 4（h）所示。

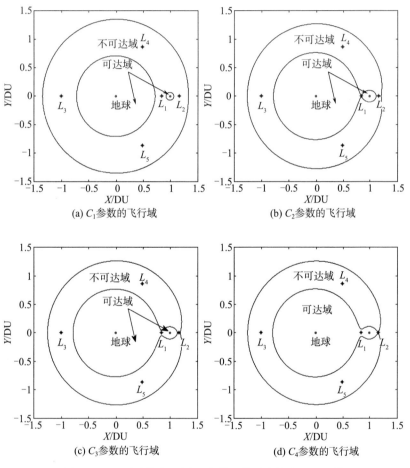

图 7 - 4　地月系统中不同 C 条件下的可达域和不可达域

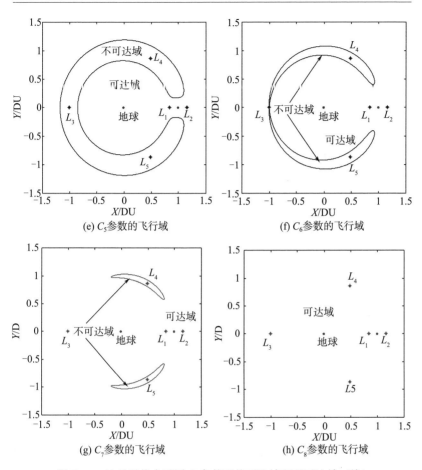

图 7 - 4　地月系统中不同 C 条件下的可达域和不可达域（续）

7.2.4　平动点附近的运动

CR3BP 是一个非线性系统，共线平动点为奇点，航天器在共线平动点附近的运动存在混沌（Chaotic）现象，轨道可分为四类：周期（Halo Orbit）或拟周期轨道（Quasi - periodic Orbit）、渐进轨道（Asymptotic Orbit）、穿越轨道（Transit Orbit）和非穿越轨道（Non - transit Orbit）。穿越轨道从平动点周期轨道的一侧穿越到另一侧，非穿越轨道到没有穿过平动点的周期轨道。渐进轨道形成稳定流形（Stable Manifold），渐进不稳定轨道形成不稳定流形（Unstable Manifold），二者均属于不变流形（Constant Manifold）。随着时间推移，航行于稳定流形的航天器逐渐趋近周期轨道，航行于不稳定流形的航天器逐渐远离周期轨道。利用不变流形，可以设计主天体和周期轨道之间的低能转移轨道；利用不同三体系统的流形拼接，可以设计不同三体系统平动点周期轨道之间的转移轨道。

Halo 轨道是平动点任务中最常用的周期轨道。在 CR3BP 模型会合坐标系下，Halo 轨道关于 x-z 面对称，与 x-z 面交于两点，通常取其中距离 x 轴较远的点与 x 轴的距离作为表征 Halo 轨道幅值的特征参数，称之为法向幅值 A_z。Halo 轨道精确积分初值的计算过程较为复杂，通常先利用 Richardson（Richardson，1980）三阶近似解析解获取迭代修正初值（Howell，1984），再采用微分修正法求解。而对于大幅值的 Halo 轨道，还需采用数值延拓法求解（刘磊，2013）。

给出 CR3BP 模型下 Halo 轨道微分修正求解算例，选取地月 L_2（LL_2）点 $A_z = 30\ 000$ km 的南向 Halo 轨道，如图 7-5 所示。

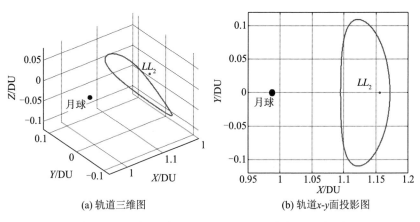

(a) 轨道三维图　　　　　　　(b) 轨道 x-y 面投影图

图 7-5　地月 L_2 点 $A_z = 30\ 000$ km 的南向 Halo 轨道

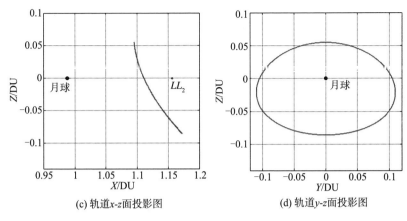

(c) 轨道 x-z 面投影图　　　　　(d) 轨道 y-z 面投影图

图 7-5　地月 L_2 点 $A_z = 30\ 000$ km 的南向 Halo 轨道（续）

如图 7-6 所示，为 Halo 轨道对应的不变流形，其中 U 代表不稳定流形，S 代表稳定流形，一定条件下可以通过稳定流形与不稳定流形之间的切换，达到大引力体的另一侧。由图中可知，Halo 轨道的稳定流形和不稳定流形各有两个分支，稳定流形逐渐趋近 Halo 轨道，不稳定流形逐渐远离 Halo 轨道。

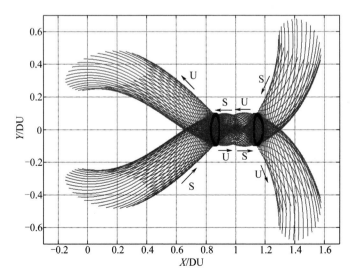

图 7-6　地月 L_1 点和 L_2 点附近 Halo 轨道的不变流形

7.3   载人登月任务仿真建模

7.3.1   载人登月任务总体方案

对于载人登月工程，航天器的飞行轨道设计是其中一个非常重要的环节。与无人月球探测相比，载人登月轨道所受约束更为严格，除需满足任务实施的基本要求外，还要对发生故障后任务的应急返回能力做出考虑，因此合理的飞行轨道是整个登月任务得以成功的重要前提。

根据典型载人登月任务飞行过程（如图 7-7 所示），将轨道分为以下几个阶段：地球发射段、地月转移段、环月飞行段、月面着陆段、月面上升段和月球返回段。

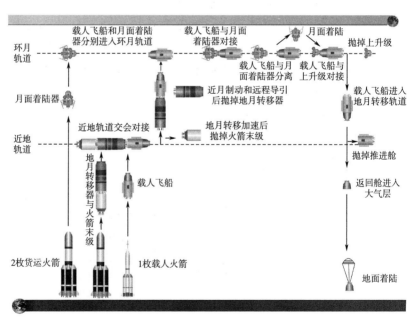

图 7-7   典型载人登月任务阶段示意图

本节对各阶段的飞行轨道类型、轨道方案和基本特点做出简要概述与分析，为载人登月仿真奠定基础。

（1）地球发射段

地球发射段的任务是利用运载工具将登月航天器送入预定飞行轨道，发射次数和发射任务安排与登月方案的选择有关。载人登月的发射入轨方案有两种：一种方案是将航天器直接发射到地月转移轨道；另一种方案是将航天器先发射到近地停泊轨道，在停泊轨道运行一段时间后，选择适当位置由航天器加速进入地月转移轨道。后一种方案降低了对发射任务的要求，同时航天器可以在地球停泊轨道做短时间停留，以保证航天员身体调整和相关设备的准备，有利于整个登月任务的可靠性。另外，对于基于近地轨道交会组装的载人登月模式，航天器的各部分要在近地轨道上完成交会对接，发射段也只能采用这类方案。

因此，对于载人登月任务来说，地球发射段一般是采用将航天器送入近地停泊轨道的方案，其中近地停泊轨道的选择需要综合考虑发射场、运载火箭、登月模式等多种因素，但其轨道方案和发射流程与近地航天任务类似，这里不再阐述。

（2）地月转移段

对于地月转移轨道，目前提出或采用过的转移方式主要有四类：霍曼转移方式，通过共线平动点 L_1 走廊的转移方式，弱稳定边界（Weak Stability Boundray，WSB）转移方式和小推力转移方式。

①霍曼转移方式

霍曼转移方式是采用两脉冲轨道机动来实现地月轨道转移，包括近地加速和环月制动速度脉冲，转移过程类似于传统霍曼变轨。其飞行流程大致如下：登月航天器完成近地任务后选择合适的时机，从近地停泊轨道出发，在出发点施加一个速度冲量，将航天器推入奔月轨道；当到近月点时，施加一个反向速度冲量，使其制动进入环月轨道，如图 7-8 所示。采用霍曼转移方式实现奔月任务，往往过程比较简单，对工程实施要求相对较低，因此这类轨道也是目前载人登月任务研究中被主要采用的转移轨道类型。

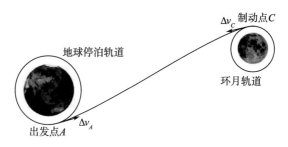

图 7 - 8　地月霍曼转移方式示意图

②利用地-月系 L_1 点的转移方式

从近地停泊轨道上经变轨飞往月球时，根据限制性三体问题的结论，只要过渡轨道初始速度使相应的 Jacobi 常数 $C \leqslant C_1$（稍小于），此时原包围地球和月球的两个零速度面相接并从平动点 L_1 处稍稍打开了一个"狭窄走廊"，如图 7 - 4（c）所示，登月航天器就有可能越过一个通道后实现地月转移。但这只是航天器可以越过该通道后奔月的一个必要条件，并非充分条件，还要看转移轨道的起始状态。

另外，当能量 C 在 C_1 附近时，L_1 点的稳定流形不能到达距离地球很近的地方，它与地球的最近距离约为 0.1 个地月平均距离，因此对较低高度的近地停泊轨道而言，首先需要一段连接弧段，通过变轨将航天器从近地停泊轨道送入稳定流形。由此可见，采用此类轨道，整个地月转移过程一般至少要通过施加三次脉冲完成，正是由于要施加额外的速度增量来完成"搭桥"，所以此类轨道对于实施载人登月任务来说，能量往往并不节省。

③弱稳定边界转移方式

此轨道需要用到日-地系不变流形与地-月系不变流形相交的特性来实现地月转移。首先，航天器可以先经由日-地系 L_1 点或 L_2 点的稳定和不稳定不变流形运行到地-月系的 L_2 点之外，然后再经由地-月系的 L_2 点稳定不变流形进入月球引力范围而被月球俘获，图 7 - 9 给出了两个限制性系统的不变流形相交示意图。由于日-地系的稳定不变流形可以到达距地球很近的地方，因此可以直接从近地停泊轨道上一次变轨将航天器送入到日-地系的稳定不变流形,之后航天器将经由日-地系的不稳定不变流形进入到地-月系的稳定不变流形而被月球俘获。如果对环月目标轨道有要求,则需要在目标轨道入轨点处再次变轨,整个过程只需要两次变轨即可完成。

虽然弱稳定边界转移轨道比传统的霍曼转移轨道要节省能量,但这样的转移轨道耗时过长,因此,这种类型的转移轨道也仅仅适用于对时间要求不高的发射任务。

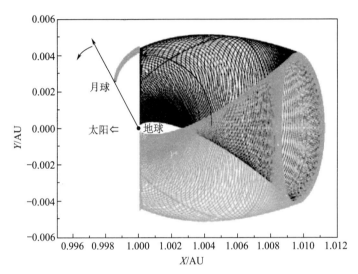

图 7 - 9 日-地系不变流形与地-月系不变流形的相交情形

④小推力转移方式

小推力转移是指采用推力较小的连续推力发动机,通过持续开机将登月航天器送入月球轨道。该模式可以全程采用小推力转移,或者可与脉冲式推力结合实现转移,由于推力较小,其转移轨道呈现螺旋状,如图 7 - 10 所示。

小推力发动机一般采用新型的推进模式(如电推进),往往具有较高的比冲,因此会大大减小航天器推进剂质量,但由于航天器在奔月过程中受到推力较小,一般需要耗费较长的飞行时间。

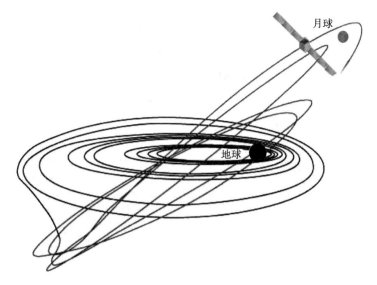

图 7 - 10　小推力转移轨道示意图

　　针对以上地月转移轨道类型，表 7 - 3 给出了其能量消耗和飞行时间的比较。

表 7 - 3　不同地月转移轨道的比较

转移轨道方式	能量消耗	转移时间
霍曼转移	3 900～5 000 m/s	～3 天
平动点 L_1 走廊的转移	＞4 100 m/s	几十～几百天
弱稳定边界转移	＞3 800 m/s	100 天左右
小推力转移	＞4 000 m/s	几十～几百天(与推力有关)

　　通过分析可知，载人登月任务的地月转移轨道采用大推力霍曼转移方式为宜。

　　（3）环月飞行段

　　环月飞行段是指航天器被月球捕获后，以近圆轨道绕月飞行，在该轨道上航天员可以进行着陆前的准备工作，另外着陆器与载人飞船的分离与对接也要在这段轨道上进行。该轨道高度一般为100～

200 km，运行速度在 1.6 km/s 左右，其轨道倾角、升交点的选择与月面着陆点位置、月面活动天数等因素相关。

另外，月球表面没有大气，环月卫星所受摄动力主要来源于其他大体和月球非球形引力，但对于载人登月任务，其环月飞行时间一般只有几天，因此由摄动引起的轨道维持能量较小。以在环月轨道倾角 160°，轨道高度 100 km 的圆轨道上飞行的某一载人飞船为例，图 7-11 给出了各种摄动力对轨道参数的综合影响。

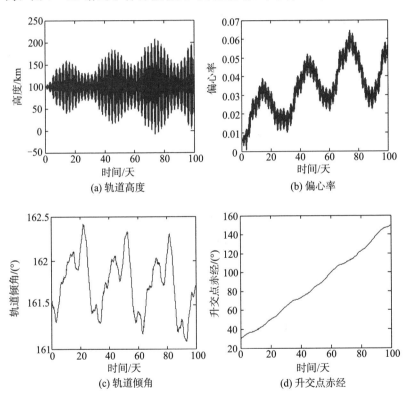

图 7-11　各摄动力对航天器环月轨道参数的综合影响

（4）月面着陆段

月面着陆段的任务是将航天员从环月轨道安全送到月面进行相关工作。月面软着陆一般有两种方式：一种是登月航天器沿一条击中月球的轨道飞行，在接近月球表面时，通过制动发动机减速直接完成安全着陆，以早期的月球 9 号为代表；另一种是航天器首先进入环月轨道，在环月轨道滑行一段时间后，着陆器开始制动减速，从而软着陆到月球表面，以阿波罗任务为代表。对于载人登月任务来说，由于受运载能力的限制，一般要采用返回时在环月轨道交会的方案，整个登月航天器必须要进入预先设计的环月轨道，然后登月舱与返回舱分离，由登月舱减速执行月面着陆任务，因此无法采用直接击中月球的着陆方案。同时第二方案与第一方案相比具有更多的优点，如较长的软着陆准备时间、可以在更大的区域范围选择着陆点等，因此，载人登月的月面着陆一般采用这一方案。

对于这一着陆方案，其着陆过程可分为下降轨道机动段、无动力下降段和动力下降段，如图 7 - 12 所示。

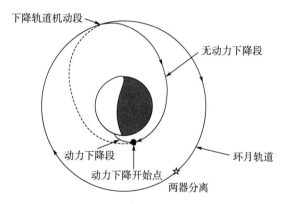

图 7 - 12　月面软着陆过程示意图

下降轨道机动段是着陆器采用霍曼转移变轨的机动飞行，通过轨道机动使着陆器进入一椭圆轨道，进行无动力下降飞行。以从高度为 110 km 的环月轨道变轨至近月点为 15 km 的下降机动为例，这一机动大约需要 21.6 m/s 的速度增量。

无动力下降段实际为霍曼转移轨道的半个椭圆，月心为该椭圆的焦点。其远月点为环月轨道上一点，近月点高度一般选择为 15 km，以环月轨道高度为 110 km 为例，无动力下降椭圆轨道的长半轴为 1 800.5 km，偏心率为 0.026 4，无动力下降段终点时着陆器速度为 1.694 3 km/s。

着陆器到达无动力下降段终点时，制动发动机连续开机工作，开始动力下降，此阶段主要任务是降低飞行高度，同时衰减着陆器的切向速度和由月球引力引起的径向速度，最终使着陆器安全到达预定月面着陆区。其中，月面着陆的推进剂消耗主要集中在这一阶段。

（5）月面上升段

月面上升段的任务是将登月舱从月面发射到指定环月轨道，并与环月轨道上的返回舱完成交会对接。环月轨道交会对接与近地轨道交会对接的主要不同之处有两点：一是月球没有大气，上升过程中不存在大气阻力；二是月球具有慢自转特性，其自转周期约 27 天，倘若通过月球自转来等待共面交会条件，往往需要较长的月面停留时间，为避免这一问题，月面上升经常要面临登月舱与返回舱的异面交会。

月面上升轨道可以分为动力上升段和交会对接段。在动力上升段，发动机连续开机工作，不断地提升登月航天器的速度和高度，同时消除与在轨返回舱的异面差，最终将其送入与返回舱共面的预定轨道，月面上升的推进剂消耗主要发生在此段。交会对接段则采用脉冲推力模式，通过若干次轨道机动，使登月舱最终完成与返回舱的交会对接。

参考美国阿波罗计划，月面上升段一般可分为垂直上升段、姿态调整段和轨道射入段。垂直上升段主要任务是消除月面地形对上升级的影响；姿态调整段主要任务是调整俯仰角以获得轨道射入需要的初始水平速度和俯仰角；轨道射入段主要任务是将登月舱送入环月对接目标轨道，其飞行过程如图 7 - 13 所示。

月球轨道交会对接主要有共椭圆交会和直接交会两种方式。

共椭圆交会是一种比较稳健的交会方案，这种方式首先通过几次轨道机动使得登月舱与载人飞船建立固定的轨道高度差，然后再

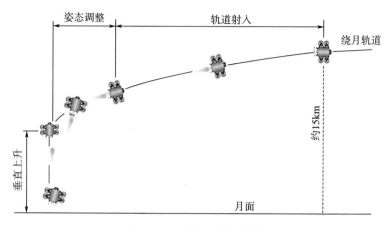

图 7-13　月面上升段示意图

采用标准化交会程序完成交会对接。阿波罗任务的共椭圆交会飞行程序如图 7-14 所示。

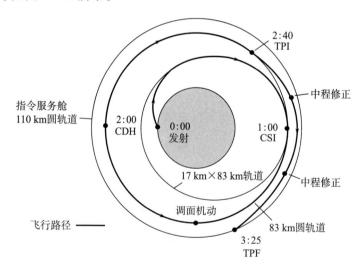

图 7-14　阿波罗共椭圆交会飞行程序

此交会方式中的主要轨道机动包括四次，分别为：

1）1：00——交会任务序列初始化（Coelliptic Sequence Initiation，

CSI），主要任务是提升轨道高度并调整登月舱相位；

2）2：00——建立固定高度差（Constant Delta Height，CDH），使登月舱和指令舱建立固定的高度差；

3）2：40——末段初始化（Terminal Phase Initiation，TPI），通过轨道机动使得登月舱捕获指令舱轨道，进入交会对接逼近段；

4）3：25——末段终止（Terminal Phase Final，TPF），对登月舱机动，完成交会对接任务。

此模式通过获得固定的高度差，简化了对各种参数的控制，可以准确地预估捕获目标轨道的机动位置与时机，使得逼近阶段的飞行程序标准化。

直接交会是指登月舱入轨后直接进入交会逼近段，省去了共椭圆交会的前两次主要轨道机动，即直接执行 TPI 和 TPF 任务。此方式缩短了交会对接时间，且过程更为简单，但是需要精确的入轨技术、高精度的自主测量设备和快捷的乘员操作程序。随着经验的积累，Apollo 14 以后的月球轨道交会都采用直接交会的方式，其飞行程序如图 7 - 15 所示。

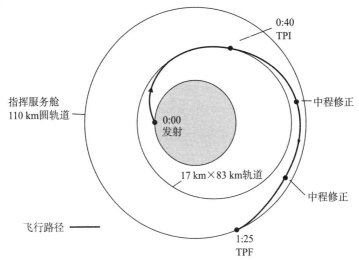

图 7 - 15　阿波罗直接交会飞行程序

（6）月球返回段

月球返回段是指完成登月任务后，载人飞船从环月轨道返回地球，并着陆至地球预定着陆场，它包括月地转移段和地球再入段两部分，其飞行轨道如图 7 - 16 所示。

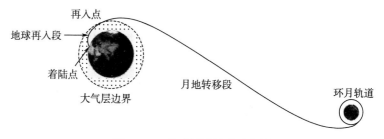

图 7 - 16　月球返回轨道示意图

月地转移轨道可以看作是地月转移轨道的逆过程，同样采用大推力霍曼转移方式。

地球再入段是载人飞船以合适的再入状态进入地球大气层，并利用大气减速降落到地面预定着陆场。与近地返回任务不同，载人飞船从月球返回地球大气时基本接近第二宇宙速度，此时为满足再入返回条件，一般采用跳跃式的再入方式，如图 7 - 17 所示。这样通过利用升力控制再入跳跃高度，可满足再入过载和大范围航程约束，同时使落点散布精度满足工程要求。

7.3.2　载人登月转移轨道仿真模型

7.3.2.1　着陆器转移高精度轨道模型

考虑重型火箭运载能力约束及现代载人航天高可靠性要求，采用人货分离奔月及环月轨道交会的载人登月飞行模式应运而生。该飞行模式中，载人飞船通常采用约 3 天的自由返回或混合地月转移轨道，而着陆器不受航天员生保系统时间约束，一般采用飞行时间约为 5 天的地月转移轨道，要求近地施加一次脉冲，近月点进行一次脉冲制动，来降低速度增量需求。

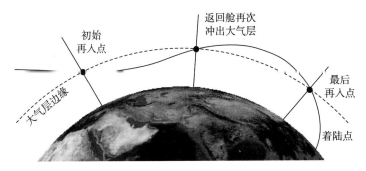

图 7 - 17　跳跃式再入弹道示意图

人货分离奔月及环月轨道交会的载人登月飞行模式可用如图 7 - 18 所示的甘特图描述。图中航天器 A 代表着陆器，分为 A_1 下降级和 A_2 上升级，B 为载人飞船，分为 B_1 服务舱和 B_2 返回舱。时刻均用 T 表示，上标 A/B 区别航天器，下标 0，1，2…代表任务主要窗口或轨道机动时刻序列。

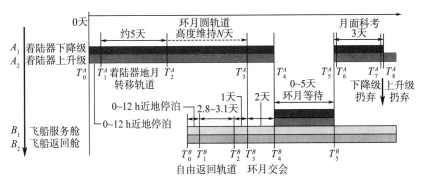

图 7 - 18　人货分离奔月及环月轨道交会载人登月任务甘特图

参考星座计划，载人飞船采用自由返回轨道奔月，假设采用周期为 24 h 的月心大椭圆轨道进行 3 脉冲月球捕获（$T_2^B \sim T_3^B$），环月轨道交会及航天员转移总用时 2 天（$T_3^B \sim T_4^B$），环控生保系统允许最大 5 天的环月等待时长（$T_4^B \sim T_5^B$），认为月面动力下降和动力上升用时为小量（$T_5^A = T_6^A$，$T_7^A = T_8^A$），月面科学考察 3 天（$T_5^A \sim$

T_8^A），则根据动力下降时刻阳光入射角约束和月面着陆点经纬度可计算共面下降和共面上升环月圆轨道。一般而言，每个朔望月均有一次月昼上午满足动力下降阳光入射角约束，月面着陆点纬度决定动力下降窗口时长，如考虑任务后续返回地球着陆场纬度需求（如中高纬四子王旗等），月地返回时刻月球赤纬不满足约束，会减少一部分动力下降窗口。

环月等待时长（$T_4^B \sim T_5^B$）用来调整月心大椭圆 3 脉冲变轨道面捕获总速度增量大小。这里不关心载人飞船绕月自由返回轨道奔月窗口及轨道计算，认为环月交会对接前时刻（T_3^A）着陆器环月圆轨道面已经计算得到，由此着陆器奔月窗口及地月转移轨道设计问题解耦为环月等待时长（$T_2^A \sim T_3^A$）及地月转移轨道参数求解。另外，约束着陆器制动成功后才能发射载人飞船，即 $T_2^A < T_0^B$（这里忽略发射场准备时间）。

环月轨道交会与近地交会类似，初始相位条件会影响速度增量需求。载人飞船 T_3^B 时刻状态由其轨道设计结果给出，考虑工程约束，按照环月交会速度增量最优可以设计出该时刻着陆器环月圆轨道六根数（默认 $f_L = 0$，ω_L 表示相位差）。与近地轨道不同，高精度动力学模型下，环月低轨受非球形摄动和日、地摄动严重，力学机理复杂，T_2^B 时刻状态只能从 T_3^B 时刻状态逆向数值积分给出，高精度积分的轨道动力学方程参见 4.4.2 节。

设计大步长循环遍历优化搜索月窗口：将 T_2^A 时刻作为大步长搜索变量，循环结构内部构建优化问题求解该时刻对应奔月轨道。将着陆器奔月轨道近月点制动前月心双曲线轨道近拱点角距和偏心率作为优化变量

$$x = (\omega_L, e_L) \qquad (7-21)$$

约束变量上下限为

$$\text{s. t.} \begin{cases} 0 < \omega_L < 2\pi \\ 1.1 < e_L < 1.5 \end{cases} \qquad (7-22)$$

用优化变量替换 T_2^A 时刻对应修正轨道六根数中对应参数，逆向

积分 5 天，得到 T_1^A 时刻飞行状态，构建最小值优化问题，加权目标函数为

$$\min J = Q_1 J_1 + Q_2 J_2 \tag{7-23}$$

其中，Q_1、Q_2 为权值，调整单位不同带来的收敛不协调问题。J_1、J_2 为求解近地点和近地距的目标函数

$$J_1 = \begin{cases} \sin(f_E) & (0 < f_E \leqslant \pi/2) \\ 2 - \sin(f_E) & (\pi/2 < f_E \leqslant \pi) \\ 2 + \sin(f_E - 2\pi) & (\pi < f_E \leqslant 3\pi/2) \\ -\sin(f_E - 2\pi) & (3\pi/2 < f_E \leqslant 2\pi) \end{cases} \tag{7-24}$$

$$J_2 = |r_E - r_E^{opt}| \tag{7-25}$$

其中，f_E 为 T_1^A 时刻地心真近点角；r_E 为该时刻地心距；r_E^{opt} 为该时刻目标地心距。采用 SQP 算法（Philip，2002），每循环一次，存储该次循环 T_2^A 时刻对应的奔月轨道最优化解。因地月空间几何关系及 T_2^A 时刻近月段轨道面确定等因素影响，需要对存储的 T_1^A 时刻对应近地距、偏心率和真近点角正弦值进行筛选，删除未收敛解（不存在月窗口）。

一般情况而言，每个朔望月存在两个着陆器奔月月窗口，大约相隔 14 天。上述求解的轨道参数只是该次月窗口区间范围内个别解。在该解时刻附近扩展 T_2^A 时刻搜索范围，并减小步长搜索。月窗口宽度范围内求解的奔月轨道参数具有连续性，可以采用小范围内线性插值手段找到满足任务要求的零窗口及对应奔月轨道参数。

7.3.2.2　载人飞船自由返回高精度轨道模型

与一般月球探测任务不同，载人登月任务一般采用绕月自由返回轨道保障航天员生命安全。载人登月飞船沿自由返回轨道从近地轨道出发，到达月球附近后，在白道面附近借助月球引力辅助甩摆完成绕月，自由返回地球，期间不需要轨道机动（中途修正除外），因而在载人登月历史上广泛使用。

　　除满足自由返回特性外，载人登月自由返回轨道还受到复杂的工程约束。以下标 TLI、prl、reen 和 vcp 分别表示各个变量所处时间段为地月转移入轨时刻、近月点时刻、再入大气时刻和绕月自由返回真空近地点时刻，则载人登月绕月自由返回轨道工程约束可简化为

$$
\begin{cases}
i_{\text{TLI}} = i_{\text{LEO}} \\
\Omega_{\text{TLI}} = \Omega_{\text{LEO}} \\
r_{\text{TLI}} = R_{\text{E}} + h_{\text{LEO}} \\
\Delta v_{\text{TLI}} \leqslant 3.2 \text{ km/s} \\
t_{\text{prl}} - t_{\text{TLI}} \approx 3 \text{ d} \\
r_{\text{prl}} = R_{\text{L}} + h_{\text{prl}} \\
\Delta v_{\text{prl}} \leqslant 1 \text{ km/s} \\
t_{\text{reen}} - t_{\text{prl}} \approx 3 \text{ d} \\
-6.5° \leqslant \Theta_{\text{reen}} \leqslant -5.5°
\end{cases}
\tag{7-26}
$$

其中，i_{LEO} 和 Ω_{LEO} 由发射场经纬度及地面发射窗口决定；R_{E} 和 R_{L} 分别表示地球赤道半径和月球半径；h_{LEO} 由飞船重量、运载火箭运载能力及主动段弹道射向等决定；Δv_{TLI} 和 Δv_{prl} 为地月转移入轨和近月点减速制动速度脉冲约束；h_{prl} 为近月点高度，Apollo 任务为 60 海里（约 111 km）；地月转移和月地返回均要求用时约 3 天；月球任务返回采用弹道-升力跳跃式返回，一般约束再入角为 $-6.5°\sim-5.5°$，结合再入高度，可得真空近地点高度约为 50～54 km。

　　地心 J2000 坐标系中高精度轨道动力学模型与着陆器转移轨道相同，不赘述。区别于一般地月转移轨道，绕月自由返回轨道设计时，如果采用地月转移入轨时刻参数作为设计变量往往在满足近月点约束后无法满足绕月自由返回要求，需要多层迭代修正，且存在入轨窗口难以和轨道耦合计算的问题。在惯性空间中，绕月自由返回轨道近月点总在该时刻地月连线延长线附近。鉴于这一客观事实，将近月点时刻月心轨道参数作为设计变量，将绕月自由返回轨道分为地月转移和月地返回两段分别逆/正向求解，一方面减小了传统设

计方法轨道参数在月球引力辅助甩摆后非线性增益较大，进而产生的收敛难度；另一方面，可以达到设计变量解耦，初值不用猜测的优点，具体步骤如下：

1）将 J2000 地心惯性坐标系中近月点位置速度 $\boldsymbol{r}_{\mathrm{EJ2000}}^{t_{\mathrm{prl}}}$ 和 $\boldsymbol{v}_{\mathrm{EJ2000}}^{t_{\mathrm{prl}}}$ 分别减去该时刻月地相对位置速度 $\boldsymbol{R}_{\mathrm{L-E}}^{t_{\mathrm{prl}}}$ 和 $\boldsymbol{V}_{\mathrm{L-E}}^{t_{\mathrm{prl}}}$（DE405/LE405 星历求解），得到 J2000 月心坐标系位置速度 $\boldsymbol{r}_{\mathrm{LJ2000}}^{t_{\mathrm{prl}}}$ 和 $\boldsymbol{v}_{\mathrm{LJ2000}}^{t_{\mathrm{prl}}}$；

2）将 $\boldsymbol{r}_{\mathrm{LJ2000}}^{t_{\mathrm{prl}}}$ 和 $v_{\mathrm{LJ2000}}^{\mathrm{prl}}$ 通过一次坐标旋转，转化为近月点瞬时月心 LVLH 坐标系 $O_{\mathrm{L}}-x_{\mathrm{L}}y_{\mathrm{L}}z_{\mathrm{L}}$ 中参数 $\boldsymbol{r}_{\mathrm{LVLH}}^{t_{\mathrm{prl}}}$ 和 $\boldsymbol{v}_{\mathrm{LVLH}}^{t_{\mathrm{prl}}}$，转化矩阵为

$$\boldsymbol{T}_{\mathrm{LJ2000-LVLH}} = \boldsymbol{T}_3(u_{\mathrm{L}})\,\boldsymbol{T}_1(i_{\mathrm{L}})\,\boldsymbol{T}_3(\Omega_{\mathrm{L}}) \qquad (7-27)$$

其中，Ω_{L}、i_{L} 和 u_{L} 分别表示 $\boldsymbol{R}_{\mathrm{L-E}}^{t_{\mathrm{prl}}}$ 和 $\boldsymbol{V}_{\mathrm{L-E}}^{t_{\mathrm{prl}}}$ 对应升交点赤经、轨道倾角和纬度幅角。$\boldsymbol{T}_i(\theta)$（$i=1,2,3$）分别表示绕 x、y、z 轴旋转 θ 角度。

3）定义近月点坐标系 $O_{\mathrm{L}}-x_{\mathrm{p}}y_{\mathrm{p}}z_{\mathrm{p}}$（Moon Perigee Inertial，LPI）如下：x_{p} 轴沿近月点时刻飞船的月心位置矢量，y_{p} 轴垂直于 x_{p} 轴并与白道面平行，指向当地东为正。则近月点位置矢量 $\boldsymbol{r}_{\mathrm{LPI}}^{t_{\mathrm{prl}}}$ 在该坐标系中仅有 x_{p} 轴方向有分量 r_{prl}，月心 LVLH 坐标系中位置速度矢量 $\boldsymbol{r}_{\mathrm{LVLH}}^{t_{\mathrm{prl}}}$ 和 $\boldsymbol{v}_{\mathrm{LVLH}}^{t_{\mathrm{prl}}}$ 可以通过方位角 α 和仰角 β 构成的坐标旋转矩阵 $\boldsymbol{T}_{\mathrm{LVLH-LPI}}$ 转化为近月点坐标系中参数

$$\boldsymbol{T}_{\mathrm{LVLH-LPI}} = \boldsymbol{T}_2(\beta)\,\boldsymbol{T}_3(\alpha) \qquad (7-28)$$

在近月点坐标系中位置速度矢量为

$$\boldsymbol{r}_{\mathrm{LPI}}^{t_{\mathrm{prl}}} = [r_{\mathrm{prl}} \quad 0 \quad 0]^{\mathrm{T}} \qquad (7-29)$$

$$\boldsymbol{v}_{\mathrm{LPI}}^{t_{\mathrm{prl}}} = \begin{bmatrix} 0 \\ v_{\mathrm{prl}}\cos i_{\mathrm{prl}} \\ v_{\mathrm{prl}}\sin i_{\mathrm{prl}} \end{bmatrix} \qquad (7-30)$$

其中，v_{prl} 和 i_{prl} 定义如图 7-19 所示。

已知近月点时刻 t_{prl}、月心距 r_{prl}、近月点位置矢量参数 α 和 β、速度矢量参数 v_{prl} 和 i_{prl}，即可确定地心 J2000 坐标系中一条绕月轨道，表 7-4 给出了 α、β 和 i_{prl} 的迭代初值。

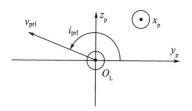

图 7 - 19　近月点坐标系速度示意图

表 7 - 4　近月点参数初值

变量	α /rad	β /rad	i_{prl} /rad
迭代初值	0	0	3.14

由活力公式知，$v_{\mathrm{prl}} = \sqrt{\mu_{\mathrm{L}}(1 + e_{\mathrm{prl}})/(h_{\mathrm{prl}} + R_{\mathrm{L}})}$，$v_{\mathrm{prl}}$ 大小由近月点轨道偏心率 e_{prl} 和近月点高度 h_{prl} 决定，其中 μ_{L} 为月球引力系数。可见，$h_{\mathrm{prl}} \approx 111$ km，$1 < e_{\mathrm{prl}} < 2$ 的月心双曲轨道近月点速度初值约为 2.5 km/s。

将轨道求解转化为优化问题，优化变量为

$$x = (\alpha, \beta, v_{\mathrm{prl}}, i_{\mathrm{prl}}) \tag{7-31}$$

其中，优化变量上下界取为

$$\begin{cases} -\dfrac{\pi}{18} \leqslant \alpha \leqslant \dfrac{\pi}{18} \\[2mm] -\dfrac{\pi}{18} \leqslant \beta \leqslant \dfrac{\pi}{18} \\[2mm] 2.3 \leqslant v_{\mathrm{prl}} \leqslant 2.7 \\[2mm] \dfrac{11}{12}\pi \leqslant i_{\mathrm{prl}} \leqslant \dfrac{13}{12}\pi \end{cases} \tag{7-32}$$

加权优化目标函数为

$$\min f(x) = \left| r_{\mathrm{EJ2000}}^{t_{\mathrm{TLI}}} - r_{\mathrm{TLI}}^{\mathrm{opt}} \right| + \left| r_{\mathrm{EJ2000}}^{t_{\mathrm{vcp}}} - r_{\mathrm{vcp}}^{\mathrm{opt}} \right| + P \left| i_{\mathrm{EJ2000}}^{t_{\mathrm{TLI}}} - i_{\mathrm{TLI}}^{\mathrm{opt}} \right| \tag{7-33}$$

其中，P 为相对权值因子，根据距离和角度单位，结合地球半径计算协调均衡。

约束主要考虑地月转移和月地返回飞行时间满足约束条件

$$\begin{cases} 2.5 \text{ d} \leqslant \Delta t_{\text{prl-Sph}} + \Delta t_{\text{TLI-Sph}} \leqslant 3.2 \text{ d} \\ 2.5 \text{ d} \leqslant \Delta t_{\text{prl-Sph}} + \Delta t_{\text{Sph-reen}} \leqslant 3.2 \text{ d} \end{cases} \quad (7-34)$$

这样，将自由返回轨道的设计问题，转换为了带约束的最优化问题。仍然采用 SQP 等局部梯度收敛算法进行问题求解。首先采用双二体模型进行优化初值的快速迭代求解，随后将初步优化解代入高精度积分模型，提高优化求解精度。上述求解过程没有考虑到自由返回轨道与环月轨道的异面差问题，实际设计过程中还应在近月段施加异面变轨来保证最终的共面交会条件，具体可参见7.3.2.3 节。

7.3.2.3　载人登月任意时刻定点返回高精度轨道模型

对于飞行约 3 天的月地返回轨道而言，定点返回地球某着陆场存在经纬度两个匹配过程。

（1）纬度匹配

月球公转白道面相对赤道面夹角每个默冬周期（约 18.6 年）从 $18°18'\sim28°26'$ 变化一次，如图 7-20 所示。

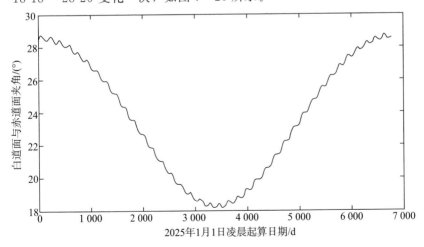

图 7-20　白道面与赤道面夹角变化

如果忽略月心段轨道对整个月地定点返回轨道面的影响，地心段轨道接近二体轨道，轨道面在惯性空间不变，月地定点返回时刻的月球赤纬是影响返回地球着陆场纬度的主导因素。月球和深空探测器返回地球一般采用升力-弹道跳跃式再入，通过航程和横程调整，可有一定着陆点调整能力。总体而言，月地返回时刻月球赤纬幅值决定返回轨道再入点纬度，如要返回四子王旗着陆场，月球赤纬需为负值（南纬较低位置）。

（2）经度匹配

在惯性空间中，地球自转和月球公转同方向，约 25 h 月球扫过地表一周。待月面着陆器动力上升，在环月圆轨道与载人飞船交会对接，进行航天员和月壤等转移过程后，预留 25 h 调整匹配地球着陆场经度即可。

这里仅介绍环月轨道与月地返回轨道的异面三脉冲转移方法，自由返回轨道与环月轨道的异面转移类似（贺波勇，2017），不再赘述。如图 7 - 21 所示，一般采用三脉冲月心大椭圆轨道来调整月面上升交会轨道面与月地返回轨道面差异，Δv_3 时刻需要在 25 h 内迭代调整再入点时刻，用来匹配着陆场经度；Δv_1 将飞船加速进入月心大椭圆轨道（周期由工程总体决定）；在目标轨道面与当前轨道面交线处进行 Δv_2 调整轨道面（交线有两个，远离近月点交线点节省推进剂消耗），待再次返回近月点时施加 Δv_3。这里需要注意的是：

1）因为环月上升后 Δv_1 时刻相位并非恰好是大椭圆轨道一个周期后 Δv_3 需要相位，而环月低轨圆轨道周期约 2 h，因此，Δv_1 大小需要微调，在原计划大椭圆变面轨道周期 ±1 h 的范围内调整，匹配适应 Δv_3 对应相位（根据 Δv_3 时刻月心赤经调整 Δv_1 施加时刻）。

2）通常 Δv_2 调整轨道面交线几乎与地月连线重合，大椭圆过渡轨道远月段受地球摄动和月球非球形摄动严重，往往再次返回近月点高度偏差较大，有可能小于月球半径，发生撞月危险，这里基于 Gauss 摄动方程给出 Δv_2 变轨道面后调整近月点高度的迭代公式。

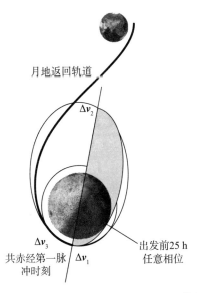

月地返回轨道

$\Delta \boldsymbol{v}_2$

$\Delta \boldsymbol{v}_3$

共赤经第一脉
冲时刻　$\Delta \boldsymbol{v}_1$

出发前25 h
任意相位

图 7 - 21　包含月地出发点的三脉冲定点返回轨道示意图

Gauss 摄动方程调节轨道形状公式为

$$\Delta a = \frac{2}{n \sqrt{1-e^2}} \left[e \sin f \Delta v_r + (1 + e \cos f) \Delta v_t \right]$$
$$\Delta e = \frac{\sqrt{1-e^2}}{na} \left[\sin f \Delta v_r + (\cos f + \cos E) \Delta v_t \right]$$

$(7-35)$

定义再次飞回近月点月心距差 Δr_p 为

$$\Delta r_p = r_p^* - r_p$$
$$\Delta a = a^* - a$$
$$\Delta e = e^* - e$$

$(7-36)$

则

$$\Delta r_p = \Delta a - e \cdot \Delta a - \Delta e \cdot a - \Delta a \cdot \Delta e$$

$(7-37)$

忽略二阶小量 $\Delta a \cdot \Delta e$，则

$$\Delta r_p = \left(\frac{2}{n} \sqrt{\frac{1-e}{1+e}} e \sin f - \sqrt{\frac{1-e^2}{n}} \sin f \right) \Delta v_r +$$

$$\left[\frac{2}{n} \sqrt{\frac{1-e}{1+e}} (1 + e \cos f) - \sqrt{\frac{1-e^2}{n}} (\cos f + \cos E) \right] \Delta v_t$$

$$(7-38)$$

在实际应用中，由于第二次制动选择在月心大椭圆远月点附近，即 $f \approx \pi$，Δv_r 效率很低，而 Δv_t 效率很高，可以采用后者直接迭代计算，实测 2～5 次收敛。

3）受摄动和控制残差影响，通常 Δv_3 与标称值总是存在差异，将该差异值设计为优化变量，以标称月地返回轨道再入点时刻及状态作为瞄准参数，采用局部收敛算法很容易计算得到实际 Δv_3 值。

7.3.3　动力下降与应急上升仿真模型

由于月球没有大气，月面着陆器着陆时无法利用大气制动，只能依靠自身发动机来减速，因此减少着陆过程的推进剂消耗对工程实施来说有着重要意义。月面着陆过程的推进剂消耗主要集中在动力下降段，同时这一阶段也是影响着陆任务成功与否最为关键和复杂的一段。在月面着陆器离开环月轨道进行着陆的过程中，着陆器可能会发生一些不可修复的故障，此时就要求马上中止登月任务并返回环月轨道，因此预先对月面应急上升交会轨道做出合理设计对保证航天员的安全返回有着重要意义。

7.3.3.1　月面动力下降模型与分析

月面着陆动力下降段可分为减速段和着陆段。减速段一般将着陆器从距月面 15 km 导引至 2 km 左右，期间发动机连续开机，主要任务是降低飞行高度和速度，且采用推进剂最优的控制策略。着陆段一般是从减速段完成到月面着陆，主要任务是在航天员参与下进行避障和选定着陆区，通过接近、悬停、避障、缓速下降等环节将着陆器送到月球表面，此阶段着陆器的控制策略转为以降低着陆撞击、确保人和载荷的安全为目的（Bennett，1964）。整个动力下降过程如图 7-22 所示。考虑到着陆段并不以减少推进剂消耗作为任务目标，同时此段发生故障后，其应急上升轨道同月面直接上升任务相差不大，因此本文主要针对动力下降减速段做出研究。参考阿波罗任务，选取此段的着陆高度约为距月面 15 km 到 2 km（Kelly，1990）。

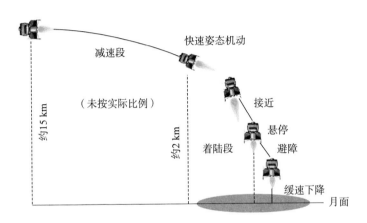

图 7-22　月面着陆动力下降示意图

　　对于目前研究较多的再入轨迹优化问题，其动力学方程中的速度参数一般采用速度大小、航迹角和偏航角来描述（Vinh，1980），此方程中包含速度的倒数项，而月面软着陆时着陆器的最终速度一般要衰减到 0，因此利用再入动力学方程来描述着陆问题时，往往会使得求解过程产生奇异解。针对此问题，本书首先建立着陆轨道坐标系下利用三个速度分量来描述速度参数的动力学方程（彭祺擘，2012；周晚萌，2018）。着陆轨道坐标系 $oxyz$ 原点在着陆器质心，z 轴指向位置矢量方向，x 轴在轨道面内，指向速度方向为正。

　　设着陆器着陆过程中的经度为 λ，纬度为 φ，如图 7-23 所示。着陆轨道坐标系可由月固系 $Ox'y'z'$ 先绕 z' 轴正向转动 λ 角，然后绕新的 y' 轴正向转动 $(90° - \varphi)$ 角，再绕新的 z' 轴正向转动 $(180° - \gamma)$ 角得到。假设月球以恒定的角速度 ω_L 绕自转轴旋转。定义 $\boldsymbol{r}$ 为探测器位置矢量，$\boldsymbol{V}_1$ 为探测器在月心惯性系中的速度矢量，v' 为探测器在月固系下的速度矢量，u、v、w 为 v' 在着陆轨道坐标系 $oxyz$ 中沿各坐标轴的速度分量。在轨道坐标系 $oxyz$ 中，发动机推力方向与当地水平面的夹角为 α，在水平面上的投影与 ox 轴的夹角为 β。

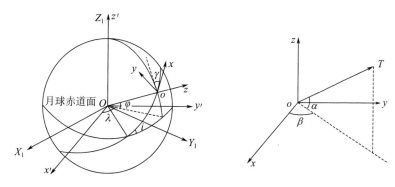

图 7 - 23　月面着陆过程参数示意图

将月球看作质点模型，不考虑其他摄动因素，在月心赤道惯性坐标系中有

$$\frac{\mathrm{d}\boldsymbol{r}}{\mathrm{d}t} = \frac{\delta\boldsymbol{r}}{\delta t} + \boldsymbol{\omega}_{\mathrm{L}} \times \boldsymbol{r} \qquad (7-39)$$

$$\frac{\mathrm{d}\boldsymbol{V}_1}{\mathrm{d}t} = \frac{\delta}{\delta t}\left(\frac{\delta\boldsymbol{r}}{\delta t} + \boldsymbol{\omega}_{\mathrm{L}} \times \boldsymbol{r}\right) + \boldsymbol{\omega}_{\mathrm{L}} \times \left(\frac{\delta\boldsymbol{r}}{\delta t} + \boldsymbol{\omega}_{\mathrm{L}} \times \boldsymbol{r}\right) \qquad (7-40)$$

因为 $\dfrac{\delta\boldsymbol{\omega}_{\mathrm{L}}}{\delta t} = 0$，故式（7-40）可写为

$$\begin{aligned}
\frac{\mathrm{d}\boldsymbol{V}_1}{\mathrm{d}t} &= \frac{\delta^2\boldsymbol{r}}{\delta t^2} + 2\boldsymbol{\omega}_{\mathrm{L}} \times \frac{\delta\boldsymbol{r}}{\delta t} + \boldsymbol{\omega}_{\mathrm{L}} \times (\boldsymbol{\omega}_{\mathrm{L}} \times \boldsymbol{r}) \\
&= \frac{\delta\boldsymbol{v}'}{\delta t} + 2\boldsymbol{\omega}_{\mathrm{L}} \times \boldsymbol{v}' + \boldsymbol{\omega}_{\mathrm{L}} \times (\boldsymbol{\omega}_{\mathrm{L}} \times \boldsymbol{r})
\end{aligned} \qquad (7-41)$$

由于 $\dfrac{\mathrm{d}\boldsymbol{V}_1}{\mathrm{d}t} = \dfrac{\boldsymbol{F}}{m}$，则在月固系中有

$$\frac{\mathrm{d}\boldsymbol{v}'}{\mathrm{d}t} = \frac{\boldsymbol{F}}{m} - 2\boldsymbol{\omega}_{\mathrm{L}} \times \boldsymbol{v}' - \boldsymbol{\omega}_{\mathrm{L}} \times (\boldsymbol{\omega}_{\mathrm{L}} \times \boldsymbol{r}) \qquad (7-42)$$

其中，m 为着陆器的质量，$\boldsymbol{F}$ 为着陆器所受的外力，这里只考虑发动机推力 T 和月球引力，忽略了其他摄动力的影响。将式（7-39）和

式（7 - 42）在着陆轨道坐标系中投影并化简可以得到

$$
\begin{cases}
\dot{r} = w \\[2mm]
\dot{\lambda} = \dfrac{u\sin\gamma - v\cos\gamma}{r\cos\varphi} \\[3mm]
\dot{\varphi} = \dfrac{u\cos\gamma + v\sin\gamma}{r} \\[3mm]
\dot{u} = \dfrac{T\cos\alpha\cos\beta}{m} - \dfrac{uw}{r} + \dfrac{uv}{r}\tan\varphi\sin\gamma - \dfrac{v^2}{r}\tan\varphi\cos\gamma + \\[3mm]
\qquad 2v\omega\sin\varphi - 2w\omega\cos\varphi\sin\gamma - r\omega^2\sin\varphi\cos\varphi\cos\gamma \\[3mm]
\dot{v} = \dfrac{T\cos\alpha\sin\beta}{m} - \dfrac{vw}{r} + \dfrac{uv}{r}\tan\varphi\cos\gamma - \dfrac{u^2}{r}\tan\varphi\sin\gamma - \\[3mm]
\qquad 2u\omega\sin\varphi + 2w\omega\cos\varphi\cos\gamma - r\omega^2\sin\varphi\cos\varphi\sin\gamma \\[3mm]
\dot{w} = \dfrac{T\sin\alpha}{m} - \dfrac{\mu_{\mathrm{L}}}{r^2} + \dfrac{u^2 + v^2}{r} + 2u\omega\cos\varphi\sin\gamma - 2v\omega\cos\varphi\cos\gamma + \\[3mm]
\qquad r\omega^2\cos^2\varphi \\[3mm]
\dot{m} = -\dfrac{T}{I_{\mathrm{sp}}g_0}
\end{cases}
$$

$$(7 - 43)$$

其中，I_{sp} 为着陆器发动机比冲；g_0 为地球海平面重力加速度。

本节以月球极轨航天器为例，计算其动力下降过程的最优飞行轨道。仿真初始参数如表 7 - 5 所示，终端参数如表 7 - 6 所示。

表 7 - 5　动力下降仿真初始参数

参数	h_0 /km	λ_0/(°)	φ_0/(°)	u_0/(km/s)	v_0/(km/s)	w_0/(km/s)
数值	15	0	90	1.6943	0	0

表 7 - 6　动力下降仿真终端参数

参数	h_f /km	λ_f/(°)	φ_f/(°)	u_f/(km/s)	v_f/(km/s)	w_f/(km/s)
数值	2	5	76	0	0	0

着陆器发动机的推力约束为

$$\begin{cases} 4.5 \text{ kN} \leqslant T \leqslant 45 \text{ kN} \\ -30° \leqslant \alpha \leqslant 30° \\ 160° \leqslant \beta \leqslant 200° \end{cases} \tag{7-44}$$

着陆过程中的应急条件约束为

$$\begin{cases} |v| \leqslant 50 \text{ m/s} \\ |w| \leqslant 45 \text{ m/s} \\ |w/u| \leqslant 0.3 \end{cases} \tag{7-45}$$

过载约束为

$$n \leqslant 1 \tag{7-46}$$

此外，着陆器初始质量 $m_0 = 15\,000$ kg，初始轨道倾角 $i_0 = 90°$，发动机比冲 $I_{sp} = 365$ s。

针对以上仿真算例，利用高斯伪谱法进行优化求解。通过计算得到，满足约束的着陆器动力下降减速段飞行时间为 473.329 9 s，推进剂消耗为 5 954.667 kg。动力下降减速段的飞行轨迹如图 7-24 所示，其中图 7-24（a）为着陆高度随经纬度的变化曲线，图 7-24（b）为着陆高度随纬度（纵程）的变化曲线。同时图中虚线给出了未考虑应急条件时的定点着陆飞行轨迹。

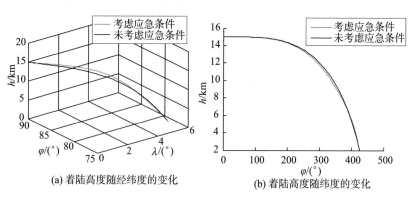

(a) 着陆高度随经纬度的变化　　　(b) 着陆高度随纬度的变化

图 7-24　着陆飞行轨迹

从图中可以看出，当考虑应急条件时，其着陆轨迹变得更为平缓，但由于此处采用定点着陆，即对航程进行了约束，因此是否考虑应急条件对着陆轨道的影响不太明显,倘若使应急约束变得更为严格,则有可能导致无解。因此在工程实际中,应对航程约束和应急约束做出统筹考虑,在安全性要求较高时,可适当增加着陆飞行航程,当然这将会以更多的推进剂消耗作为代价。

7.3.3.2　月面应急上升模型与分析

当登月舱发生故障应急上升后,它与载人飞船的相位差往往不能满足交会对接要求,因此不能采用标准的交会程序,而首先需要提升登月舱的轨道高度,使其与载人飞船建立固定的相对状态,随后再启动标准化交会程序。参考阿波罗任务,载人登月的应急上升过程主要包括 6 个关键事件,分别为:

1)任务中止开始,开始动力上升;

2)动力上升结束,进入追踪调相轨道;

3)共椭圆交会初始化;

4)建立固定高度相位差;

5)末段初始化,进入交会对接近距离导引段;

6)末段终止,完成交会对接。

整个过程如图 7 - 25 所示。

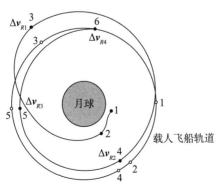

图 7 - 25　应急上升交会飞行程序

从图 7 - 25 中可以看出,整个飞行过程实际包含了应急上升和应急交会两个阶段。其中,应急上升段的主要任务是将登月舱从任务中止点送入预定交会对接轨道。此阶段发动机连续开机，主要是提升登月舱飞行高度，同时调整位置、速度状态，使其最终与在轨载人飞船的高度差、相位差和异面差等满足交会对接约束条件。此阶段完成后登月舱一般进入与载人飞船共面、近月点约 15 km 的椭圆轨道（Hull，2012）。应急交会段主要通过 4 次轨道机动来完成登月舱与载人飞船的交会对接，第一次 Δv_{R1} 是在登月舱到达追踪轨道的远月点附近时施加，用于提升近月点高度；第二次 Δv_{R2} 是在近月点附近时施加，用于轨道圆化，并与载人飞船建立固定的相对状态；第三次 Δv_{R3} 和第四次 Δv_{R4} 主要用于捕获载人飞船轨道，完成最终交会对接。

　　动力上升模型推导过程与动力下降模型类似，但是为了与在轨载人飞船的运动参数相匹配，上升过程的动力学方程应在惯性系中描述，这里直接给出无量纲化后模型（彭祺擘，2012）

$$
\begin{cases}
\dot{\bar{r}} = \bar{w}_1 \\[2mm]
\dot{\bar{\lambda}}_1 = \dfrac{\bar{u}_1 \sin\gamma - \bar{v}_1 \cos\gamma}{\bar{r}\cos\varphi_1} \\[3mm]
\dot{\bar{\varphi}}_1 = \dfrac{\bar{u}_1 \cos\gamma + \bar{v}_1 \sin\gamma}{\bar{r}} \\[3mm]
\dot{\bar{u}}_1 = \dfrac{\bar{T}_a \cos\alpha \cos\beta}{\bar{m}_a} - \dfrac{\bar{u}_1 \bar{w}_1}{\bar{r}} + \dfrac{\bar{u}_1 \bar{v}_1}{\bar{r}}\tan\varphi_1 \sin\gamma - \dfrac{\bar{v}_1^2}{\bar{r}}\tan\varphi_1 \cos\gamma \\[3mm]
\dot{\bar{v}}_1 = \dfrac{\bar{T}_a \cos\alpha \sin\beta}{\bar{m}_a} - \dfrac{\bar{v}_1 \bar{w}_1}{\bar{r}} + \dfrac{\bar{u}_1 \bar{v}_1}{\bar{r}}\tan\varphi_1 \cos\gamma - \dfrac{\bar{u}_1^2}{\bar{r}}\tan\varphi_1 \sin\gamma \\[3mm]
\dot{\bar{w}}_1 = \dfrac{\bar{T}_a \sin\alpha}{\bar{m}_a} - \dfrac{1}{\bar{r}^2} + \dfrac{\bar{u}_1^2 + \bar{v}_1^2}{\bar{r}} \\[3mm]
\dot{\bar{m}}_a = -\sqrt{\dfrac{\mu_L}{R_L}}\dfrac{\bar{T}_a}{I_{sp} g_0}
\end{cases}
$$

$$(7-47)$$

　　仍以月球极轨为例，计算着陆器在某一时刻中止任务后的最优上升轨道，仿真参数设置如下。

　　设载人飞船初始环月轨道高度为 110 km，轨道倾角为 90°，升交点赤经为 180°。着陆器动力下降段的初始高度为 15 km，经度为 0°，纬度为 90°；终端高度为 2 km，经度为 5°，纬度为 76°。所设计的标准着陆轨道位置及速度变化曲线如图 7 - 26 所示。

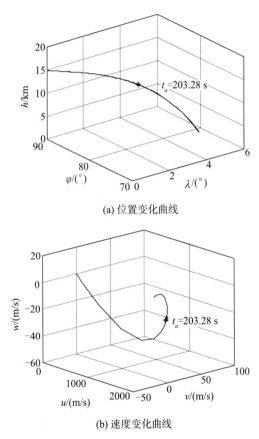

(a) 位置变化曲线

(b) 速度变化曲线

图 7 - 26　标准着陆轨道的位置及速度变化曲线

　　假设任务中止时间 $t_a = 203.28$ s，如图 7 - 26 所示，中止时刻登月舱的具体运动参数（即应急上升初始条件）如表 7 - 7 所示。

表 7-7　应急上升初始轨道参数

参数	h_a /m	λ_a /(°)	φ_a /(°)	u_a /(m/s)	v_a /(m/s)	w_a /(m/s)
数值	11 954.592	2.987	80.809	1 049.710	62.150	−33.755

终端条件设定为：应急上升结束后，登月舱进入与载人飞船共面，近月点 15 km，远月点 220 km 的椭圆轨道。

应急上升的过程约束设置为

$$\begin{cases} -30° \leqslant \alpha \leqslant 30° \\ -90° \leqslant \beta \leqslant 90° \\ n \leqslant 1 \\ h \geqslant 2 \text{ km} \end{cases} \qquad (7-48)$$

另外，设上升级初始质量 $m_{a0} = 5\ 000$ kg，发动机推力 $T_a = 18$ kN，发动机比冲 $I_{sp} = 300$ s。

以推进剂消耗作为优化目标，计算可得应急上升过程的飞行时间为 210.7 s，推进剂消耗为 1 290.143 kg，最终登月舱与载人飞船的相位差为 4.47°。其应急上升段的飞行轨迹如图 7-27 所示。

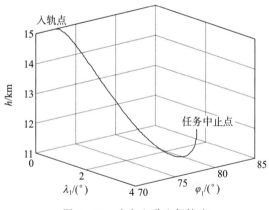

图 7-27　应急上升飞行轨迹

7.4　载人火星探测仿真建模

7.4.1　载人火星探测任务总体方案

7.4.1.1　任务目标与约束

载人火星探测任务主要有如下三个目标，其中最核心的是第一个目标。

1）将航天员送上火星并安全返回地球；

2）验证人类在火星表面生存的能力和长期星际飞行的能力；

3）加深对火星的认识，进而加深对太阳系和宇宙的认识。

载人火星探测任务的需求与约束包括：

1）总体：包括任务总成本上限、航天员人数、登陆火星人数、探测活动内容、发射时间区间、在轨组装次数与组装时间、星际飞行时间等；

2）安全：包括要求飞船在任务全程尽可能多的时段内有应急返回能力，尽可能减少通信中断，重要分系统可维护、可维修和冗余设计等；

3）生命保障：居住舱容积、温度、噪声、湿度、过载、辐射剂量、医疗设施等都达到航天员医学和生活标准；

4）行星保护：确保地球和火星不受外星生物和有害物质污染。

7.4.1.2　总体方案设计空间

任务基本流程可简单描述为：地面发射进入地球停泊轨道—加速进入出航轨道—地-火转移飞行—进入火星停泊轨道—降轨，软着陆—火星表面探测—起飞至火星停泊轨道—加速进入归航轨道—火-地转移飞行—地球大气再入，软着陆。各阶段速度增量估计如图 7-28 所示。由于地球和火星都有大气层，火星入轨、下降着陆、返回地球等过程都可以依靠行星大气阻力减速以达到节约能量的目的。

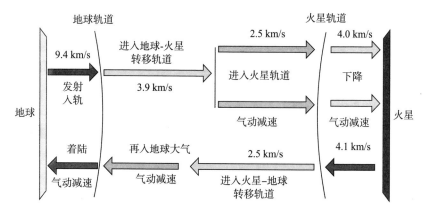

图 7 - 28　载人火星探测往返轨道及速度增量估计

　　载人火星探测任务总体方案选择范围可用多维设计空间（Design Space）描述。设计空间是指所有备选方案特征构成的区域或集合，每组方案特征集构成设计空间的一个维度。设计空间范围的界定与任务目标、需求、约束等因素密切相关。设计空间可用树形图表示，如图 7 - 29 所示，由于篇幅所限，图中仅列举了设计空间中包含的部分代表性选项，每一层次表示一个维度。以下对图中各维度包含的选项进行简要介绍。

　　（1）停留轨道方案

　　长期停留轨道和短期停留轨道的概念和特点见 7.4.2 节。若选择长期停留轨道方案，航天员在火星表面的探测时间可选取为数百天的长期停留或数十天的短期停留（其余时间停留于环火轨道）；若选择短期停留轨道方案，则航天员在火星表面只能做数十天的短期停留。

　　（2）飞行体系

　　火星任务系统复杂，显然不可能通过单个航天器独立完成。不同航天器在地球轨道、火星轨道、火星表面等不同位置发射、交会、组装和分离，构成了飞行体系的多样性。本文对如此庞大的备选飞行体系无法逐一罗列，在此采用一个简单分类方法：按照各个航天

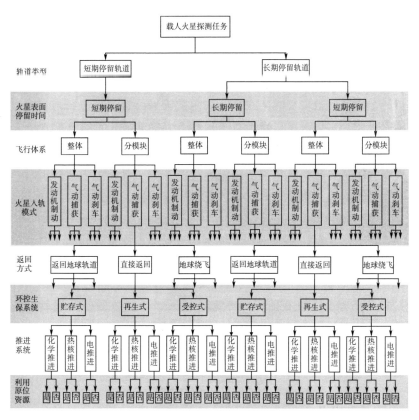

图 7 - 29　总体方案设计空间树形图

器（包括载人飞船和货运飞船）是否组合进入地球火星转移轨道，将飞行体系分为两类：整体式（All - up）方案和分模块（Split）方案。整体式方案是指火星航天器所有模块在奔火星飞行之前组装成一个整体，一起进入地球-火星转移轨道的方案。分模块方案也称为人货分离方案，是指乘员和货物分别用不同航天器分批次从地球轨道发送到火星轨道或火星表面的方案。简而言之，两者区别在于出航飞行段是一个航天器或是多个航天器。目前较为系统的研究方案中，美国的设计参考任务系列均采用了分模块方案，欧洲的奥罗拉计划则采取了整体式方案。

（3）火星轨道入轨方式

火星轨道入轨方式分为反推发动机制动、气动捕获和气动刹车三种。反推发动机制动最简单，但是推进剂消耗最大、最不经济的方式。气动捕获和气动刹车都是利用火星大气阻力制动的方式。气动刹车通过飞船较长时间在环绕火星的大椭圆轨道上飞行，多次穿越火星大气，从而逐步降低轨道远拱点。气动捕获是指飞船被火星引力捕获后进入火星大气，打开大型气动减速防热罩，通过一次穿越大气即减速到入轨速度。飞出火星大气后，通过一次变轨抬升飞船近拱点，进入环绕火星的停泊轨道。

（4）返回方式

返回方式包括直接返回地球表面、返回地球轨道和地球附近绕飞三种。直接返回地球表面的方式利用地球大气阻力减速再入，任务流程简单、技术相对成熟、无推进剂消耗。返回地球轨道的方案主要基于可重复使用的考虑，让飞船返回地球停泊轨道，或者在近地轨道上与空间站对接，可等候下一次执行新任务。地球附近绕飞是与循环轨道方案相匹配的返回模式，飞船沿地心双曲轨道飞越地球过程中，小型航天器从地面起飞与之进行人员和物资的交换。

（5）环境控制和生命保障系统

环境控制和生命保障系统一般可划分为三类：贮存式、再生式、受控式。贮存式系统也称开式（Open - loop）系统，系统中所有生活消耗品均不能再生，全靠起飞时携带。航天员的代谢产物不回收再生，而是抛出舱外或封闭起来带回地面。再生式亦称物理化学再生式（Physicochemical Regeneration），系统中水和氧形成闭合回路，使系统无需补给这些消耗性物质，仅供应含水食物和补给舱体泄漏损失所消耗的气体。受控式（Bio - regenerative）系统是在飞船内部氧、水和碳形成全闭环回路，生物和非生物系统在内部边界上进行物质和能量的交换，形成闭式生态系统。

（6）推进系统

推进系统可分为脉冲推力和有限推力。其中脉冲推力主要包括化学推进和热核推进，而有限推力主要是电推进。化学推进的推进剂包括液体、固体和固液混合三类。电推进系统可按技术特征分为电热式、电磁式、静电式等，也可以按能量获取方式分为太阳能电推进（Solar Electrical Propulsion，SEP）、核电推进（Nuclear Electrical Propulsion，NEP）、放射性同位素电推进（Radioactive Isotope Electrical Propulsion，REP）、变比冲磁等离子火箭（Variable Specific Impulse Magnetoplasma Rocket，VASIMR）。

（7）原位资源利用

原位资源利用（In‐Situ Resource Utilization，ISRU）是指利用火星资源生产推进剂和生活消耗品等探测活动所需的物资。如能有效利用火星资源，航天器 IMLEO（Initial Mass in Low Earth Orbit）将大大减小。例如，火星直航、设计参考任务等方案设计中都考虑到了原位资源利用。目前认为火星上最具利用价值的是占大气组分 95% 以上的二氧化碳和可能分布于地下的水。

7.4.2　载人火星探测转移轨道仿真模型

7.4.2.1　载人火星探测转移轨道模型与分析

载人火星探测转移轨道是指载人火星探测飞船从近地空间飞向火星出航轨道，也包含从火星归航转移轨道。按日心轨道扫过的角度分类，载人火星探测轨道可分为合点（Conjunction）轨道和冲点（Opposition）轨道。

合与冲是来自天文学的一组概念，从地球上看，行星和太阳黄经相同的时刻，叫做合；行星与太阳黄经相差 180° 的时刻，叫做冲。这一定义是由站在地球上的观察者的视角出发的，而不是站在日心黄道系下观察。会合时刻，地球上的观察者会看到太阳和行星会合，对冲时刻，地球上的观察者会看到太阳和行星位于对面。若以太阳为固定中心，地球与火星为对象，则可定义为：地球‐太阳‐火星三者连成一条直线时，地球和火星分别位于太阳两侧（即相位角为180°）时，称为合；地球和火星位于太阳同侧（即相位角为0°）时，称为冲。于是，可把合点轨道定义为转移的终点位置相对起点为合点关系的轨道，其日心扫角在180°附近；而冲点轨道定义为转移的终点位置相对起点为冲点关系的轨道，其日心扫角在0°附近或360°附近。

　　由地球和火星的运动规律可知，若往返转移均采用合点轨道，需要停留火星的时间一般较长，而若单程采用冲点轨道，停留火星的时间可大大缩短。因此把往返均为合点轨道的轨道称为长期停留（Long Stay）轨道，把至少单程采用冲点轨道，停留火星时间较短的往返轨道称为短期停留（Short Stay）轨道。图7-30即为往返均为合点轨道（相位角接近180°）的长期停留轨道，图7-31为合点轨道（相位角接近180°）出航、冲点轨道（相位角接近360°）归航的短期停留轨道。

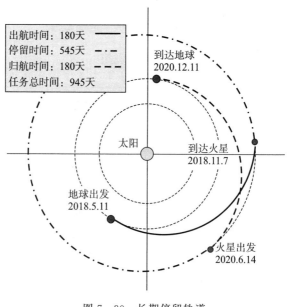

图 7-30　长期停留轨道

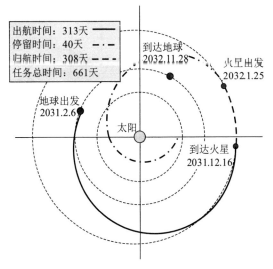

图 7 - 31　短期停留轨道

合点轨道能量需求量较小，转移轨道位于火星轨道和地球轨道之间。合点轨道中最典型的是 Hohmann 轨道。因此，往返均采用合点轨道的长期停留轨道的主要特点是：任务总时间长；火星停留时间长；速度增量需求较小；星际飞行时间相对较短。

冲点轨道除了地球附近和火星附近的两次变轨之外，一般在飞行途中还要实施中途变轨，中途变轨可利用航天器自身推力也可利用金星引力。即使利用了金星引力，冲点轨道的能量需求也明显大于合点轨道。因此，至少包含一段冲点轨道的短期停留轨道的主要特点为：火星停留时间短；任务总时间较短；星际飞行时间相对较长，轨道近日点半径较小；任务全程速度增量需求较大。

按在行星附近的轨道形式，载人火星探测轨道可分为：直接转移轨道、半直接转移轨道、中途停留轨道、循环轨道、火星-地球半循环轨道、地球-火星半循环轨道、中途停留循环轨道，如表 7 - 8 所示（Landau，2004）。

表 7 - 8　按行星附近轨道形式划分的几类转移轨道

名称	地球附近	火星附近	示意图
直接转移轨道	表面	表面	
半直接转移轨道	表面	停泊轨道	
中途停留轨道	停泊轨道	停泊轨道	
循环轨道	绕飞	绕飞	
火星-地球半循环轨道	绕飞	停泊轨道	
地球-火星半循环轨道	停泊轨道	绕飞	
中途停留循环轨道	停泊轨道	停泊轨道	

　　直接转移轨道是指不经过停泊轨道的过渡，直接把航天器从地球表面发射到火星表面的模式，一般方案设计中很少采用。

　　半直接转移轨道是指从地球表面发射到火星停泊轨道的方案。

　　中途停留轨道方案是指从地球停泊轨道到火星停泊轨道的方案，该方案可行性较高，被广泛采用。

　　循环轨道（Cycler）是指周期性往返于地球和火星之间，在行星附近绕飞而不停留的轨道。运行于循环轨道上的航天器可长时间

（几年甚至十几年）保持行星间飞行而不需要轨道机动（或者只需要很小的轨道机动），因而被认为是节约能量的一种经济型长期任务方式。一般把完全不需要航天器自身实施机动的循环轨道称为弹道式循环轨道（Ballistic Cycler），把需要航天器自身提供一定的能量实施机动的循环轨道称为动力式循环轨道（Powered Cycler）。循环轨道方案按照绕日圈数不同还可再细分为整圈轨道、半圈轨道、一般轨道等。

半循环轨道是从循环轨道派生出的方案，即在地球或火星附近变轨成为环绕轨道的一类循环轨道（Damon，2007；Landau，2006）。

中途停留循环轨道可以被认为是介于循环轨道和中途停留轨道之间的折衷方案，它既有循环轨道长期往返于地球火星之间的特点，又在每次到达行星附近时变轨进入大椭圆环绕轨道（Penzo，2002；Mengali，2007）。

按航天器运行过程中的中心引力体分类，载人火星探测轨道可分为地心段轨道、日心段轨道、火星中心段轨道，如图 7 - 32 所示。

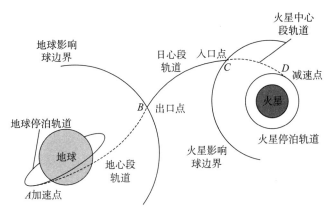

图 7 - 32　地球-火星转移轨道示意图

这里运用了行星 Laplace 影响球概念，是一种动力学模型简化处理方式，对于高精度动力学模型仍然具有中心天体坐标系选取影响，如果一成不变采用日心坐标系数值积分，在近地和近火段存在数值积分误差增大缺点，特别对于星际转移数百天的飞行任务，误差较大。

7.4.2.2　地火转移轨道动力学模型

本节给出几种不同精度的行星际转移轨道的动力学模型，包括粗略的质点简化模型、较为准确的圆锥曲线拼接模型和更精确的高精度模型。

（1）质点简化模型

质点简化模型基于以下几点假设：1）太阳在空间固定不动；2）飞船仅受太阳引力作用，太阳与飞船构成二体问题，即飞船轨道为日心圆锥曲线；3）忽略地球和火星影响球半径，把地球和火星均视为质点。

地球影响球半径 0.93×10^6 km，火星影响球半径 0.58×10^6 km，日地平均距离 149.6×10^6 km，日火平均距离 227.9×10^6 km，因此地球和火星影响球半径相对于公转轨道半径是个小量，采用质点简化模型不会造成太大误差，可以基本正确地反映轨道特性。

质点简化假设下，日心黄道系中飞船日心段运动方程为

$$\begin{cases} \dot{\boldsymbol{r}} = \boldsymbol{V} \\ \dot{\boldsymbol{V}} = -\mu_S \boldsymbol{r}/r^3 \end{cases} \tag{7-49}$$

式中，$\boldsymbol{r}$，$\boldsymbol{V}$ 分别为飞船的日心位置、速度矢量；μ_S 为太阳引力常数。

（2）圆锥曲线拼接模型

圆锥曲线拼接模型以行星影响球为界将转移轨道分为地心段、日心段和火心段。地球–火星转移轨道示意图如图 7-32 所示，其中 A、B、C、D 分别为地球轨道加速点、地球影响球出口点、火星影响球入口点、火星近拱点减速点，加速和减速脉冲分别施加在速度正方向和速度反方向。

参照文献（郗晓宁，2002）中双二体简化假设下地月转移轨道

参数的推导方法，本节用地球和火星影响球边界上的参数表示地球-火星转移轨道参数。引入 6 个独立参数：离开地球影响球边界时刻 t^E，到达火星影响球边界时刻 t^M，地球出口点黄经 λ_B^E，地球出口点黄纬 φ_B^E，火星入口点黄经 λ_C^M，火星入口点黄纬 ψ_C^M。

根据 t^E 和 t^M，由行星历表可分别求得地球和火星在日心黄道系下该时刻的位置矢量 $\boldsymbol{R}_E^S$、$\boldsymbol{R}_M^S$ 和速度矢量 $\boldsymbol{V}_E^S$、$\boldsymbol{V}_M^S$。通过求解 Lambert 轨道（李桢，2011）即可求得日心段轨道起点和终点时刻飞行器在日心黄道系下的速度矢量 $\boldsymbol{V}_B^S$、$\boldsymbol{V}_C^S$，于是拼接点 B、C 处，飞行器在地心黄道系下和火星中心黄道系下的速度矢量为

$$\boldsymbol{v}_B^E = \boldsymbol{V}_B^S - \boldsymbol{V}_E^S \tag{7-50}$$

$$\boldsymbol{v}_C^M = \boldsymbol{V}_C^S - \boldsymbol{V}_M^S \tag{7-51}$$

拼接点 B、C 处，飞行器在地心黄道系下和火星中心黄道系下的位置矢量为

$$\boldsymbol{r}_B^E = \begin{bmatrix} \rho_E \cos\varphi_B^E \cos\lambda_B^E \\ \rho_E \cos\varphi_B^E \sin\lambda_B^E \\ \rho_E \sin\varphi_B^E \end{bmatrix} \tag{7-52}$$

$$\boldsymbol{r}_C^M = \begin{bmatrix} \rho_M \cos\varphi_C^M \cos\lambda_C^M \\ \rho_M \cos\varphi_C^M \sin\lambda_C^M \\ \rho_M \sin\varphi_C^M \end{bmatrix} \tag{7-53}$$

式中，ρ_E、ρ_M 分别为地球、火星影响球半径。

飞行器在地心赤道系下的位置和速度矢量为

$$\boldsymbol{r}_B^{E\prime} = \boldsymbol{T}_1(\varepsilon)\boldsymbol{r}_B^E \tag{7-54}$$

$$\boldsymbol{v}_B^{E\prime} = \boldsymbol{T}_1(\varepsilon)\boldsymbol{v}_B^E \tag{7-55}$$

其中，$\boldsymbol{T}_1(\varepsilon)$ 为黄道系到赤道系的转换矩阵。于是可得赤道系下地心段轨道参数如下

$$\begin{cases} \boldsymbol{h}^E = \begin{bmatrix} h_X^E \\ h_Y^E \\ h_Z^E \end{bmatrix} = \boldsymbol{r}_B^{E\prime} \times \boldsymbol{v}_B^{E\prime} \\ h^E = |\boldsymbol{h}^E| \end{cases} \tag{7-56}$$

$$\cos i^{\mathrm{E}} = \frac{h_Z^{\mathrm{E}}}{h^{\mathrm{E}}} \tag{7-57}$$

$$\tan \Omega^{\mathrm{E}} = \frac{h_X^{\mathrm{E}}}{-h_Y^{\mathrm{E}}} \tag{7-58}$$

$$\boldsymbol{e}^{\mathrm{E}} = \frac{1}{\mu_{\mathrm{E}}} (\boldsymbol{v}_B^{\mathrm{E}\,\prime} \times \boldsymbol{h}^{\mathrm{E}}) - \frac{\boldsymbol{r}_B^{\mathrm{E}\,\prime}}{r_B^{\mathrm{E}\,\prime}} \tag{7-59}$$

$$e^{\mathrm{E}} = |\boldsymbol{e}^{\mathrm{E}}| \tag{7-60}$$

$$a^{\mathrm{E}} = \frac{h^{\mathrm{E}2}}{\mu_{\mathrm{E}}(1 - e^{\mathrm{E}2})} \tag{7-61}$$

$$p^{\mathrm{E}} = \frac{h^{\mathrm{E}2}}{\mu_{\mathrm{E}}} \tag{7-62}$$

$$r_p^{\mathrm{E}} = \frac{p^{\mathrm{E}}}{e^{\mathrm{E}} + 1} \tag{7-63}$$

其中，a^{E}、e^{E}、i^{E}、Ω^{E}、p^{E}、h^{E}、r_p^{E} 分别为地心段半长轴、偏心率、倾角、升交点赤经、半通径、动量矩、近地点半径，μ_{E} 为地球引力常数。同理可得火心段的轨道参数。因此，一条从地球停泊轨道到火星停泊轨道，途经三个不同中心引力体的转移轨道参数可表述为 t^{E}、t^{M}、λ_B^{E}、φ_B^{E}、λ_C^{M}、φ_C^{M} 6 个参数的函数。

以上的质点简化模型和圆锥曲线拼接模型均是不含推力项的无动力模型，即飞行途中飞船仅受天体引力，不受发动机推力。以下给出包含推力项的高精度动力学模型。

（3）高精度模型

高精度模型仍然以行星影响球为界将转移轨道分为地心段、日心段和火心段，飞行器在行星际飞行时，动力学方程建立在日心黄道坐标系中，其表达式为

$$\ddot{\boldsymbol{r}}_{\mathrm{S}} = -\frac{\mu_{\mathrm{S}}}{r_{\mathrm{S}}^3} \boldsymbol{r}_{\mathrm{S}} + \boldsymbol{A}_{\mathrm{N}}^{\mathrm{S}} + \boldsymbol{A}_{\mathrm{SR}}^{\mathrm{S}} + \boldsymbol{A}_{\mathrm{P}}^{\mathrm{S}} \tag{7-64}$$

飞行器在地球引力范围内运动时，运动方程建立在 J2000 地心惯性坐标系（或地心黄道坐标系）中，其表达式为

$$\ddot{\boldsymbol{r}}_{\mathrm{E}} = -\frac{\mu_{\mathrm{E}}}{r_{\mathrm{E}}^3} \boldsymbol{r}_{\mathrm{E}} + \boldsymbol{A}_{\mathrm{NS}}^{\mathrm{E}} + \boldsymbol{A}_{\mathrm{N}}^{\mathrm{E}} + \boldsymbol{A}_{\mathrm{SR}}^{\mathrm{E}} + \boldsymbol{A}_{\mathrm{A}}^{\mathrm{E}} + \boldsymbol{A}_{\mathrm{P}}^{\mathrm{E}} \tag{7-65}$$

飞行器在火星引力范围内运动时，运动方程建立在 J2000 火心惯性坐标系（或火心黄道坐标系）中，其表达式为

$$\ddot{\boldsymbol{r}}_{\mathrm{M}} = -\frac{\mu_{\mathrm{M}}}{r_{\mathrm{M}}^{3}}\boldsymbol{r}_{\mathrm{M}} + \boldsymbol{A}_{\mathrm{NS}}^{\mathrm{M}} + \boldsymbol{A}_{\mathrm{N}}^{\mathrm{M}} + \boldsymbol{A}_{\mathrm{SR}}^{\mathrm{M}} + \boldsymbol{A}_{\mathrm{A}}^{\mathrm{M}} + \boldsymbol{A}_{\mathrm{P}}^{\mathrm{M}} \qquad (7-66)$$

式中，μ 为中心体的引力常数；r 为各自坐标系下的位置矢量；$\boldsymbol{A}_{\mathrm{N}}$ 为 N 体引力摄动加速度；$\boldsymbol{A}_{\mathrm{NS}}$ 为地球/火星非球形摄动加速度；$\boldsymbol{A}_{\mathrm{SR}}$ 为太阳光压摄动加速度；$\boldsymbol{A}_{\mathrm{A}}$ 为大气阻力摄动加速度；$\boldsymbol{A}_{\mathrm{P}}$ 为推力加速度；上标 S、E、M 分别表示与太阳、地球、火星相关的量。各项摄动加速度的具体表达式见文献（Vallado，2007）。

7.4.2.3 两脉冲能量最优往返转移轨道方案

地球-火星转移轨道大部分飞行在日心段，基于 Lambert 交会算法和 Pork - chop 图（能量等高线图）的轨道初步计算是有效的手段。

1）假设地球和火星的公转轨道为共面圆轨道，则最小能量出航轨道为 Hohmann 转移轨道，转移轨道初始时刻地球和火星的日心相位角之差为

$$\Delta\theta = \pi - \omega_{\mathrm{M}}\frac{\pi}{\sqrt{\mu_{\mathrm{S}}}}\left(\frac{R_{\mathrm{E}}+R_{\mathrm{M}}}{2}\right)^{\frac{3}{2}} \qquad (7-67)$$

式中，R_{E}、R_{M} 分别为地球和火星公转轨道半径，μ_{S} 为太阳引力常数，ω_{M} 为火星公转角速度，$\Delta\theta$ 为火星相对地球相位超前角，计算可知 $\theta = 44.3°$。再结合行星历表，可得出发的大致时刻，将该时刻前后延长足够时间，即得出发的待计算时间区间。将出发时间区间后推半个 Hohmann 轨道周期，即得到达的待计算时间区间，将这两个时间区间均分成若干时间节点。

2）利用星历表求取计算时间区间内任意出发时刻和到达时刻对应的地球或火星的位置矢量和速度矢量。由轨道两端点位置矢量和转移时间，即可求取每一组出发时刻和到达时刻对应的 Lambert 轨道。Lambert 轨道的求解采用普适变量（Universal Variable）算法。

3）求取 Lambert 轨道起始和终端速度与对应行星速度之差，获

得轨道两端点的 V_∞，表达式为

$$\begin{cases} \boldsymbol{V}_{\infty E} = \Delta \boldsymbol{v}_1 = \boldsymbol{v}_1 - \boldsymbol{V}_E \\ \boldsymbol{V}_{\infty M} = \Delta \boldsymbol{v}_2 = \boldsymbol{v}_2 - \boldsymbol{V}_M \end{cases} \tag{7-68}$$

其中，$\boldsymbol{v}_1$、$\boldsymbol{v}_2$ 为 Lambert 轨道起始和终端速度矢量；$\boldsymbol{V}_E$ 为出发时刻地球的日心速度矢量；$\boldsymbol{V}_M$ 为到达时刻火星的日心速度矢量；$\Delta \boldsymbol{v}_1$ 和 $\Delta \boldsymbol{v}_2$ 为飞船在起始和终端时刻相对行星的速度，近似等于相对行星的双曲剩余速度 $\boldsymbol{V}_{\infty E}$ 和 $\boldsymbol{V}_{\infty M}$。

4）连接整个计算时间域内所有 V_∞ 大小相等的点，构成 Pork-chop 图。

转移轨道初步计算流程如图 7-33 所示，火星-地球归航段转移轨道计算流程与之类似，不再赘述。

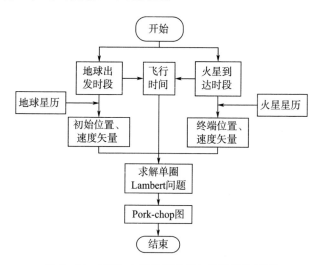

图 7-33　地球-火星转移轨道初步计算流程图

通过此方法，可迅速获得任意出发时段和到达时段构成的二维空间中，一系列转移轨道在两个行星附近的双曲剩余速度 V_∞，V_∞ 大小反映了变轨的能量需求。结果表明 V_∞ 的极小值大约每个冲日周期（2.14 年）出现一次，因此 2031—2045 年内共有 7 个地球-火星转移和 7 个火星-地球转移的发射时机。

通常将两个变轨脉冲之和最小作为优化目标

$$\min(J) = \Delta v_E + \Delta v_M \qquad (7-69)$$

绘制成出发时间和到达时间构成的二维平面内的 Pork-chop 图，每个冲日周期内各有两个极小值点，作为推进剂最优轨道求解结果。

以 2033 年出航，2035 年归航为例，给出这期间转移轨道的 Pork-chop 图，如图 7-34 所示。其中，坐标轴用约简儒略日表示出发和到达时间，$V_{\infty d}$ 和 $V_{\infty a}$ 分别表示出发和到达的双曲剩余速度。

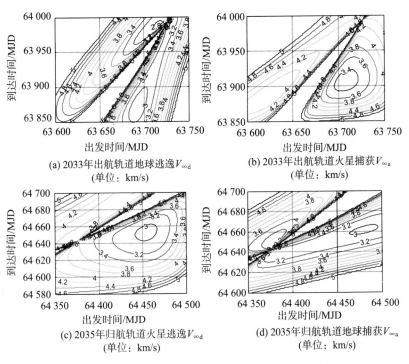

图 7-34　2033—2035 年往返轨道 Pork-chop 图

从图 7-34 可知，无论是出航轨道还是归航轨道，无论是逃逸点还是捕获点，V_∞ 均呈双谷形分布，在每个冲日周期内都有两个能量极小值点，这两个极值点分别对应着该发射窗口中的长弧段转移

（日心扫角大于 $180°$）和短弧段转移（日心扫角小于 $180°$）的最小发射能量和捕获能量的转移轨道。

　　为了对往返任务进行综合考虑，本文还将 Pork - chop 图做了改进，将出航轨道和归航轨道的 $V_∞$ 绘于同一幅图中，成为双 Pork - chop 图（Dual Pork - chop Plot）。双 Pork - chop 图对大范围时间域内往返转移轨道的 $V_∞$ 分布进行了全面直观的表达，为往返轨道的设计提供了依据。图 7 - 35 给出了往返轨道 $\Delta v_E + \Delta v_M$ 的双 Pork - chop 图的局部，其时间范围大致在 2033 — 2035 年。图中粗斜线为出航轨道和归航轨道的分界线，左上区为出航轨道，右下区为归航轨道。等高线包络的区域为该速度增量以内的转移轨道，其横轴和纵轴分别对应该轨道与地球和火星交会的时间，即横轴对应出航轨道中地球出发日期和归航轨道中到达地球日期；纵轴对应出航轨道中到达火星日期和归航轨道中火星出发日期。图中用星花符号标注出了出航轨道设计空间中的一点（63 705，63 905），过此点做水平线，该水平线与出航归航轨道分界线所夹的三角形区域（图中用阴影表示）即为该出航轨道对应的归航轨道设计空间，该区域包含了在给定的火星到达时间之后的所有出发时间归航轨道。再结合 Pork - chop 图给出的速度增量信息，可从中选择符合时间和能量约束的往返转移轨道。图中用星花符号标注出了归航轨道设计空间内的一点（64 656，64 458），与出航轨道构成一组往返轨道，两点纵坐标之差为火星停留时间，横坐标之差为任务总时间。

7.4.3　气动捕获动力学仿真模型

　　载人火星飞船在地火转移末段被火星捕获，从日心轨道段过渡到火星中心轨道段，并通过某种方式减速进入环火星停泊轨道。环火星入轨方式有反推发动机制动、气动刹车和气动捕获三种。

　　气动刹车过程如图 7 - 36（a）所示，该方式需要多次穿越火星大气，是最节约能量的入轨方案，但耗时数月，如果应用于载人任务，将面临可靠性降低、受火星气候影响较大等诸多难题。气动捕

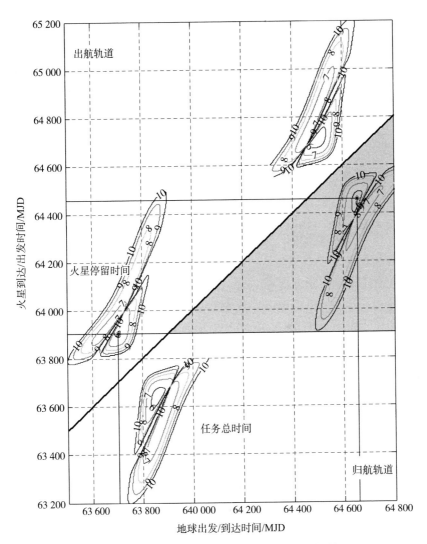

图 7 - 35　往返轨道速度增量双 Pork - chop 图局部

获过程如图 7 - 36（b）所示，飞船进入火星大气后打开气动减速防热罩，通过一次穿越大气即减速到入轨速度。该方式时间短、可靠性高，适合用于载人任务。因此，本节以气动捕获轨道为对象展开研究。

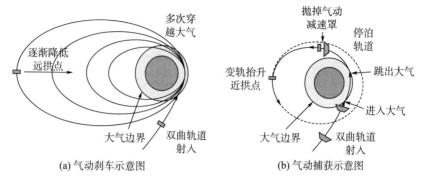

图 7-36　地球-火星转移轨道初步设计流程图

气动捕获过程中，飞船在进入火星大气之前沿以火星为中心的开普勒轨道运行，在大气层中飞行一段时间后跳出大气，大气层内的三自由度动力学方程见 7.4.4 节。

气动捕获阶段轨道设计首先需要计算进入走廊，进入走廊是指飞船安全进入火星大气所必须满足的各种约束条件的交集。以进入点的航迹角描述进入走廊（Christian，2008；Braun，2007），主要考虑以下几个终端约束与过程约束：

1）确保飞船在气动捕获阶段能获得足够的减速效果，跳出大气时刻的速度不超过某一上限；

2）确保飞船不会撞击火星表面，气动捕获段飞船轨道的最低点高于某一危险临界值；

3）全程的过载须始终保证在航天员能承受范围内；

4）全程的热流密度峰值和总加热量控制在载人飞船可承受范围内。

以上约束的典型取值和具体表达式如下

$$\begin{cases} V_{Mf} < 4 \text{ km/s} \\ h_{Mmin} > 20 \text{ km} \\ n_{max} = (\sqrt{L^2 + D^2}/m)_{max} < 5g_0 \\ \dot{Q} = \dfrac{C_1}{\sqrt{R_d}} \left(\dfrac{\rho}{\rho_0}\right)^{0.5} \left(\dfrac{V_M}{V_c}\right)^{3.15} \leqslant 420 \text{ kW/m}^2 \\ Q = \displaystyle\int_{t_0}^{t_f} \dot{Q}(t)\mathrm{d}t \leqslant 38 \text{ MJ/m}^2 \end{cases} \tag{7-70}$$

式中，V_{Mf} 为离开火星大气层时的速度大小；h_{Mmin} 为轨道最低点高度；n_{max} 为过载上限；$\dot{Q}$，Q 分别为热流密度和总加热量，$C_1 = 285.526$；R_d 为飞船头部曲率半径；V_c 为火星第一宇宙速度，$V_c = 3.547$ km/s。

飞船的几项参数典型取值如表 7-9 所示。一般而言，飞船的气动系数与马赫数、攻角、飞船外形密切相关，由于目前难以获得飞船在火星大气环境下的气动力数据，文献中一般将升阻比取为 0.3～0.5 的常数，这里认为飞船按配平攻角飞行，升力系数 C_L 和阻力系数 C_D 为表 7-9 中的常值。弹道系数 β 是气动捕获段轨道设计中的一个重要参数，其表达式

$$\beta = \dfrac{m}{C_D A_{heatshield}} \tag{7-71}$$

式中，m 为飞船质量；$A_{heatshield}$ 为气动减速罩迎风面积。载人的地球返回舱一般要求 $\beta < 600$ kg/m^2，无人火星探测器设计一般要求 $\beta < 120$ kg/m^2（Christian，2008），表 7-9 综合参考文献给出火星飞船弹道系数。

表 7-9　飞船基本参数

参数	R_d /m	升力系数 C_L	阻力系数 C_D	弹道系数 β /(kg/m^2)
数值	10	0.5	1.68	152

根据四个约束条件，通过动力学方程求解，得到初始航迹角和进入速度剖面内的走廊如图 7-37 阴影部分所示。

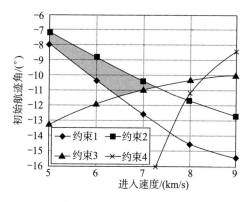

图 7 - 37　气动捕获走廊

由图可见热控约束（约束 4）在很大区域内都能满足（主要原因是火星大气很稀薄，加热量不大)，进入走廊主要由前三点约束构成一个狭长区域，约束条件 1 和 2 分别构成走廊的下界和上界，且进入大气速度在 7.2 km/s 以上没有可行解。若飞船在星际航行段采用两脉冲最小能量轨道，不同年份到达火星影响球边界的速度一般在 2～4 km/s，根据开普勒轨道公式推算，到达火星大气边界的速度不会超过 7.2 km/s。若飞船采用小推力的星际转移轨道，到达火星影响球边界的速度能控制到接近于零，进入大气的速度自然会小于脉冲推力的情形。因此，图 7 - 37 所示的走廊足以满足一般任务需求。

7.4.4　火星进入仿真模型

目前的火星探测进入器主要有升力体式和非升力体式两种。相较于非升力体的弹道式进入，升力体的半弹道式进入下降速度更加平缓，过载峰值和热流密度峰值也因此较低。对于载人火星探测任务而言，为了保证人员安全和精准着陆，采用升力体构型的航天器是必然选择。

此外，采用升力体构型以半弹道式进入的一个很大优点是，当通过倾侧角对航天器的升力方向进行控制时，飞行弹道的形状、进入过程中的过载、开伞点位置均可以得到一定的控制，从而有利于设计人员对进入任务的控制，以及增加进入器上仪器的安全性。采用半弹道式进入，特别是升力控制系统，可以有效地降低对进入条件的要求。但是，由于航程的增加，高超声速减速的时间增长，航天器的总吸热量会相对增加。为了保证进入航天器安全成功地降落在火星表面，需要合理规划进入轨迹。

7.4.4.1　进入坐标系的定义与转换

在火星进入过程中为便于描述探测进入器的运动状态，定义如下几类坐标系：

（1）火心坐标系 $o_M x_M y_M z_M$

该坐标系原点 o_M 定义为火星中心，$o_M x_M$ 轴由火心指向火星进入坐标系原点 o_o 所在经线与赤道线的交点；$o_M z_M$ 轴指向火星北极方向；$o_M y_M$ 轴与其他两轴构成右手系。

（2）火星进入坐标系 $o_o x_o y_o z_o$

该坐标系与火星固连，并随火星转动。该坐标系原点 o_o 定义为航天器在进入时刻，航天器火心位置矢量与火星表面的交点；$o_o y_o$ 轴沿进入时刻航天器火心位置矢量方向；$o_o x_o$ 轴在航天器进入时刻飞行的轨道平面内，与 $o_o y_o$ 轴垂直，指向航天器速度方向为正；$o_o z_o$ 轴与其他两轴构成右手直角坐标系。

（3）火星进入惯性坐标系 $o_A x_A y_A z_A$

该坐标系在航天器进入时刻与进入坐标系重合，但在航天器进入以后，进入惯性坐标系的原点 o_A 及各轴的方向在惯性空间不变。

（4）弹道坐标系 $o_1 x_h y_h z_h$

该坐标系原点定义为航天器质心 o_1，$o_1 x_h$ 轴与进入航天器的速度方向相同；$o_1 y_h$ 轴在 $x_o o_o y_o$ 平面内垂直于 $o_1 x_h$ 轴；$o_1 z_h$ 与 $o_1 x_h$、$o_1 y_h$ 轴构成右手系。

（5）速度坐标系 $o_1 x_v y_v z_v$

该坐标系原点定义为飞行器的质心 o_1，主要用于描述飞行器相对于空速的运动。坐标系 $o_1 x_v$ 轴与飞行器的速度方向相同，$o_1 y_v$ 轴在飞行器的纵向主对称面内，垂直于 $o_1 x_v$ 轴。$o_1 z_v$ 轴由右手法则确定。

　　火星进入坐标系与航天器速度坐标系之间的转换：将进入坐标系 $o_o x_o y_o z_o$ 平移到航天器质心 o_1，按 $3-2-1$ 次序分别转动 θ、σ、ν 后，即与速度坐标系重合，如图 $7-38$ 所示。$\theta \in \left(-\dfrac{\pi}{2}, \dfrac{\pi}{2}\right)$ 称为速度倾角，$\sigma \in \left(-\dfrac{\pi}{2}, \dfrac{\pi}{2}\right)$ 称为航迹偏航角，$\nu \in [-\pi, \pi)$ 称为倾侧角。

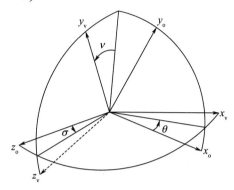

图 $7-38$　火星进入坐标系和航天器速度坐标系间的关系

　　火星进入坐标系与航天器体坐标系之间的转换：将进入坐标系 $o_o x_o y_o z_o$ 平移到航天器质心 o_1，按 $3-2-1$ 次序分别转动 ϕ、Ψ、γ 后，即与体坐标系重合，如图 $7-39$ 所示。$\phi \in \left[-\dfrac{\pi}{2}, \dfrac{\pi}{2}\right]$ 称为俯仰角，$\Psi \in [-\pi, \pi)$ 称为偏航角，$\gamma \in [-\pi, \pi)$ 称为滚动角。

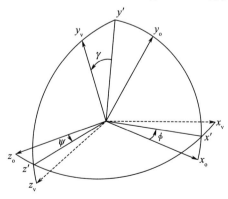

图 $7-39$　火星进入坐标系和航天器体坐标系间的关系

航天器速度坐标系与体坐标系之间的转换：将速度坐标系按照 2 —3 次序分别转动 β、α 后，即与体坐标系重合，如图 7 - 40 所示。$\beta \in \lceil -\pi, \pi)$ 称为侧滑角，$\alpha \in \left[-\dfrac{\pi}{2}, \dfrac{\pi}{2} \right]$ 称为攻角。体坐标系的 $o_1 x_1$ 轴与速度坐标系的 $o_1 x_v$ 轴之间的夹角称为总攻角 η，所组成的平面称为总攻角平面。

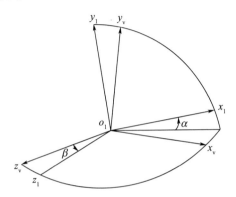

图 7 - 40　航天器速度坐标系和体坐标系间的关系

弹道坐标系与航天器速度坐标系之间的转换：将弹道坐标系绕 $o_1 x_v$ 轴转动倾侧角 ν 即可得到速度坐标系，如图 7 - 41 所示。

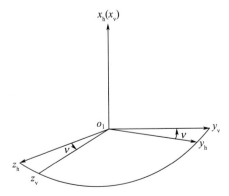

图 7 - 41　弹道坐标系和航天器速度坐标系间的关系

　　火星进入坐标系与火心坐标系之间的转换：将进入坐标系原点移至火心。进入坐标系 o_ox_o 轴与正北方向的夹角 $A_0 \in [0, 2\pi]$ 称为进入方位角，A_0 从正北方向顺时针度量为正。进入时刻的火心纬度 $\varphi_0 \in \left[-\dfrac{\pi}{2}, \dfrac{\pi}{2}\right]$，将进入坐标系按照 $2-1-3$ 的顺序分别转动 $(90° + A_0)$、$(-\varphi_0)$、$90°$ 就可以得到火心坐标系，如图 $7-42$ 所示。

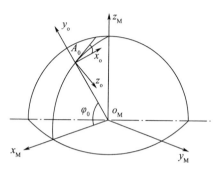

图 $7-42$　火星进入坐标系和火心坐标系间的关系

　　进入惯性坐标系与进入坐标系之间的转换：进入惯性坐标系 $o_Ax_Ay_Az_A$ 转到进入时刻的火心坐标系 $o_Mx_{Mo}y_{Mo}z_{Mo}$，同时将进入坐标系 $o_ox_oy_oz_o$ 转到火心坐标系 $o_Mx_My_Mz_M$，再将 $o_Mx_{Mo}y_{Mo}z_{Mo}$ 绕 o_Mz_M 轴转 $\omega_e t$ 角即可，如图 $7-43$ 所示。其中，ω_e 为火星自转角速度，t 为航天器的进入时间。

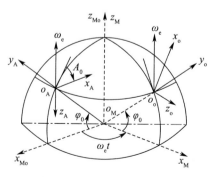

图 $7-43$　进入惯性坐标系和进入坐标系间的关系

7.4.4.2　进入动力学模型

在不考虑风的影响和航天器进入过程中的质量变化的情况下，针对旋转火星的三自由度进入方程可由进入航天器在进入惯性坐标系下的质心动力学矢量方程直接投影在弹道坐标系上得到（赵汉元，1997；Vinh，1980）。

$$
\begin{cases}
\dfrac{\mathrm{d}r}{\mathrm{d}t} = V\sin\theta_h \\[2mm]
\dfrac{\mathrm{d}\lambda}{\mathrm{d}t} = \dfrac{V\cos\theta_h \sin\sigma_h}{r\cos\varphi} \\[2mm]
\dfrac{\mathrm{d}\varphi}{\mathrm{d}t} = \dfrac{V\cos\theta_h \cos\sigma_h}{r} \\[2mm]
\dfrac{\mathrm{d}V}{\mathrm{d}t} = -\dfrac{D}{m} - g(r)\sin\theta_h + \omega^2 r\cos\varphi\left(\sin\theta_h \cos\varphi - \cos\theta_h \sin\varphi\cos\sigma_h\right) \\[2mm]
\dfrac{\mathrm{d}\theta_h}{\mathrm{d}t} = \dfrac{1}{V}\left[\dfrac{L\cos\nu}{m} + \omega^2 r\cos\varphi\left(\cos\theta_h \cos\varphi + \sin\theta_h \sin\varphi\cos\sigma_h\right) + \right. \\[2mm]
\qquad\qquad\left. 2\omega V\cos\varphi\sin\sigma_h + \left(\dfrac{V^2}{r} - g(r)\right)\cos\theta_h\right] \\[2mm]
\dfrac{\mathrm{d}\sigma_h}{\mathrm{d}t} = \dfrac{1}{V}\left[\dfrac{L\sin\nu}{m\cos\theta_h} + \dfrac{V^2}{r}\cos\theta_h \sin\sigma_h \tan\varphi - \right. \\[2mm]
\qquad\qquad\left. 2\omega V\left(\cos\varphi\tan\theta_h \cos\sigma_h - \sin\varphi\right) + \dfrac{\omega^2 r}{\cos\theta_h}\sin\varphi\cos\varphi\sin\sigma_h\right] \\[2mm]
D = \dfrac{\rho S C_D V^2}{2} \\[2mm]
L = \dfrac{\rho S C_L V^2}{2} \\[2mm]
g(r) = \dfrac{\mu}{r^2}
\end{cases}
$$

$$(7-72)$$

其中，航天器的位置速度状态可以由弹道坐标系下的六个状态量表示：火心距 r，火心经度 λ，火心纬度 φ，相对于火星大气的速度大小 V，当地速度倾角 θ_h 和航向角 σ_h，航向角定义为以正北方向顺时针为正。D 为阻力；L 为升力；$g(r)$ 为重力加速度；ω 为火星自转角速度；ν 为倾侧角，顺着航天器飞行方向看去，ν 以顺时针方向为正；m 为航天器质量；S 为航天器特征面积，C_L 和 C_D 分别为升力系数和阻力系数；μ 为火星引力常数。

火星的大气环境比地球的变化复杂。火星经常发生随机的尘暴，并且大气密度大约只有地球大气密度的 1/100。美国和欧洲等国家已经发射了火星大气探测器，并获得了大量的监测数据，但是仍未能建立精确的火星大气模型。这里介绍基于 Mars－GRAM 数据拟合的火星大气模型（Benito，2010），并假设大气相对于火星静止，即随火星一起旋转，不考虑风场的作用。

火星的大气密度函数 $\rho(h)$ 可以用高度 h 的指数函数表示

$$\rho(h) = e^{\alpha_1(h)} \tag{7-73}$$

其中，$\alpha_1(h)$ 是 h 的 m 次多项式 $\alpha_{1m}h^m + \alpha_{1m-1}h^{m-1} + \cdots + \alpha_{11}h + \alpha_{10}$，文献表明取 $m = 4$ 时已能较好地满足计算要求，4 阶多项式系数如表 7－10 所示。

表 7-10　大气密度模型系数

系数	值
α_{14}	4.195×10^{-20}
α_{13}	-7.507×10^{-15}
α_{12}	-1.936×10^{-11}
α_{11}	-9.204×10^{-5}
α_{10}	-4.324

火星大气的声速随高度的变化曲线也可以用高度 h 的 m 次多项式来近似表示

$$V_s = \alpha_2(h) \tag{7-74}$$

3 阶声速模型中多项式 $\alpha_2(h)$ 的系数取值如表 7－11 所示。

表 7 - 11　大气声速模型系数

系数	值
α_{23}	1.404×10^{-13}
α_{22}	-1.588×10^{8}
α_{21}	-2.004×10^{-4}
α_{20}	223.8

为了保护航天器的结构和人员安全，进入轨迹需要满足一定的路径约束。典型的路径约束条件包括过载、动压、驻点热流密度和驻点总吸热量。

（1）过载约束

过载主要由作用在航天器上的空气动力引起，是除重力以外作用在航天器上的所有外力加速度矢量和的模与重力加速度的比值。由于航天器进入火星时除受到重力外，只受到空气动力和控制力作用。而且在航天器到达开伞点以前，航天器受到的控制力产生的加速度远小于空气动力造成的加速度，故这里的过载主要是指升力和阻力产生的加速度，即

$$n = \frac{|\boldsymbol{L} + \boldsymbol{D}|}{G} \qquad (7-75)$$

其中，G 表示重力。

在航天器进入过程中，最大过载是首要考虑的对象。因为过大的过载会危及航天器结构的安全，所以必须对航天器可能出现的最大过载进行约束，即

$$n_{\max} = \max_{0 \leqslant t \leqslant t_f}(n) \leqslant n_{\text{safe}} \qquad (7-76)$$

其中，$n_{\max}$ 表示飞行过程中的最大过载；t_f 表示航天器到开伞点的时间；n_{safe} 表示航天器设计的最大安全过载。

（2）动压约束

航天器动压也称动压头，可由下式计算

$$q = \frac{1}{2}\rho V^2 \qquad (7-77)$$

与过载密切相关，同时对于升力体航天器的气动能力有着较大影响，为了维护航天器的气动机动能力，常对最大动压作如下约束

$$q_{max} = \max_{0 \leqslant t \leqslant t_f} (q) \leqslant q_{safe} \qquad (7-78)$$

（3）驻点热流密度约束

热流密度表示单位时间航天器的受热量，以 $\dot{Q}$ 表示

$$\dot{Q} = C \left(\frac{\rho}{R_n} \right)^{0.5} V^3 \qquad (7-79)$$

其中，C 为常数；R_n 表示航天器头部曲率半径。

航天器在进入大气层过程中受到的气动加热是航天器设计和弹道设计所要考虑的一个重要方面。航天器驻点热流密度的大小直接影响到防热材料的选取以及热防护罩的厚度。因此，热流密度约束可表示为

$$\dot{Q}_{max} = \max(\dot{Q}) \leqslant \dot{Q}_{safe} \qquad (7-80)$$

（4）驻点总吸热量约束

驻点总吸热量表示在整个进入过程航天器头部驻点吸收的总热量

$$Q = \int_0^{t_f} \dot{Q} dt \qquad (7-81)$$

热载则会对航天器内部结构和内部工作环境产生较大的影响，故常对总吸热量作如下约束

$$Q_{max} = \max(Q) \leqslant Q_{safe} \qquad (7-82)$$

在航天器进入火星大气层时，如果进入角 $|\theta_h|$ 过大，航天器受到的阻力较大（与速度平方成正比），减速过快，与空气摩擦也较为剧烈，那么弹道过载和热流密度就会超过目标设定限制，威胁进入安全。如果进入角 $|\theta_h|$ 过小，一方面高空稀薄的大气不足以消耗航天器的动能，航天器可能无法被火星大气捕获，从而绕过火星表面再度进入深空。另一方面航天器受到的阻力减速较小，飞行轨迹过于平缓，飞行时间过长，总加热量过大，特别是对于以二氧化碳为主的火星大气，其热载更难耗散。同时对于升力体航天器，较小的

进入角 $|\theta_h|$ 会增加飞行航程，可能会使得航天器飞过目标开伞点，从而与任务设计目标相差过大。

总体来说，在满足过载、热流和开伞点位置的约束下，存在一个最大和一个最小的进入角 $|\theta_h|$，即分别对应着最陡弹道和最浅弹道。图 7-44 给出了一组最陡进入和最浅进入的轨迹示意图。

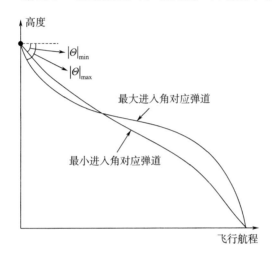

图 7-44 进入走廊示意图

具有低升阻比航天器在进入过程中可控制的参数为倾侧角，当进入走廊采用进入角范围来表示时，可建立如下优化模型：

1）优化控制变量为倾侧角 ν；

2）边界条件包括进入点位置、速度、航向角和开伞点高度、经度、纬度，表示为

$$\begin{cases} h(t_0) = h_0 \\ \lambda(t_0) = \lambda_0 \\ \varphi(t_0) = \varphi_0 \\ V(t_0) = V_0 \\ \theta_h(t_0) = \theta_{h0} \\ \sigma_h(t_0) = \sigma_{h0} \end{cases}, \quad \begin{cases} \lambda(t_f) = \lambda_f \\ \varphi(t_f) = \varphi_f \\ h(t_f) = h_f \end{cases} \qquad (7-83)$$

其中，t_0、t_f 分别是进入弹道的初始和终止时刻；

　　3）过程参数约束包括过载、动压、驻点热流密度和总吸热量；

　　4）优化目标函数为

$$J = +\theta_h \text{ or } -\theta_h \tag{7-84}$$

其中，$+\theta_h$ 和 $-\theta_h$ 分别代表求解最陡弹道和最浅弹道。

　　下面以一个算例来展示进入走廊的最陡和最浅进入轨迹。本仿真取航天器质量为 2 804 kg，特征面积 15.9 m²，升力系数 0.387 6，阻力系数 1.415。初始进入参数如表 7 - 12 所示，终端条件如表 7 - 13 所示，约束条件设置如下：$n_{max} \leqslant 25$，$q_{max} \leqslant 12 \text{ kPa}$，$\dot{Q}_{max} \leqslant 0.25 \text{ MW/m}^2$，$Q_{max} \leqslant 11.2 \text{ MJ/m}^2$。采用伪谱法求解上述优化模型，具体可参见文献（唐国金，2012）。

表 7 - 12　进入初始条件

参数	h_0 / km	V_0 /(km/s)	λ_0 /(°)	ϕ_0 /(°)	σ_{h0} /(°)
数值	124.56	5.205	−90.072	−43.898	84.193 1

表 7 - 13　进入终端条件

参数	h_f /(km)	λ_f /(°)	ϕ_f /(°)
数值	8	−73.66	−41.45

　　进行优化计算后，最浅弹道对应的进入角为 −11.2°，最陡弹道对应的进入角为 −14.1°。最陡和最浅弹道的对比结果如图 7 - 45 所示。

　　从算例中可以看出，在倾侧角限制为 −90°～+90°的情况下，最浅弹道的过载和热流密度并没有达到约束的上界，而影响最浅弹道的进入角主要限制就是倾侧角的范围。相反，在对倾侧角进行约束的情况下，最陡弹道的主要限制则是峰值过载和峰值热流密度。

　　进入走廊是航天器进入可控制能力的一种反映，主要由航天器的升阻比大小、过载和热流密度等约束决定，同时也受到航程大小的影响。确定的航天器和确定的过程约束以及终端约束，决定了有

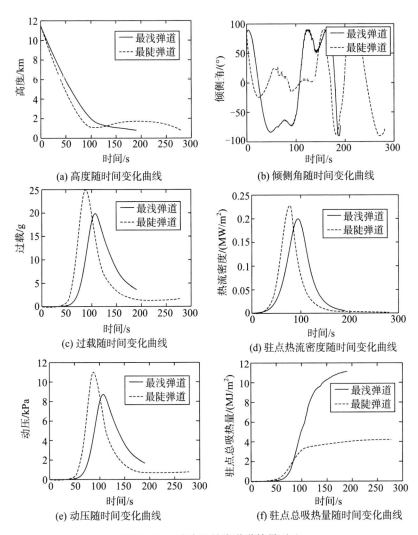

图 7-45　最陡和最浅弹道结果对比

控航天器对进入点状态的适应能力。在本文计算的优化算例中，进入走廊如图 7-46 中阴影面积所示。

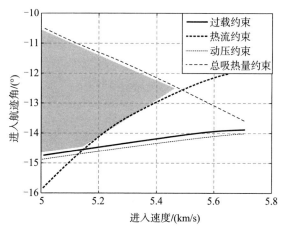

图 7 - 46　进入走廊

参 考 文 献

[1] AUGUSTINE N R. Seeking a human spaceflight program worthy of great nation. U. S. Human Spaceflight Plans Committee，2009.

[2] BENITO MANRIQUE J. Advances in spacecraft atmospheric entry guidance. University of California，Irvine，2010.

[3] BRAUN R D，MANNING R M. Mars exploration entry，descent and landing challenges. Journal of Spacecraft and Rockets，2007，44（2）：310 - 323.

[4] CHRISTIAN J A，WELLS G，LAFLEUR J，et al. Extention of traditional entry，descent and landing technologies for human mars exploration. Journal of Spacecraft and Rockets，2008，45（1）：130 - 141.

[5] CURTIS D，Howard. Orbital mechanics for engineering students. Wlsevier Butterworth - Heinemann，2005.

[6] DAMON F L，JAMES M L. Human exploration of mars via earth - mars semicyclers. Journal of Spacecraft and Rockets，2007，44（1）：203 - 210.

[7] HOWELL K C. Three - dimensional，periodic，'Halo' orbits. Celestial Mechanics，1984，32（1）：53 - 71.

[8] HULL D G，HARRIS M W. Optimal solutions for quasiplanar ascent over a spherical moon. Journal of Guidance，Control，and Dynamics，2012，35（4）：1218 - 1223.

[9] LANDAU D F，LONGUSKI J M. A reassessment of trajectory options for human missions to mars. AIAA/AAS Astrodynamics Specialist Conference and Exhibit 16 - 19 August 2004，Providence，Rhode Island，2004.

[10] LANDAU D F，LONGUSKI J M. Continuous mars habitation with a limited number of cycler vehicles. AIAA/AAS Astrodynamics Specialist Conference and Exhibit，Keystone，Colorado：AIAA 2006 - 6020，21 - 24 August 2006.

[11] LLEWELLYN C P, BRENDER K D. Technology development, demonstration and orbital support requirements for manned lunar and mars missions. NASA Technical Memorandum 101666, 1990.

[12] MCCARTHY D D, PETIT G. IERS conventions. IERS Technical Note, 2003.

[13] MENGALI G, QUARTA A A. Solar - Sail - Based stopover cyclers for cargo transportation missions. Journal of Spacecraft and Rockets, 2007, 44 (4): 822 - 830.

[14] MINDELL D A. The futrue of human spaceflight. Space, Policy, and Society Research Group, MIT, December, 2008.

[15] PENZO P A, NOCK K T. Earth - Mars tranportation using stop - over cyclers. AIAA/AAS Astrodynamics Specialist Conference and Exhibit, Monterey, California: AIAA 2002 - 4424, 5 - 8 August 2002.

[16] PHILIP E. G. , MURRAY W. , SAUNDERS M. A. SNOPT An SQP algorithm for large - scale constrained optimization . SIAM J. Optim, 2002, 12 (4) 979 - 1006.

[17] RICHARDSON D L. Analytic construction of periodic orbits about the collinear points. Celestial Mechanics, 1980, 22 (3): 241 - 253.

[18] VALLADO D A. Fundamental of astrodynamics and applications. Microcosm Press, 2007.

[19] VINH N X, BUSEMANN A, CULP R D. Hypersonic and planetary entry flight mechanics. Ann Arbor, MI: Univ. of Michigan Press, 1980.

[20] 陈闽慷. 从国际空间探测到我国发展策略. 导弹与航天运载技术, 2006 (2): 20 - 26.

[21] 褚桂柏. 深空探测的发展研究. 航天器工程, 2000, 9 (3): 21 - 28.

[22] 哈维. 苏联/俄罗斯探月历程. 邓宁丰, 译. 北京: 中国宇航出版社, 2009.

[23] 贺波勇. 载人登月轨道精确可达域数值延拓分析方法. 长沙: 国防科技大学, 2017.

[24] 贾沛然, 陈克俊, 何力. 远程火箭弹道学. 长沙: 国防科技大学出版社, 1993.

[25] 贾沛然, 陈克俊, 何力. 远程火箭弹道学. 长沙: 国防科技大学出版社, 2009: 23 - 52.

[26] 焦维新，陈鸿飞．深空探测的历史、现状与未来．航天器工程，2006，15（2）：39-44．

[27] 李桢．载人火星探测任务轨道和总体方案研究．长沙：国防科技大学，2011．

[28] 刘磊，刘勇，曹建峰，等．Halo 轨道族延拓方法及特性研究．中国空间科学技术，2013，32（1）：30-36．

[29] 彭祺擘，李海阳，李桢．从空间站出发的奔月轨道设计．国防科技大学学报，2007，31（2）：25-30．

[30] 彭祺擘．考虑应急返回能力的载人登月轨道优化设计及特性分析．长沙：国防科技大学，2012．

[31] 孙龙，刘映国．2011 年世界载人航天发展综合分析．载人航天，2012，18（1）：92-96．

[32] 唐国金，罗亚中，雍恩米．航天器轨迹优化理论、方法及应用．北京：科学出版社，2012．

[33] 童宝润．时间统一系统．北京：国防工业出版社，2003．

[34] 郗晓宁．月球探测器轨道动力学及其设计．上海：中国科学院上海天文台，2000．

[35] 郗晓宁，曾国强，任萱，等．月球探测器轨道设计．北京：国防工业出版社，2001．

[36] 郗晓宁，王威．近地航天器轨道基础．长沙：国防科技大学出版社，2003．

[37] 叶培建，彭兢．深空探测与我国深空探测展望．中国工程科学，2006，8（10）：13-18．

[38] 赵汉元．飞行器再入动力学和制导．长沙：国防科技大学出版社，1997：100-283．

[39] 赵见明，梁晓珩，葛之江．火星探测新进展．航天器工程，2002，11（4）：78-86．

[40] 周晚萌，李海阳，王华，等．基于 SIM 仿真平台的载人登月软着陆任务研究．第五届载人航天（国际）学术大会，西安，2018．

第 3 部分

载人航天系统仿真

第8章　逃逸与应急救生仿真系统设计与应用

逃逸与应急救生在载人航天任务中是小概率事件，对于一次性火箭和飞船，进行逃逸与应急救生飞行试验成本是高昂的，而无损型的地面试验数据则可以充分利用，因此设计高性能的仿真系统，集成各部件地面试验的成果，模拟仿真各种工况的逃逸与应急救生任务，取代或部分取代飞行试验，具有重要的工程意义。

8.1　逃逸救生仿真系统

以逃逸飞行器的研制为背景，构建逃逸救生仿真系统，根据服务的工程研制阶段和仿真任务的不同可以分为两套系统：一是服务于设计阶段，以集成分析为核心的系统；二是服务于测试和飞行试验阶段，以测试和设计改进为核心的系统。两套系统有相似的数学模型和核心架构，这里一起论述。

8.1.1　系统仿真需求

8.1.1.1　任务目的

针对逃逸飞行器设计阶段和测试试验阶段的运载火箭总体设计需求，研制具有高置信度的仿真系统，并进行纯数字和半实物仿真试验，以有效替代飞行试验，进行逃逸飞行器的设计验证、逃逸救生方案制定及评价，为工程研制、技术协调和管理决策等提供可信平台和定量依据。

逃逸救生仿真软件的具体任务是对 0～110 km 高度逃逸飞行器在各种情况下的工作程序、分离性能、逃逸性能、稳定性能、结构完整性等进行仿真，在充分的地面试验和有限次 0-0 状态飞行试验基础上，达到不做耗资巨大的高空飞行试验，利用数字仿真验证逃逸飞行器性能的目的。仿真软件应对有塔（或无塔）逃逸情况下的逃逸飞行器、故障火箭、返回舱等飞行器的飞行性能、稳定性能、结构完整性以及它们的分离过程进行仿真，同时将大量计算结果转化为人们更容易理解和观察的视景图像，实现对数字仿真计算结果的可视化处理。仿真软件还应具有返回舱落点预测功能，以便及时对航天员组织救援（李东旭，2003）。

8.1.1.2 仿真任务要求

仿真要求可以大体分为功能要求和性能要求两部分，性能要求除了软件工程化、软件可靠性等方面外，很多是和功能直接对应的技术指标，如精度、效率、稳定性等。下面以功能要求为主进行介绍。

逃逸救生仿真系统的功能要求可以分为三大部分：以动力学与控制为核心的分析和设计功能、以逃逸程控器嵌入测试为核心的半实物仿真功能和以数据/图形为核心的仿真辅助功能。

以动力学与控制为核心的分析和设计功能包括：

1）弹道仿真功能，实现在上升段的任意时刻逃逸仿真系统都能给出标准仿真、偏差仿真和故障仿真三种结果；

2）分离仿真功能，实现对两个分离过程（逃逸飞行器分别与运载火箭和返回舱的分离过程）两目标的质心运动和姿态运动，以及一系列机构运动（如栅格翼展开、推杆工作等）的仿真功能，实现两体相对运动分析、碰撞判断和碰撞后果分析功能；

3）运动稳定性仿真功能，实现在线或离线的动态稳定性分析；

4）结构完整性仿真功能，实现在线或离线的结构刚度和强度校核；

5）离线气动参数辨识功能，实现仿真气动参数的有效估算；

6）爆炸威胁分析的功能，能够分析不同飞行阶段爆炸对航天员的安全威胁。

以逃逸程控器嵌入测试为核心的半实物仿真功能包括：

　　1）实时仿真功能，仿真过程中应在积分步长取 5～6 ms 情况下保证系统各部分运行保持与实时硬件设备同步；

　　2）实现实时地接收逃逸指令、逃逸时序及与逃逸有关的故障设置功能，实时接收火箭运动参数，实时发送逃逸飞行器运动参数。

　　以数据/图形为核心的仿真辅助功能包括：

　　1）输入输出数据管理功能，包括在线和离线的曲线数表显示，数据存储管理等；

　　2）仿真可视化演示，包括在线和离线的二维星下点、三维可视化演示；

　　3）自动生成仿真结果报告，并对结果进行评价，评价的内容主要是弹道性能、分离性能、运动稳定性和结构完整性；

　　4）在线帮助功能。

8.1.1.3　技术难点

　　逃逸救生仿真系统是国内较早面向工程研制的系统仿真软件，其研制始于 1994 年，当时的计算机硬件、软件以及航天系统仿真工具能力还非常有限，因此系统研制存在很大的技术挑战。技术难点主要有以下方面：

　　1）满足仿真飞行试验要求的逃逸飞行器系统建模；

　　2）基于地面试验和高阶模型的仿真模型参数辨识；

　　3）大型专用仿真软件开发；

　　4）半实物仿真同步管理。

8.1.2　仿真系统架构与组成

　　针对辅助设计分析需求，早期开发的逃逸救生仿真软件采用集中式架构，将主要的计算分析模块集中在一台计算工作站上，如图 8-1 所示（李海阳，1997）。其中，SGI Power Indigo2 XZ 为 64 位工作站，在当时具有较好的计算性能，主要用于仿真计算；SGI Indigo2 High Impact 为 32 位图形工作站，主要用于二维和三维可视化显示；微机用于实际飞行工作过程中外测和遥测数据的采集和预处理；光盘机、磁带机、打印机为必要的外部设备，仿真中两台工作站采用点对点通信建立同步连接。

该系统工作在 UNIX 操作系统上，仿真计算软件采用 Fortran90 开发，可视化软件采用 C 语言开发。

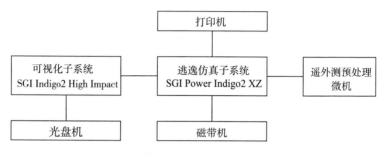

图 8 - 1　全数字逃逸救生仿真系统拓扑结构

针对实物测试仿真需求，进一步开发的半实物仿真系统在集中计算分析的基础上，采用分布式仿真的理念进行拓展，保证了系统具有良好的继承性和可拓展性，系统拓扑结构如图 8 - 2 所示。其中，逃逸仿真和可视化继承了全数字仿真的模型和部分代码，故障

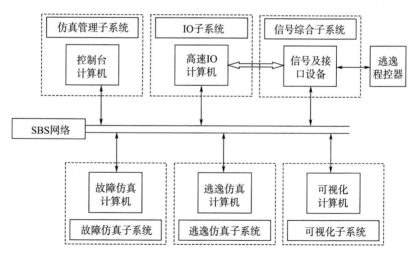

图 8 - 2　半实物逃逸救生仿真系统拓扑结构

仿真子系统用于模拟逃逸救生面临的各种故障想定，IO 子系统用于硬件设备的接入，信号综合子系统用于实现逃逸程控器的接入以及随机偏差物理信号等的生成，仿真管理子系统用于整个仿真系统的仿真管理，各计算机通过 3B3 网络建立实时连接。

　　该系统工作在 Windows NT 操作系统上，与仿真计算相关的子系统采用 C 语言开发，可视化子系统采用 C 语言基于 Multigen/Vega 开发。

　　逃逸仿真子系统可以划分为四个模块：输入管理、仿真计算、离线分析和输出计算，如图 8-3 所示。其中仿真计算模块是逃逸救生仿真子系统的核心部分，仿真计算模块进一步划分为逃逸程序计算、飞行性能评价、运载弹道、逃逸弹道、分离分析、稳定性分析、质量特性分析、载荷分析、结构完整性分析、爆炸危害分析、数学基础算法等仿真子模块。下面重点介绍仿真计算子系统的几个典型子模块。

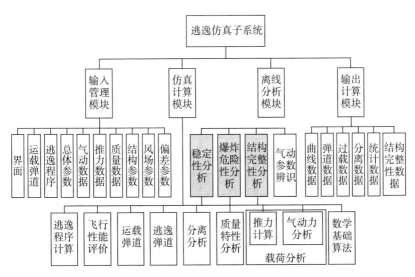

图 8-3　逃逸仿真子系统的功能模块划分

（1）逃逸弹道子模块

逃逸弹道子模块以发射惯性坐标系为基准计算逃逸飞行器的位置和姿态随时间的变化关系。该子模块需要考虑逃逸飞行器的质心偏心、质量不对称对运动的影响，结构刚度对逃逸主发动机推力矢量的影响，气动阻尼和结构阻尼对姿态运动的影响，整流罩在支撑机构的作用下发生变形引起的栅格翼不对称气动力变化等系列工程设计因素。在上升段过程中任意时刻开始逃逸都能给出标准弹道、偏差弹道和故障弹道三种仿真结果。可以用蒙特卡洛法随机选取参数偏差进行偏差弹道分析，并对结果进行统计。故障弹道仿真在标准弹道的基础上进行，结合偏差弹道分析结果分析故障偏差弹道，确定不能满足逃逸要求的边界条件。

（2）分离分析子模块

逃逸飞行器与故障运载火箭分离时，当栅格翼展开动作完成且逃逸分离面之间的距离大于 2 倍逃逸飞行器直径时，分离工作完成。返回舱与逃逸飞行器分离时，当返回舱距逃逸分离面的距离约 4 倍逃逸飞行器直径时，分离工作完成。该模块需要考虑栅格翼的展开过程（同步性等）对逃逸飞行器与故障运载火箭分离的影响，分离面间分离插头、销针的分离力、铰链力对分离的影响，飞船密封板弹出对分离的影响，结构弹性、发动机点火冲击对分离力的影响，推力矢量偏心对分离的影响，质量特性变化，二体之间的气动干扰等工程设计因素。返回船与逃逸飞行器分离时，要考虑返回舱和轨道舱之间火工推杆以及连接插头产生的力及其偏差。一般分离要求返回舱和逃逸飞行器分离时不发生碰撞，万一发生碰撞就要进行碰撞后果分析，给出碰撞点及冲量。

（3）逃逸程序计算子模块

逃逸程序计算子模块在联网模式工作，接收从大系统发出的逃逸指令及逃逸时序，并模拟飞船系统发出飞船密封板分离及返回舱与轨道舱分离（二次分离）信号。在单机工作模式，可按仿真前设置进行逃逸程序指令模拟。此子模块应该能够适应故障仿真的相关设置。

（4）质量特性分析子模块

质量特性分析子模块能够给出任意时刻正常及故障工况下逃逸飞行器的质量、质心和惯量张量特性。

（5）载荷分析子模块

载荷分析子模块包括推力计算和气动力分析两部分，负责计算发动机、气动等各类载荷，包括计算所有发动机推力、工作时间及其偏差；计算在任何高度下运载火箭发生爆炸后，给定时间情况下空间任意点的冲击波超压和热流密度；计算风场模型；计算任意时刻逃逸飞行器的气动力系数、力矩系数、阻尼系数及偏差；计算气动和喷流造成的热载荷等。

（6）稳定性分析子模块

稳定性分析子模块进行静态稳定前提下的动态稳定性研究。考虑到实时性要求，在线稳定性分析仅对相应动力学方程组系数矩阵的特征值进行计算，以给出不稳定倍增期并进行稳定性判断。离线稳定性分析还要进行以下工作：确定相轨线以及稳定相轨线与不稳定相轨线的分界线；当存在极限环时，确定极限环的位置；确定对应不同初始条件下的稳定运动性态；分析各种扰动因素对稳定性的影响，确定在各种初始条件下的稳定边界、振动周期和对应的频率；分析在非线性干扰力矩作用下的多种谐波运动及其共振现象；分析纵向与横向运动的耦合情况；考虑逃逸飞行器弹性（弯曲刚度）对稳定性的影响；根据发射场的气象资料给出随机风模型，对不同的风力、梯度进行运动稳定性分析，给出稳定性边界；考虑栅格翼展开过程和展开锁定后，抖振对稳定性的影响；研究质心位置变化对稳定性的影响，确定稳定边界对应的质心位置范围；研究控制发动机产生的偏航或俯仰力矩对稳定性的影响；分析由于栅格翼不对称引起的气动力不对称对运动稳定性的影响；分析在有过载的情况下，返回舱后移引起质心位置变化对稳定性的影响等。

（7）结构完整性分析子模块

结构完整性分析子模块用于确定给定部位和部组件的载荷；判断机构的强度是否满足要求，判断的依据由设计部门给定或试验值确定。需要考虑的部位和部组件包括：整流罩上推力矢量调整面、逃逸塔分离面、前锥与前柱段对接面、前柱段与后锥对接面、阻尼器在整流罩上的连接点、栅格翼等重点部位的连接强度，支撑机构在载荷的作用下是否会失去刚性支撑，阻尼器在展开冲击条件下的强度，栅格翼的强度分析和刚度分析，解锁机构的连接强度等。在分析中需要考虑热载荷的影响，支撑机构刚度对载荷分配的影响，栅格翼展开、锁定时冲击载荷对栅格翼、阻尼器、整流罩的影响，发动机启动段带来的冲击影响等工程设计因素。对于在线结构完整性分析，只计算处于任意飞行状态的逃逸飞行器各关键部位的静载荷，并与设计载荷进行比较，给出成功、报警或失败信息。

（8）气动参数辨识子模块

气动参数辨识子模块由建模前估计法和最大似然法两个功能模块组成。其任务是用 0-0 逃逸飞行试验实测的弹道参数和发动机燃烧室压强数据辨识逃逸飞行器的气动参数。进行识别的参数包括逃逸飞行器压心系数（有喷流和无喷流）、逃逸飞行器横向力系数（有喷流和无喷流）、逃逸飞行器轴向力系数（有喷流和无喷流）、逃逸飞行器气动力矩系数等。此模块只在离线仿真时单独调用。

可视化子系统在接近真实的场景下，以三维实体形式显示从发射到逃逸飞行器落地全程的运载火箭、逃逸飞行器和返回舱飞行状态和各种动作。主要包括发射场及附近环境的漫游；运载火箭点火起飞显示，并配置音效和火光；运载火箭飞行（根据姿态、位置参数）和主要动作（助推器脱落、级间分离、抛整流罩、发动机点火等），直至飞船入轨全过程显示；各种状态下的逃逸飞行过程显示等。

8.1.3 仿真运行模式与流程

逃逸救生仿真系统有三种仿真运行模式：

1）SBS 系统实时仿真运行模式：在实时网络架构下，逃逸仿真子系统被动运行，逃逸飞行程序动态设定，组成逃逸救生半实物仿真系统；

2）以太网本地仿真运行模式：逃逸仿真子系统和可视化子系统通过以太网进行通信，完成各种设定仿真状态的逃逸飞行器飞行性能仿真和可视化；

3）单机本地仿真运行模式：逃逸仿真子系统独立完成各种设定仿真状态的逃逸飞行器飞行性能仿真。

几种仿真运行模式下，除了数据传递关系和调度方式不同外，仿真的主体逻辑差别不大。下面用 N－S 图（史济民，1990；孙振飞，1987）给出主要的仿真流程。

图 8－4 给出了仿真主程序的流程。图中 simulation 为仿真主程序名，（ID：general _ 011 ）为内部控制的程序编号；外部变量和内部变量给出了接口变量和局部控制特征变量，采用 Fortran90 语法定义，比如 simulate _ module 为预先定义的数据结构，I _ simulate 为结构体中的一个变量，标识仿真类型，分为标准仿真、偏差仿真和故障仿真；各段矩形框给出序列操作说明，其中小框中的标识名对应需要调用的子程序。

图 8－5 给出了标准仿真程序的流程。图中变量和函数表述和图 8－4 类似，涉及变量较多，可以实现故障火箭和逃逸飞行器给定运载标准轨道、给定逃逸时刻情况下的仿真。其中 four _ determined _ step、four _ undermined _ step 和 eight _ determined _ step 为核心计算程序，负责对逃逸过程的动力学积分求解。

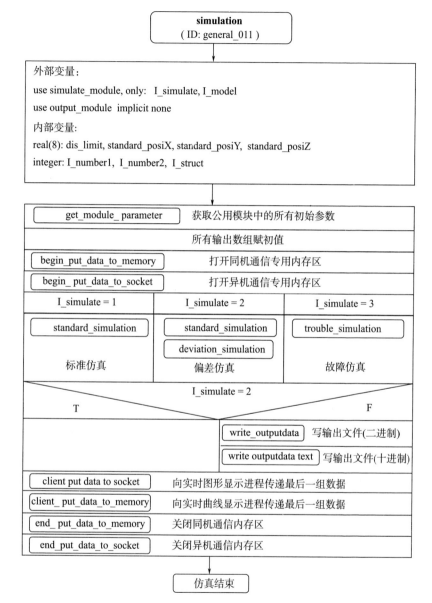

图 8-4　仿真主程序 N-S图

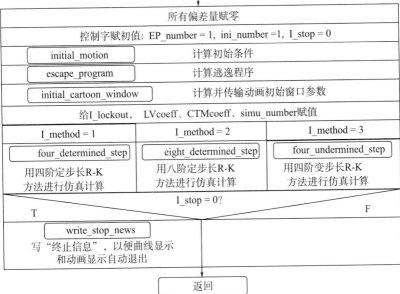

图 8-5　标准仿真程序 N-S 图

8.1.4　仿真系统运行示例

逃逸救生仿真系统具有三种运行模式,可以仿真大气层内四种逃逸救生模式,具有标准仿真、偏差仿真、故障仿真等不同的仿真试验想定,可以构成逃逸救生系统辅助设计、核心部件测试、飞行试验同步分析的工具平台。

图 8-6 给出了发射台逃逸情况的三维可视化效果图,通过可视化可以直观地对逃逸救生过程中的运动仿真合理性、轨迹安全、碰撞风险进行评测。

图 8-6　发射台逃逸可视化图

图 8-7 给出了在发射坐标系下发射台逃逸情况的运动轨迹和在体坐标系下过载随时间的变化。从轴向过载曲线可以看出,逃逸初始段由于逃逸主发动机开机,因此轴向过载达到第一个峰值,由于高空逃逸发动机在 4～5 s 开机,轴向载荷达到第二个峰值,二次分离发生在 28 s 附近,轴向载荷达到第三个峰值;从法向和横向过载曲线可以看出,逃逸初始阶段,俯仰通道控制会带来一定的法向摆动,而横向波动不大。从位置曲线可以看到,发射台逃逸时的逃逸

高度和逃逸距离有限，是危险工况，但仿真结果在工程设计允许范围内。

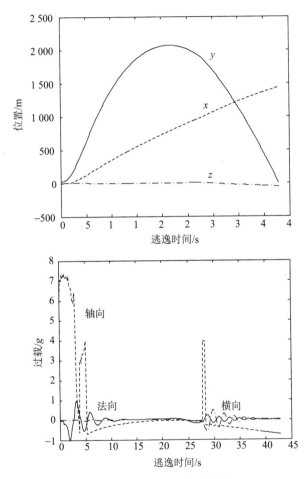

图 8-7　发射台逃逸仿真结果

　　图 8-8 给出了 120 s 逃逸情况在发射坐标系下的运动轨迹和体坐标系下过载随时间的变化，该算例对应有塔逃逸末段。从过载曲线可以看出，逃逸初始段由于主发动机开机，过载达到最大，二次分离发生在 55 s 附近；二次分离后，由于再入稠密大气的影响，会

产生较大轴向过载和横向、法向摆动，但此时返回舱已经分离，逃逸飞行器运动对工程影响已经不大。

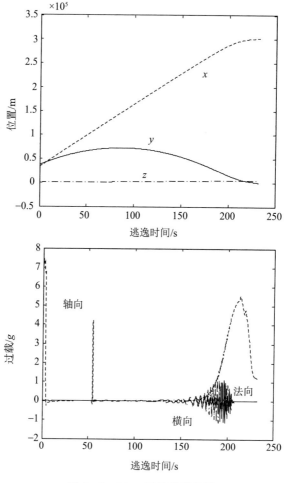

图 8-8　120 s 逃逸仿真结果

　　图 8-9 给出了 200 s 逃逸情况在发射坐标系下的运动轨迹和体坐标系下过载随时间的变化，该算例对应逃逸救生末段，属于无塔逃逸救生模式。图中因航程较大，将其曲线缩小到十分之一比例，而过载只取了前 20 s 数据。从过载曲线可以看出，逃逸初始段由于

高空逃逸发动机开机，有较大过载，二次分离发生在 16 s 附近；这段时间内横向、法向过载极其微小，仅法向过载在高空逃逸开关机时刻可见小幅波动，这源于高空逃逸情况无控制发动机工作；后续时间段的仿真结果表明再入稠密大气后，无塔逃逸飞行器会出现翻滚，这源于无塔逃逸飞行器的气动稳定性能较差，但此段工程意义不大，图中没有给出。

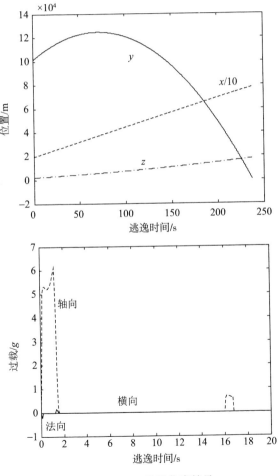

图 8-9 200 s 逃逸仿真结果

8.2 应急救生仿真系统

以载人飞船应急救生子系统的研制为背景，构建应急救生仿真系统。飞船应急救生子系统的专属设备有限，关键在于如何通过飞船 GNC 软件，充分利用现有的设备，实现有效脱离故障飞行器、安全返回指定的应急救生落区。

8.2.1 系统仿真需求

8.2.1.1 任务目的

针对载人飞船应急救生子系统设计、测试和飞行试验阶段的总体设计需求，研制具有高置信度的仿真系统，并进行纯数字和软件在回路仿真试验，以有效替代实际飞行试验，进行应急救生子系统的设计验证、飞船逃逸救生软件测试、飞行试验中救生性能实时判定等工作，为工程研制、技术协调和管理决策等提供可信平台和定量依据。

应急救生仿真软件的具体任务是对载人飞船发射段应急救生的全过程进行仿真，囊括发射段全部八种救生模式，仿真时间跨度从运载火箭发射前准备开始，到返回舱着陆结束，能够对飞船的动力学性能、控制性能、人员安全性、开伞性能、落区、系统间接口等问题进行综合评测，达到部分替代应急救生飞行试验的目的。

8.2.1.2 仿真任务要求

类似逃逸救生仿真系统，仿真要求也可以大体分为功能要求和性能要求两部分。应急救生仿真系统的功能要求也可以分为三大部分：以动力学与控制为核心的分析和设计功能、以飞船应急救生GNC软件嵌入测试为核心的软件在回路仿真功能、以数据和图形为核心的仿真辅助功能。其中，仿真辅助功能与逃逸救生仿真系统除针对具体对象不同外，要求内容大体相同，这里不重复。

以动力学与控制为核心的分析和设计功能包括（李颐黎，

2004)：

1）待发段应急救生仿真，能够模拟发射台逃逸（救生模式Ⅰ）从逃逸指令发出到返回舱落地的全过程；

2）发射段大气层内应急救生仿真，能够模拟救生模式Ⅰ、Ⅱ、Ⅲ、Ⅳ从运载发射到返回舱落地的全过程；

3）发射段大气层外应急救生仿真，能够模拟救生模式Ⅴ、Ⅵ、Ⅶ、Ⅷ从运载发射到返回舱落地的全过程；

4）根据标称弹道和偏差弹道数据，模拟故障火箭的质心和姿态运动，并保证速度积分与位置数据的一致性，以确保加速度计模型的有效输出；

5）在救生模式Ⅰ、Ⅱ、Ⅲ、Ⅳ中，对逃逸救生飞行器的仿真与逃逸救生仿真系统保持一致；

6）飞船仿真能够适应八种救生模式中三舱、两舱和单返回舱等不同构型；

7）能够仿真低空、中空、高空等不同开伞模式，对降落伞展开过程的动力学特性进行模拟；

8）偏差仿真能够适应运载弹道偏差、逃逸飞行器偏差、飞船偏差、降落伞偏差、大气及风场偏差等；

9）能够给出应急救生的成功和报警评测，充分考虑过载、分离参数、开伞参数、着陆性能、落区等因素。

以飞船应急救生 GNC 软件嵌入测试为核心的软件在回路仿真功能包括：

1）飞船应急救生 GNC 软件嵌入功能，辅以软件实现的惯性测量模拟器、发动机控制仿真等模块；

2）软实时和超实时仿真功能，在积分步长取 5～6 ms 时可保证系统仿真速度通过时钟控制达到实时，或以最快速度实现 3 倍以上超实时。

8.2.1.3　技术难点

应急救生仿真系统构建于 2003—2005 年，是逃逸救生仿真系统的拓展，在仿真建模、系统架构、软件工程管理、仿真应用等方面，可以充分借鉴逃逸救生仿真系统的成果。而应急救生仿真系统需要考虑的救生模式增加了一倍，需要考虑运载火箭发射到返回舱着陆的全过程，涉及更多的飞行器构型切换，涉及的专题跨度更大，建模难度更大，软件协调难度更大。

8.2.2　仿真系统架构与组成

8.2.2.1　设计思想

根据应急救生仿真系统需求特点，系统整体采用分布式架构，系统的设计与集成遵循"适用、可靠、先进、经济"的基本原则。根据系统的特点，综合考虑以下几个方面的问题：

（1）开放性

系统软硬件平台、通信接口、软件开发工具、网络结构的选择要遵循开放标准，即系统必须是一个开放的系统。只有开放的系统才能满足互操作性、可移植性以及可伸缩性的要求，才能与其他系统实现无缝的互操作，系统才可能从一种平台移植到另一种平台，不断为系统的升级、扩展创造条件。

（2）集成性

系统必须有与其他仿真软件集成的接口，在仿真软件开发时可采用必要的、成熟的商业仿真软件进行系统集成，同时也可以为整个系统打下一个高质量的基础，建立高水准的开发起点，减少大量的低水平重复开发。

（3）模块化

复杂系统设计的基本方法依然是结构化系统分析设计方法（史济民，1990；孙振飞，1987）。把一个复杂系统分解成相对独立和简单的若干子系统，每个子系统又分解为更简单的模块，这样自顶向下逐层模块化分解，直到底层每个模块都是可具体说明和可执行的为止。系统模型进行层次化模块分解，也是功能模块可重用的要求。

8.2.2.2　系统组成

应急救生仿真系统由火箭仿真子系统、舱体仿真子系统、遥测注入子系统、GNC 子系统、三维可视化子系统、星下点显示子系统、仿真管理子系统等七部分组成，如图 8-10 所示。

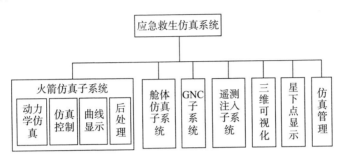

图 8-10　应急救生仿真系统组成

（1）火箭仿真子系统

火箭仿真子系统的任务是对运载火箭的点火发射及其上升过程、大气层内逃逸救生中逃逸飞行器的动力学特性进行模拟，可以分为动力学仿真、子系统仿真控制、曲线显示、后处理等模块，子系统仿真控制模块根据运载和逃逸救生有关的标志位，实现状态切换，动力学仿真模块为舱体仿真子系统和仿真管理子系统提供实时数据，同时为三维可视化子系统提供运载火箭和逃逸飞行器的动画驱动数据。

（2）舱体仿真子系统

在建立满足要求的飞行动力学仿真数学模型的基础上，模拟飞船的实际飞行情况。仿真数学模型不同于工程设计模型，应突出输入输出关系和控制规律与实际飞船一致，满足飞船输入输出的精度、系统延时等要求。

（3）遥测注入子系统

遥测注入子系统模拟地面指令上传注入。

（4）GNC 子系统

GNC 子系统由导航器件（数学模型）模块、导航计算模块、指令生成模块等组成，其中导航计算模块和指令生成模块将直接嵌入船上飞行软件，实现软件在回路仿真。

（5）三维可视化子系统

三维可视化子系统形象直观地反映载人飞船应急救生全过程的情况，即根据仿真数据，利用计算机真实感图像生成技术，表现出应急救生中飞行器分离及调姿、发动机点火、返回舱再入、开伞着陆等飞行动作及过程。

（6）星下点显示子系统

星下点显示子系统根据飞行器的经纬度在二维地图上标出飞行器运动过程以及飞行器与应急着陆场的位置关系。星下点显示配合三维场景，可以给出飞行器运动的全局景象，便于工程技术人员掌握飞行器运动状态。

（7）仿真管理子系统

仿真管理子系统对整个仿真系统的运行提供调度和管理，它并不是模拟中央计算机的功能，而是为整个系统的正常运行提供协调服务。通过初始化过程，由调度管理程序实现仿真子系统状态的确定、缓冲区的动态创建/管理以及仿真同步等功能。仿真系统中各节点运行独立的仿真过程，通过网络实现与其他子系统的互操作，同时接受仿真管理子系统的协调与控制。

8.2.2.3　系统拓扑结构

载人飞船应急救生仿真系统硬件拓扑结构如图 8 - 11 所示。

应急救生仿真系统由 7 个分布式仿真节点构成，网络连接采用美国 SBS 公司星型实时网拓扑方案。SBS 公司 VMEbus 端口卡通过 SBS HUB 配置网络，网络中各 Windows NT 节点采用支持 PCI 总线的 MODEL 15 - 901 节点卡，这种广播内存的连接传输率为 43 Mbit/s，写延迟是 10 μs，优先权更高的节点延迟更小，并且是可以预知的（蒋自成，2003）。

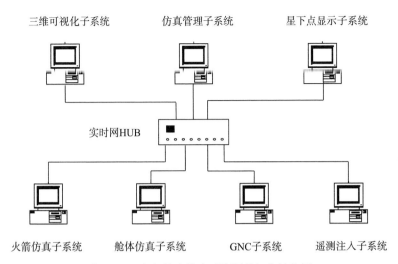

图 8 - 11　应急救生仿真系统硬件拓扑结构图

位于操作系统之上的广播内存是基于虚拟内存 NETRAM 来实现的，网上所有节点（计算机）都装有节点卡并享有自己的 NETRAM。它们通过光缆安装在中心 HUB 上的一个端口卡上。写入本地节点卡的数据对 HUB 是以广播方式传送的，同时写入所有节点的 NETRAM。HUB 将各种数据流广播传送到所有节点的普通数据流里，广播内存保证数据同时并且按同一顺序到达所有的节点内存。这样所有的节点能通过写入 NETRAM 的方式，透明地、确定地广播中断、消息或者数据块到其他的节点。其结构示意图如图 8 - 12 所示。

SBS 网络对于实时仿真具有独特优势，但是不便于用户之间的文档共享和习惯使用，所以对于文档共享交互，采用相同的网络拓扑结构，利用高速以太网联接应急救生仿真系统的各节点计算机。

应急救生仿真系统各节点采用高性能微机，配置主流操作系统 Windows XP 或 Windows 2000，开发软件主体为 Visual C++6.0。可视化开发采用了 Multigen、Vega、OpenGL 等软件工具。

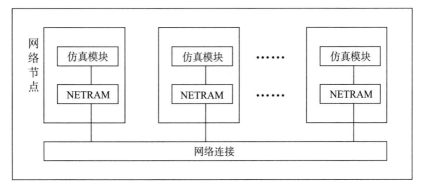

图 8-12　虚拟共享内存结构示意图

8.2.3　仿真运行模式与流程

逃逸救生仿真系统有两种仿真模式：

1) 实时仿真模式：由管理节点通过物理时钟调控仿真速度，在确保每帧数据同步的基础上，与真实时间变化一致（Glass，1983）；

2) 超实时仿真模式：只需要确保接入节点的数据同步，以最快的速度推进系统运行。

仿真运行控制由仿真管理节点和其他节点共同完成。仿真管理子系统包括三大模块：界面及仿真运行控制模块、SBS 网络管理模块、控制台管理模块。控制台管理模块用于采集处理控制台上的按钮、指示灯等部件，仿真运行控制包括对系统的初始化、启动、暂停/继续、停止、复位以及非实时仿真时的仿真加速/减速等功能。SBS 网络管理模块是仿真系统节点控制的核心模块，通过各节点网络读写标志字实现对各节点的读写同步，其流程如图 8-13 所示。

逃逸救生仿真系统的节点分为两类：一类是同步节点，另一类是异步节点。根据 SBS 网络的广播内存机制，在网络层面，各节点设计为同构、动态的。所谓同构，即各节点对网络数据具有相同的读写控制结构，不直接区分服务器/客户端以及同步/异步节点，而将这些特性交给各分布节点自己区分处理；所谓动态，即各节点可

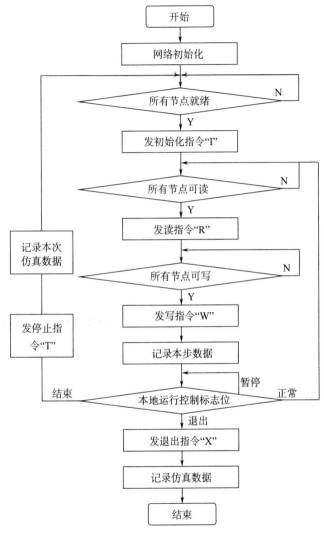

图 8 - 13　节点控制流程

以在仿真过程中动态添加和退出，当然当关键同步节点退出时仿真
会中断，需要再次加入后继续。同步节点包括仿真管理节点、火箭
仿真节点、舱体仿真节点、GNC 节点、遥测注入节点，在每步仿真
中，需要执行完本节点仿真任务后再发出本节点写完成标志信息。

异步节点包括三维可视化节点和星下点显示节点，在每步仿真中，在将当前帧网络数据读到本地后，就发出本节点写完成标志信息，而仿真工作则在本地的另外线程中进行，不影响系统的同步推进。

由于 SBS 实时网采用的是广播式共享内存，一个节点的数据更新后，其他节点在几十纳秒内也会被更新，网络数据并没有一个固定单一的流向，所有节点的共享内存相互映射成为一个统一的整体，数据便保留在这个整体的内存空间里。尽管每个节点在网络上都有自己独立的物理内存空间，但由于网络映射使得这些内存空间里的数据在系统运行的绝大部分时间中实际上保持完全一致。实际仿真中，各节点独立管理自己的初始化和结果数据，而通过开发规范形式，共同约定对指定数据区具有各自独立的写权限，对所有节点数据具有读权限，全系统仿真数据由火箭仿真节点负责汇总，实际仿真数据流关系如图 8-14 所示。

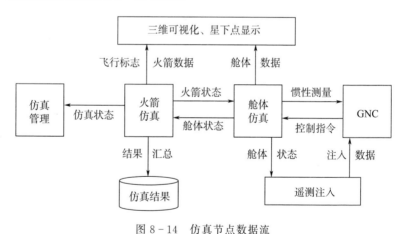

图 8-14　仿真节点数据流

8.2.4　仿真系统运行示例

应急救生仿真系统具有两种运行模式，可以对发射段八种应急救生模式进行仿真，具有标准仿真、偏差仿真等不同的仿真试验想定，可以构成应急救生系统辅助设计、核心软件测试、飞行试验同步分析的工具平台。

图 8-15 给出了应急救生模式 V 返回舱分离和着陆两个时刻的可视化图，通过可视化可以直观地对应急救生过程中的运动仿真合理性、仿真指令执行效果、轨迹安全等问题进行评测。

图 8-15　应急救生模式 V 返回舱分离与着陆可视化图

图 8-16 给出了发射台逃逸应急救生仿真结果。在该算例中，轨道舱和返回舱在 24 s 左右分离，在 31 s 左右执行低空开伞程序，拉出引导伞、减速伞，在 37 s 左右开主伞，149 s 返回舱着陆。图中曲线为每隔一秒输出一个仿真数据的结果；位置图中虚线、实线、点划线分别代表发射坐标系中三个方向的坐标；速度图中虚线、实线、点划线分别代表发射坐标系中相对速度矢量的三个投影；姿态图中虚线、实线、点划线分别代表返回舱体坐标系相对发射坐标系的俯仰角、偏航角、滚转角，注意轨道舱在安装位置的体坐标系与逃逸飞行器的体坐标系 x 轴方向相反；角速度图中点线、虚线、实线、点划线分别代表角速度大小和角速度矢量的三个投影；后续算例曲线表示与此相同，不再重复。从仿真结果可以看出，逃逸段的结论与逃逸救生仿真系统的结论一致；应急救生飞行时间中，伞舱段时间较长，而此段飞行轨迹比较平稳，接近匀速下落；姿态曲线在 $\pm 180°$ 存在切换，这是角度定义引起的，不意味着姿态发生快速波动；返回舱和逃逸飞行器分离后，姿态控制和大气扰动会带来较大的姿态变化，产生一定的角速度，但角速度变化比较平缓；开伞

后由于伞拉力较大，存在较强的冲击力，并且开始是单点吊挂，后转为双点吊挂，有很大的扰动力矩，会出现小幅快速晃动，伴以较大的角速度。

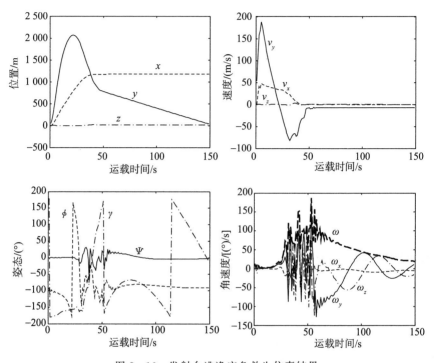

图 8-16　发射台逃逸应急救生仿真结果

需要指出，在伞舱段后期，晃动频率接近 1，仿真曲线会出现失真，对比图 8-17 可以看出角速度曲线在后段的差别。图 8-17 为舱体子系统的仿真界面截图，时间从开伞起算。

图 8-18 给出了 50 s 逃逸应急救生仿真结果。在该算例中，轨道舱和返回舱在 70 s 左右分离，在 115 s 左右执行中空 6 km 高度开伞程序，拉出引导伞、减速伞，在 131 s 左右开主伞，517 s 返回舱着陆。可以看出，6 km 开伞后伞舱组合体的晃动逐渐收敛到铅垂转动的状态。其中角速度图同样存在数据采样失真现象。

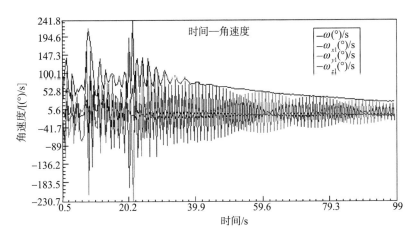

图 8-17 0-0 逃逸伞舱段舱体仿真结果截图

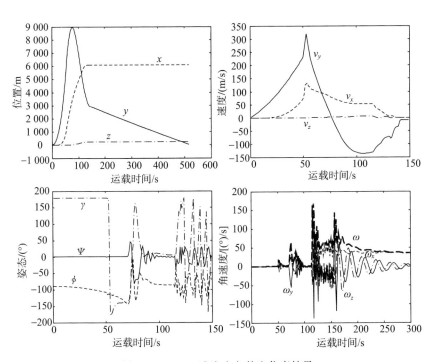

图 8-18 50 s 逃逸应急救生仿真结果

图 8-19 给出了 260 s 逃逸应急救生仿真结果，对应救生模式
Ⅴ。图中位置在发射坐标系 x 和 y 方向的数值分别按 1/10 和 1/2 的
比例缩小。在该算例中，飞船与运载火箭分离后，在 316 s 左右执行
变轨机动，进行落点控制，在 336 s 和 341 s 附近，先后和轨道舱、
推进舱分离，在 606 s 左右执行正常 10 km 高度开伞程序，拉出引导
伞、减速伞，在 622 s 左右开主伞，1 371 s 返回舱着陆。可以看出，
大气层外应急救生状态初始时刻速度大、海拔高、落点远，有较充
分的时间利用飞船推进舱能力进行应急落区控制，可以按照正常程
序执行开伞控制。开伞后的运动规律和前一算例大同小异，为清晰
起见，这里的姿态图和角速度图分别在 650 s 和 600 s 进行了截断。

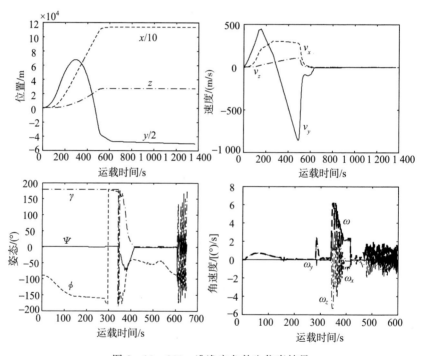

图 8-19　260 s 逃逸应急救生仿真结果

参 考 文 献

［1］ GLASS R L. Real‐time software. Englewood Cliffs：Prentice‐Hall，1983.
［2］ 蒋自成. 异构网络环境下的仿真调度管理子系统设计与实现. 长沙：国防科技大学，2003.
［3］ 李东旭. 逃逸飞行器分离动力学与仿真. 北京：科学出版社，2003.
［4］ 李海阳. 载人飞船逃逸飞行器的结构完整性仿真研究. 长沙：国防科技大学，1997.
［5］ 李颐黎，张书庭，柯伦. 神舟飞船应急救生分系统研制与飞行结果评价. 航天器工程，2004，13（1）：104‐110.
［6］ 史济民. 软件工程原理、方法与应用. 北京：高等教育出版社，1990.
［7］ 孙振飞. 软件工程概论. 长沙：湖南科学技术出版社，1987.

第 9 章   交会对接仿真系统设计与应用

　　交会对接任务是一项高风险、高投入、高度复杂而又高精度的系统工程。交会对接任务设计过程中，仿真是一个不可缺少的环节，并贯穿整个任务的始终。采用仿真技术不需要复杂的地面试验设备，相比传统地面试验可以省钱、省力、省时。同时，通过仿真也可以对飞行故障等地面试验无法验证的环节进行检验，达到飞行试验前充分验证的目的。因此，相对于传统的地面试验，仿真具有经济性好、预测性强等优点。美国、俄罗斯（苏联）、欧洲和日本在交会对接仿真方面都投入了大量精力，分别建立了多个交会对接仿真系统（唐国金，2008）。本章介绍交会对接飞行任务仿真与规划系统、交会对接全系统联合仿真系统和遥操作交会仿真系统三个典型系统，这三个系统涵盖了交会对接方案设计、飞行试验准备和新技术研究三个方面，是随我国载人航天交会对接技术发展而逐步建立的。

9.1   交会对接飞行任务仿真与规划系统

9.1.1   系统仿真需求

9.1.1.1   任务目的

　　根据我国载人航天三步走战略，实现空间交会对接是载人航天工程第二步战略的重要任务之一。交会对接过程参与的航天器和系统比较多，仅在初期就包括：运输飞船、长寿命目标飞行器、地面测控网、海事或中继卫星系统、GPS/GLONASS 等。协调如此多的系统频繁开展交会对接试验难度很大，因此要求必须充分利用先进的任务设计与地面仿真验证技术。

　　通过建立飞行任务仿真与规划系统，可为交会对接总体方案、飞船总体与工程总体及其他大系统间的接口方案提供集成设计和验证手段。该系统旨在作为交会对接方案和初/正样研制的设计工具和验证软件。

9.1.1.2　仿真任务要求

交会对接飞行任务仿真与规划系统利用先进的仿真与规划技术的优势，对交会对接技术的研究和试验提供总体规划与设计，并提供快速的可视化仿真分析验证，保证我国交会对接技术的顺利突破。其具体要求包括：

1) 交会对接飞行任务仿真与规划系统可以对交会对接技术的总体研究提供一个集成化设计规划工具，解决三个层次的问题：一是交会对接飞行任务剖面确定，包括发射窗口确定等；二是飞行控制策略制定，包括交会对接飞控策略、目标飞行器长期运控策略制定、故障情况下的变轨方案等；三是飞行任务执行中的飞行程序编排，提高飞控指令生成速度与准确性。

2) 提供交会对接飞行全过程各阶段快速可视化仿真验证与分析评估支持，包括针对飞行试验要求、正常和故障飞行程序、飞行预案、故障预案的快速可视化分析和验证，特别是对地面其他试验手段无法验证的远程导引策略、绕飞方案、组合体控制等方案的仿真验证。

9.1.1.3　技术难点

本系统的研究对象是交会对接这一复杂的航天专用系统，研究的问题涉及飞行任务设计、系统建模与仿真、软件研制等多个方面，覆盖面广、技术复杂，这些都给系统研究带来了诸多技术难题，具体体现在以下几个方面：

1) 交会对接是一个规模宏大、技术复杂的航天应用系统，涉及对象多样，技术难度高。我国首次开展交会对接项目的研制，对这一复杂系统的了解不全面，认识不深刻，也没有相关的经验和技术可借鉴，这些都对本系统的研制提出了巨大的技术挑战。

2）交会对接飞行任务设计问题是一个复杂的大系统规划问题，涉及的规划任务复杂多样、约束多、耦合性强，给辅助设计模型框架构建和高效全局的规划策略研究带来了极大的困难。

3）交会对接系统仿真涉及了多个仿真实体（包括飞船、测量站、中继卫星等），要求实现 10 余个不同飞行阶段、三自由度和六自由度仿真、以及三维演示和精确打靶仿真等多种仿真需求，多样性的仿真对象和多层次性的仿真任务使得建模与仿真工作量大、技术难度高。

4）本系统研究成果直接面向工程设计阶段的设计验证与改进、飞行试验阶段的地面伴飞等任务需求，要求辅助设计模型和仿真模型的粒度要足够细，尽量接近工程实际，模型要进行充分验证。确保模型粒度和模型验证一致是困扰仿真领域的技术难题，在本系统中同样也是一个技术难题。

5）本系统所研制的软件系统是一个分布式大型软件系统，节点多，节点之间数据流程复杂，同时该软件系统作为交会对接综合实验室的核心软件功能单元，与其他功能单元的外部接口复杂且是不断变化的，这些都导致软件研制工作异常复杂、技术难点多。

9.1.2　仿真系统架构与组成

9.1.2.1　总体架构

交会对接综合实验室共包括 A、B、C、D 四个功能单元和管理与调度系统，其中 A 单元为交会对接飞行任务仿真与规划系统，由管理及数据库分系统、飞行任务规划分系统、飞行任务仿真分系统和可视化分系统四大部分组成，如图 9 - 1 所示，并通过以太网与综合实验室中的其他单元进行数据交互。

系统共包含 20 个节点，其中，管理及数据库分系统占 3 个节点，飞行任务规划分系统占 3 个节点，飞行任务仿真分系统占 10 个节点，可视化分系统占 4 个节点并连接了高清投影仪，拓扑结构如图 9 - 2 所示。

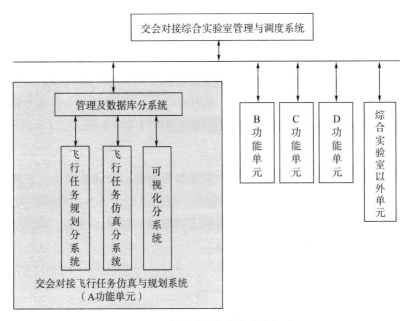

图 9-1　交会对接综合实验室组成

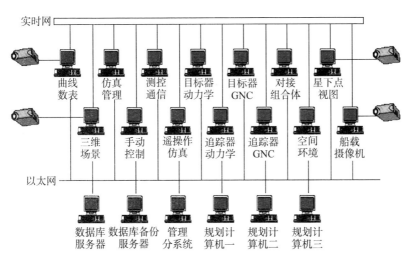

图 9-2　交会对接飞行任务仿真与规划系统硬件拓扑结构

　　所有计算机采用高速以太网连接，为了提高仿真速度，飞行任务仿真分系统与可视化分系统还同时采用了实时网连接，实时网采用的是 GE 公司的 VMIC 实时网。

　　四个分系统面向交会对接技术研制的不同需求，联合起来是一个涵盖交会对接技术方案论证、初样研制、正样研制、飞行任务准备、飞行试验及试验后分析等阶段的立体综合支持系统。

9.1.2.2　管理及数据库分系统

　　管理及数据库分系统是整个系统的控制中心和数据中心，它对整个系统中各分系统进行监视、协调、调度、控制，并负责对规划、仿真、可视化回放、动力学等数据进行管理、储存、检索。管理及数据库分系统组成如图 9-3 所示。

图 9-3　管理及数据库分系统组成

9.1.2.3　飞行任务规划分系统

　　飞行任务规划分系统可以对交会对接全过程进行任务规划，并研究各种约束和干扰对任务规划的影响。任务规划考虑的约束和干扰主要包括多飞行器约束、地面及天基测控约束、自主测量设备性能约束、空间环境摄动干扰、发动机羽流干扰等。规划结果可交付飞行任务仿真分系统进行详细仿真验证。飞行任务规划分系统组成如图 9-4 所示，部分界面如图 9-5 所示。

9.1.2.4　飞行任务仿真分系统

　　飞行任务仿真分系统对交会对接全过程进行实时/快速仿真分析，用于验证飞行方案规划和飞行程序设计结果，对飞行试验轨道、发射窗口、测控覆盖、通信链路、交会和对接动力学、交会对接控制策略、对接撤离与返回策略和空间环境影响等进行验证分析。飞行任务仿真分系统组成如图 9-6 所示。

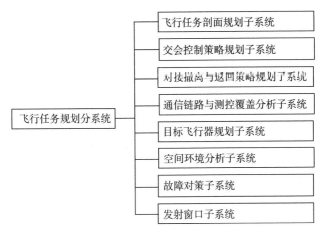

图 9-4　飞行任务规划分系统组成

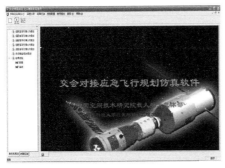

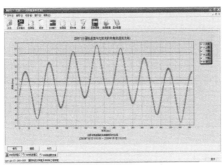

图 9-5　飞行任务规划分系统部分界面

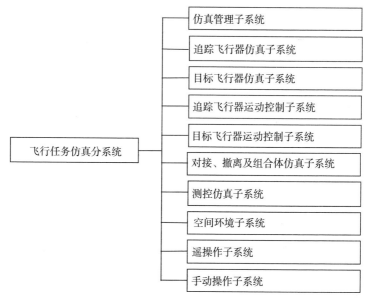

图 9-6　飞行任务仿真分系统组成

9.1.2.5　可视化分系统

可视化分系统可以将飞行任务辅助设计和仿真结果以直观的形式演示出来，也可以用来回放飞行试验数据。可视化分系统组成如图 9-7 所示，部分界面如图 9-8 所示。

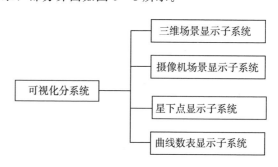

图 9-7　可视化分系统组成

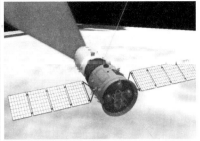

图 9 - 8　可视化分系统部分界面

9.1.3　仿真运行数据流

　　系统的操作主要有两种：飞行任务仿真和飞行任务规划。这两种操作在数据层次有着密切的联系，但在操作运行中则相对独立。

　　图 9 - 9 给出了在飞行任务仿真时各分系统间的数据流。仿真控制主要由飞行任务仿真分系统完成，仿真初始化数据和仿真结果数据全部通过文件存取；管理分系统在前处理时提供模型初始化数据文件的更新服务，在后处理中提供对指定仿真结果的数据库存档服务，在整个运行过程中对单元的状态进行监控；可视化分系统对仿真过程中的飞行信息进行同步演示，同时将演示过程存档以备仿真回放。

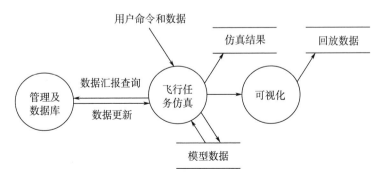

图 9 - 9　仿真过程中的数据流

图 9 - 10 给出了在飞行任务规划时各分系统间的数据流。各项规划任务由飞行任务规划分系统完成，规划的初始化数据和规划详细结果数据全部通过文件存取；管理分系统在前处理时提供模型初始化数据文件的更新服务，在后处理中提供对指定仿真结果的数据库存档服务，在整个运行过程中对单元的状态进行监控。

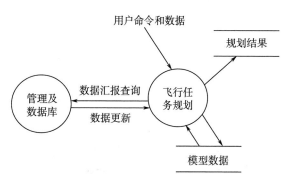

图 9 - 10　飞行任务规划中的数据流

9.1.4　仿真系统应用

自 2003 年起，该系统开始论证，克服了问题本身复杂、方案和具体设备参数变动频繁、时间紧迫等难题，经过多次迭代，最终于 2008 年将系统构建完成，共历时五年。仿真现场照片如图 9 - 11 所示。

本着急用先行的原则，本软件在原型系统建成后就投入了对载人航天二期方案论证工作中，进行了多项仿真及分析工作。自 2003 年起，在交会对接总体方案论证、目标飞行器和 SZ - 8 载人飞船方案设计及初样设计、历次载人飞船交会对接飞行任务中，该系统承担了大量的辅助设计和仿真验证工作，并在系统原定功能之外补充了一些专用功能和专门分析。下面对主要工作进行简单说明。

图 9 - 11　可视化分系统现场图

9.1.4.1　远距离导引段仿真

追踪器标称初始轨道参数为：半长轴 $a = 6\,627$ km，偏心率 $e = 0.008\,45$，轨道倾角 $i = 42.393°$，升交点赤经 $\Omega = 205.594°$，近地点角距 $\omega = 124.439°$，真近点角 $f = 0°$，飞船入轨时刻对应的北京时间为 $2010 - 3 - 21$ $10:30:00$。

目标器轨道参数为（密切轨道根数）：半长轴 $a = 6\,713.470$ km，偏心率 $e = 0.000\,291$，倾角 $i = 42.391°$，升交点赤经 $\Omega = 205.362°$，近地点角距 $\omega = 281.244°$，真近点角 $f = 317.215°$。

远距离导引段轨道机动采用的特殊点变轨方案（张进，2008）如表 9 - 1、表 9 - 2 所示，远距离导引段飞行终端条件要求追踪器进入与目标轨道相对高度差约为 20 km 的圆轨道，相对距离约 77 km。远距离导引段飞行时间设定为 148 500 s。

轨道机动近似为脉冲变轨，轨道计算过程考虑 J_2、J_4 摄动和空气阻力影响。

表 9 - 1　特殊点变轨方案 1

变轨序列	变轨圈数	变轨任务
第一次	第 5 圈	远地点变轨进入调相轨道
第二次	第 9 圈	升交点消除轨道倾角偏差
第三次	第 14 圈	纬度幅角最高点消除赤经偏差
第四次	第 17 圈	近地点变轨提高远地点高度
第五次	第 21 圈	远地点变轨进行轨道圆化

表 9 - 2　特殊点变轨方案 2

变轨序列	变轨圈数	变轨任务
第一次	第 5 圈	远地点变轨进入调相轨道
第二次	第 12 圈	同时消除轨道倾角偏差和赤经偏差
第三次	第 17 圈	近地点变轨提高远地点高度
第四次	第 21 圈	远地点变轨进行轨道圆化
第五次	第 25 圈	轨道组合修正

升交点赤经入轨偏差 0.4°，轨道倾角入轨偏差在 −0.2°～0.2°之间变化，三种变轨方案脉冲总大小如图 9 - 12 所示。

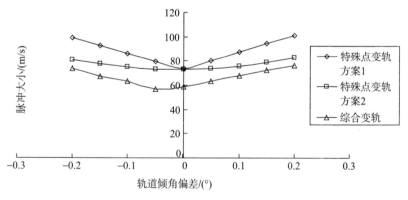

图 9 - 12　轨道平面外偏差对三种变轨方案脉冲的影响

初始轨道偏差情况下，不考虑过程偏差，通过调整轨道机动脉冲，均能满足终端位置要求。轨道倾角偏差与升交点赤经偏差都存在时，特殊点变轨方案 2（联合修正）要优于特殊点方案 1（变轨单独修正），约可以节省 0～18％的推进剂。当没有轨道倾角偏差时，两种方案所需脉冲总大小没有明显差别。综合变轨方案相对于特殊点变轨联合修正方案更优，约可以节省 0～16％的推进剂。

9.1.4.2　寻的段仿真

寻的段起点为距空间实验室 77 km，低于目标轨道 20 km 的后下方，终点为距空间实验室 5 km 的同一轨道高度后方，飞行时间约为 0.7 圈。寻的段采用三次机动，每次机动时间间隔相等。

（1）仿真条件

起点状态根据远距离导引段标称轨道仿真结果，增加法向位置偏差 ±1 km，切向和径向位置偏差 ±2 km；速度增量关机偏差为 $0.015+0.000\ 8\Delta V$，在速度增量关机故障情况下，采用时间关机，偏差为 $0.1\Delta V$；相对测量在 20 km 之前采用差分 GPS/GRONASS，20 km 之后采用激光雷达测量。

（2）自主控制仿真

寻的段相对位置和速度如图 9-13 所示。

正常情况下 100 次仿真，终点位置如图 9-14 所示，推进剂消耗平均值为 35 kg。

（3）安全性分析

寻的段安全性分析采用 C-W 数学模型进行计算（王华，2007）。

如果第一个冲量没有执行，飞行器沿与 V-bar 平行的轨迹继续向前运动。

如果第二个冲量没有执行，飞行器将沿滚动椭圆轨迹运动，这一椭圆轨迹的远拱点落在目标器-V-bar 方向 5 km、R-bar 方向 8 km 附近，近拱点与初始点高度相同。下一个远拱点落在目标器 V-bar 方向 146 km 附近。

如果第三个冲量没有执行，飞行器将沿滚动椭圆轨迹运动，这一椭圆轨迹的远拱点落在 V-bar 上。下一个远拱点落在目标器 V-bar 方向 70 km 附近，相对轨迹如图 9-15 所示。

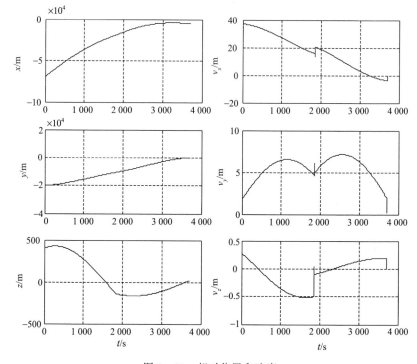

图 9 - 13　相对位置和速度

（4）仿真结论

根据交会对接方案，寻的段终点控制精度位置 500 m，速度 0.2 m/s，正常情况下，寻的段控制精度满足下一阶段控制要求。根据交会对接方案，寻的段推进剂消耗不大于 50 kg，正常情况下，推进剂满足要求。寻的段机动失败，不会存在碰撞危险，距目标器最近距离约为 10 km。

9.1.4.3　接近段仿真

接近段起点为两航天器相距约 5 km 的同一轨道，终点为相距 150 m 的同一轨道高度停泊点，接近段飞行时间约为 0.5 圈。起点状态根据寻的段仿真结果位置偏差±500 m，速度偏差±0.2 m/s；相对测量采用激光雷达测量。接近段相对位置和速度如图 9 - 16 所示。

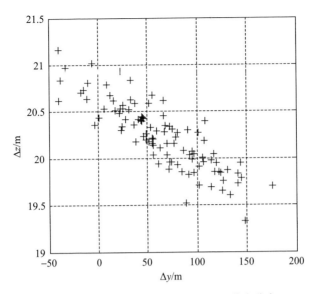

图 9 - 14　100 次仿真的横向相对位置落点分布

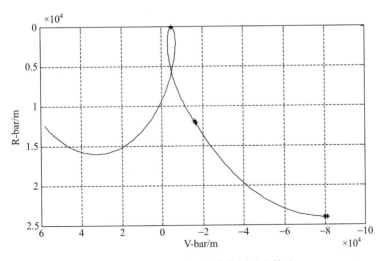

图 9 - 15　第三个冲量没有作用时的轨迹

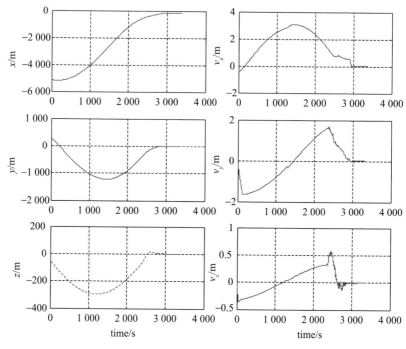

图 9 - 16　相对位置和速度

根据交会对接方案，接近段终点控制位置精度 15 m，速度精度 0.1 m/s，正常情况下，接近段控制精度满足下一阶段控制要求。接近段推进剂消耗不大于分配的 70 kg，正常情况下，推进剂满足要求。

9.1.4.4　平移靠拢段仿真

平移靠拢段是指从测量设备切换为 CCD 到两航天器对接机构接触（朱仁章，2005）。本阶段起点为两航天器相距约 150 m 或 100 m 的同一轨道，采用六自由度控制，飞行时间约为 10 min。起点状态根据接近段仿真结果位置偏差±15 m，速度偏差±0.1 m/s。相对位置和速度如图 9 - 17 所示。控制精度如图 9 - 18 所示。

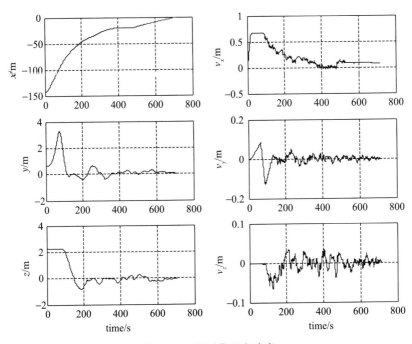

图 9 - 17 相对位置和速度

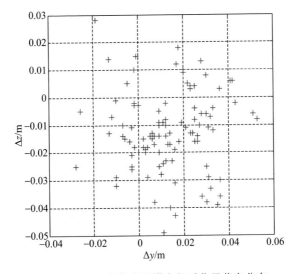

图 9 - 18 100 次仿真的横向相对位置落点分布

根据对接初始条件要求，平移靠拢段控制精度满足要求。根据推进剂消耗分析，平移靠拢段推进剂消耗不大于分配的 40 kg，推进剂消耗满足要求。

9.1.4.5　撤离段仿真

正前方、正后方撤离方案采用直线式 C - W 制导控制算法（梁立波，2006）。这是确定时间内、确定脉冲数的多脉冲交会算法。正后方撤离仿真初始条件：初始相对坐标为 $x_0 = -17.5$ m，$y_0 = 0$，$z_0 = 0$；初始相对速度为 $\dot{x}_0 = -1.0$ m/s，$\dot{y}_0 = 0$，$\dot{z}_0 = 0$。

追踪器从初始位置以 -1.0 m/s 的速度沿 - V - bar 漂移到 (-150 m，0，0)，然后开始执行制导控制算法。施加脉冲次数为 4；终端相对坐标为 $x_T = -10\,000$ m，$y_T = 0$，$z_T = 0$；终端相对速度为 $\dot{x}_T = -10$ m/s，$\dot{y}_T = 0$，$\dot{z}_T = 0$。撤离相对轨迹如图 9 - 19 所示。

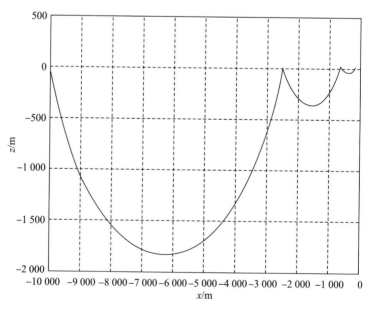

图 9 - 19　正后方撤离方案轨迹

正后方撤离仿真时间为 2 519.93 s，总的速度增量大小为 19.550 3 m/s。在相同的仿真初始条件下，在目标器 VVLH 轨道坐标系中看，正前方和正后方撤离方案没有什么不同。但是如果对接时追踪器在目标器正后方，若要正前方撤离，首先航天器要调姿，调到追踪器在目标器正前方。

9.2　交会对接全系统联合仿真系统

9.2.1　系统仿真需求

9.2.1.1　任务目的

交会对接飞行任务具有参与系统多，流程复杂，飞行控制难度大，实时性要求强等特点。只有进行合理的任务设计和充分的地面验证后，才可能在有限的几次飞行试验中突破并掌握交会对接技术。为保证通过两至三次飞行试验充分掌握该技术，载人航天工程大总体决定在飞行试验前建设交会对接全系统联合仿真系统，将交会对接涉及的各大分系统纳入仿真系统，构建软件在回路、硬件在回路、人在回路仿真系统，对交会对接全任务过程进行仿真，从而充分验证系统接口、任务软件和控制策略（周建平，2013）。

进行交会对接任务全系统联合仿真的任务目的是：

1）全任务剖面验证。验证交会对接全任务剖面各系统间、各飞行阶段间接口的正确性与合理性。

2）任务软件验证。验证交会对接飞行试验时所使用的任务软件的正确性，这些软件包括发射窗口计算软件、地面定轨控制与注入软件、星上 GNC 软件等。

3）飞控策略验证。验证飞行控制策略的正确性和有效性，验证与轨道有关的偏差因素对飞行控制性能的影响，验证与轨道有关的故障模式与对策，验证和优化飞控模式。

4）飞行过程直观演示。直观演示交会对接任务飞行过程，在飞行试验前提供直观的三维场景、二维星下点等可视化图像。

9.2.1.2　仿真任务要求

为了达到充分验证的目的，构建交会对接任务全系统联合仿真系统的设计思想是尽可能集成现有任务类软件，并充分考虑交会对接过程中航天员的因素。仿真系统任务要求如下：

1）各大系统任务软硬件在回路。仿真中可能嵌入的任务类软件包括：飞行任务剖面规划软件，如飞行器发射窗口计算软件，追踪飞行器入轨点确定软件等；上升段计算软件，如火箭上升段标称弹道计算软件；地面飞控软件，如轨道确定、预报以及变轨策略规划软件等；星上软件，包括追踪航天器 GNC 软件和目标航天器 GNC 软件等。

2）任务人员在回路。包括执行手动交会对接操作的航天员和执行地面飞控任务操作的飞控人员等。

3）研制配套仿真软件形成仿真闭环。研制动力学类仿真软件、测控通信类仿真软件、仿真管理类软件、可视化类软件等，实现整个飞行任务的仿真闭环，对交会对接全任务剖面进行全面、真实的仿真计算。

9.2.1.3　技术难点

交会对接全系统联合仿真是我国载人航天领域首次由工程大总体组织进行的联合仿真，面临着前期经验少、组织难度大、需要集成的软硬件复杂等困难，由此导致仿真建模和系统设计难度很大，具体体现在以下几个方面：

1）各任务软件运行软硬件平台差异大。建立交会对接全任务联合仿真系统时需要充分继承已有的实际任务类软件，将这些软件集成到仿真系统中，这些任务类软件运行平台差异很大。例如，航天员手控交会对接训练模拟器是专用设备，包含航天员操作显示面板、操作手柄、舱内音响模拟等定制设备，地面测控任务软件需要很高可靠性，因此通常采用 SUN 等服务器硬件，软件运行环境通常为 Solaris 等操作系统。而仿真系统通常采用微机和 Windows 操作系统。因此，必须采用不同方式集成这些任务软件。

2）任务软件需要专业地面飞控人员进行操作，手控对接需要航天员操作，因此必须将人纳入回路，构建人在回路仿真，并考虑人操作时的仿真实时性。

3）各任务软件运行机制和运行周期差异大。星上 GNC 控制回路的周期通常为几百毫秒量级，由于追踪器和目标器控制周期不同，仿真周期比控制周期更小，要高精度地仿真 GNC 控制回路过程，必须以毫秒级的仿真步长运行。天地大回路的控制周期通常为秒量级，其对仿真步长要求不高，如果采用毫秒级小步长仿真，则会影响仿真速度。任务软件中有的软件需要按照时间驱动，有的软件需要按照流程驱动，必须采取不同的仿真驱动策略。

4）仿真模型精度要求很高。本系统需补充动力学、遥外测等模型，使任务软件形成闭环。这些补充的仿真模型直接用于任务软件检验和飞行试验放行，要求仿真模型粒度尽量小，模型精度必须与实际工程任务软件一致。

5）交会对接飞行试验包括目标器发射、调相、飞船发射、远距离导引、自主控制、组合体运行、二次对接、撤离等过程，如图 9-20 所示，任务流程和系统之间的接口复杂，导致仿真流程和模型之间数据流程复杂。

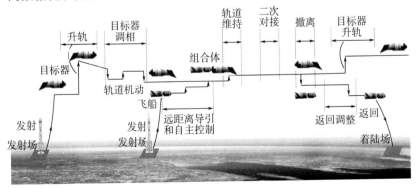

图 9-20　交会对接飞行任务全过程

6）仿真系统可靠性要求高。仿真试验时需要大量任务人员参与，并且需要与任务软件平行运行，仿真系统的故障将导致大量的人力和资源浪费，甚至会影响飞行试验准备正常进行，因此仿真系统的底层数据交互可靠性和长时间运行可靠性必须达到很高要求，保证飞行试验的正确性和连续性。

9.2.2　仿真系统架构与组成

9.2.2.1　架构层次设计

交会对接全系统联合仿真系统建设思路是以飞行任务为主线，集成各大系统任务软件，构建全系统参与的覆盖全任务剖面的大型联合仿真系统，系统层次结构如图9-21所示。

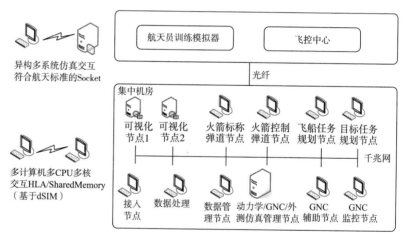

图9-21　交会对接全系统联合仿真系统架构

交会对接全系统联合仿真系统采用了两层交互架构，分别是基于HLA/SharedMemory的多计算机多CPU多核仿真交互层和基于Socket的异构多系统仿真交互层。其中，基于HLA/SharedMemory的多计算机多CPU多核仿真交互层又包括共享内存仿真交互层和HLA仿真交互层。三种交互层的特点如表9-3所示。

表 9 - 3　三种仿真交互层的特点

仿真交互层	适用范围	特点
共享内存仿真交互层	主要解决分布在多个 CPU 或多个 CPU 核心上多个进程之间的数据交互问题	交互速度快,能够满足毫秒级的仿真步长要求,并能充分利用多个 CPU 多个内核的运算能力
HLA 仿真交互层	主要解决分布在多个计算机上的多个程序之间的数据交互问题	交互速度较快,能够满足秒级的仿真步长要求,并能充分利用多台计算机的运算能力
Socket 仿真交互层	主要解决分布在多个不同位置的异构软件之间的数据交互问题	灵活性好,能够在不改变现有任务软件软硬件体系结构的情况下,快速将其集成到仿真系统中

交会对接全系统联合仿真系统将飞船任务规划等可以移植的任务软件集中到仿真集中机房。集中机房内软件采用分布式仿真平台 dSIM 集成,dSIM 采用了"HLA＋SharedMemory"两层交互结构,在符合 HLA 规范前提下提高了整体仿真速度,并且使得仿真模型与仿真应用完全独立。集中机房内采用千兆以太网连接,并配备了投影设备用于直观显示。

集中机房通过光纤与飞控中心、航天员训练模拟器等无法移植的软硬件连接。集中机房与外部采用符合任务系统标准的 Socket 交互方式。

交会对接任务全系统联合仿真系统形成内外两层闭环回路,如图 9 - 22 所示。

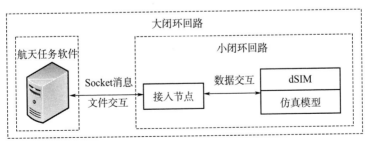

图 9 - 22　基于 Socket 的异构多系统仿真交互示意图

内层闭环回路包括仿真管理软件、动力学仿真软件、GNC 仿真软件、遥外测数据生成软件、可视化软件和接入软件，其中动力学软件模拟追踪器和目标器的轨道动力学，GNC 仿真软件模拟追踪器和目标器的星上 GNC 控制过程，遥外测数据生成软件模拟生成 USB、GPS 等遥外测数据。这几个软件形成一个闭环回路，模拟星上自主控制回路过程，以及仿真辅助功能。以上软件在 Visual C++6.0、Visual Studio 2008 集成开发环境中利用 C++语言开发。

外层闭环回路除包含内层闭环回路，还包括飞控中心地面任务软件、运载火箭标称弹道计算软件、运载火箭控制弹道计算软件、飞船任务规划软件、目标器任务规划软件、航天员训练模拟器。这些软件都是实际任务软件。这几个软件形成一个闭环回路，模拟天地大回路控制过程。

9.2.2.2 软件组成

交会对接任务全系统联合仿真系统的软件组成如图 9-23 所示。系统集成了航天员系统、载人/货运飞船系统、伴飞卫星系统、运载火箭系统、测控通信系统、空间实验室系统的任务软件，并新开发了仿真管理、动力学仿真、遥外测数据生成、接入、可视化等仿真支撑软件，通过网络将上述软件联成一个大型仿真系统，对交会对接全任务剖面进行全面、真实的仿真计算。

为了提高开发效率、保证轨道计算精度，动力学仿真软件在国防科技大学开发的航天动力学软件 AstroSim 基础上，进一步扩展开发。AstroSim 是航天系统分析与仿真领域的一个先进的桌面级通用软件，正确性经过了长期验证和大量测试（Zhou，2016）。AstroSim 不仅可以单独完成基本的航天系统分析与仿真任务，而且具有灵活的接口，可以方便地集成进入大型仿真系统中，或作为其他分析工具的运行平台（Zhou，2017）。在交会对接任务全系统联合仿真中，AstroSim 使用接口程序集成到仿真系统中，主要提供轨道计算功能，保证了仿真苛刻的计算速度要求和轨道计算精度要求。

接口程序开发仅用了不到 1 周时间，代码仅数百行。AstroSim 主界面如图 9 - 24 所示。

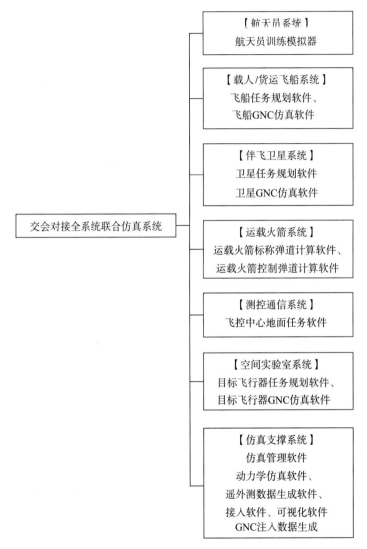

图 9 - 23   交会对接全系统联合仿真系统软件组成

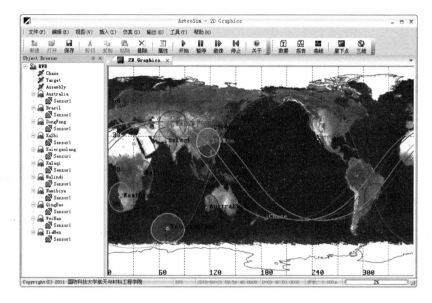

图 9 - 24　AstroSim 主界面

9.2.3　仿真运行模式

9.2.3.1　内部闭环仿真模式

　　该模式下仿真试验系统由集中机房内部动力学与仿真管理、GNC、外测中继、接入服务、任务规划、GNC 注入数据生成、可视化等软件及相关硬件组成,如图 9 - 25 所示。该模式具有独立性好、运行时间短等优点,可用于大量拉偏试验。

　　动力学软件生成的轨道数据,提供给飞船和目标器任务规划节点,以及 GNC 注入数据生成软件。飞船和目标器任务规划节点计算得到控制量,提供给 GNC 注入数据生成软件。GNC 注入数据生成软件根据控制量、轨道数据和其他注入参数生成注入数据,提供给接入节点,注入仿真系统中运行。

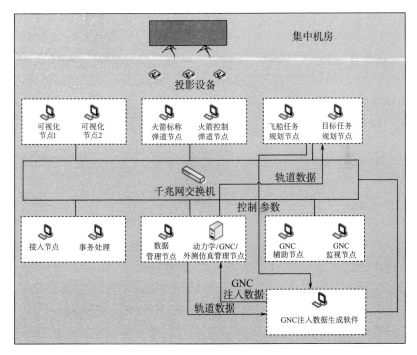

图 9 - 25　集中机房内部闭环运行模式系统构成

9.2.3.2　外部联合闭环模式

　　该模式仿真试验系统由集中机房、飞控中心、航天员训练模拟器的软硬件以及网络连接设备组成，如图 9 - 26 所示。该模式与实际飞行试验拓扑结构相同，具有真实、闭环的特点，可用于精确验证交会对接过程。

　　该模式又具有多种组合方式：集中机房与飞控中心闭环运行模式；集中机房与航天员训练模拟器闭环运行模式；集中机房与飞控中心、航天员训练模拟器闭环运行模式。

　　集中机房与飞控中心、交会对接训练模拟器之间通过相互发送信息实现数据交互。集中机房发送飞控中心的数据包括 USB 外测数据、中继卫星星历和测量数据、GPS 数据及控制计算结果等。飞控

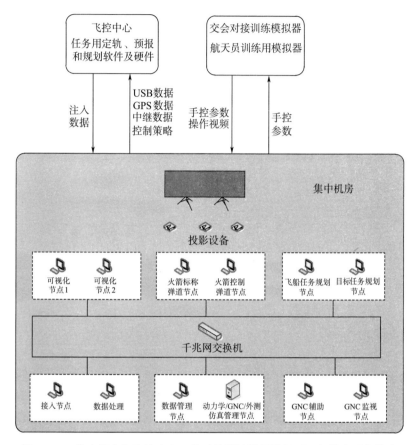

图 9 - 26　集中机房与飞控中心、航天员训练模拟器闭环运行模式系统构成

中心发送集中机房的数据包括轨道控制参数和控制量、返回参数和控制量、定轨预报结果和 GNC 注入数据等。集中机房发送给交会对接训练模拟器的数据包括手控操作所需的位置、速度、姿态等信息，交会对接训练模拟器发送给集中机房的数据包括手控操作信息，以及航天员操作时的视频。

9.2.4　仿真系统应用

交会对接全系统联合仿真系统从 2010 年开始进行方案设计，2011 年 6 月完成第一期建设。该系统集成了 11 家任务单位的 24 个任务用软硬件模块，是一个两市（北京市、西安市）四地的大型分布式仿真系统。基于该系统，进行了 SZ - 8 至 SZ - 11 历次飞行任务仿真试验。仿真部分可视化效果如图 9 - 27 所示。

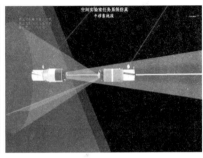

图 9 - 27　仿真部分可视化效果

交会对接全系统仿真试验包括标称仿真试验、故障（偏差）仿真试验两类。交会对接全系统仿真与各大系统进行的仿真不同，更关注总体方案和系统之间的接口，所以试验从大总体的角度进行设计。

9.2.4.1　标称试验

标称正常过程联合仿真试验是从目标器发射至飞船返回的全任务剖面仿真，仿真过程中所用数据未考虑偏差（如入轨点偏差、发动机推力偏差等）因素的影响。

标称正常过程联合仿真试验验证了飞行方案全任务剖面相关系统间和各飞行阶段间接口的正确性、飞行控制策略的正确性，并且直观演示了交会对接任务飞行过程，特别是飞船自主控制段控制过程。

标称正常过程联合仿真试验各阶段推进剂消耗情况如图 9 - 28～图 9 - 31 所示。

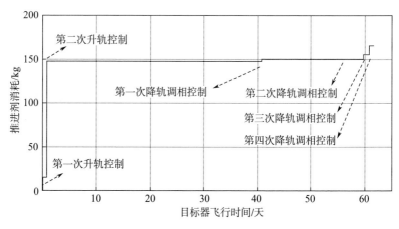

图 9 - 28　目标器推进剂消耗

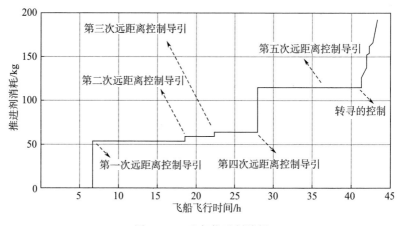

图 9 - 29　飞船推进剂消耗

标称正常过程联合仿真试验未考虑偏差因素的影响，因此推进剂消耗量与各飞行阶段推进剂可用量分配相比偏低。

太阳矢量与目标飞行器轨道面的夹角（太阳 Beta 角）变化情况如图 9 - 32 所示。在飞船发射前，约有 33 天太阳矢量与目标器轨道面夹角大于 25°。

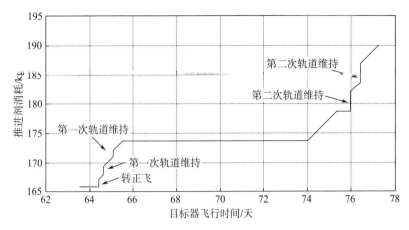

图 9 - 30　组合体期间目标器推进剂消耗

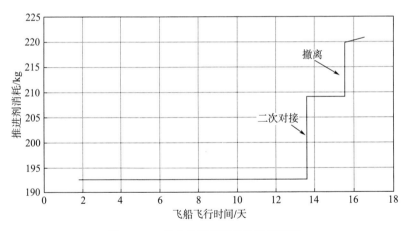

图 9 - 31　组合体期间飞船推进剂消耗

9.2.4.2　偏差试验

偏差正常过程联合仿真试验是从目标器发射至飞船返回的全任务剖面仿真，仿真过程中考虑偏差因素的影响。本次工况中考虑的偏差因素包括：入轨偏差、轨道机动偏差、空间环境变化等，结果如图 9-33～图 9-36 所示。偏差正常过程联合仿真试验验证了飞行方案全任

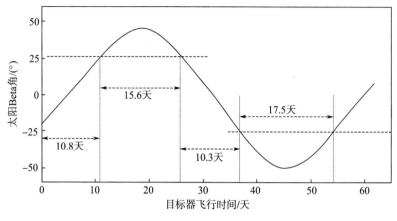

图 9 - 32　太阳矢量与目标器轨道面夹角

务剖面相关系统间和各飞行阶段间接口的正确性、与轨道有关的偏差
因素对飞行控制性能的影响和飞行控制策略的正确性。

　　目标器和飞船推进剂消耗与标称正常过程联合仿真试验相比，
目标器升轨控制和降轨调相控制多消耗 5 kg，飞船远距离导引段推
进剂多消耗 57 kg。

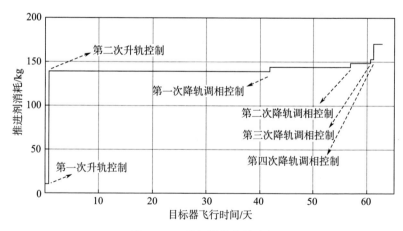

图 9 - 33　目标器推进剂消耗

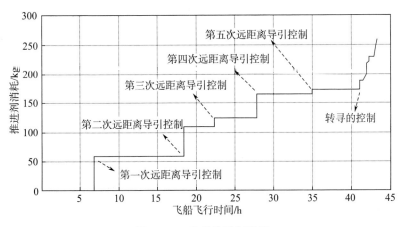

图 9 - 34　飞船推进剂消耗

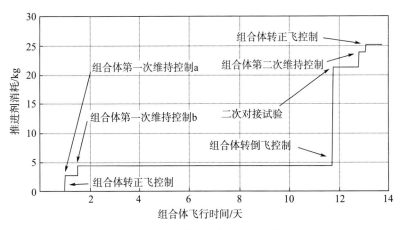

图 9 - 35　组合体飞行推进剂消耗情况

太阳矢量与目标器轨道面夹角变化情况如图 9 - 37 所示。在飞船发射前，约有 37 天太阳矢量与目标器轨道面夹角大于 25°。

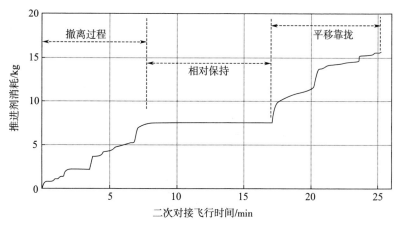

图 9 - 36　二次对接推进剂消耗情况

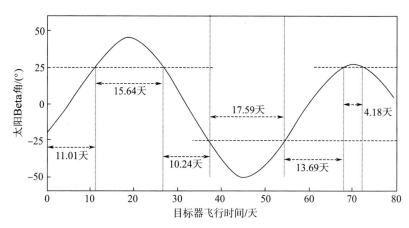

图 9 - 37　太阳矢量与目标器轨道面夹角情况

9.3　遥操作交会仿真系统

9.3.1　系统仿真需求

9.3.1.1　任务目的

我国载人航天工程二期和三期的任务重点是建设空间实验室和

空间站。空间站的建造和运行期间，需要进行大量的交会对接活动来完成空间站舱段的在轨组装以及人员和物品的天地往返运输，这就对交会对接过程的安全性与可靠性提出了更高的要求。目前我国开展了对空间站、货运飞船自动控制和手动控制交会对接的研究，并进行了相关的系统设计。为验证手控交会对接系统的可行性和正确性，必须有相应的仿真试验系统进行仿真和试验，为真实系统的设计提供依据。遥操作交会仿真试验系统正是为了解决这一问题而开展。它以货运飞船和空间站手控交会对接为背景，以半物理仿真的形式构建了一套手控交会对接仿真试验系统，模拟航天员手控遥操作交会对接过程，从而达到仿真试验的目的（周剑勇，2012）。

9.3.1.2　仿真任务要求

遥操作交会仿真系统任务要求包括：

1）实现研制遥操作交会动力学与控制模拟，真实模拟近地环境交会时飞船和空间站相对运动状态；

2）实现摄像机模拟显示，采用运动平台和摄像机实现目标器的摄像机图像模拟，模拟图像要求尽量接近真实的空间景象；

3）研制遥操作交会操作台，模拟真实遥操作控制手柄等设备，显示遥操作摄像机图像和其他参数，实现模拟操作环境。

9.3.1.3　技术难点

与传统的自动交会和手动交会技术相比，遥操作交会对接时操作人员并不直接位于追踪航天器上，因此导致仿真系统构建有以下难点：

1）遥操作交会对接的数据通信、数据中继等环节，将导致控制回路中存在时变的大时延，严重影响控制系统的稳定性和操作性能，这要求仿真系统必须严格控制系统内部数据时延，保证仿真系统实时性，以真实模拟实际图像传输和操作上传时延；

2）复杂力学和变化大时延环境，导致人操作的不确定性增大，仿真系统必须能够真实模拟摄像机图像和操作控制设备，以便真实模拟人操作视觉、触觉、听觉等环境，为人的操作能力研究提供基础；

3）为了模拟摄像机图像和人的操作，必须构建相应的硬件系统，多种软硬件集成导致仿真系统集成难度加大。

9.3.2　仿真系统架构与组成

遥操作交会仿真系统能够对遥操作交会任务场景进行模拟。基于遥操作交会仿真系统，可开展人在回路的仿真试验，对遥操作交会安全性及控制方法进行研究和验证（周剑勇，2013；张波，2014）。

如图 9-38 所示，遥操作交会仿真系统由综合仿真子系统、遥操作控制台子系统、运动平台子系统和可视化子系统组成，各子系统之间通过高速以太网相连。各子系统的组成与功能如表 9-4 所示。

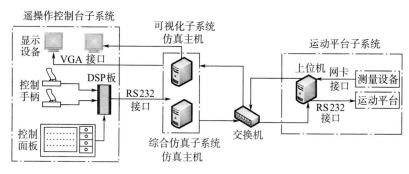

图 9-38　遥操作交会仿真系统组成

表 9-4　遥操作交会仿真系统组成

子系统	组成	主要功能
遥操作控制台子系统	显示设备	模拟地面控制中心子系统的显示终端设备
	控制手柄	模拟地面控制中心子系统的控制手柄
	控制面板	模拟地面控制中心子系统的控制面板

续表

子系统	组成	主要功能
综合仿真 子系统	仿真管理模块	综合管理仿真系统
	动力学与控制仿真模块	仿真航天器动力学，计算控制指令
	测量仿真模块	模拟激光雷达等测量设备
	时延模拟模块	模拟遥操作控制回路中的时延
运动平台 子系统	上位机	连接综合仿真子系统与九自由度运动平台
	九自由度运动平台	模拟遥操作交会的九自由度相对运动
	测量敏感器	利用 TV 摄像机进行相对运动图像的测量
	航天器缩比模型	模拟航天器构型，提供 TV 摄像机的安装平台
可视化 子系统	图像压缩模块	将 TV 图像进行压缩并传输
	图像显示模块	将压缩后的 TV 图像进行解压并显示
	预测信息显示模块	显示预测相对运动图像和数据

由以上设计可知，地面控制中心子系统的人机交互部分由遥操作控制台子系统模拟和可视化子系统模拟，其计算单元由综合仿真系统子系统模拟。综合仿真子系统还执行了航天器动力学、测控通信链路以及部分测量设备的模拟功能。运动平台子系统用于遥操作交会的运动学仿真，并为航天器模型和测量设备提供安装平台。

9.3.2.1　遥操作控制台子系统

遥操作控制台子系统主要模拟地面控制中心子系统的控制输入和显示输出功能，其各组成部件的具体描述如下。

（1）控制手柄

控制手柄用于采集操作人员的手控指令，包括平移运动控制手柄和姿态运动控制手柄，两种手柄各有三个操作自由度，其操作信息由 DSP 板进行采集，随后发送至综合仿真子系统的仿真管理模块，进行指令的识别和编排，然后转发至追踪航天器和目标航天器的动力学与控制模块执行。本文仅研究遥操作交会航天器的轨道相对运动，因此本节仅对平移控制手柄的操作极性进行设计，如图 9-39 所示。

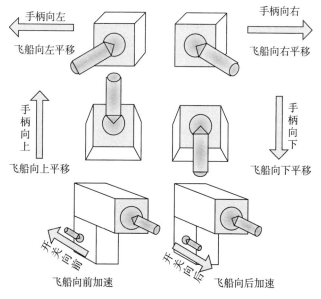

图 9 - 39　平移运动控制手柄操作极性

（2）控制面板

控制面板用于产生功能性控制指令，如切换 TV 宽窄视场、切换显示信息等。控制面板包括键盘开关、钮子开关以及状态指示灯等，如图 9 - 40 所示。控制面板的操作信息输出方式同控制手柄。

（3）显示设备

显示设备用于显示 TV 图像、预测图像及相对运动状态数据等。显示设备包含两台 12 英寸显示器，分辨率均为 1 024×768 像素，显示模式为彩色，显示器通过 VGA 接口与综合仿真子系统连接。遥操作控制台子系统实物如图 9 - 41 所示。

9.3.2.2　综合仿真子系统

综合仿真子系统的主要功能包括进行两交会航天器轨道动力学和姿态动力学的仿真、两航天器轨道控制和姿态控制的仿真、部分测量设备的功能仿真、时延的模拟以及整个仿真系统的综合管理。综合仿真子系统包括仿真管理模块、目标航天器和追踪航天器的动

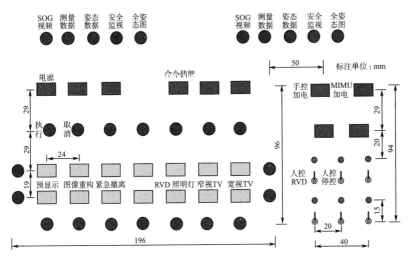

图 9-40　控制面板设计

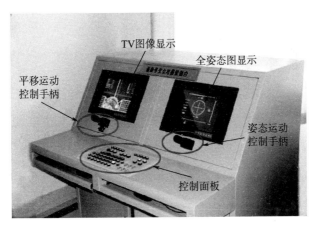

图 9-41　遥操作控制台子系统实物图

力学与控制仿真模块、测量仿真模块和时延模拟模块，各组成模块的具体描述如下。

（1）仿真管理模块

实现对仿真系统的综合管理，包括设置仿真初始条件、设置仿真工况、输出仿真结果、处理控制手柄和控制面板采集的操作信息以及管理各子系统间的数据交互等。

（2）目标航天器动力学与控制仿真模块

对目标航天器的动力学与控制进行仿真，包括轨道动力学和姿态动力学的仿真与控制。本书研究中假设目标航天器自主飞行，不做轨道机动，其姿态运动控制采用对地定向的自主控制，姿态偏差很小，可以忽略。地面控制中心仅对其运动状态进行监视，不实施遥操作控制。

（3）追踪航天器动力学与控制仿真模块

对追踪航天器的动力学与控制进行仿真，包括轨道动力学和姿态动力学的仿真与控制。本书仅对遥操作交会的相对轨道运动控制进行研究，因此假设追踪航天器的姿态运动控制采用对地定向的自主控制，姿态偏差很小，可以忽略。平移运动控制由地面操作人员进行遥操作控制。同时该模块还集成了状态预测算法、安全性评估方法和共享控制算法等，用以对操作人员的手动控制指令进行辅助。

（4）测量仿真模块

对仿真系统未安装的测量敏感器，如激光雷达、CCD相机等进行功能仿真。仿真的敏感器测量信息转换为目标航天器轨道坐标系中的相对位置和相对速度。可通过仿真管理界面对测量敏感器进行测量偏差设置。

（5）时延模拟模块

对遥操作交会系统控制回路中的时延进行模拟。该模块为每一个待发送的控制指令信号和测量信号等加盖时戳，在每一个仿真步长内获取当前CPU硬件时钟信号与待发送数据的时戳之间的时间差，比较该时间差与所设定的时延值的大小，当时间差大于时延值时，立即发送该数据，当时间差小于时延值时，暂缓发送该数据。其基本流程如图9-42所示。

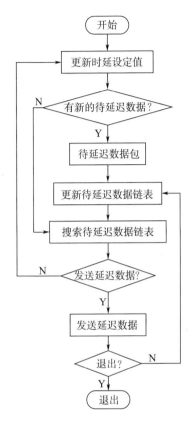

图 9 - 42 时延模拟算法流程

在遥操作交会过程中,时延大小是随机变化的。因此,在遥操作交会仿真过程中,时延设定值也是不断变化的,时延模拟模块需不断更新时延设定值的大小,并把满足时延设定值的控制指令和测量信息发送至相应的子系统。

综合以上设计,可得综合仿真子系统的信息流如图 9 - 43 所示。

9.3.2.3 运动平台子系统

运动平台子系统以实物方式模拟交会航天器的相对运动,并为测量敏感器和航天器模型提供安装平台,其结构如图 9 - 44 所示。

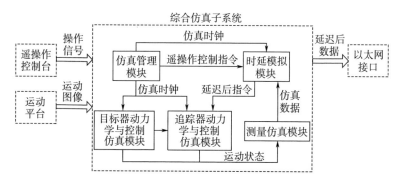

图 9-43　综合仿真子系统信息流

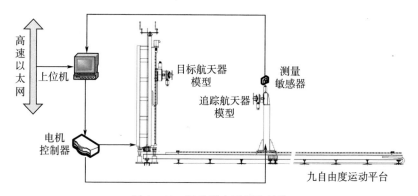

图 9-44　运动平台子系统结构

运动平台子系统各组成部件的具体描述如下。

（1）上位机

上位机接收综合仿真子系统发送的相对运动状态仿真数据，并将其转化成运动平台各轴的运动数据。

（2）九自由度运动平台

九自由度运动平台的电机控制器接收上位机发送的运动平台各轴运动数据，将其转化为伺服电机的控制信号，继而驱动相应航天器模拟端到达指定位置。运动平台包含九个自由度，按照"4＋5"结构分布在两个航天器模拟端，即追踪航天器端四个自由度，目标航天器端五个自由度，可对追踪航天器姿态的三自由度运动、目标航天器姿态的三自由度运动、以及两航天器相对轨道的三自由度运动进行模拟。九自由度运动平台可提供相对轨道运动 12 m×2 m×2 m 的模拟行程，及追踪航天器和目标航天器姿态运动各±20°的模拟行程。

（3）测量敏感器

测量敏感器即 TV 摄像机，安装在九自由度运动平台上的追踪航天器模拟端，实时获取相对运动图像并传至上位机。

（4）航天器缩比模型

航天器缩比模型包括追踪航天器缩比模型和目标航天器对接口缩比模型。缩比模型均按照真实航天器构型建立，分别安装在九自由度运动平台的追踪航天器模拟端和目标航天器模拟端，提供测量敏感器等的安装平台。其安装后的效果图如图 9 - 45 所示。

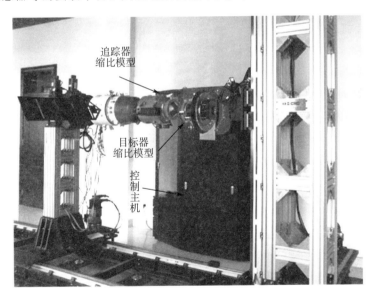

图 9 - 45　航天器缩比模型实物图

9.3.2.4　可视化子系统

可视化子系统主要用于显示延迟的测量信息（运动图像和数据等），以及预测的相对运动图像和数据。各组成模块的具体描述如下。

（1）图像压缩模块

图像压缩模块模拟实际遥操作交会过程中，测控通信系统对 TV 图像和测量数据的压缩和传输过程。该模块采用 JPEG 算法对运动平台子系统中测量敏感器采集到的 TV 图像进行压缩，并将压缩图像发送至时延模拟模块。图像的压缩质量可通过仿真管理界面进行设置。

（2）图像显示模块

图像压缩模块发送的压缩图像数据经过时延模拟模块后，由图像显示模块接收。图像显示模块对压缩图像数据进行解码得到图像信息，将解码后的图像信息通过遥操作控制台的显示设备进行显示。同时，还可在显示图像上添加相对运动状态的测量数据。

（3）预测信息显示模块

预测信息显示模块接收综合仿真子系统中追踪器动力学与控制模块计算得到的预测状态数据，并将其通过遥操作控制台的显示设备以运动图像和相对运动状态数据的形式进行显示。预测信息和延迟测量信息分别显示在遥操作控制台的两个显示屏上。

综合以上设计，可得可视化子系统的信息流，如图 9－46 所示。

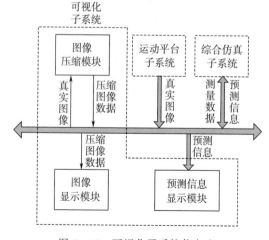

图 9－46　可视化子系统信息流

9.3.3　仿真信息接口与数据流

综合以上分析，可得遥操作交会仿真系统的主要接口关系如表 9-5 所示。

表 9-5　遥操作交会仿真系统主要接口关系

子系统	接口	
综合仿真子系统	输入	控制手柄、控制面板的操作信号
		压缩图像数据
	输出	延迟的遥操作控制指令
		延迟的运动图像和状态数据
遥操作控制台子系统	输入	操作员手控动作
		测量数据
		预测数据
	输出	控制手柄、控制面板的操作信号
		测量图像和数据
		预测图像和数据
运动平台子系统	输入	遥操作控制指令
		运动状态仿真数据
	输出	测量数据
可视化子系统	输入	延迟的运动图像和状态数据
		预测的运动图像和状态数据
	输出	运动图像数据
		运动状态数据

由各组成子系统之间的接口关系，可绘制遥操作交会仿真系统的基本信息流，如图 9-47 所示。

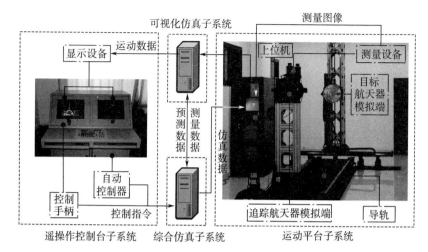

图 9 - 47　遥操作交会仿真系统信息流

9.3.4　人在回路仿真试验

基于上述遥操作交会仿真系统，开展人在回路的仿真试验，仿真配置如下。

（1）仿真参数设置

目标航天器的初始轨道参数设定如表 9 - 6 所示。

表 9 - 6　目标航天器初始轨道参数

历元 UTC	半长轴 a/km	偏心率 e	轨道倾角 i/(°)	升交点赤经 Ω/(°)	升交点角距 u/(°)
2020 - 1 - 1 00:00:00	6 721.267	0	42.424	338.337	42.914

初始时刻目标航天器轨道坐标系中追踪航天器的相对运动状态设定为：$[-30\ \text{m}\quad -0.5\ \text{m}\quad -0.5\ \text{m}\quad 0\ \text{m/s}\quad 0\ \text{m/s}\quad 0\ \text{m/s}]^{\text{T}}$。

设相对运动测量设备的测量偏差服从均值为 0 的高斯分布，其标准差是相对距离 ρ 的函数，为

$$\begin{cases} \sigma_x = \sigma_y = \sigma_z = 0.1 + 10^{-2}\rho\,(\text{m}) \\ \sigma_{v_x} = \sigma_{v_y} = \sigma_{v_z} = 0.05 + 2 \times 10^{-2}\rho\,(\text{m/s}) \end{cases} \tag{9-1}$$

实际工程中航天器的发动机推力不是连续变化的，而是分成了固定大小的档位。设各通道发动机推力大小服从高斯分布，其加速度均值及标准差如表 9-7 所示。

表 9-7　发动机推力参数设置

通道	加速度均值/(m/s^2)	标准差/(m/s^2)
x	0.03	0.001
y	0.03	0.001
	0.02	0.000 666
	0.01	0.000 333
z	0.03	0.001
	0.02	0.000 666
	0.01	0.000 333

设前向时延和后向时延的大小均满足高斯分布，采用时延缓冲算法对其进行处理，其均值、标准差和设定的时延缓冲值大小如表 9-8 所示。

表 9-8　时延参数设置

时延类型	时延均值/s	标准差/s	时延缓冲值/s
前向时延	2.5	0.25	3
后向时延	2.5	0.25	3

（2）试验条件设置

对接初始条件定义为交会终端航天器的相对运动状态所应满足的条件，其主要包含纵向相对速度、横向相对位置和横向相对速度三项。当交会终端状态满足表 9-9 所示的对接初始条件时，即认为交会成功。

表 9-9　对接初始条件

终端相对运动状态	指标要求
纵向速度	$0 < \dot{x} < 0.3$ m/s

续表

终端相对运动状态	指标要求
横向位置	$\sqrt{y^2 + z^2} < 0.2$ m
横向速度	$\sqrt{\dot{y}^2 + \dot{z}^2} < 0.2$ m/s

本试验选取 5 名航空宇航科学与技术学科的研究生作为试验主体，首先对其进行基本的操作训练，然后令其基于遥操作交会仿真系统，分别针对无预测显示辅助和有预测显示辅助这两种工况，开展人在回路的仿真试验，具体实施计划如表 9 - 10 所示。

表 9 - 10　状态预测算法验证试验实施计划

工况	试验人数	单人试验次数	总试验次数
工况 1：无预测显示	5	10	50
工况 2：有预测显示	5	10	50

（3）结果分析

根据以上试验设计，开展仿真试验，统计试验结果，分别绘制工况 1 和工况 2 的 50 次仿真试验的相对运动状态变化曲线，运动状态如图 9 - 48～图 9 - 55 所示。

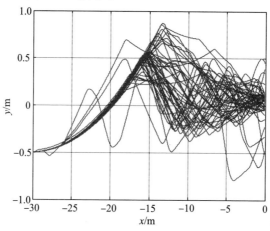

图 9 - 48　无预测显示轨道面内相对位置变化曲线

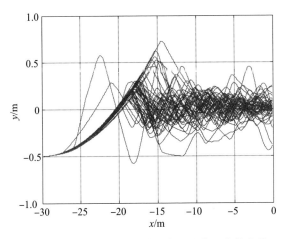

图 9 - 49　有预测显示轨道面内相对位置变化曲线

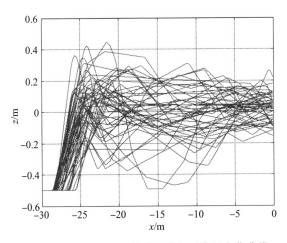

图 9 - 50　无预测显示轨道面外相对位置变化曲线

　　由图 9 - 48 和图 9 - 49 可知，轨道面内的相对位置变化曲线呈上下波动的形式，随着航天器相对距离的接近，其波动幅度逐渐减小。在无预测显示试验中，其波动幅度明显大于有预测显示的操作试验。在图 9 - 50 中，轨道面外的相对位置变化曲线虽有一部分上下波动幅度较大，但多数曲线相对于 x 轴的偏差最终稳定在

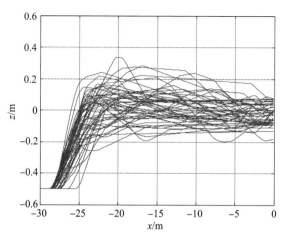

图 9 - 51　有预测显示轨道面外相对位置变化曲线

较小范围内。采用预测显示辅助的操作试验，其上下波动的曲线明显减少，绝大部分曲线在其 z 向偏差减小到一定程度后，呈现出一种稳定不变的规律，整体稳定性明显优于无预测显示时的相对位置变化曲线。

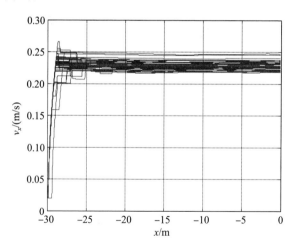

图 9 - 52　无预测显示 x 向相对速度变化曲线

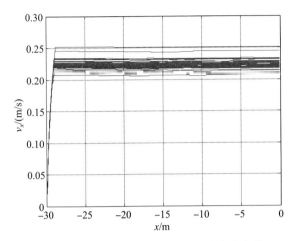

图 9-53　有预测显示 x 向相对速度变化曲线

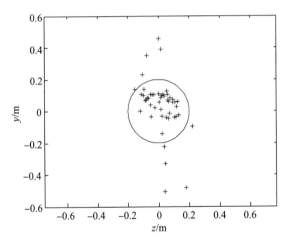

图 9-54　无预测显示终端横向相对位置分布

　　图 9-52 和图 9-53 反映了 x 向相对速度的变化曲线,可以看出,两种工况下的相对速度均在达到规定的大小后就基本保持不变,整体趋势相同。在有预测显示辅助的试验中,其 x 向加速过程较为平滑,基本没有停顿,而在无预测显示辅助的试验中,其加速过程表现出了一定的阶梯性变化,反映出操作员受时延影响而无法一次

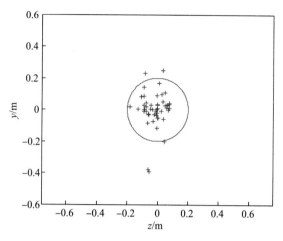

图 9-55　有预测显示终端横向相对位置分布

将相对速度准确控制到预期值。绘制 50 次仿真试验的终端横向相对位置分布图，如图 9-54 和图 9-55 所示。图中的实线圆圈表示对接初始条件规定的横向相对位置范围。其中分别有 10 个横向相对位置落点和 5 个位置落点超出了实线圆圈的范围，超出实线圆圈的点多是由于 y 向偏差过大引起的。对终端相对运动状态进行统计分析，计算结果如表 9-11 所示。

表 9-11　试验终端统计

控制方式	无预测显示	有预测显示
成功率	0.8	0.9
$\sqrt{y^2+z^2}$ (m)	0.152	0.097 5
$\sqrt{\dot{y}^2+\dot{z}^2}$ (m/s)	0.022 8	0.018 3
$\dot{x}$ (m/s)	0.229	0.223

9.3.5　遥操作操纵性能评价

操纵品质评价是贯穿遥操作交会系统研发的关键环节，对于系统设计和系统性能提升都具有重要意义。本节利用遥操作交会仿真系统，对遥操作交会对接系统操纵品质评价方法进行研究，并开展了不同时延条件下，预测显示方法和共享控制方法对遥操作交会对接系统操纵品质影响的研究（张亚坤，2017）。

9.3.5.1　C－H 评价指标

操控人员在每次试验完成后按照要求完成 C－H 评价指标，经统计操控人员在不同时延条件下对操纵品质的评价结果如图 9－56～图 9－58 所示。图中，星代表评价指标等级均值，黑色实心圆圈的大小代表该评分等级条件下的人数多少。横轴表示所采用的交会对接方法，分为常规模式、预显示模式、共享控制模式以及联合模式。预显示模式是在常规模式的基础上，预测之后运动情况并提前显示在终端；共享控制是根据安全评估模型来确定共享控制权重，将人控与自动控制融合共同实现交会对接任务（张波，2014）；联合模式则是将共享控制与预显示结合的一个控制模式。

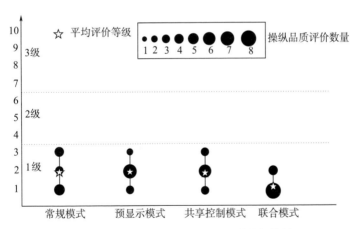

图 9－56　无时延条件下 C－H 评价指标结果

从图中可以看出，时延对遥操作交会系统操纵品质影响十分显著，随着时延的增大，系统的操纵品质等级呈逐渐降低的趋势，在预显示和共享控制方法的辅助下，系统的操控品质有所提高，联合模式效果最好。

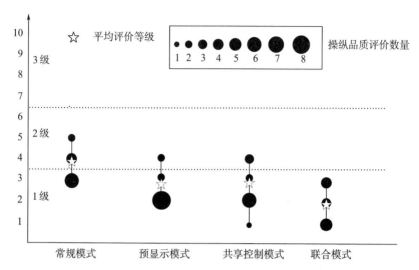

图 9 - 57　4 s 时延条件下 C - H 评价指标结果

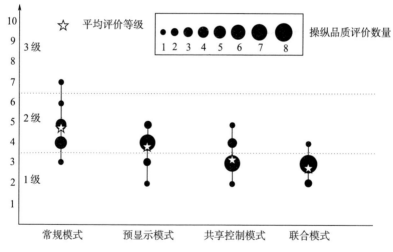

图 9 - 58　8 s 时延条件下 C - H 评价指标结果

9.3.5.2　NASA - TLX 评价指标

对于遥操作交会系统操纵品质评价试验，针对从交会任务开始至两航天器在逼近方向相对位置为 30 m 阶段进行 NASA - TLX 指标评价。

　　同完成 C-H 评价指标一样，操控人员在每次试验结束后需按照要求完成 NASA-TLX 评价指标，经统计操控人员在不同时延条件下对操纵品质的评价结果如图 9-59～图 9-61 所示。

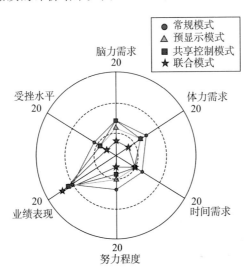

图 9-59　无时延条件下 NASA-TLX 评价指标结果

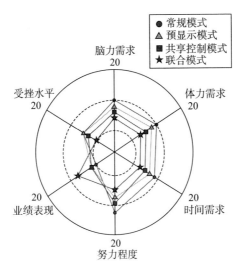

图 9-60　4 s 时延条件下 NASA-TLX 评价指标结果

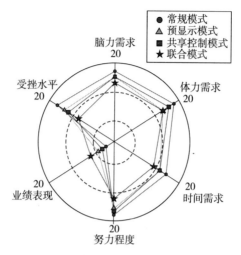

图 9 - 61　8 s 时延条件下 NASA - TLX 评价指标结果

　　从图中可以看出，时延的增加使操控人员的总体工作负荷显著增大。相比于没有时延的情况，操控人员在时延条件下的总体工作负荷增大趋势更加明显，体力需求、脑力需求和努力程度都达到了较高水平，即需要在任务期间保持非常高的体力、脑力和努力程度才能完成既定任务，此外，操控人员此时具有较高的受挫程度和非常低的业绩表现指标，即对任务完成情况有较大程度上的不满意。而无论是在无时延条件、4 s 时延条件还是 8 s 时延条件下，联合模式在脑力需求、体力需求、受挫水平、努力程度和时间需求都处于较低水平，并具有更好的业绩表现。

9.3.5.3　Beford 评价指标

　　对两航天器在逼近方向相对位置为 30 m 处开始至两航天器交会任务结束阶段进行 Beford 评价指标评价。

　　操控人员同样在每次试验结束后需按照要求给出 Beford 评价指标，经统计操控人员在不同时延条件下对操纵品质的评价结果如图 9 - 62～图 9 - 65 所示。横坐标表示操控品质水平，从左至右分为 10 个水平，虚线表示等级，分为 3 个等级；纵坐标表示该水平条件下操控人员的人数。每种时延条件下依次有常规模式、预显示模式、共享控制模式和联合模式的评价结果。

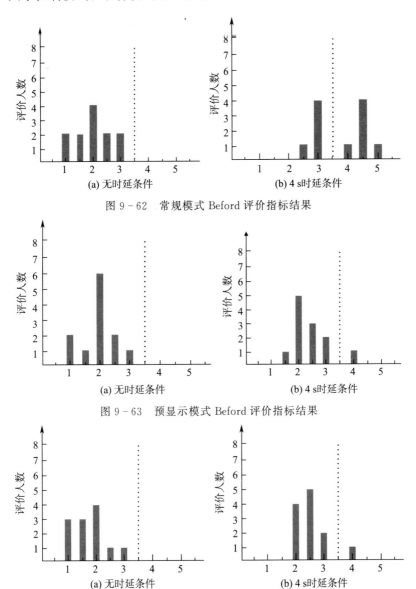

(a) 无时延条件　　　　(b) 4 s时延条件

图 9 - 62　常规模式 Beford 评价指标结果

(a) 无时延条件　　　　(b) 4 s时延条件

图 9 - 63　预显示模式 Beford 评价指标结果

(a) 无时延条件　　　　(b) 4 s时延条件

图 9 - 64　共享控制模式 Beford 评价指标结果

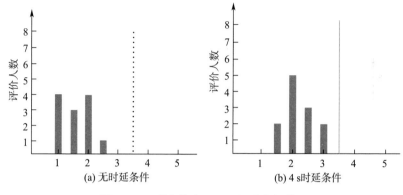

图 9 - 65　联合模式 Beford 评价指标结果

从图中可以看出，在没有时延条件下系统的操控品质皆处于 1 级，即操控人员既有较小的工作负荷，又具有足够的额外精力。在时延条件下，平均评价指标水平普遍下降，即时延对系统操控品质有较大影响，常规模式的平均评价水平处于 2 级，预显示模式和共享控制模式下也有部分操控人员的评价结果位于 2 级，联合模式仍然具有较高的平均评价水平，处于 1 级。

参 考 文 献

[1] ZHOU W M，WANG H. AstroSim：A software framework for aerospace system analysis and simulation. Proceedings of 2016 IEEE Chinese Guidance，Navigation and Control Conference，Nanjing，2016，1893 – 1898.

[2] ZHOU W M，WANG H. Coverage analysis tool desgin in object – oriented astronautical simulation software using plugin. 4th International Conference on Information Science and Control Engineering，Changsha，2017 IEEE Computer Society.

[3] 梁立波 . 交会对接撤离动力学与控制研究 . 长沙：国防科技大学，2006.

[4] 唐国金，罗亚中，张进 . 空间交会对接任务规划 . 北京：科学出版社，2008.

[5] 王华 . 交会对接的控制与轨迹安全 . 长沙：国防科技大学，2007.

[6] 张波 . 考虑安全性的遥操作交会共享控制方法研究 . 长沙：国防科技大学，2014.

[7] 张波，李海阳，唐国金 . 环月轨道遥操作交会对接预测共享控制 . 宇航学报，2014，35（3）：315 – 323.

[8] 张进 . 空间交会远程导引变轨任务规划 . 长沙：国防科技大学，2008.

[9] 张亚坤 . 环月遥操作交会对接变时延共享控制与操作品质研究 . 长沙：国防科技大学，2017.

[10] 周建平 . 空间交会对接技术 . 北京：国防工业出版社，2013.

[11] 周剑勇，张波，蒋自成，等 . 遥操作交会对接系统研究 . 国防科技大学学报，2012，34（3）：24 – 28.

[12] 周剑勇 . 遥操作对接概念与关键技术研究 . 长沙：国防科技大学，2013.

[13] 朱仁章，尹艳，汤溢 . 空间交会最终平移段控制策略 . 中国空间科学技术，2005，25（8）：31 – 38.

第10章　载人深空探测仿真系统设计与应用

载人深空探测涉及载人航天和深空探测两个人类航天的热点发展方向。月球和火星是人类深空探索首选的两个目的地。采用仿真技术可以在地面对载人深空探测进行预先模拟,探索任务机理,加快研制进程,降低任务风险。本章介绍载人登月任务仿真系统和载人火星进入仿真系统。

10.1　载人登月任务仿真系统设计

10.1.1　系统仿真需求

10.1.1.1　任务目的

载人登月任务指从地面将航天员(通常3~4名)运送到月面指定区域,进行科学实验考察(通常为期3~6天),而后安全返回地面着陆场的过程(贺波勇,2017)。

载人登月任务仿真系统设计的目的是建立天文与空间环境仿真模型、多个飞行器飞行动力学模型,建立任务窗口与轨道设计模型、方法,构建多个飞行器导航、制导与控制模型,采用一定的仿真架构将多个模块连接成仿真系统,通过一定的仿真试验设定,进行系统仿真,分析评估飞行模式优劣,提取各个阶段速度增量需求的经验参数,为载人登月总体方案设计提供依据。因此,载人登月任务仿真系统的侧重点是飞行模式分析比较、任务窗口规划建模与求解、轨道设计与在线制导控制、系统完备性检验、偏差仿真参数统计分析等。

10.1.1.2　仿真系统设计需求

为了全面反映载人登月任务各个飞行器在系统中扮演角色及各

自飞行窗口、标称轨道、偏差轨道参数等运动特性，评价比较飞行模式优劣及实用性，仿真系统的设计需要构建不同的飞行器运动模块及相关连接中间模块，同时考虑共享内存设置、数据存储与在线读取画图等功能模块接口连接等。因此，需要满足以下要求：

1）需要对近地、地月转移和月球轨道环境进行建模，包括日地月相对位置关系、地球大气模型、地球和月球非球形引力场等模型，对于面质比较大的飞行器，太阳光压模型也必不可少。

2）需要建立运载火箭、着陆器、推进飞行器和载人飞船等飞行器动力学模型、导航模型、制导模型和控制模型，包含质心运动学方程、绕质心姿态运动学方程（部分机动较少飞行阶段可以省略姿态仿真）、导航算法、制导算法、控制算法、发动机模型等。

3）需要建立任务窗口规划及标称轨道参数求解模型、算法，包含火箭主动段、近地交会对接、地月转移、月球捕获、月地定点返回等。

4）需要建立窗口及轨道在线控制计算模型、算法，偏差情况下，实际仿真飞行轨迹总会和标称飞行轨迹存在小偏差，设计一定控制裕度的在线控制算法，将控制参数给导航、制导和控制系统，控制实际轨迹距离标称轨迹在工程允许范围内。

10.1.1.3　技术难点

载人登月涉及运载火箭、推进飞行器、着陆器、载人飞船等多个飞行器，主要涉及地月转移、定点返回、近地/环月交会对接、月面着陆与上升等不同的任务阶段，导致仿真模型复杂。技术难点主要体现在以下方面：

1）我国载人登月尚处于论证阶段，整体方案可能变动很大；

2）载人登月过程复杂，以我国目前的运载能力为基础，需要多次发射、多次奔月、多次交会，导致仿真系统架构和仿真过程复杂；

3）载人登月过程需要数天，仿真系统既要保证仿真结果精度，又要尽可能提高仿真速度，这对模型选择与精度验证提出了很高要求；

　　4）载人登月仿真系统需要多家单位协同开发，集成协调难度大。

10.1.2　仿真系统架构与组成

10.1.2.1　总体架构

　　基于 dSIM 平台开发的载人登月仿真系统，采用分布式架构，可根据需要采用集中式或分布式运行。仿真系统架构基于"近地＋环月轨道交会对接登月模式"设计，具备其他登月模式的拓展能力。"近地＋环月轨道交会对接登月模式"需要三枚运载火箭依次将着陆器、推进器和载人飞船发射，在地球轨道和月球轨道各进行一次交会对接。载人登月任务仿真系统包含任务窗口与标称轨道子系统、着陆器运载火箭子系统、推进器运载火箭子系统、载人飞船运载火箭子系统、着陆器子系统、推进飞行器子系统、载人飞船子系统、地面导引控制子系统、仿真主控子系统和可视化子系统，如图 10 - 1 所示。仿真主控子系统功能是对仿真运行过程进行调度控制，可视化子系统功能是将仿真结果以二维地图和三维场景演示出来。

　　基于"近地＋环月轨道交会对接模式"的载人登月任务，三个运载火箭子系统包括标称弹道和在线控制弹道生成模块；着陆器、推进飞行器与载人飞船包括各自的 GNC 模块、高精度的动力学模块；地面导引控制子系统包括各个阶段的交会对接规划模块和中途修正模块等。

　　按照不同的任务阶段，地面导引控制子系统可进一步细化为，推进飞行器和载人飞船近地交会对接规划模块、地月转移出发参数规划模块、地月转移中途修正模块、各飞行器环月轨道进入规划模块、载人飞船与着陆器环月两次交会对接规划模块、月地定点返回规划模块、任务中止应急返回规划模块等，各模块之间的接口关系如图 10 - 2 所示。

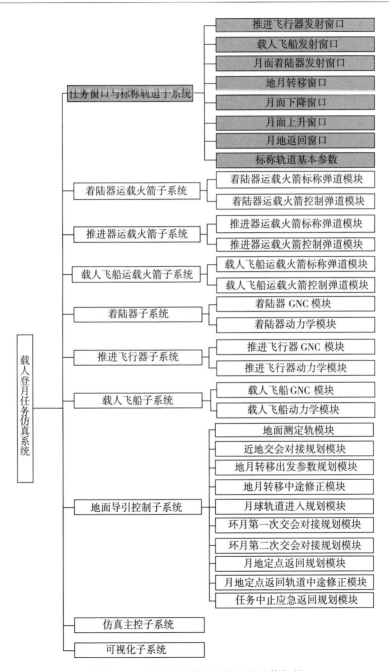

图 10-1　载人登月任务仿真系统总体架构

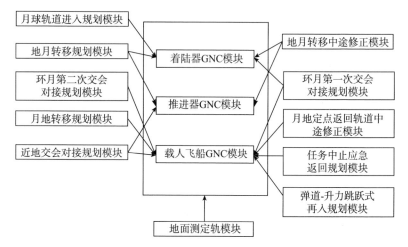

图 10-2　地面导引控制子系统与各飞行器子系统模块之间的接口关系

10.1.2.2　任务窗口与标称轨道子系统

任务窗口与标称轨道子系统考虑光照、测控和轨道约束，在给定的时间范围内，规划若干组火箭发射、地月转移、月面着陆、月面工作、月面上升和地月返回等事件的窗口，并给出载人登月全过程标称轨道基本参数。

10.1.2.3　运载火箭子系统

运载火箭子系统负责将着陆器、推进飞行器和载人飞船送往目标轨道，对应的三个飞行器的运载火箭子系统分别包括标称弹道模块和控制弹道模块。

（1）标称弹道模块

根据月面着陆器、推进飞行器和载人飞船等有效载荷的技术要求（包括轨道要求、有效载荷质量等），基于重型火箭总体参数（含质量参数及发动机参数）、气动参数以及选定的发射场，确定火箭的运载能力、弹道方案，并给出飞行时序、残骸落点。将弹道数据作为控制弹道设计制导参数及进行控制弹道解算时使用的基准弹道。

一方面可校核运载火箭的能力，直接决定了火箭的设计是否具有可行性，另一方面向下游专业或系统提供弹道数据，用于分析和设计。

软件主要由地球参数模型文件、轨道参数要求文件、发射场参数文件、运载火箭总体参数设置文件、初始参数配置文件、数据输出文件以及可执行文件组成。前六个文件作为软件的输入配置文件，软件运行后，调用这些输入文件，开展标称弹道计算，并得到符合格式要求的弹道参数，写入输出数据文件中。主要输入输出关系如图 10-3 所示。

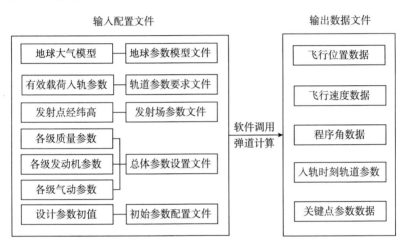

图 10-3 运载火箭标称弹道模块输入输出关系

（2）控制弹道模块

根据动力学、重型火箭当前时刻的位置速度及标称弹道，计算重型火箭的控制弹道，实现重型火箭上升过程的仿真功能。控制弹道提供发射惯性坐标系（或者 J2000 坐标系）下的位置和速度参数，供仿真显示模块调用。控制弹道模块的具体功能如下：

1）根据火箭飞行过程中的动力学，模拟导航敏感器的输出，并考虑在加入敏感器测量误差的条件下，计算火箭实际入轨参数；

2）根据选定的制导方法，完成该方法下制导系统的设计与实现，根据需要发出相应的关机和导引指令，模拟火箭的实际飞行。

控制弹道模块主要包括四个功能子模块：动力学子模块、测量模拟子模块、导航子模块和制导子模块，其中测量模拟子模块、导航子模块和制导子模块共同实现 GNC 仿真功能。

1）动力学子模块：在发射惯性坐标系下建立动力学模型，考虑地球中心引力、气动力、推力等作用和火箭质量特性变化，由火箭当前时刻的位置速度计算其下一时刻的导航参数；

2）测量模拟子模块：根据当前的姿态和弹道数据，模拟测量敏感器的输出；

3）导航子模块：根据测量模拟的输出，进行不同敏感器的导航解算，以获取当前导航数据；

4）制导子模块：根据标称弹道信息、瞄准的目标位置及当前的位置速度，选择合适的制导方案，并输出相应的制导指令。

10.1.2.4　航天器子系统

航天器子系统都包含动力学和 GNC 模块，如图 10-4 所示。仿真中着陆器、推进飞行器和载人飞船由运载火箭运送入轨后，依靠自身 GNC 模块进行制导控制。各飞行器动力学模块可仿真飞行器的运动过程，GNC 模块可仿真推进飞行过程中的状态测量、导航、制导和控制过程，从而对飞行方案以及 GNC 算法进行验证。

三个飞行器子系统的 GNC 模块均包括测量子模块、导航计算子模块、制导计算子模块和控制计算子模块。测量子模块仿真导航敏感器的测量过程，主要考虑敏感器的安装、噪声以及测量误差；导航子模块仿真基于导航敏感器测量数据获取航天器运动状态的过程，综合各导航敏感器的测量数据进行处理和滤波，得到制导和控制可用的运动状态信息；制导子模块仿真动力飞行过程中的制导过程，基于导航给出的运动状态信息以及目标状态，计算得到主发动机推力指令（大小和方向）；控制模块仿真航天器的推力和姿态控制过程，通过姿态调整以及主发动机摇摆，获取所需要的推力大小和方向。

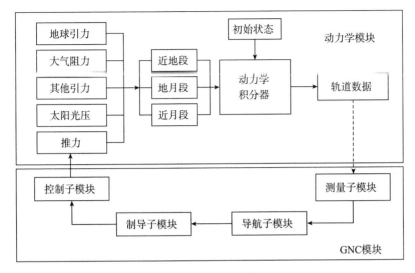

图 10-4　航天器子系统模块组成

（1）着陆器

根据已有载人登月飞行方案及飞行器系统组成，月面着陆器主要承担航天员从环月轨道下降着陆月面、从月面起飞上升返回至环月轨道的载人飞行任务；其他阶段则处于无人状态，其飞行轨迹和姿态相对比较单一。

（2）推进飞行器

根据总体要求，推进飞行器实现推进飞行器近地轨道飞行、近地轨道交会对接、组合体地月转移、组合体近月制动、环月轨道飞行、环月轨道交会对接等过程的仿真功能。

（3）载人飞船

载人飞船实现环月交会对接、月地定点返回、中途修正、中止应急和再入着陆场等过程的仿真，通过仿真对飞船飞行方案、飞行器设计以及 GNC 算法进行验证。

10.1.2.5　地面导引控制子系统

地面导引控制子系统包含飞船、火箭的地面测定轨和非自主导引控制的全部环节，地面测定轨模块流程如图 10 - 5 所示。地面导引控制子系统同飞船/火箭的动力学模块、GNC 模块前后耦合，接口关系如图 10 - 6 所示。

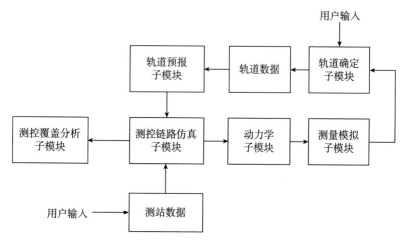

图 10 - 5　地面测定轨模块流程图

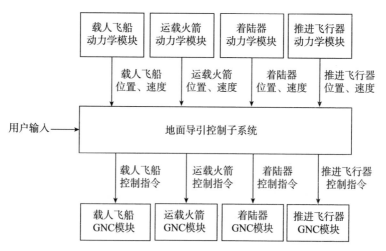

图 10 - 6　地面导引控制子系统接口关系

地面导引制导控制子系统模块较多，且都与推进飞行器 GNC 和载人飞船 GNC 存在输出输入关系，如图 10 - 7 和图 10 - 8 所示。

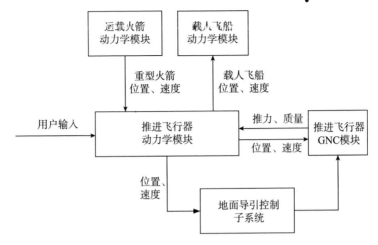

图 10 - 7 推进飞行器相关的模块接口关系图

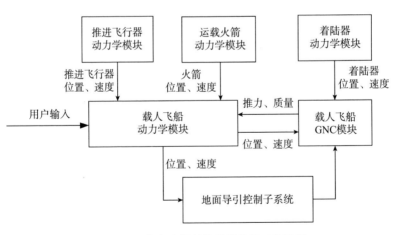

图 10 - 8 载人飞船相关的模块接口关系图

10.1.3 仿真运行流程

为实现某一飞行模式载人登月仿真任务，仿真运行分为离线窗口计算和在线闭环仿真两步。

（1）离线窗口计算

利用任务窗口与标称轨道子系统进行载人登月过程窗口分析和标称轨道基本参数计算。为实现某一飞行模式载人登月仿真任务，需要分析清楚该飞行模式下，基本工程约束及目标要求，通过任务窗口与标称轨道子系统按一定顺序串行设计序列任务的轨道窗口及轨道参数，并存储数据，软件界面如图 10－9 所示。

（2）在线闭环仿真

利用其他子系统进行载人登月过程闭环仿真，并将结果可视化。借助于 dSIM 平台，将各个模块之间输入输出参数连成仿真回路，闭环仿真时所有模块可全部分配至一台计算机，或按计算负载将模块自由分配至任意计算机组成分布式系统。

初始参数设置通过文本文件配置，各模块输出参数除向平台发送外，还在本地存储备份，留给仿真试验事后总结分析。

10.1.4　仿真系统应用

载人登月任务仿真系统在我国载人登月论证中得到应用，该系统为我国未来载人登月总体论证、需求分析、飞行模式、窗口计算、轨道设计、飞行器 GNC 系统设计及地面导引系统做了预先研究和可行性分析论证，为前期方案评估和以后任务工程实施提供参考，为飞行器总体方案设计提供依据。部分试验结果介绍如下。

10.1.4.1　仿真试验想定

在完成仿真系统设计开发的基础上，需要对仿真系统的功能进行测试，以验证软件是否满足功能需求。本节以 2025 年我国实施载人登月任务为假想背景，载人飞船火箭从海南文昌（109.00° E，19.599° N）发射，月面着陆点设置为虹湾（31.5° W，44.5° N），采用"近地＋环月轨道交会对接登月模式"，要求返回舱定点返回四子王旗着陆场（119.6° E，45.0° N）。

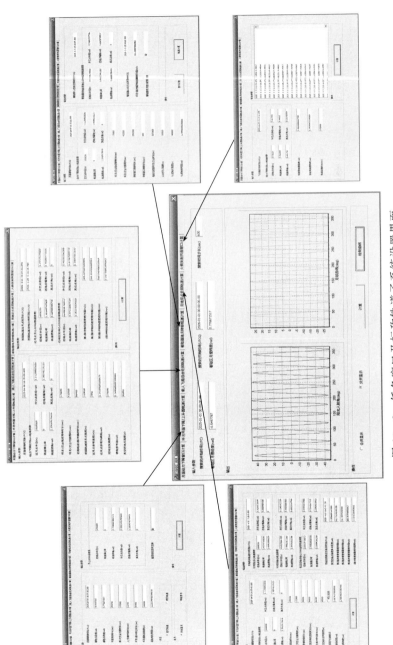

图 10 - 9　任务窗口及标称轨道子系统设置界面

针对上述试验任务，分别计算火箭发射共面窗口、着陆器地月转移轨道、载人飞船绕月自由返回轨道、月面动力下降窗口、环月共面下降/上升轨道、月地定点返回轨道。

10.1.4.2　仿真结果

（1）月面动力下降窗口计算

如图 10-10 所示，给出了月面动力下降窗口计算结果。输入着陆区的月理经纬度、搜索时间区间和搜索步长等参数，获得着陆区不同时刻的阳光入射角以及月球赤纬变化曲线。

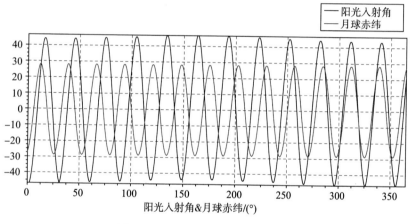

图 10-10　阳光入射角和月球赤纬

根据月面动力下降时刻到月球返回时刻时间间隔 6.5 天、阳光入射角约束范围 5°～14°和月球赤纬对月地返回轨道可达域的影响，选取 2025-04-08 18：35：00 UTCG 时刻作为动力下降着陆窗口。

（2）环月共面下降/上升轨道计算

月面动力下降着陆窗口、着陆点经纬度、月面活动时长、LLO（Low Lunar Orbit）第二次交会对接时长、航天员与月球样品转移时长、环月三脉冲月地返回变轨时长、目标环月轨道高度、能否返回四子王旗可达域分析经验判据、目标 LLO 基本方向等输入参数和目标 LLO 参数以及能否返回四子王旗标识等输出参数结果如

表 10-1 所示。

表 10-1　环月共面下降/上升轨道输入输出参数

	参数名	数值	单位
输入参数	月面着陆时刻	2025-04-08 18:35:00	UTCG
	着陆点经度	-0.549 8	rad
	着陆点纬度	0.776 7	rad
	月面活动时长	259 200	s
	第二次交会对接时长	172 800	s
	人/月壤转移时长	43 200	s
	环月三脉冲转出时长	86 400	s
	环月圆轨道高度	100 000	m
	经验判定界限	-0.262	rad
	环月方向	逆行轨道	—
	落月时机	升轨落月	—
输出参数	近月点半径	1 838 200	m
	轨道偏心率	0	—
	轨道倾角	2.72	rad
	升交点赤经	0.263	rad
	近月点角距	1.5	rad
	真近点角	0	rad
	能否返回四子王旗	能	—

（3）载人登月绕月自由返回轨道计算

输入和输出参数如表 10-2 所示。其中输入参数为前两步计算的月面动力下降着陆窗口、目标 LLO 参数和 LLO 第一次交会对接时长与之前的等待时长、三脉冲月球捕获制动时长、近月点高度、近月点参考速度、近月点参考伪倾角、近地出发的 LEO（Low Earth Orbit）高度及倾角、自由返回轨道真空近地点高度等，输出参数为自由返回轨道参数和近地出发时刻以及三脉冲变轨所需的速度增量。

表 10 - 2　绕月自由返回轨道输入和输出参数

	参数名		数值	单位
输入参数	月面着陆时刻		2025−04−08 18:35:00	UTCG
	动力下降时刻环月轨道参数	近月点半径	1 838 200	m
		轨道偏心率	0	—
		轨道倾角	2.59	rad
		升交点赤经	1.113	rad
		近月点角距	1.96	rad
		真近点角	0	rad
	环月 1 交会完成等待时长		172 800	s
	环月 1 交会对接用时		432 000	s
输入参数	返回轨道三脉冲转移时长		86 400	s
	近月点参考速度		2 550	m/s
	近月点参考伪倾角		3.142	rad
	近地出发高度		270 000	m
	倾角参考值		0.35	rad
	真空近地点高度		45 000	m
输出参数	返回轨道近月点时刻		2025−03−31 18:34:60	UTCG
	返回轨道近地出发时刻		2025−03−29 04:14:18	UTCG
	近月点月心J2000轨道参数	近月点半径	1 858 200	m
		轨道偏心率	1.46	—
		轨道倾角	2.67	rad
		升交点赤经	3.197	rad
		近月点角距	2.461	rad
		真近点角	0	rad

续表

	参数名		数值	单位
输出参数	近地出发地心 J2000 轨道参数	近地点半径	6 648 838	m
		轨道偏心率	0.971	——
		轨道倾角	0.353	rad
		升交点赤经	5.842	rad
		近月点角距	4.82	rad
		真近点角	6.28	rad
	第 1 制动脉冲		365	m/s
	第 2 制动脉冲		267	m/s
	第 3 制动脉冲		561	m/s
	总脉冲值		1 193	m/s

（4）着陆器地月转移轨道计算

输入和输出参数如表 10 - 3 所示。其中输入参数为月面动力下降着陆窗口、目标 LLO 参数、LLO 第一次交会对接时长与之前的等待时长、转移窗口搜索时长、搜索步长、制动完成后到 LLO 第一次交会对接时长、转移轨道近月点高度、近地出发的 LEO 高度及倾角等，输出参数为转移轨道参数、近地出发时刻、近月点到达时刻、近月点制动脉冲和是否匹配奔月窗口标识。

表 10 - 3　着陆器地月转移轨道计算输入和输出参数

	参数名		数值	单位
输入参数	月面着陆时刻		2025 - 04 - 08　18:35:00	UTCG
	动力下降时刻 环月轨道参数	近月点半径	1 838 200	m
		轨道偏心率	0	——
		轨道倾角	2.59	rad
		升交点赤经	1.113	rad
		近月点角距	1.96	rad
		真近点角	0	rad

续表

	参数名		数值	单位
输入参数	环月 1 交会完成等待时长		172 800	s
	环月 1 交会对接用时		432 000	s
	转移窗口搜索步长		600	s
	制动完成到交会用时		2 073 600	s
	近月点高度		100 000	m
	近地出发高度		400 000	m
	倾角参考值		0.35	rad
输出参数	轨道近月点时刻		2025－03－8 18:34:60	UTCG
	轨道近地出发时刻		2025－03－3 15:28:45	UTCG
	近地出发地心 J2000 轨道参数	近地点半径	6 778 137	m
		轨道偏心率	0.966	—
		轨道倾角	0.465	rad
		升交点赤经	0.346	rad
		近月点角距	4.68	rad
		真近点角	0	rad
	总脉冲值		781	m/s

（5）月地定点返回轨道计算

输入和输出参数如表 10－4 所示。其中输入参数为月面动力下降着陆窗口、目标 LLO 参数、月面活动时长、第二次交会对接时长、航天员与月球样品转移时长、匹配返回场经度时长、环月三脉冲转出时长、真空近地点高度、着陆场经纬度等，计算后输出的参数为月地返回轨道参数、近月点出发时刻和真空近地点到达时刻以及三脉冲变轨所需的速度增量等。

表 10 - 4　定点返回轨道计算输入和输出参数

	参数名		数值	单位
输入参数	月面着陆时刻		2025-04-08 18:35:00	UTCG
	动力下降时刻环月轨道参数	近月点半径	1 838 200	m
		轨道偏心率	0	—
		轨道倾角	2.59	rad
		升交点赤经	1.113	rad
		近月点角距	1.96	rad
		真近点角	0	rad
	月面活动时长		259 200	s
	第二次交会对接用时		172 800	s
	人/月壤转移时长		43 200	s
	返回轨道三脉冲转移时长		86 400	s
	着陆场经度匹配		25	h
	近月点参考伪倾角		3.142	rad
	着陆场经度		2.09	rad
	着陆场纬度		0.785	rad
	真空近地点高度		45 000	m
输出参数	返回轨道真空近地点时刻		2025-04-19 06:43:21	UTCG
	返回轨道近地出发时刻		2025-04-16 07:35:00	UTCG
	近月点月心J2000轨道参数	近月点半径	1 838 200	m
		轨道偏心率	1.44	—
		轨道倾角	2.67	rad
		升交点赤经	3.16	rad
		近月点角距	5.28	rad
		真近点角	0	rad

续表

参数名		数值	单位
真空近地点地心 J2000 轨道参数	近地点半径	6 423 137	m
	轨道偏心率	0.976	—
	轨道倾角	0.58	rad
	升交点赤经	0.218	rad
	近月点角距	0.724	rad
	真近点角	6.28	rad
第 1 脉冲制动		563	m/s
第 2 脉冲制动		191	m/s
第 3 脉冲制动		359	m/s
总脉冲值		1 113	m/s

（输出参数 — 左侧竖排表头）

（6）火箭发射共面窗口计算

计算地面火箭发射共面窗口和月面动力上升共面窗口，如图 10-11 所示，给出了奔月轨道火箭发射共面窗口计算界面。其中，输入参数为奔月时刻、奔月飞行器出发前所在的 LEO 轨道参数、发射场经纬度以及逆推时长等；输出参数为轨道与发射场异面角变化列表，查看选取最小值对应时刻即可。

（7）在线超实时仿真

在线超实时仿真需要性能较高的工作站存储，功能函数模块多，仿真数据量大，在此不一一展示。

（8）仿真结果分析

针对"近地＋环月交会对接"这种最为复杂的载人登月飞行模式构建了仿真系统，系统采用模块化思想，可在较短时间内拆分组合成其他载人登月飞行模式仿真系统，为后续研究开发提供性能评估环境。

从任务窗口与标称轨道子系统、在线超实时偏差仿真试验数据来看，标称方案和 GNC 算法等都达到预期目标，表现出较高的计算效率及较好的鲁棒性。仿真得到的着陆器奔月轨道和载人飞船月地定点返回轨道如图 10-12 和图 10-13 所示。

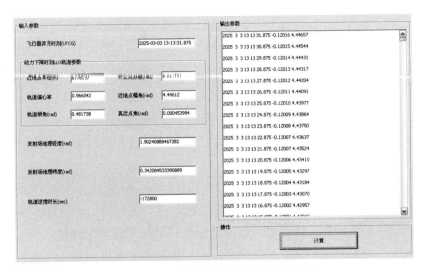

图 10-11　火箭发射共面窗口计算界面

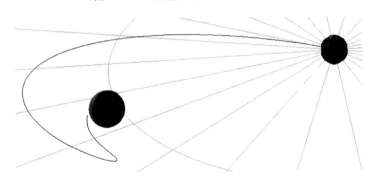

图 10-12　着陆器奔月轨道

图 10-13　载人飞船月地定点返回轨道

10.2　火星进入仿真系统设计

10.2.1　系统仿真需求

10.2.1.1　任务目的

　　火星是太阳系中与地球性质最为接近、目前除地球之外研究最多的行星，也是除月球之外载人深空探测的首选目标。飞行器进入过程指飞行器进入目标天体的大气层并利用大气减速，最终按照预定目标着陆在天体的过程（Prakash，2008）。飞行器进入过程涉及的技术即进入技术包括多个领域的研究内容，主要有火箭发动机技术、空气动力学、热防护学、导航制导控制技术和测控技术等。要对进入过程进行完整的建模需要涉及飞行器结构系统、运载火箭系统、测控通信系统和制导导航控制系统等多个系统的设计。

　　在美国 NASA 开展的 MSL 火星登陆任务中，新一代的火星进入器采用了与以往任务不同的进入着陆技术。这其中包括升力体设计、气动转向和主动地形探测等。新技术的应用需要新一代的仿真技术对其验证。为此，美国 NASA 的 JPL、JSC、LaRC 和得克萨斯大学奥斯丁分校共同研发了一套仿真测试系统。该仿真系统是基于 LaRC 的 POST2（Program to Optimize Simulated Trajectories Ⅱ）进行改进的高仿真系统。Striepe 和 Lockwood 分别利用该系统对 MSL（Mars Science Laboratory）的进入过程进行了 2 000 次的蒙特卡洛仿真（Striepe，2006；Lockwood，2006）。Mendeck 则利用 MSL 标准的进入参数对其进入过程进行了标称仿真（Mendeck，2008）。

　　本仿真系统设计的目的是对飞行器进行气动需求分析，为气动加热环境、落点精度、飞行器总体方案设计提供参考依据。因此，本仿真系统的侧重点是导航制导控制技术的实现和对进入大气层过程中的弹道特性的分析。

10.2.1.2　仿真系统建模需求

为了全面地反映飞行器进入运动，本仿真系统的设计需要同时考虑飞行器进入过程中的质心运动和姿态运动，实现六自由度的进入仿真。因此，需要满足以下要求（Striepe，2006）：

1）需要对进入环境进行建模，包括目标天体的引力场模型和大气模型；

2）需要根据进入方式是弹道式还是半弹道式分别对飞行器进行建模，包括飞行器气动模型和外形设计；

3）需要对进入过程的动力学进行建模，并需要提供相关弹道参数的计算模型；

4）需要为采用主动进入控制方式的进入仿真设计导航、制导和控制系统。

10.2.1.3　技术难点

现有的飞行仿真软件大都只能对进入火星前的轨道进行三自由度仿真，例如 STK 软件等，并且不具备火星的大气模型。为了全面反映进入器分离后的进入状态，需要设计开发用于六自由度接近段和进入段以及三自由度开伞段仿真的软件，并实现对火星进入轨迹的标称仿真功能和偏差仿真功能。

10.2.2　仿真系统架构与组成

10.2.2.1　总体架构

本仿真系统的开发平台为 Matlab 7.10.0。仿真系统采用集中式仿真架构，仿真系统包括飞行器仿真、伞舱仿真、仿真主控和界面配置四个子系统（黄悦琛，2014），如图 10 - 14 所示。

各子系统之间的接口主要通过函数接口进行数据交互以及数据传递，外部接口则通过数据文件进行交互和数据传递，如图 10 - 15 所示。其中，各个子系统又由若干模块组成，模块之间同样通过函数接口和数据文件实现功能组合和联系。

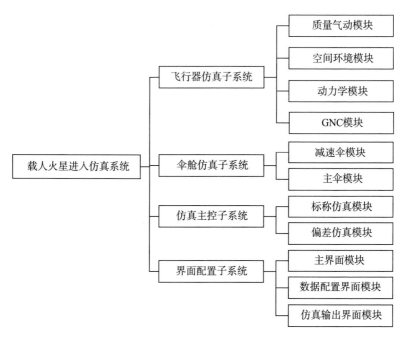

图 10-14　火星进入仿真系统总体架构

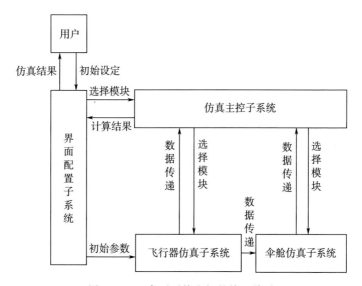

图 10-15　各子系统之间的接口关系

10.2.2.2　飞行器仿真子系统

飞行器仿真子系统仿真飞行器从进入火星至开伞点阶段的飞行过程，组成如图 10 - 16 所示。

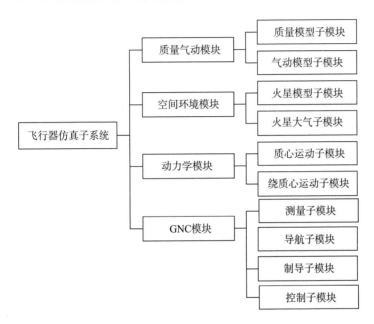

图 10 - 16　飞行器仿真子系统组成

（1）质量气动模块

质量气动模块主要为动力学计算模块提供飞行器参数。该模块主要包含质量模型和气动模型两个子模块。质量模型子模块对飞行器的质量特性进行计算。气动模型子模块在考虑气动系数偏差的情况下对飞行器的气动特性进行计算。轴向力系数和法向力系数由总攻角和马赫数二维插值得到。

（2）空间环境模块

包括动力学计算所需要的火星模型和火星大气两个子模块。火星模型子模块对飞行器所处位置受到的引力重力以及地理高度和火心矢进行换算。火星大气子模块主要对飞行器所处位置的大气密度和声速进行计算。

（3）动力学模块

动力学模块对飞行器进入数学模型进行计算。该模块主要包括质心运动和绕质心运动等两个子模块。质心运动对考虑同时受气动力、控制力和重力等因素的飞行器质心运动进行计算；绕质心运动对考虑气动力矩、控制力矩和阻尼力矩影响的飞行器姿态运动进行计算。

（4）GNC模块

该模块作为整个系统中的核心部分之一，通过测量和计算飞行器飞行状态、设计制导指令和控制调整飞行姿态来模拟飞行器接近真实的飞行状态。该模块包括测量子模块、导航子模块、制导子模块和控制子模块（闫野，1997）。测量子模块通过加速度计计算出视加速度，通过惯性陀螺仪测量出姿态角及姿态角速度；导航子模块对飞行器的视加速度、姿态角和角速度进行坐标系变换和计算，得到制导和姿态控制所需的角度、角速度、位置和速度；制导子模块通过给定的飞行器参数、进入点参数、开伞点参数、路径约束、倾侧角翻转速度约束和倾侧角翻转加速度约束，设计出进入过程满足各种约束的倾侧角变化规律，将飞行器导引至开伞点；控制子模块一方面稳定飞行器的姿态，保证飞行器在各种干扰因素的作用下所产生的姿态角偏差在允许的范围之内，使飞行器运动具有足够的稳定性，另一方面，在接收制导系统发出的控制指令后，能准确地改变飞行器的飞行弹道，跟踪制导规划的弹道，保证飞行器具有一定的机动性。

10.2.2.3 伞舱仿真子系统

当飞行器满足开伞条件后，由伞舱仿真子系统完成飞行器从开伞点至落点的动力学仿真任务。伞舱仿真子系统通过对大气对流层中伞舱组合体从开伞点到落地过程中的动力学特性进行模拟，来提供飞行器最终的落点数据，分析落点的精度，为用户分析进入轨迹提供数据支撑。该子系统包括减速伞模块和主伞模块。

（1）减速伞模块

减速伞模块对从拉出减速伞开始至减速伞完全张开并拉出主伞前的飞行器飞行过程进行动力学仿真。值得注意的是，减速伞在从拉直到张满的充气过程中，其气动力系数是随时间变化的，因而此时飞行器受到减速伞的拉力也是一个时变量。在软件的设计中，因为减速伞的拉直、充气、张满过程在很短的时间内就可以完成，其动态过程对飞行器的运动影响有限，因此从减速伞拉出至减速伞张满，其阻力可以近似认为是一个常值。

对于减速伞的开伞时序问题，实际的减速伞开伞程序将综合考虑飞行器舱外静压、飞行器受到的动压、引导伞的拉出时间等因素。在该软件中，根据用户需求，开伞后的仿真采用的是三自由度的仿真，因此有必要对开伞程序进行适当的简化。本模块考虑在飞行器达到开伞条件后（采用高度或者速度作为参考依据），根据飞行器的实际飞行时间，以时间作为特征量来安排减速伞的开启。

在减速伞开启后至拉出主伞前的弹道仿真采取三自由度的弹道仿真模型，同时其测量仪器因为可以和 GNC 子系统共用，所以不再设置单独的测量装置。

由于减速伞受到的阻力作用远远大于减速伞受到的重力作用，因此在计算中将忽略减速伞的重力影响。减速伞的伞形则根据工程实际，一般有带条伞和环帆伞两种类型，用户也可以自定义减速伞的特征面积和阻力系数。

（2）主伞模块

主伞模块对减速伞拉出主伞至飞行器落地的过程进行动力学仿真。由于主伞的拉直、充气和张满过程的动态性，主伞的阻力系数也可以看做一个时变量，因此其对飞行器的拉力影响也并不是恒定的。但是因为主伞的动态变化过程相对飞行器的运动变化过程来说非常迅速，故在三自由度的仿真中可以近似认为主伞的阻力系数为常值。

主伞的开启同样要考虑飞行器舱外静压、飞行器受到的动压等因素，但是在三自由度仿真中可以简化主伞的开启程序按照时间来作为参考，即在减速伞开伞后的一定时间后打开主伞。主伞的收口按照主伞的开启时间进行安排，收口后的阻力系数也按常值考虑。

由于主伞受到的阻力作用远远大于主伞受到的重力作用，因此在计算中将忽略主伞的重力影响。主伞的伞形则根据工程实际，一般有带条伞和环帆伞两种类型，用户也可以自定义主伞的特征面积和阻力系数。

10.2.2.4　仿真主控子系统

该子系统通过利用飞行器仿真子系统和伞舱仿真子系统，对标称轨迹和偏差轨迹进行仿真，实现弹道特性分析和开伞点精度分析，主要包括标称仿真模块和偏差仿真模块。

（1）标称仿真模块

在不考虑各种偏差的影响下，利用飞行器仿真子系统和伞舱仿真子系统进行飞行器进入弹道的六自由度仿真。

（2）偏差仿真模块

将各种误差在其分布范围内按其分布规律取值，进行大量打靶仿真，实现考虑各种偏差的蒙特卡洛弹道仿真。考虑的误差模型主要包括大气误差模型（密度偏差模型以及风场偏差模型），进入点飞行状态偏差模型，飞行器气动参数偏差模型，飞行器质量特性模型（飞行器初始质量误差模型、进入过程中的质量变化模型、质心位置偏差模型以及惯量矩阵偏差模型），降落伞特征参数偏差模型（减速伞特征参数偏差模型和主伞特征参数偏差模型）。

10.2.2.5　界面配置子系统

该子系统主要通过 GUI 设计来实现仿真过程的管理，同时显示一些重要的系统特征参数以及发生的仿真事件等，主要包括主界面模块、数据配置界面模块和仿真输出界面模块。

（1）主界面模块

仿真软件交互的界面主框架，包括界面框架、菜单、工具栏等。通过主界面来实现对仿真的运行控制。

（2）数据配置界面模块

提供了仿真输入界面。通过该界面，各种初始设定数据保存到初始配置参数文件，并最终输入到仿真系统中。

（3）仿真输出界面模块

仿真结果的输出界面。仿真结果数据通过该界面以数据表格和曲线等形式显示出来，并能进行特征点提取、统计分析等功能。

10.2.3　仿真运行流程

为了实现从进入点到着陆的六自由度运动仿真，仿真系统的整体流程结构设计为包含分支判断的闭环循环结构。

首先需要输入进入点、开伞点、飞行器、进入环境等参数，然后交由标称仿真或偏差仿真模块调用飞行器仿真子系统和伞舱仿真子系统的相关模块进行仿真计算，最后由界面配置子系统的仿真输出界面生成可视化的图表和数据文件。标称和偏差仿真流程分别如图 10 - 17 和图 10 - 18 所示。

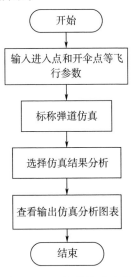

图 10 - 17　标称仿真流程

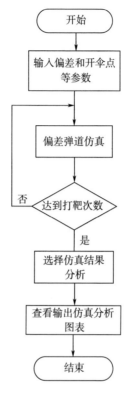

图 10 - 18　偏差仿真流程

　　以偏差仿真为例，考虑各种误差因素的弹道仿真的实现需要多个系统模块进行组合以及数据交互。首先，系统将调用偏差仿真模块，通过数据配置界面将输入参数文件传递给飞行器仿真子系统。然后，偏差仿真模块将调用飞行器仿真子系统和伞舱仿真子系统实现蒙特卡洛打靶仿真。仿真中采用考虑姿态运动的六自由度仿真，因此动力学模块要用到质心运动模型和绕质心运动模型。仿真计算的结果以仿真输出文件进行保存。相关图表文档则由仿真输出界面呈现出来。

10.2.4　仿真系统应用

本书设计开发火星进入仿真系统的目的是为飞行器气动需求分析、气动加热环境以及落点精度评估提供参考，为飞行器总体方案设计提供依据。同时该仿真系统作为飞行器进入仿真平台，为后续研究开发导航算法、制导算法和设计控制系统提供性能评估环境。因此，仿真系统要具备一定的可移植性和可扩展性。

主界面如图 10 - 19 所示，该界面中涵盖了仿真的标称仿真和偏差仿真。标称仿真可以为进入任务的初步设计提供进入参考弹道数据。偏差仿真则可以模拟非正常情况和非理想情况下的进入弹道，一方面可以为任务的详细设计提供更多的参考信息，另一方面可以测试飞行器参数、进入条件和环境参数等对进入飞行的影响，以及导航制导控制算法的鲁棒性和适应性。

参数配置界面则为变换仿真条件提供了简单易操作的方式，同时降低了仿真操作的技术门槛，使得测试人员不必接触代码层就能直观方便地实现不同工况的进入任务仿真。参数配置界面的设计是基于 Matlab 的 GUI（Graphical User Interface）设计，并且每类配置参数采用了独立的配置文件。这使得仿真系统的接口能够方便地被修改。

在完成仿真系统设计开发的基础上，需要对仿真系统的功能进行测试，以验证软件是否满足功能需求。本节将利用本书设计和开发的仿真系统分别从标称仿真和偏差仿真两个方面对火星进入过程进行仿真。

10.2.4.1　试验内容

本节仿真的飞行器模型采用了类 MSL 的飞行器（Lockwood，2006；Mendeck，2008）。本仿真采用了数值预测校正制导算法作为 GNC 子模块的制导方法（Lu，2008；Joshi，2007）。标称仿真和偏差仿真采用的具体初始参数如表 10 - 5～表 10 - 9 所示（Benito，2010）。其中，偏差仿真将在选定的摄动参数下以高斯分布施加摄动量，对进入过程进行 500 次的蒙特卡洛打靶。

图 10 - 19　火星进入仿真系统主界面及参数配置界面

表 10 - 5　进入点参数

参数名	数值	单位
进入点高度	124.56	km
进入点经度	00.073	(°)
进入点纬度	−43.898	(°)
航向角	84.193 1	(°)
进入角	−14.5	(°)
进入速度	5.505	km/s
俯仰角	0.85	(°)
偏航角	0	(°)
滚转角	0	(°)
俯仰角速度	0	(°)/s
偏航角速度	0	(°)/s
滚转角速度	0	(°)/s

表 10 - 6　导航初始化参数

参数名	数值	单位
初始点高度	124.56	km
初始点经度	−90.072	(°)
初始点纬度	−43.898	(°)
航向角	84.193 1	(°)
航迹角	−14.5	(°)
初始速度	5.505	km/s
俯仰角	0.85	(°)
偏航角	0	(°)
滚转角	0	(°)

表 10 - 7　摄动偏差参数

类别	数值	单位
进入点高度偏差	500	m
进入点经度偏差	0.2	(°)
进入点纬度偏差	0.2	(°)

续表

进入速度偏差	50	m/s
进入角偏差	0.5	(°)
航向角偏差	0.5	(°)
大气模型偏差	15%	—
升力系数偏差	15%	—
阻力系数偏差	15%	—

表 10 - 8　仿真参数

参数名	数值	单位
仿真周期	0.04	s
陀螺采样周期	0.04	s
加速度计采样周期	0.04	s
导航周期	0.4	s
制导周期	0.4	s
控制周期	0.4	s
文件保存周期	0.04	s

表 10 - 9　开伞点参数

参数名	数值	单位
开伞点高度	8	km
开伞点经度	−73.66	(°)
开伞点纬度	−41.45	(°)

10.2.4.2　仿真结果分析

1）启动仿真系统准备进行仿真。

2）选取主界面"仿真设置"中的"标称仿真"，对标称仿真的配置参数进行设置（偏差仿真则选取"仿真设置"中的"偏差仿真"，对偏差仿真的配置参数进行设置），参数配置如表 10 - 5～表 10 - 9 所示。

3）分别运行标称仿真和偏差仿真，并输出仿真结果，如图 10 - 20 所示。

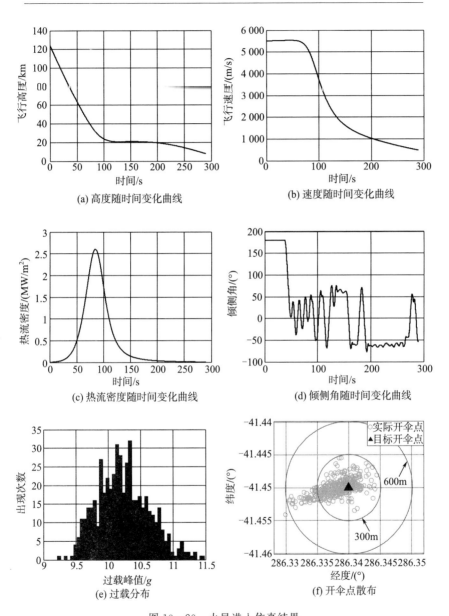

(a) 高度随时间变化曲线　　　　　(b) 速度随时间变化曲线

(c) 热流密度随时间变化曲线　　　(d) 倾侧角随时间变化曲线

(e) 过载分布　　　　　　　　　　(f) 开伞点散布

图 10 - 20　火星进入仿真结果

　　本书用自主设计开发的仿真系统模拟了 MSL 的进入过程，实现了标称仿真和偏差仿真的功能，并能够正确输出仿真图表和数据。通过在标称条件和偏差条件下的仿真应用，本仿真系统对进入弹道的仿真功能得到了验证。考虑到建模规模和建模精度的限制，本仿真系统能够在特定的仿真需求下，实现飞行器气动需求分析、气动加热环境以及落点精度评估的目的。总体来说，该火星进入任务仿真系统达到了设计目标，符合设计要求。

参 考 文 献

［1］ BENITO MANRIQUE J. Advances in spacecraft atmospheric entry guidance. University of California，Irvine，2010.

［2］ JOSHI A，SIVAN K，AMMA S S. Predictor – corrector reentry guidance algorithm with path constraints for atmospheric entry vehicles. Journal of Guidance，Control，and Dynamics，2007，30（5）：1307 – 1318.

［3］ LU P. Predictor – corrector entry guidance for low – lifting vehicles. Journal of Guidance，Control，and Dynamics，2008，31（4）：1067 – 1075.

［4］ LOCKWOOD M K，POWELL R W，SUTTON K，et al. Entry configurations and performance comparisons for the mars smart lander. Journal of spacecraft and rockets，2006，43（2）：258 – 269.

［5］ MENDECK G F，CRAIG L. Mars science laboratory entry guidance. NASA Johnson Space Center 2101 NASA Rd 1 Houston，Texas 77058. 2008.

［6］ PRAKASH R，BURKHART P D，CHEN A，et al. Mars Science Laboratory entry，descent，and landing system overview//Aerospace Conference，2008 IEEE. IEEE，2008：1 – 18.

［7］ STRIEPE S A，WAY D W，DWYER A M，et al. Mars science laboratory simulations for entry，descent，and landing. Journal of Spacecraft and Rockets，2006，43（2）：311 – 323.

［8］ 贺波勇. 载人登月轨道精确可达域数值延拓分析. 长沙：国防科技大学，2017.

［9］ 黄悦琛. 火星进入飞行仿真与制导方法研究. 长沙：国防科技大学，2014.

［10］ 闫野. 载人飞船返回段制导控制方法研究. 长沙：国防科技大学，1997.